VDI-Buch

Weitere Bände in der Reihe http://www.springer.com/series/3482

Lars Schnieder

Strategisches Management von Fahrzeugflotten im öffentlichen Personenverkehr

Begriffe, Ziele, Aufgaben, Methoden

Lars Schnieder
ESE Engineering und Software-Entwicklung GmbH
Braunschweig
Deutschland

VDI-Buch
ISBN 978-3-662-56607-7 ISBN 978-3-662-56608-4 (eBook)
https://doi.org/10.1007/978-3-662-56608-4

Die Deutsche Nationalbibliothek verzeichnet diese Publikation in der Deutschen Nationalbibliografie; detaillierte bibliografische Daten sind im Internet über http://dnb.d-nb.de abrufbar.

Springer Vieweg

Gedruckt auf säurefreiem und chlorfrei gebleichtem Papier

Springer Vieweg ist ein Imprint der eingetragenen Gesellschaft Springer-Verlag GmbH, DE und ist ein Teil von Springer Nature.
Die Anschrift der Gesellschaft ist: Heidelberger Platz 3, 14197 Berlin, Germany

Vorwort

Dieses Buch steckt mit dem strategischen Flottenmanagement den langfristig gültigen Handlungsrahmen von Verkehrsunternehmen im öffentlichen Personenverkehr ab. Innerhalb dieses übergeordneten Rahmens vollziehen sich jeden Tag konkrete operative Handlungen des Verkehrsunternehmens. Das operative Flottenmanagement (insbesondere die in den Verkehrsunternehmen vorgenommene Angebots- und Betriebsplanung) orientiert sich an dem durch das strategische Flottenmanagement vorgegebenen Handlungsrahmen. Das operative Flottenmanagement wird in meinem im Springer Verlag mittlerweile in zweiter Auflage publizierten Buch „Betriebsplanung im öffentlichen Personennahverkehr" vertieft behandelt. Beide Bücher ergänzen einander. Sie beschreiben in Summe die komplexen Managementaufgaben in Verkehrsunternehmen.

In dieses Buch fließen meine Erfahrungen aus der industriellen Praxis in der Bahnindustrie sowie meiner wissenschaftlichen Tätigkeit am Institut für Verkehrssystemtechnik des Deutschen Zentrums für Luft- und Raumfahrt e.V. ein. Meine Lehre an den Technischen Universitäten Braunschweig und Dresden sowie der Ostfalia Hochschule für angewandte Wissenschaften in Salzgitter haben mich ebenfalls bereichert.

Dieses Buch ist meiner Frau Juliane sowie meinen Kindern Clara Catherine und Christian Frederik gewidmet.

Braunschweig, April 2018 Dr.-Ing. Lars Schnieder

Inhaltsverzeichnis

Abkürzungsverzeichnis

AEG	Allgemeines Eisenbahngesetz
AGB	Allgemeine Geschäftsbedingungen
BOKraft	Verordnung über den Betrieb von Kraftfahrunternehmen im Personenverkehr
BOStrab	Verordnung über den Bau und Betrieb der Straßenbahnen
CBS	Cost Breakdown Structure
CEN	Comité Européen de Normalisation. Europäisches Komitee für Normung
CSM	Common Safety Method
CST	Common Safety Target
DIN	Deutsches Institut für Normung e.V.
EBA	Eisenbahnbundesamt
EBO	Eisenbahnbau- und Betriebsordnung
ECM	Entity in Charge of Maintenance
EMP	Erstmusterprüfung
EOP	End of Production
EOS	End of Sales
EOS&R	End of Service and Repair
EVU	Eisenbahnverkehrsunternehmen
EU	Europäische Union
FFF	Form, Fit, Function
FMEA	Fehler-Möglichkeits- und Einfluss-Analyse
FRACAS	failure reporting, analysis and corrective action system
FTA	Fault Tree Analysis (Fehlerbaumanalyse)
GG	Grundgesetz
GSN	Goal Structuring Notation
HGB	Handelsgesetzbuch
ISO	International Organization for Standardization
KBA	Kraftfahrtbundesamt
KPI	Key Performance Indicator
LCC	Lifecycle-costs (Lebenszykluskosten)
LLE	Linienleistungs- und –erfolgsrechnung

LTD	Last Time Delivery
MTBF	Mean Time Between Failure
MTTR	Mean Time to Repair
OCM	Original Component Manufacturer
OEM	Original Equipment Manufacturer
ÖPNV	Öffentlicher Personennahverkehr
PBC	Performance-based Contracting
PBS	Product Breakdown Structure
PBefG	Personenbeförderungsgesetz
PDN	Product Discontinuation Notification
PEP	Produktentstehungsprozess
RAMS	Reliability, Availability, Maintainability, Safety
SLA	Service Level Agreement
SOP	Start of Production
SMS	Sicherheitsmanagementsystem
SPNV	Schienenpersonennahverkehr
StVG	Straßenverkehrsgesetz
StVO	Straßenverkehrsordnung
TAB	Technische Aufsichtsbehörde
TCO	Total Costs of Ownership
TRL	Technology Readiness Level
VOL	Verdingungsordnung für Leistungen
VMI	Vendor Managed Inventory
WBS	Work Breakdown Structure

Teil I

Konzeptionelle Grundlagen

1 Einführung

Dieses einleitende Kapitel beschreibt den konzeptionellen Rahmen dieses Buches. Ausgangspunkt ist eine Darstellung der Motivation von Verkehrsunternehmen für ein strategisches Management von Fahrzeugflotten und das hieraus resultierende Erkenntnisinteresse (Abschn. 1.1). Es schließt sich in Abschn. 1.2 eine Darstellung der übergeordneten Ziele des strategischen Flottenmanagements sowie die gewählte Vorgehensweise (Abschn. 1.3) an. Dieses einführende Kapitel wird von einer Darstellung der Gliederung dieses Buches beschlossen (vgl. Abschn. 1.4).

1.1 Motivation

Mobilität ist für unsere Gesellschaft elementar. Täglich legen wir verschiedene Wege zurück, um verschieden Daseinsfunktionen des menschlichen Lebens wahrzunehmen. Daseinsfunktionen bezeichnen in der Verkehrsplanung allgemein von Menschen wahrgenommene Aktivitäten wie Wohnen, Arbeiten, Versorgen, Freizeit oder Bilden. Der Übergang von einer solchen elementaren Aktivität zu einer anderen ruft das Bedürfnis nach Ortsveränderungen hervor. Daseinsfunktionen stellen einen empirischen Erklärungsansatz dar, wie Verkehr entsteht (vgl. [AF04] und [SL97]). Dieser Verkehrsbedarf kann mit verschiedenen Verkehrsmitteln befriedigt werden. Eine mögliche Verkehrsmittelwahl sind die Busse und Bahnen des öffentlichen Personenverkehrs. Jährlich nutzen in Deutschland 10,9 Milliarden Menschen den öffentlichen Personennahverkehr. Dies sind 30 Millionen Menschen täglich. Im Fernverkehr mit Eisenbahnen sind es 129 Millionen Menschen im Jahr und 350 Tausend Menschen pro Tag. Die Zahl der von den Mitgliedsunternehmen des Verbandes Deutscher Verkehrsunternehmen beförderter Fahrgäste stieg in den letzten zehn Jahren kontinuierlich an [VDV14b]. Der ÖPNV ist für eine nachhaltige Entwicklung unserer Gesellschaft unverzichtbar.

L. Schnieder, *Strategisches Management von Fahrzeugflotten im öffentlichen Personenverkehr*, VDI-Buch, https://doi.org/10.1007/978-3-662-56608-4_1

Neben seiner Bedeutung für unser aller Mobilität im Alltag ist der öffentliche Verkehr aber auch eines – ein erheblicher *Wirtschaftsfaktor*. Daher lohnt sich auch deshalb eine vertiefte Auseinandersetzung mit dieser Branche. Unternehmen des öffentlichen Verkehrs treten mit ihrer Nachfrage sowohl am Arbeitsmarkt als auch am Beschaffungsmarkt auf.

- Der öffentliche Verkehr ist als Nachfrager auf dem *Arbeitsmarkt* relevant. Studien belegen, dass 236.000 Personen in Deutschland direkt mit der Erbringung von Leistungen des öffentlichen Verkehrs beschäftigt sind. Weitere 157.000 Personen sind in zuliefernden Unternehmen und Institutionen beschäftigt. In Summe hat der öffentliche Verkehr alleine in Deutschland somit ein Beschäftigungspotenzial von 500.000 Erwerbstätigen [VDV14b].
- Der öffentliche Verkehr tritt auf dem *Fahrzeugbeschaffungsmarkt* in Erscheinung. Allein die im Verband Deutscher Verkehrsunternehmen organisierten Verkehrsunternehmen betrieben im Jahr 2014 insgesamt 36.000 Linienbusse, 6710 Fahrzeuge im rechtlichen Geltungsbereich der Verordnung über den Bau und Betrieb der Straßenbahnen (BOStrab), 16.300 Fahrzeuge für den Schienenpersonennahverkehr (SPNV) sowie 4222 Fahrzeuge für den Schienenpersonenfernverkehr [VDV14b].

Die von den Verkehrsunternehmen eingesetzten Fahrzeuge sind ein wichtiges Qualitätsmerkmal im öffentlichen Verkehr (vgl. [DIN02]) und geben diesem ein Gesicht. Die Wahrnehmung des öffentlichen Verkehrsangebotes durch den Fahrgast wird demnach wesentlich durch den Zustand der eingesetzten Fahrzeuge bestimmt. Hierbei spielen aber nicht nur Komfortaspekte (beispielsweise durch barrierefreie Einstiege oder verbesserte Fahrgastinformationen) eine Rolle. Auch optimierte Fahrplanangebote, die durch höhere Geschwindigkeiten und durch ein höheres Beschleunigungsvermögen von Neufahrzeugen erreicht werden können, fallen hier ins Gewicht.

Investitionen in Fahrzeuge und ihre Instandhaltung sind aber auch ein wesentlicher Kostenblock, der bis zu 25 % der Gesamtkosten des Verkehrsangebotes ausmacht. Damit auch zukünftig moderne Fahrzeuge durch die Verkehrsunternehmen finanziert werden können, müssen Kosten gesenkt werden. Dies wird umso deutlicher, wenn man bedenkt, wie sich das Marktumfeld der Verkehrsunternehmen sich verändert hat. Die Verkehrsunternehmen sehen sich einem zunehmenden Restrukturierungs- und Optimierungsdruck konfrontiert.

- *Unsichere Zukunft öffentlicher Finanzierung:* Der öffentliche Nahverkehr kann in der Regel nicht ohne öffentliche Zuschüsse betrieben werden. Mit diesen Mitteln wird der Teil der Kosten gedeckt, der nicht unmittelbar durch Fahrgeldeinnahmen bestritten werden kann. Durch steigende Energie- und Personalkosten bei gleichzeitig nicht Schritt haltender Erhöhung der öffentlichen Finanzierungsgrundlagen (auch bedingt durch zunehmend wirksam werdende Schuldenbremsen der Gebietskörperschaften), müssen vorhandene Potenziale zur Optimierung der unternehmerischen Prozesse genutzt werden.
- *Zunehmender Wettbewerbsdruck:* Konkurrenz belebt den Verkehrsmarkt. Mit der Liberalisierung des Verkehrsmarktes hat der Wettbewerb im öffentlichen Verkehr Einzug erhalten. Seit Mitte der 1990'er Jahre werden Verkehrsleistungen im

Schienenpersonennahverkehr (SPNV) im Wettbewerb vergeben. Zwanzig Jahre später wurde bereits über ein Viertel der Verkehrsleistungen im SPNV durch Wettbewerber des einstigen Monopolanbieters Deutsche Bahn AG erbracht (intramodaler Wettbewerb). Mit der Novelle des Personenbeförderungsgesetzes (PBefG) im Jahr 2013 wurden auch bestehende Markteintrittsbarrieren im Fernverkehr aufgehoben. Mit dem Fernbus drängt seither ein neuer Marktteilnehmer mit Nachdruck auf den Verkehrsmarkt (intermodaler Wettbewerb).

Verkehrsunternehmen müssen auf diese Herausforderungen aus dem externen Umfeld geeignete Antworten finden. Dies rückt die Anlagegüter in den Vordergrund, die für die Erbringung der Betriebsleistung elementar sind. Fahrzeugflotten sind zentrale Bestimmungsgrößen des unternehmerischen Erfolgs: sowohl ertragsseitig (im Sinne qualitätssteigernder Maßnahmen, die in einer höheren Verkehrsnachfrage resultieren und zu höheren Fahrgeldeinnahmen führen) als auch kostenseitig (im Sinne einer optimalen Nutzung des in der Fahrzeugflotte gebundenen Kapitals, welches erhebliche finanzielle Aufwände für die Instandhaltung erfordert). Die strukturierte Bewirtschaftung des Erfolgsfaktors „Fahrzeugflotte“ durch ein strategisches Management ist daher Gegenstand dieses Buches. Hiermit wird die Grundlage für einen nachhaltigen unternehmerischen Erfolg von Verkehrsunternehmen gelegt.

1.2 Zielsetzung des strategischen Flottenmanagements

Allgemein können aus dem Marktumfeld zwei übergeordnete strategische Ziele eines Verkehrsunternehmens abgeleitet werden. Diese werden durch spezifische Aufgaben des in diesem Buch dargestellten strategischen Managements von Fahrzeugflotten adressiert:

- *Einhaltung rechtlicher Randbedingungen:* Verkehrsunternehmen unterliegen einer Reihe rechtlicher Anforderungen aus verschiedenen Rechtsgebieten (vgl. Abb. 1.1). Zur Abwehr von Haftungsrisiken müssen Verkehrsunternehmen sicherstellen, dass sie allen aus dem rechtlichen Umfeld an sie herangetragenen Anforderungen entsprechen. Dies umfasst beispielsweise *öffentlich-rechtlichen Sicherheitspflichten* und *privatrechtlichen Sicherheitspflichten* (vgl. [HSB02]) aber auch *körperschaftsrechtlichen Aufsichts-, Sorgfalts- und Kontrollpflichten* (vgl. [ES17]). Im Zuge der Beweislastumkehr bei Rechtsstreitigkeiten ist eine hohe Organisationsqualität bei der Darlegung der Ordnungsgemäßigkeit der Betriebsführung des Verkehrsunternehmens unverzichtbar. Dies erfordert einen systematischen Managementansatz in Verkehrsunternehmen.
- *Verbesserung der organisatorischen und betriebswirtschaftlichen Marktbedingungen* des Verkehrsunternehmens. Im Idealfall nehmen Restrukturierungen erwartete künftige Markt- und Kostenentwicklungen vorweg. Beispielhafte Maßnahmen zur Verbesserung der Kosten- und Wettbewerbsposition sind *Ausgliederungen* (Outsourcing) nicht zum Kerngeschäft gehörender Geschäftsbereiche, die *Optimierung von Geschäftsprozessen* sowie die Hebung von *Synergiepotenzialen.*

Abb. 1.1 rechtliche Randbedingungen eines Verkehrsunternehmens

1.3 Vorgehensweise

Das vorliegende Buch schafft einen *ganzheitlichen Bezugsrahmen* für das strategische Management von Fahrzeugflotten im öffentlichen Personenverkehr. Hierzu wird ein integrierter Managementsystemansatz [VDI05b] konzipiert.

Das Vorgehen ist hierbei wie folgt:

- *Identifikation relevanter Managementansätze* auf der Basis einer Bestandsaufnahme einschlägiger Normen und Regelwerke. Es wird hierbei stets eine Anwendbarkeit der Ansätze auf die spezifischen Charakteristika des bodengebundenen öffentlichen Personenverkehrs berücksichtigt. Hierbei werden Verkehrssysteme auf Straße und Schiene gleichberechtigt betrachtet.
- *Die definitorische Beschreibung der Managementansätze* fördert kennzeichnende Merkmale zu Tage. Dies schafft eine eindeutige Abgrenzung und bietet in einem weiteren Schritt die Grundlage für die Identifikation zwischen ihnen bestehender Relationen. Die identifizierten Managementansätze werden bezüglich der für sie geltenden Ziele und der in ihnen adressierten Aufgaben vorgestellt.
- *Die Relationierung der identifizierten Managementansätze:* Auf der Grundlage der terminologischen Schärfung gelingt eine Relationierung im Sinne einer Einbettung des strategischen Managements von Fahrzeugflotten im öffentlichen Personenverkehr in das komplexe Wirkungsgefüge eines Verkehrsunternehmens, welches geprägt ist durch das aufeinander abgestimmte Zusammenwirken von Verkehrsmitteln, Verkehrsobjekten, Verkehrswegeinfrastruktur und Verkehrsorganisation. Auch wird hierdurch der Zusammenhang der einzelnen Managementtätigkeiten untereinander herausgearbeitet. Das gemeinsame Gliederungsmerkmal ist hierbei der Lebenszyklus technischer Systeme. Im Ergebnis werden Methoden und Instrumente in einer einheitlichen Struktur zusammengefasst, die der Corporate Governance (d. h. der Leitung und Überwachung von Verkehrsunternehmen) dient.

Der wesentliche Grund für den Aufbau eines integrierten Managementsystems ist der Synergieeffekt (vgl. [VDI05b]), da sich dedizierte Managementsysteme in ihrer grundsätzlichen Struktur ähnlich sind. Über die Integration verschiedener Managementsysteme hinaus erfolgt eine *integrierte Betrachtung betriebswirtschaftlicher und systemtechnischer Aspekte des Betriebs von Fahrzeugflotten*. Die betriebliche Praxis in Verkehrsunternehmen zeigt, dass die Beschaffung von Fahrzeugen vielfach durch divergierende Ziele der betriebswirtschaftlichen und technischen Bereiche gekennzeichnet ist. Verkehrsunternehmen binden durch Investitionen in Fahrzeugflotten ihr Kapital in erheblicher Höhe über lange Zeiträume hinweg und legen durch Investitionsentscheidungen auch die laufenden Betriebskosten wesentlich fest. Ziel ist es daher, sämtliche mit einer Investitionsentscheidung verbundenen Folgekosten über den gesamten Lebenszyklus zu minimieren.

1.4 Gliederung

Das vorliegende Buch ist in drei Teile gegliedert. Der erste Teil besteht aus insgesamt vier Kapiteln. Dieses erste Kapitel führt in die grundlegende Motivation, Zielstellung und Struktur des Buches ein. Im weiteren Verlauf des ersten Teils werden die grundlegenden Begriffe (vgl. Kap. 2) und grundlegende Modellkonzepte des strategischen Managements von Fahrzeugflotten (vgl. Kap. 3) eingeführt. Der erste Teil schließt mit einer Darstellung des Kontexts des Flottenmanagements (vgl. Kap. 4).

Der zweite Teil des Buches behandelt in insgesamt vier Kapiteln die querschnittsbezogenen Aufgaben des strategischen Managements von Fahrzeugflotten für den öffentlichen Personenverkehr. Hierbei handelt es sich um das Qualitäts- (vgl. Kap. 5), Sicherheits- (vgl. Kap. 6), Kosten- (vgl. Kap. 7) und das Assetmanagment (vgl. Kap. 8).

Der Dritte Teil des Buches stellt die einzelnen Aufgaben des strategischen Managements von Fahrzeugflotten dar. Diese Aufgaben orientieren sich am Lebenszyklus von Fahrzeugen, der sich von grundsätzlichen planerischen Erwägungen im Vorfeld eines Beschaffungsvorhabens bis zur Außerbetriebnahme und Entsorgung von Fahrzeugen erstreckt. Jede dieser lebenszyklusphasenbezogenen Managementaufgaben wird durch ein separates Kapitel beschrieben. Die Abfolge der einzelnen Kapitel folgt der logischen Sequenz der Tätigkeiten entlang des integrierten Produktlebenszyklus (vgl. Darstellung hierzu in Abschn. 3.3.1), dessen Modell diesem Buch zu Grunde liegt. Jedes Kapitel folgt einer einheitlichen Struktur, deren einzelnen Elemente nachfolgend vorgestellt werden. Hierbei werden auch Querbezüge zu den in Teil 2 erläuterten Querschnittsaufgaben des strategischen Managements von Fahrzeugflotten im öffentlichen Verkehr aufgezeigt.

- Die jeweilige Darstellung eines Kapitels beginnt mit einer *Teilbegriffsbestimmung (Definition)*. Hierdurch wird der in der betreffenden Lebenszyklusphase dominierende Managementaspekt terminologisch näher eingegrenzt. Das Wort *Definition*, lateinisch definitio oder auch diffinitio ist selbst nicht eindeutig definiert. Ziele der Definition sind unter anderem die Feststellung der Bedeutung eines sprachlichen Zeichens. Hierbei wird festgestellt, in welcher Bedeutung ein Wort überlicherweise verstanden wird (deskriptive Sichtweise). Demgegenüber wird in einer präskriptiven Sicht festgesetzt, in welcher Bedeutung in Zeichen gebraucht werden soll [Men92].

- Es schließt sich im jeweiligen zweiten Abschnitt eines Kapitels eine Darstellung der Ziele an. *Ziele* sind als möglich vorgestellte Sachverhalte (z. B. Zustände), deren Verwirklichung angestrebt wird. Ein Ziel wird durch eine Entscheidung gesetzt [VDI00]. Ein Ziel ist häufig Bestandteil eines Zielsystems, welches mehrere Ziele und Beziehungen zwischen den Zielen umfasst. Ziele können im Sinne einer begrifflichen Hierarchiebeziehung weiter differenziert werden. Durch die Angabe von Unterzielen wird konkretisiert, was mit einem Oberziel gemeint ist. Zwischen den Zielen bestehen verschiedene Beziehungen. Wird ein Ziel erreicht, ohne dass das andere dadurch beeinträchtigt wird, sind die Ziele *indifferent*. Wird die Zielerreichung eines Ziels durch das andere beeinträchtigt, stehen die Ziele zueinander in *Konkurrenz*. Fördert die Erreichung des einen Ziels gleichzeitig die Erreichung des anderen Ziels, sind die Ziele *komplementär*.
- Es folgt im jeweiligen dritten Abschnitt eines Kapitels eine Darstellung der mit den zuvor dargestellten Zielen korrespondierenden *Aufgaben*. Es lohnt sich hier eine sorgfältige begriffliche Bedeutungsunterscheidung zu machen. Stellt man Ziele und Aufgaben in einen hierarchischen Zusammenhang, stehen die Ziele an oberster Stelle. Die Aufgaben stellen Mittel zur Zielerreichung dar [Sch99]. Diese begriffliche Strukturierung erlaubt es, Aufgaben verschiedenartig zu lösen und Ziele auf unterschiedliche Weise zu erreichen.
- Jedes Kapitel wird im vierten Abschnitt von einer Darstellung der spezifisch in dieser Phase eingesetzten *Methoden* (eine Auswahl) beschlossen. Der Methodenbegriff bezeichnet hierbei ein auf einem Regelsystem aufbauendes, nach Sache und Ziel (griech. Methodos) planmäßiges Verfahren zur Erlangung von Erkenntnis oder praktischen Ergebnissen. Nach [Sch99] ist eine methodische Vorgehensweise im Entwurf technischer Systeme durch das aufeinander abgestimmte Zusammenwirken von Beschreibungsmitteln, Methoden und Werkzeugen gekennzeichnet. In der Regel wird eine Vielzahl unterschiedlicher Methoden angewendet, die je nach Einzelfall kombiniert werden (Methodenpluralismus). Die Methoden ergänzen einander [VDI00].

Literatur

[AF04] Axhausen, K.W., und M. Frick. 2004. Nutzungen – Strukturen – Verkehr. In *Stadtverkehrsplanung – Grundlagen, Methoden, Ziele*. Hrsg. Gerd Steierwald, Hans-Dieter Künne, und Walter Vogt, 61–79. Berlin: Springer.

[DIN02] Deutsches Institut für Normung. 2002. *DIN EN 13816: Transport – Logistik und Dienstleistungen – Öffentlicher Personenverkehr; Definition, Festlegung von Leistungszielen und Messung der Servicequalität; Deutsche Fassung EN 13816:2002*. Berlin: Beuth Verlag.

[ES17] Ehricht, Daniel und Philip Smitka. 2017. Compliance der IT-Security in Eisenbahnverkehrsunternehmen. *Der Eisenbahningenieur* 68 (7): 21–23.

[HSB02] Hoppe, Werner, Detlef Schmidt, Bernhard Busch, und Bernd Schieferdecker. 2002.: *Sicherheitsverantwortung im Eisenbahnwesen*. Köln u.a.: Carl Heymanns Verlag.

[Men92] Menne, Albert. 1992. *Einführung in die Methodologie*. Darmstadt: Wissenschaftliche Buchgesellschaft.

[Sch99] Schnieder, Eckehard. 1999. *Methoden der Automatisierung*. Braunschweig: Vieweg Verlag.

[SL97] Schnabel, Werner und Dieter Lohse. 1997. *Grundlagen der Straßenverkehrstechnik und der Verkehrsplanung. Band 2 – Verkehrsplanung*. Berlin: Verlag für Bauwesen.

[VDI00] Verein Deutscher Ingenieure. 2000. *VDI 3780: Technikbewertung Begriffe und Grundlagen*. Düsseldorf: VDI.

[VDI05b] Verein Deutscher Ingenieure. 2005. *VDI 4060-1 – Integrierte Managementsysteme (IMS); Handlungsanleitung zur praxisorientierten Einführung; Allgemeine Aussagen*. Düsseldorf: VDI.

[VDV14b] Verband Deutscher Verkehrsunternehmen. 2014. *Statistik 2014*. Köln: Verband Deutscher Verkehrsunternehmen.

Grundlegende Begriffe 2

Das strategische Management von Fahrzeugflotten im öffentlichen Personenverkehr ist ein komplexer Gegenstandsbereich, der auf mehrere relevante Teilbegriffe Bezug nimmt. Um für die weitere Lektüre des Buches das notwendige Verständnis zu schaffen, erfolgt in diesem Kapitel eine Darstellung der begrifflichen Grundlagen. Ausgangspunkt der Darstellung in diesem Kapitel sind die methodischen Grundlagen ingenieurwissenschaftlicher Terminologiebildung (vgl. Abschn. 2.1). In diesem Sinne erfolgt eine Dekomposition des Titels dieses Buches in die diesen konstituierenden Teilbegriffe. Die einzelnen Teilbegriffe werden in einzelnen Abschnitten erläutert (vgl. Abschn. 2.2 bis 2.5).

2.1 Begriffsbildung

Das Sender-Empfänger-Modell ist ein klassisches Kommunikationsmodell [SW76]. Kommunikation gelingt in der zwischenmenschlichen Kommunikation nur dann, wenn der *Sender* es schafft, Inhalte von dem was gedacht wird zweifelsfrei zu formulieren und auszusenden. Gleichzeitig ist die Fähigkeit des *Empfängers* erforderlich, die gesendeten Inhalte zweifelsfrei zu empfangen. Jeder Mensch hat jedoch seine eigene Vorstellungswelt. Diese Tatsache führt dazu, dass in der Kommunikation scheinbar eindeutige Daten des Senders, aufgrund dessen unterschiedlicher Vorstellungswelt nicht zwingend durch den Empfänger eindeutig und mit dem gleichen Verständnis interpretiert werden. Um die Übereinstimmung zwischen unterschiedlicher Vorstellungswelten herzustellen, bedarf es eines verbindlich vereinbarten Codes. Für die Sprache ist dies das gesprochene oder geschriebene Wort. In diesem Abschnitt wird die atomare (fach-)sprachliche Einheit des *Terminus* eingeführt (Abschn. 2.1.1). Ein wesentlicher Aspekt insbesondere von Fachsprachen ist ihr systematischer Ansatz. Die Gesamtheit aller Begriffe und Bezeichnungen in einem Fachgebiet wird als *Terminologie* bezeichnet. Einzelne Begriffe erschließen sich

L. Schnieder, *Strategisches Management von Fahrzeugflotten im öffentlichen Personenverkehr*, VDI-Buch, https://doi.org/10.1007/978-3-662-56608-4_2

demnach nicht ausschließlich durch ihre isolierte Betrachtung, sondern erhalten einen wesentlichen Anteil ihrer Bedeutung durch ihre Relationierung in Terminologiegebäuden. Daher wird der begriffssystematische Ansatz in Abschn. 2.1.2 dargestellt. Festlegungen von Begriffen und Begriffssystemen sind konkrete Ergebnisse einer strukturierten Terminologiearbeit. Dieses methodische Instrument ist Grundlage einer jeden wissenschaftlichen Annäherung an einen komplexen Themenbereich. Die Vorgehensweise der Terminologiearbeit wird in Abschn. 2.1.3 vorgestellt.

2.1.1 Begriff des Terminus

Die Sprache dient dem Menschen zur begrifflichen Erfassung und Ordnung der Welt. Sie dient dem Ausdruck von Gedanken und Gefühlen sowie zur gegenseitigen Verständigung. Mit Hilfe von Wörtern (Benennungen) kommunizieren sie über Gegenstände. Zwischen *Benennungen* und *Gegenständen* gibt es keinen unmittelbaren Bezug. Dieser Bezug wird nur mittelbar über *Begriffe* vermittelt [DIN13]. Der Zusammenhang zwischen Benennungen, Begriffen und Gegenständen wird im so genannten semiotischen Dreieck nach Ogden und Richards (vgl. [OR74]) zusammengefasst (vgl. Abb. 2.1).

Die Darstellung der grundlegenden fachsprachlichen Einheit des *Terminus* (bzw. terminologische Festlegung im Sinne der Terminologiegrundnormung [DIN11b]) muss in einem ersten Schritt bei einer Darstellung des Zusammenhangs zwischen *Gegenständen* und *sprachlichen Benennungen* ansetzen (Basis des in Abb. 2.1 dargestellten semiotischen Dreiecks). Jeder Mensch lebt in einer Welt von Gegenständen über die er sich durch Sprache verständigen kann. Gegenstände können wahrnehmbar oder vorstellbar sein und materieller oder nicht materieller Art sein (d. h. auch Prozesse und Zustände sind in diesem Zusammenhang Gegenstände). Wir versuchen die Welt (d. h. die von uns wahrgenommenen Gegenstände) mit sprachlichen Bezeichnungen zu belegen, welche Grundlage der Verständigung zwischen verschiedenen Menschen ist [Sau01].

Andererseits nehmen wir die Welt um uns herum wahr und fangen bereits in frühen Kindheitstagen an, die Welt um uns herum durch Merkmalsbildung und Klassifikation zu strukturieren und auf diese Weise Komplexität zu reduzieren. Wir bilden *Begriffe* indem

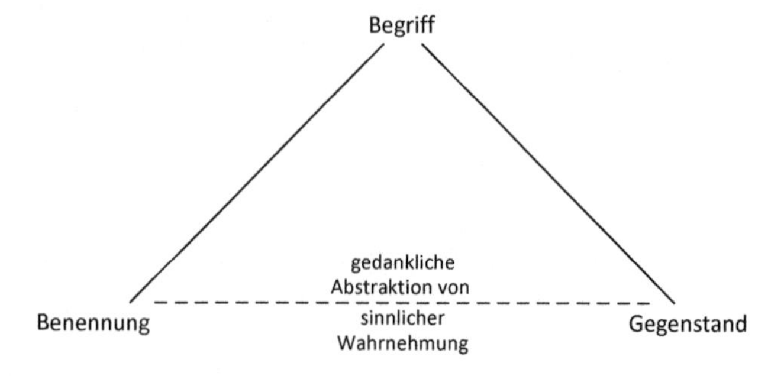

Abb. 2.1 Das semiotische Dreieck nach [OR74]

wir die außersprachliche Wirklichkeit (*Gegenstände*) zu konzeptionellen „Denkeinheiten, die aus einer Menge von Gegenständen unter Ermittlung der diesen Gegenständen gemeinsamen Eigenschaften gebildet wird" zusammenfassen (Definition nach [DIN11b]). Das heißt, jedes wahrgenommene Objekt hat eine auf Basis von Merkmalen gewonnene Abstraktion als Entsprechung in unserer Vorstellungswelt. Dieser mentale Vorgang ist im rechten Schenkel des semiotischen Dreiecks dargestellt.

Zum Dritten besteht ein Zusammenhang zwischen *Begriffen* und ihren *Benennungen*. Die möglichst zweifelsfreie Herstellung dieses Zusammenhangs ist Gegenstand und Ergebnis terminologischer Festlegungen. Die Vereinbarung solcher sprachlicher Konventionen wird durch den linken Schenkel des semiotischen Dreiecks dargestellt. Zwischen einem Begriff und einer Benennung sollte eine eindeutige Beziehung hergestellt werden. Das heißt, dass im Idealfall ein Begriff einer Benennung entspricht und umgekehrt. Häufig tritt allerdings auch der der Fall auf, dass eine Benennung sich auf mehrere Begriffe bezieht (Polysemie, Homonymie) oder ein Begriff durch mehrere Benennungen bezeichnet wird [DIN13]. Man spricht in diesem Fall von Synonymen.

Die folgenden Begriffe der Terminologielehre (vgl. [APM14], [Wue79] und [Sch09]) sind zur Erklärung des „Begriffs als solchem" erforderlich:

- *Merkmale:* Sowohl zur Begriffsbestimmung als auch für die Ermittlung von Begriffsbeziehungen sind die Merkmale von Begriffen von grundlegender Bedeutung. Merkmale geben diejenigen Eigenschaften von Gegenständen wieder, welche zur Begriffsbildung und –abgrenzung dienen [DIN13]. Ein Beispiel eines Merkmals von Verkehrssystemen ist die Art der von ihnen transportierten Verkehrsobjekte.
- *Begriffsinhalt:* Zur Bestimmung des Begriffsinhalts sind alle Merkmale eines Begriffs heranzuziehen [DIN13]. Beispiel hierfür ist eine Unterteilung von Verkehrssystemen hinsichtlich des Merkmals der beförderten Verkehrsobjekte in Personen- oder Güterverkehrssysteme.
- *Begriffsumfang:* Dem Begriffsumfang sind alle auf der nächst niedrigeren Hierarchiestufe stehenden Teilbegriffe zuzuordnen. Dem zuvor genannten Beispiel der Merkmalsbildung folgend, sind „Personenverkehr" und „Güterverkehr" dem Begriff „Verkehr" untergeordnet und stellen somit dessen Begriffsumfang dar [DIN13].
- *Begriffsbeziehungen:* Begriffe stehen in Beziehungen zu anderen Begriffen. Dieser Aspekte wird im nächsten Abschnitt im Zuge der Darstellung systematisch aufgebauter Terminologiegebäude aufgegriffen [DIN13].
- *Definition:* eine Definition dient dazu, einen Begriff zu bestimmen, von anderen Begriffen abzugrenzen und in ein Terminologiegebäude (vgl. Abschn. 2.1.2) einzuordnen.
- *Benennungen:* Benennungen sind sprachliche Bezeichnungen von Begriffen. Zweck von Benennungen ist es, den jeweiligen Begriff innerhalb seines Begriffssystems möglichst genau, knapp und sprachlich richtig zu bezeichnen. Darüber hinaus sollten Benennungen transparent, neutral und ableitbar sein [DIN13].

2.1.2 Terminologiegebäude

Ein Terminologiegebäude (bzw. Begriffssystem im Sinne von [DIN11b], [DIN13] und [DIN80]) ist eine Menge von Termini im Sinne von Abschn. 2.1.1, zwischen denen Beziehungen bestehen oder hergestellt worden sind und die derart ein zusammenhängendes Ganzes darstellen. In einem solchen Terminologiegebäude hat jeder Terminus eine Position, die seine Beziehung zu anderen Termini festlegt [DIN13]. Solche Terminologiegebäude:

- dienen der Ordnung von Wissen
- bilden die Grundlage für Vereinheitlichung und Normung der Terminologie
- ermöglichen einen Vergleich von Begriffen und Benennungen in verschiedenen Sprachen.

Konstituierend für ein Terminologiegebäude sind die Beziehungen zwischen den Termini. Hierbei kann eine Vielzahl unterschiedlicher Relationstypen unterschieden werden (z. B. Abstraktions- oder Bestandsbeziehungen). Zur Darstellung eines Terminologiegebäudes ist es notwendig, die Termini und ihre Beziehungen dauerhaft zu fixieren. Dies geschieht in der Regel in Form spezifischer Beschreibungsmittel (vgl. [Sch09] und [Sch99]) wie beispielsweise graphischer Darstellungen [DIN80].

2.1.3 Prinzipien der Terminologiearbeit

Die Terminologie ist die Wissenschaft über das Gestalten von Begriffssystemen mit dem Ziel eines eindeutigen, klaren und konsistenten Wissenstransfers. Hierbei geht man in der Regel in den folgenden Arbeitsschritten vor.

- *Analyse des Begriffsfeldes:* Am Anfang jeder systematischen Terminologiearbeit muss man sich Klarheit darüber verschaffen, welchem Begriffsfeld der Gegenstand der Betrachtung zuzurechnen ist. Diese Festlegung gestattet es dann, gezielt bestehende Quellen (Fachveröffentlichungen, Thesauri, Glossare) zu erschließen. Diese dienen als Hintergrundmaterial und Referenz für das zu erarbeitende Terminologiegebäude.
- *Erkennen der wesentlichen Merkmale eines Begriffs:* Um Begriffe zweifelsfrei zu kennzeichnen, müssen die wesentlichen Eigenschaften herausgefunden werden, die es erlauben, die Einheit unverwechselbar zu beschreiben. Eigenschaften von Einheiten lassen sich durch Merkmale beschreiben.
- *Einordnen des Begriffs in das Begriffsfeld:* Bei geeigneter Auswahl der Merkmale können über diese grundsätzlichen Zusammenhänge zwischen mehreren verwandten Einheiten hergestellt, bzw. Gemeinsamkeiten herausgestellt werden. Hierüber ordnet sich der Begriff in das Begriffsfeld ein. Es können verschiedene Begriffsbeziehungen identifiziert werden (Abstraktionsbeziehung, Bestandsbeziehung, assoziative Beziehung).

- *Definieren des Begriffs:* Der Begriff ist eine „Denkeinheit, die aus einer Menge von Gegenständen unter Ermittlung gemeinsamer Eigenschaften mittels Abstraktion gebildet wird" [DIN11b]. Termini setzen sich aus Definition und Benennung zusammen. Die Definition ist eine Begriffsbestimmung mit sprachlichen Mitteln und die Benennung eine aus einem Wort oder mehreren Wörtern bestehende Bezeichnung (vgl. [DIN13] und [Men92]).

2.2 Teilbegriffsbestimmung „Strategie"

Unter einer Strategie wird im ursprünglichen Wortsinn (aus dem Altgriechischen: strataegeo) ein „Tun und Handeln" bezüglich „etwas umfassendem", „etwas übergeordnetem" verstanden. Insgesamt kann eine Strategie als ein sich an übergeordneten Zielen orientierendes Denken, Entscheiden und Handeln, das sich nicht durch kurzfristige Vorteile ablenken lässt, angesehen werden [Zop13]. Anwendung fand der Begriff zuerst in der Staatsführung, bevor er durch den preußischen General von Clausewitz eine Fokussierung auf den Militärbereich erfuhr (vgl. hierzu [Cla05]). Unter Strategie werden in der Wirtschaft klassisch die (meist langfristig) geplanten Verhaltensweisen der Unternehmen zur Erreichung ihrer Ziele verstanden. In diesem Sinne zeigt die Unternehmensstrategie in der Unternehmensführung, auf welche Arten ein mittelfristiges (ca. 2–4 Jahre) oder langfristiges (ca. 4–8 Jahre) Unternehmensziel erreicht werden soll.

2.3 Teilbegriffsbestimmung „Management"

Unternehmensabläufe in allen betrieblichen Funktionsbereichen bedürfen einer zielorientierten untereinander koordinierten Gestaltung und Steuerung. Genau die Sicherstellung dessen ist Gegenstand des Managements. Der Begriff Management hat dabei eine zweifache Bedeutung:

- *Management als Institution:* Nach dieser Sichtweise bezeichnet der Begriff Management alle Instanzen, die die Entscheidungs- und Anordnungskompetenz haben und damit über Kompetenzen zur Festlegung, Steuerung und Koordination von eigenen Abläufen oder von solchen untergeordneten Stellen verfügen (vgl. [HBO97] und [Woe96]). Es werden allgemein drei hierarchisch verschiedene Managementebenen unterschieden (Top-Management, Middle-Management und Lower-Management).
- *Management als Funktion:* Als Funktion umfasst Management alle zur Festlegung, Steuerung und Koordination von Abläufen notwendigen Aufgaben, die nicht ausführender Art sind (vgl. [HBO97] und [Woe96]).

In einer prozessualen Dimension gliedert sich Management in die Phasen Zielsetzung, Planung, Entscheidung, Durchsetzung (Realisierung) und Kontrolle. Hierbei umfasst die *Zielsetzung* die Festlegung der betrieblichen Zielsetzungen mit denen das Endziel (die langfristige Gewinnmaximierung) erreicht werden soll. Die *Planung* berücksichtigt, dass betriebliche Ziele auf unterschiedliche Weise erreicht werden können. Insofern umfasst die Planung die gedankliche Verfolgung unterschiedlicher Handlungsalternativen. In der Phase der *Entscheidung* wird aus den zuvor identifizierten Handlungsalternativen die vom Standpunkt der Zielsetzung optimale ausgewählt. In der Realisierungsphase werden für die *Umsetzung* der Planung erforderliche Aufgaben und Verantwortlichkeiten festgelegt. Am Ende erfolgt in der *Überwachung* die Vergewisserung, inwieweit und in welcher Weise die gesteckten Ziele tatsächlich erreicht werden.

Das Management gliedert sich in die Aufgabenfelder des operativen und strategischen Managements. Beide Aufgabenfelder werden nachfolgend dargestellt.

Das *strategische Management* schafft die Voraussetzungen dafür, dass das Verkehrsunternehmen die selbst gesteckten Ziele langfristig erfüllt. „Dazu müssen Strategien formuliert und ausgewählt und mit Hilfe von Aufbau- und Ablaufstrukturen und Managementsystemen umgesetzt werden. Hierdurch werden die externe Ausrichtung (Marktposition) und die interne Ausrichtung (Ressourcenbasis) des Unternehmens bestimmt. Strategisches Management schafft damit den langfristig gültigen Handlungsrahmen, in dem sich einzelne, konkrete Handlungen des Unternehmens vollziehen können [Hun08a]“. Strategisches Handeln unterscheidet sich von der Steuerung des operativen Geschäfts in der größeren zeitlichen Perspektive und in der oftmals größeren finanziellen Auswirkung der Entscheidungen auf das Verkehrsunternehmen. Insbesondere die langfristige Wirkung strategischer Entscheidungen erfordert die Auseinandersetzung mit einer Reihe interner und externer Einflussfaktoren, die für eine Entscheidung auf operativer Ebene keine Rolle spielen [VDI13].

Das *operative Management* vollzieht sich innerhalb des Handlungsrahmens, der durch die strategischen Managemententscheidungen bestimmt wird. Die Vorgaben des strategischen Managements werden weiter detailliert. Gleichzeitig verdichtet es vorhandene Informationen zur Entscheidungsfindung auf strategischer Ebene. Das operative Management im Verkehrsunternehmen hat in der Regel kurzfristigen Charakter. Das operative Management entscheidet über konkrete Handlungen am Markt oder im Verkehrsunternehmen. Zu diesem Zweck sind übergeordnete strategische Ziele zu verfeinern und konkrete Umsetzungsmaßnahmen für die einzelnen Funktionsbereiche des Verkehrsunternehmens zu erarbeiten und umzusetzen [Hun08a]. Die Wirksamkeit des operativen Managements basiert auf der Möglichkeit, kurzfristige Entscheidungen zu treffen und schnell eingreifen zu können. Das operative Management nimmt hierbei die folgenden Aufgaben wahr:

- Koordination der operativen Organisationseinheiten in der täglichen Arbeit und Behandlung von Störungen, so dass die Ziele des Verkehrsunternehmens erreicht werden [VDI13].
- Sicherstellen der Abstimmung in der täglichen Arbeit mit anderen am Betrieb beteiligten Organisationen, um im Gesamtablauf einen effektiven und effizienten Betrieb zu gewährleisten [VDI13].
- Umsetzung übergeordneter Entscheidungen wie beispielsweise die Entwicklung und Einführung geänderter Prozesse, neuer Organisationsstrukturen oder verbesserter Informationsflüsse [VDI13].

Managementsysteme bezeichnen formale Systeme zur Gestaltung, Entwicklung und Steuerung von Unternehmen. Managementsysteme unterstützen Unternehmen dabei, sich in einem zunehmend komplexer werdenden Umfeld aus verwendete Technologien, Prozessen oder Interessengruppen zu behaupten. Sie haben eine unternehmensweite, strategische und operative Koordinationsfunktion. Managementsysteme sind Führungssysteme für die Gestaltung, Lenkung und Entwicklung von Unternehmen und Organisationen. Sie dienen dazu, deren Anpassungsfähigkeit zu stärken und helfen damit Unternehmen, auf mögliche Veränderungen besser vorbereitet zu sein.

2.4 Teilbegriffsbestimmung „Fahrzeugflotte"

Der Begriff der *Flotte* (auch: Fuhrpark) im engeren Sinne bezeichnet die Gesamtheit der Fahrzeuge eines Verkehrsunternehmens die der Erbringung der Verkehrsleistung dienen. Unter dem Fuhrpark im weiteren Sinne werden darüber hinaus die für die Transportausführung und Fahrzeugunterhaltung erforderlichen Einrichtungen eines Betriebes oder einer anderen Organisation mit zugehörigem Personal subsummiert.

Eine Flotte setzt sich aus verschiedenen auf die jeweiligen Einsatzzwecke zugeschnittenen *Fahrzeugen* zusammen. Im Schienenverkehr wird in Regelfahrzeuge (bei Straßenbahnen: Personenfahrzeuge) und Nebenfahrzeuge (bei Straßenbahnen: Betriebsfahrzeuge) unterschieden. *Regelfahrzeuge* müssen den Bauvorschriften der Eisenbahnbau- und Betriebsordnung in vollem Umfang entsprechen. Ihre Bauart erlaubt es, diese Fahrzeuge im Eisenbahnbetrieb (d. h. für den Transport von Personen und Gütern) zu verwenden. Beispiele für Regelfahrzeuge sind Triebfahrzeuge (Lokomotiven, Triebwagen, Kleinlokomotiven) und Wagen (Reisezugwagen und Güterwagen). Der Einsatz von *Nebenfahrzeugen* ist auf spezielle betriebliche Aufgaben der Eisenbahnen beschränkt. Sie müssen den Vorgaben des Gesetzgebers nur insoweit entsprechen, wie es für den ihnen zugedachten Sonderzweck notwendig ist. Beispiele für Nebenfahrzeuge sind beispielsweise schienenfahrbare Gleisbaumaschinen oder Zweiwegefahrzeug [PWH01]. In dieser Hinsicht sind also auch Eisenbahninfrastrukturbetreiber gleichzeitig für ihre so genannte „Yellow Fleet" (d. h. ihre in der Regel gelb lackierten Gleisbaumaschinen) auch Betreiber von Fahrzeugflotten.

In der Regel verfügen Verkehrsunternehmen über ein Fahrzeugportfolio [Kro03], bei dem sich verschiedene Fahrzeugtypen in unterschiedlichen Phasen des Lebenszyklus befinden. Der Begriff Portfolio bezeichnet hierbei eine Sammlung von Objekten eines bestimmten Typs. Er ist insofern auch auf Fahrzeuge anwendbar. Auch eine Flotte ist eine Sammlung von Objekten eines bestimmten Typs. Die Verkehrsunternehmen verfolgen hierbei zwei Ziele:

- *Steuerung der Flottenzusammensetzung:* Abb. 2.2 zeigt beispielhaft die Zusammensetzung der Fahrzeugflotte eines Verkehrsunternehmens (Hamburger Hochbahn) in ihrem zeitlichen Verlauf. Im dargestellten Beispiel der Hamburger Hochbahn wird die seit 1968 eingesetzte Doppeltriebzuggenerationen DT3 bis Ende 2022 außer Dienst gestellt. Die Fahrzeuge der seit 1988 betriebenen Fahrzeuggeneration DT4 werden im betrachteten

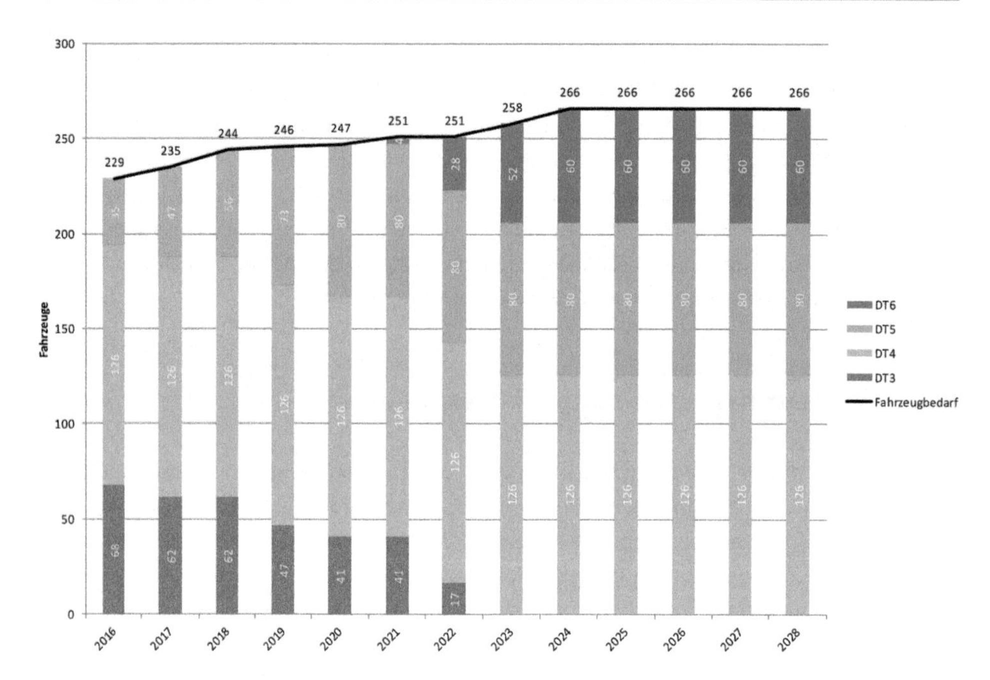

Abb. 2.2 Entwicklung der Flottenstruktur am Beispiel der Hamburger Hochbahn

zeitlichen Horizont weiter betrieben. Alle Fahrzeuge der seit 2010 eingeführten Fahrzeuggeneration DT5 werden bis Ende 2020 in Dienst gestellt. Ab 2021 werden Fahrzeuge der zukünftigen Fahrzeuggeneration DT6 eingeführt. Die Steuerung der Flottenzusammensetzung berücksichtigt die folgenden Aspekte:

- *Risikostreuung:* Verkehrsunternehmen möchten über einen hinsichtlich der Altersstruktur ausbalancierten Fahrzeugmix im Unternehmen verfügen. Durch eine solche Streuung wird vermieden, dass alle Fahrzeuge gleichzeitig mit zunehmendem Alter häufigere Ausfälle aufweisen und damit in Summe der Betrieb des Verkehrsunternehmens unzuverlässiger wird. Zum anderen müssen die langfristigen Lebenszyklen, bzw. Obsoleszenzen bei einzelnen Fahrzeuggenerationen betrachtet werden. Auch sollten Losgrößen nicht zu groß sein, um nicht von einem Lieferanten abhängig zu werden.
- *Finanzielle Restriktionen:* Die Aufgliederung in Teillose hat auch den pragmatischen Hintergrund, dass Verkehrsunternehmen nicht über die finanziellen Mittel verfügen, um auf einen Schlag in eine komplette Erneuerung der Fahrzeugflotte zu reinvestieren. Allerdings sollten aus wirtschaftlichen Gründen nicht zu viele kleine Lose gebildet werden (vgl. hierzu der nächste Aufzählungspunkt).
- *Synergieeffekte:* Losgrößen sollten allerdings auch nicht zu klein sein, denn für jeden Fahrzeugtyp müssen die Verkehrsunternehmen für den Betrieb des Fahrzeugs über die Lebenszeit gewisse Vorkehrungen treffen. Es werden Stücklisten für Ersatzteile angelegt, sowie Mindestbestände im Lager definiert. Es müssen auf die einzelnen Fahrzeugtypen zugeschnittene Arbeitsanweisungen für gewisse Reparaturen erstellt und kommuniziert werden. Mitarbeiter werden für die Bedienung und Instandhaltung

des Fahrzeugs geschult und Diagnosewerkzeuge werden beschafft und aktualisiert. Darüber hinaus muss mit jedem Hersteller eine Kundendienstkommunikation aufgebaut und eine Garantieabwicklung ins Leben gerufen. Werden nun Fahrzeug verschiedener Hersteller (bzw. Lose) gekauft kommt es zu einer Multiplikation der Arbeitsschritte [VDV10]. Des Weiteren können bei zunehmend größeren Vergabelosen auch Skaleneffekte (günstigere Preise) realisiert werden.
- *Steuerung der Flottengröße*: Abb. 2.2 stellt anhand des Beispiels der Hamburger Hochbahn den geplanten Aufwuchs der Flottengröße von 229 U-Bahnfahrzeugen im Jahr 2016 über 251 Fahrzeuge im Jahr 2021 bis auf 266 Fahrzeuge im Jahr 2025 dar. Die Entwicklung der Flottengröße ist von verschiedenen Einflussfaktoren abhängig:
  - *Veränderung des verkehrlich erforderlichen Fahrzeugbedarfs:* Die Verkehrsnachfrage verändert sich langfristig beispielsweise durch veränderte Verkehrsmittelnutzungspräferenzen der Bevölkerung oder veränderte raumstrukturelle Rahmenbedingungen. Dies findet in der Planung der Flottengröße Berücksichtigung. Veränderungen in der Verkehrsnachfrage münden langfristig in Angebotsanpassungen (Linienverlängerungen, Kapazitätsausweitungen durch veränderte Gefäßgrößen oder Taktverdichtungen), welche bei der Dimensionierung der Fahrzeugflotte berücksichtigt werden müssen.
  - *Bestimmung der Fahrzeugreserve*: Die vorgehaltene Flottengröße muss eine ausreichende Fahrzeugreserve aufweisen. Über die für den Regelverkehr benötigten Fahrzeuge in der Spitze an Regelwerktagen ist eine Reserve erforderlich. Nur so kann bei unvorhergesehenen Fahrzeugausfällen und Betriebsstörungen das Leistungsangebot möglichst vollständig aufrecht erhalten werden. Die Größe der Fahrzeugreserve bestimmt sich aus wahrscheinlichkeitstheoretischen Betrachtungen (insbesondere hinsichtlich zufälliger Ausfälle) in Kombination mit einer angestrebten Wahrscheinlichkeit für die vollumfängliche Aufrechterhaltung des Leistungsangebotes [VDV98a].

Im Zuge einer strategischen Vorausschau wird frühzeitig das Erreichen des Endes der betriebswirtschaftlich sinnvollen Nutzungsdauer der Fahrzeuge (vgl. [Leu08]) erkannt, sowie aus einer größeren Verkehrsnachfrage resultierender Bedarf zur Vergrößerung der Fahrzeugflotte erkannt. Lastenhefte für zukünftige Fahrzeuggenerationen werden frühzeitig inhaltlich ausgearbeitet und mit allen Beteiligten abgestimmt. So kann der Beschaffungsprozess frühzeitig initiiert werden. Auf dieser Grundlage kann auch die Außerbetriebnahme der Fahrzeuge zeitgerecht geplant werden (vgl. Abb. 2.2). Die Darstellung in diesem Abschnitt verdeutlicht, dass Entscheidungen zu Flottengröße und Flottenstruktur (sog. Flottenmix) für das Verkehrsunternehmen von essentieller Bedeutung sind und daher zwingend Gegenstand dedizierter Managementaktivitäten sein müssen.

2.5 Teilbegriffsbestimmung „öffentlicher Personenverkehr"

Öffentlicher Personenverkehr ist die allgemein zugängliche Beförderung von Personen im Linienverkehr (Definition in Anlehnung an das Regionalisierungsgesetz, RegG). Über die verkehrsträgerspezifischen Gesetze (vgl. Abschn. 4.2.2) hinweg werden hierfür größtenteils einheitliche Begriffsmerkmale verwendet. Sie unterscheiden sich lediglich hinsichtlich der betrachteten Verkehrsmittel. Nachfolgend werden die Elemente der Legaldefinitionen näher betrachtet, um zu verstehen, was konkret den öffentlichen Personenverkehr auszeichnet:

- *Personenbeförderung:* In Abgrenzung zum Güterverkehr werden Personen vom Start zum Ziel ihrer Reise befördert [Bau13]. Dies schließt das Gepäck der Reisenden mit ein. Aus der Beförderung von Personen resultieren erhebliche gesetzliche Vorgaben zur Gewährleistung der Sicherheit der Fahrgäste (bzw. zur Vermeidung von Risiken).
- *Linienverkehr:* In Abgrenzung zum Gelegenheitsverkehr bezeichnet der Linienverkehr einen regelmäßigen Verkehr auf einer bestimmten Strecke. Die *Streckenbindung* ergibt sich aus der Festlegung bestimmter Anfangs- und Endpunkte, an denen Fahrgäste ein- und aussteigen können. Die *Regelmäßigkeit* eines Verkehrs bedeutet, dass die Strecke und Zeitlage im Voraus bestimmt werden (ergibt sich aus dem Fahrplan, sog. *Fahrplanpflicht*), so dass sich Fahrgäste auf die Nutzung des Verkehrsangebotes einstellen können [Bau13]. Eine ausreichende Verkehrsbedienung im Sinne einer Daseinsvorsorge ist im gemeinwirtschaftlichen Interesse. Die *Betriebspflicht* ist eine gemeinwirtschaftliche Auflage im Verkehrssektor. Wenn Verkehrsunternehmen der Betriebspflicht unterliegen sind sie gehalten, ihre Anlagen quantitativ und qualitativ ausreichend zu bemessen und den Betrieb nicht ohne Zustimmung der Genehmigungsbehörde einzustellen.
- *Allgemeinzugänglichkeit:* Die Nutzung des Verkehrsangebotes steht einem unbestimmten und unbeschränkten Personenkreis offen. Der Betreiber ist gegenüber jedermann zur Beförderung verpflichtet (sog. Beförderungspflicht) [Bau13]. Auch müssen Verkehrsunternehmen Tarife aufstellen, veröffentlichen und allgemein anwenden (sog. *Tarifpflicht*).

Je nachdem, wie groß das Bedienungsgebiet ist, kann nach dem räumlichen Umgriff des öffentlichen Verkehrssystems in einen öffentlichen Nah- oder Fernverkehr unterschieden werden. Nahverkehr ist hierbei in der Regel gekennzeichnet durch eine begrenzte Beförderungsweite (50 km) oder eine begrenzte Beförderungsdauer (1 Stunde).

Literatur

[APM14] Arntz, Rainer, Heribert Picht, und Felix Mayer. 2014. *Einführung in die Terminologiearbeit.* Olms: Hildesheim.

[Bau13] Baumeister, Hubertus. Hrsg. 2013. *Recht des ÖPNV – Praxishandbuch für den Nahverkehr – Band 2 (Kommentar).* Hamburg: DVV Media.

[Cla05] von Clausewitz, Carl. 2005. *Vom Kriege.* Frankfurt: Insel Verlag.

[DIN11b] Deutsches Institut für Normung. 2011. DIN 2342:2011-08: *Begriffe der Terminologielehre.* Berlin: Beuth Verlag.

[DIN13] Deutsches Institut für Normung. 2011. DIN 2330:2013-07: *Begriffe und Benennungen – allgemeine Grundsätze*. Berlin: Beuth Verlag.

[DIN80] Deutsches Institut für Normung. 1980. DIN 2331: *Begriffssysteme und ihre Darstellung*. Berlin: Beuth Verlag.

[HBO97] Huch, Burkhard, Wolfgang Behme, und Thomas Ohlendorf. 1997. *Rechnungswesenorientiertes Controlling*. Heidelberg: Physica-Verlag.

[Hun08a] Hungenberg, Harald. 2008. *Strategisches Management in Unternehmen*. Wiesbaden: Gabler.

[Kro03] Krötz, Werner. 2003. Die Fahrzeugstrategie der DB AG: Reduktion der Typenvielfalt. *Eisenbahntechnische Rundschau* 52 (4): 165–170.

[Leu08] Leuthardt, Helmut. 2008. Betriebswirtschaftlich optimale Nutzungsdauer von Linienbussen. *Der Nahverkehr* 26 (9): 33–37.

[OR74] Ogden, Charles K., und Ivor A. Richards. 1974. *Die Bedeutung der Bedeutung: eine Untersuchung über den Einfluss der Sprache und der Wissenschaft des Symbolismus*. Frankfurt: Suhrkamp.

[Men92] Menne, Albert. 1992. *Einführung in die Methodologie*. Darmstadt: Wissenschaftliche Buchgesellschaft.

[PWH01] Pätzold, Fritz, Klaus-Dieter Wittenberg, Horst-Peter Heinrichs, und Walter Mittmann. 2001. *Kommentar zur Eisenbahn- Bau- und Betriebsordnung (EBO)*. Darmstadt: Hestra-Verlag.

[Sau01] Saussure, Ferdinand. 2001. *Grundfragen der allgemeinen Sprachwissenschaft*. Berlin: de Gruyter.

[Sch09] Schnieder, Lars. 2009. *Formalisierte Terminologien technischer Systeme und ihrer Zuverlässigkeit*. Dissertation Technische Universität Braunschweig.

[Sch99] Schnieder, Eckehard. 1999. *Methoden der Automatisierung*. Braunschweig: Vieweg Verlag.

[SW76] Shannon, Claude, und Warren Weaver. 1976. *Mathematische Grundlagen der Informationstheorie*. München: Oldenbourg.

[VDI13] Verein Deutscher Ingenieure. 2013. *VDI 2896: Instandhaltungscontrolling innerhalb der Anlagenwirtschaft*. Düsseldorf: VDI.

[VDV10] Verband Deutscher Verkehrsunternehmen. 2010. *VDV-Mitteilung 2315 – Life Cycle Cost (LCC) bei Linienbussen – Bewertungskriterien bei Ausschreibungen*. Köln: Verband Deutscher Verkehrsunternehmen.

[VDV98a] Verband Deutscher Verkehrsunternehmen. 1998. *VDV-Schrift 801 – Fahrzeugreserve in Verkehrsunternehmen*. Köln: Verband Deutscher Verkehrsunternehmen.

[Wue79] Wüster, Eugen. 1979. *Einführung in die allgemeine Terminologielehre und Terminologische Lexikographie*. Wien: Springer.

[Woe96] Wöhe, Günther. 1996. *Einführung in die allgemeine Betriebswirtschaftslehre*. München: Vahlen.

[Zop13] Zopp, Julian. 2013. *Systemisches und evolutionsbasiertes Technologiemanagement*. Dissertation Technische Universität Braunschweig, Vulkan Verlag (Essen).

3 Grundlegende Modellkonzepte

Modelle helfen, komplexe Sachverhalte zu verdeutlichen. Modelle werden daher auch in diesem Buch genutzt, um spezielle Teilaspekte des Gegenstandsbereichs des strategischen Managements von Fahrzeugflotten im öffentlichen Verkehr zu erläutern. Um verschiedene Aspekte zu verdeutlichen, werden mehrere einander ergänzende Modelle verwendet. Das Kapitel beginnt mit einer Begriffsbestimmung. Der Begriff des Modells wird durch die Darstellung seiner konstituierenden Merkmale definiert (vgl. Abschn. 3.1). Anschließend werden die für dieses Buch grundlegende Modellkonzepte beschrieben. Kybernetische Modelle, die allgemeine Prinzipien des Managements verdeutlichen, werden in Abschn. 3.2 dargestellt. Der Gegenstand des in diesem Buch betrachteten Managements, d. h. die Fahrzeuge einer Flotte, werden abstrakt durch Phasenmodellen wie beispielsweise ihren Lebenszyklus verdeutlicht (vgl. Abschn. 3.3). Diese beiden grundlegenden Modellkonzepte (kybernetische Modelle und Phasenmodelle) sind für die konzeptionelle Struktur dieses Buches grundlegend.

3.1 Begriffsbestimmung „Modell"

Dieser Abschnitt rückt den Begriff des Modells an sich in den Vordergrund. Modelle sind nach [Sta73] durch drei Merkmale gekennzeichnet:

- *Abbildungsmerkmal:* Modelle sind stets Modelle von etwas, nämlich Abbildungen natürlicher oder künstlicher Originale. Modelle erlauben ein „anschauliches verstehen in anschaulichen Maßstäben" [Men92]. Sie greifen hierbei auf bekannte Gebilde zurück, deren Zusammenhänge bereits als sicher erforscht gelten [Rop12]. Im Falle des vorliegenden Buches bilden Modelle relevante Aspekte des Managements von Verkehrsunternehmen ab.

L. Schnieder, *Strategisches Management von Fahrzeugflotten im öffentlichen Personenverkehr*, VDI-Buch, https://doi.org/10.1007/978-3-662-56608-4_3

- *Verkürzungsmerkmal:* Modelle erfassen nicht die ganze Wirklichkeit. Sie abstrahieren von allen Besonderheiten des durch sie repräsentierten Objekts. Modelle erfassen nur jene Attribute, die für den Ersteller und den Nutzer des Modells wichtig sind [Rop12]. Sie bringen hierdurch bestimmte Sachverhalte zur Geltung, in dem sie unvermeidlich andere Sachverhalte vernachlässigen [VDI00].
- *Pragmatisches Merkmal:* Modelle erfüllen ihre Ersetzungsfunktion für „bestimmte – erkennende und/oder handelnde modellbenutzende“ Personen. Modelle erfüllen diese Funktion innerhalb bestimmter Zeitintervalle. Sie sind nur eine bestimmte Zeit lang gültig, da sich gegebenenfalls das vom Modell repräsentierte Objekt mittlerweile verändert haben kann. Darüber hinaus ist die Ersetzungsfunktion auf bestimmte gedankliche und tatsächliche Operationen eingeschränkt. Das bedeutet, ein Modell dient einem bestimmten Zweck. Im Falle des vorliegenden Buches ist dieser Zweck das ergebnisorientierte Management von Verkehrsunternehmen [Rop12].

3.2 Kybernetische Modelle

Für die Kybernetik ist die Kursgebung eines Schiffes namensgebend: Der Steuermann, der das Ruder betätigt, wenn das Schiff vom vorgegebenen Kurs abweicht heißt im Griechischen „Kybernétes“ [Rop12]. Nachfolgend wird das kybernetische Grundmodell (Abschn. 3.2.1) mit entsprechenden Erweiterungen im Sinne eines Kaskadenregelkreises (Abschn. 3.2.2) und eines Mehrgrößenregelkreises (Abschn. 3.2.3) vorgestellt.

3.2.1 Kybernetisches Grundmodell

Für die Kybernetik ist das Modell des *Regelkreises* zentral. Ein Regelkreis ist ein in sich geschlossener Wirkungsablauf für die Beeinflussung einer physikalischen Größe in Prozessen. Regelkreisdarstellungen sind gut geeignet, um Wechselwirkungen von Systemmerkmalen darzustellen [VDI13]. Der Regelkreis ist ein allgemeines Organisationsprinzip, welches sowohl für technische Systeme als auch für organisatorische Systeme (zum Beispiel die Unternehmensführung von Verkehrsunternehmen) angewendet werden kann. Konkret findet das Regelkreisprinzip in der Unternehmensführung als Regelkreis des Qualitätsmanagements (sogenannter Deming-Kreis) Anwendung. Das Qualitätsmanagement strebt nach einer kontinuierlichen Verbesserung unternehmerischer Prozesse. Erfahrungen aus den Prozessen fließen wieder zurück in die Planung, so dass ein geschlossener Regelkreis entsteht.

Ein Regelkreis ist eine rückgekoppelte Wirkstruktur, die aus verschiedenen Elementen besteht (vgl. Abb. 3.1). Die *Regelstrecke* repräsentiert den Prozess, der durch einen Regelkreis gezielt beeinflusst werden soll. Auf die Regelstrecke wirken externe Einflüsse (Störgrößen), welche einen Einfluss auf die zu regelnde Ausgangsgröße (Regelgröße) haben. Die aktuellen Werte des Prozesses werden vom *Messglied* erfasst. An dieser Stelle erfolgt eine

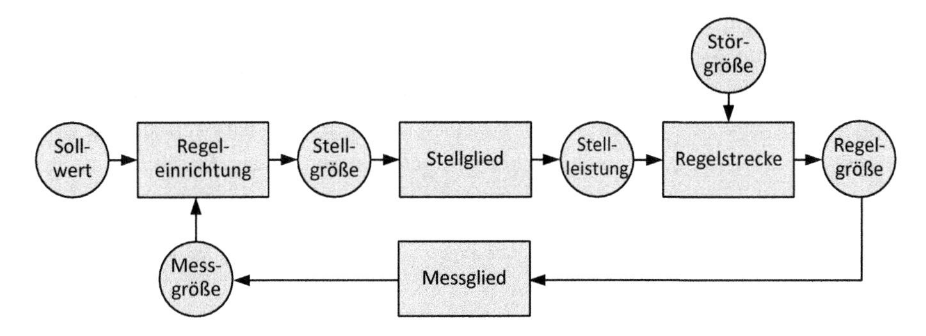

Abb. 3.1 Kybernetisches Grundmodell

Leistungswandlung von Energie zu Information. Die erfasste Messgröße wird der *Regeleinrichtung* zugeführt. Dort erfolgt ein Vergleich der Messgröße mit den Führungsgrößen (Sollwert). Aus der erkannten Abweichung wird eine Stellgröße ermittelt. Das *Stellglied* führt eine Leistungswandlung von Information zu Energie durch. Über die Stellleistung des Stellgliedes wird wiederum die *Regelstrecke* beeinflusst. Durch das zentrale Prinzip der Rückkopplung (Feedback) wird einer Abweichung der Regelgröße vom Sollwert kontinuierlich entgegengewirkt. Die mit dem Regelkreis geregelte Ausgangsgröße verhält sich robust gegenüber angreifenden externen Einflüssen (Störgrößen) an der Regelstrecke.

3.2.2 Kaskadenregelkreis

Bei der Kaskadenregelung handelt es sich um eine Vermaschung (Kaskadierung) mehrerer Regelkreise. Die zugehörigen Regelkreise sind ineinander geschachtelt (vgl. Abb. 3.2). Die Ausgangsgröße des äußeren Regelkreises dient dabei als Führungsgröße (innerer Sollwert) des inneren Regelkreises. Die gesamte Regelstrecke wird dadurch in kleinere, besser

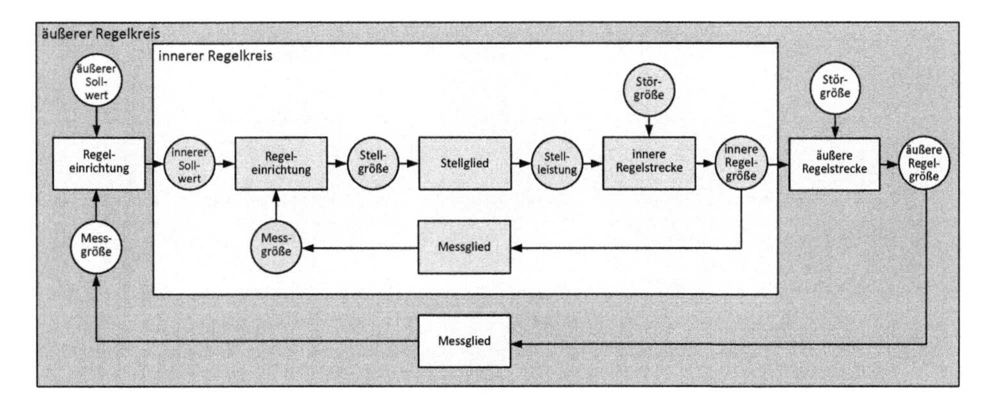

Abb. 3.2 Modell eines Kaskadenregelkreises

regelbare Teilstrecken untergliedert. Gegenüber einem direkt wirkenden Regler erhöht sich hierdurch die Regelgenauigkeit. Mit Kaskadenregelkreisen können Managementaktivitäten mit unterschiedlicher (d. h. strategisch oder operativ, vgl. Abschn. 2.3) Reichweite modelliert werden. Hierbei weist der äußere Regelkreis einen strategischen Charakter auf. Der innere Regelkreis erhält Vorgabewerte vom äußeren Regelkreis. Der innere Regelkreis ist durch seine ständig stattfindenden Maßnahmen dem operativen Management zuzuordnen [VDI13].

3.2.3 Mehrgrößenregelkreis

Bei komplexen technischen und organisatorischen Prozessen müssen mehrere Größen gleichzeitig geregelt werden, wobei diese Größen voneinander abhängig sind. Bei Änderung einer Eingangsgröße (Stellgröße) wird zusätzlich eine andere Ausgangsgröße (Regelgröße) oder auch alle anderen Ausgangsgrößen beeinflusst. Bei Mehrgrößen-Regelstrecken sind die Eingangsgrößen und Ausgangsgrößen untereinander gekoppelt. Dies wird beispielhaft in Abb. 3.3 deutlich. Hierbei nimmt wirkt über das Koppelglied 1.2 die Stellgröße des oberen Regelkreises 1 auf den unteren Regelkreis 2 ein. Gleichzeitig kommt es über das Koppelglied 2.1 zu einer Rückwirkung aus dem unteren Regelkreis 2 auf den oberen Regelkreis 1.

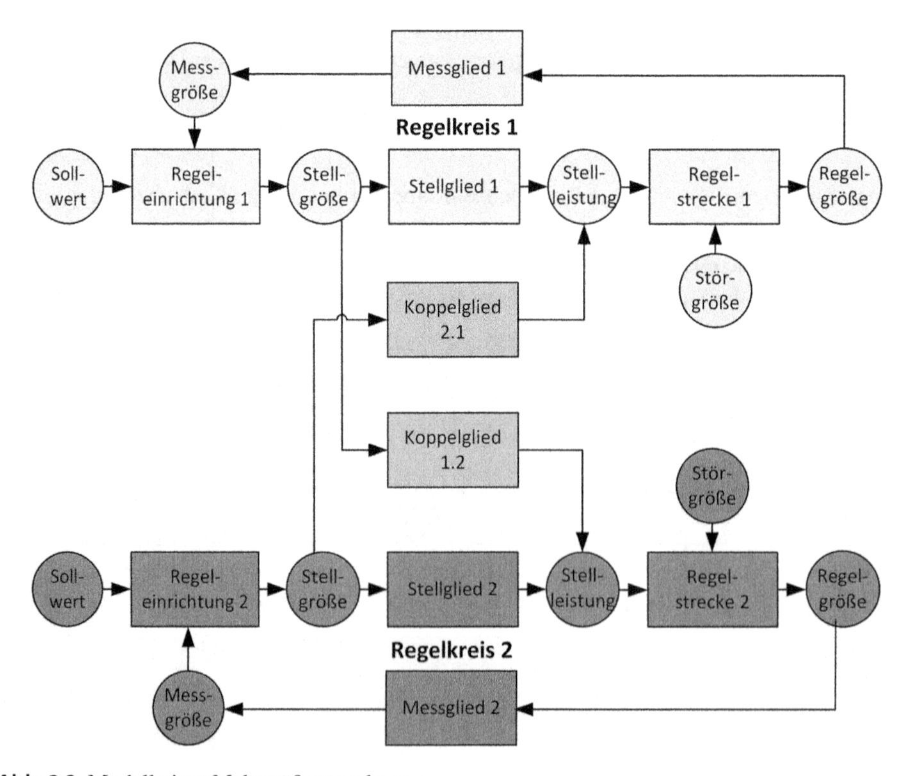

Abb. 3.3 Modell einer Mehrgrößenregelung

3.3 Phasenmodelle

Phasenmodelle strukturieren das zeitliche Geschehen im Zusammenhang mit einem interessierenden Beobachtungsgegenstand. Hierfür werden verschieden Abschnitte in einem zeitlichen Verlauf identifiziert und in einer sinnfälligen logischen Ordnung dargestellt. Das Ziel ist hierbei, die im zeitlichen Verlauf auftretenden Aufgabenstellungen und Aktivitäten zu strukturieren. Es werden verschiedene Lebenszyklusmodelle erörtert (Abschn. 3.3.1). In den Ingenieurwissenschaften werden Phasenmodelle insbesondere in der Entwicklung komplexer technischer Systeme verwendet (Abschn. 3.3.2). Diese Art Phasenmodelle werden auf Grund ihrer Bedeutung für das Flottenmanagement ebenfalls in diesem Abschnitt behandelt.

3.3.1 Lebenszyklusmodelle

Wie bei Lebewesen, so gilt auch für die aus Sicht des Verkehrsunternehmens relevanten Betrachtungsgegenstände (d. h. für dieses Buch die in einem Verkehrsunternehmen eingesetzten Fahrzeuge), das Gesetz des Werdens und Vergehens. Es lässt sich daher für diese Objekte ein Lebenszyklus abgrenzen. Dieser bezeichnet einen Zeitraum über den sie entwickelt, geplant, erworben, gefertigt, instandgehalten, betrieben, stillgelegt, entsorgt oder veräußert werden und damit zu Auswirkungen auf die Zielerreichung des Verkehrsunternehmens führen. Für bestimmte Typen von Objekten (z. B. Produkte, Anlagen und Technologien) sind spezifische Lebenszyklusmodelle entwickelt worden [Goe00]. Diese beinhalten eine Strukturierung des Lebenszyklus durch eine Aufgliederung in Phasen oder Schritte, denen typische Eigenschaften, Aufgaben oder Entscheidungen zugeordnet werden. Außerdem werden in einigen Modellen Aussagen zu charakteristischen Verläufen von monetären Größen wie den Lebenszykluskosten getroffen. Insgesamt dienen allgemeine Lebenszyklusmodelle primär der Beschreibung oder Erklärung grundlegender Zusammenhänge. Darüber hinaus können im Rahmen unternehmensspezifischer Analysen Modelle gebildet und ausgewertet werden, um konkrete lebenszyklusbezogene Entscheidungen vorzubereiten [Goe00].

3.3.1.1 Lebenszyklus von Produkten

Der Produktlebenszyklus ist ein Konzept der Betriebswirtschaftslehre. Es beschreibt den Prozess der Markteinführung bzw. der Fertigstellung eines marktfähigen Produktes bis zu seiner Herausnahme aus dem Markt. Beim Produktlebenszyklus wird die „Lebensdauer" eines Produktes am Markt in mehrere Phasen unterteilt, welche die Hauptaufgaben der aktiven Produktpolitik im Rahmen des Lebenszyklus-Managements (engl. life cycle management) darstellen. Der Produktlebenszyklus gilt in den meisten Fällen nur für Konsumgüter. Der Produktlebenszyklus beschreibt, wie neue Produkte auf den Markt kommen (Produktinnovation) und bereits eingeführte Produkte den ständig wechselnden Marktverhältnissen angepasst werden (Produktvariation). Eine bereits vorhandene Produktlinie wird um eine weitere Variante ergänzt (Produktdifferenzierung). Neue Produktlinien

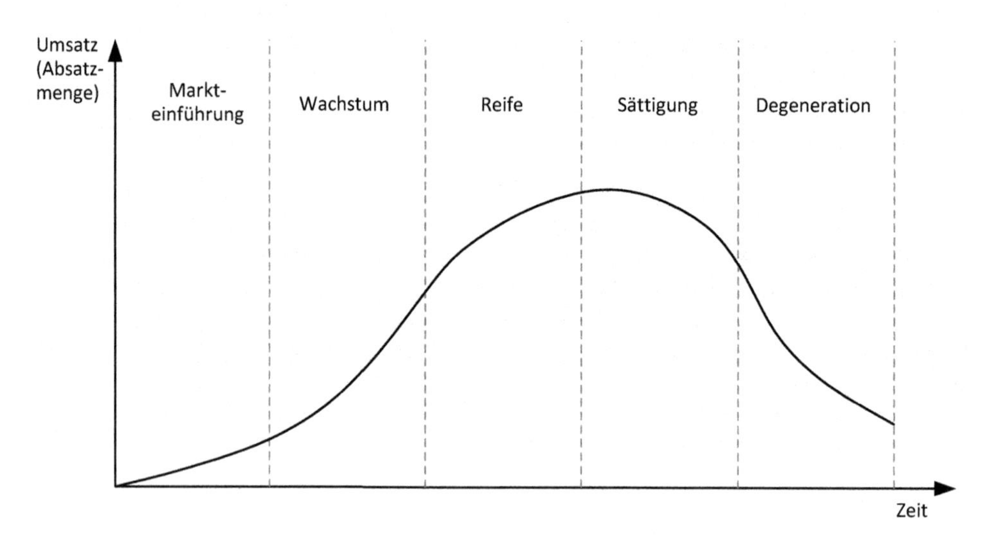

Abb. 3.4 Produktlebenszyklus im engeren Sinne (Marktzyklus)

werden aufgenommen, die horizontal, vertikal oder lateral in Beziehung zu den bisherigen stehen (Produktdiversifikation). Andererseits werden sich wirtschaftlich nicht mehr tragfähige Produkte aus dem Markt genommen (Produktelimination). Im Folgenden wird zunächst der typische Funktionsverlauf der Lebenszyklusmodelle aufgezeigt und ein Grundmodell aufgestellt. Dieses Grundmodell (Marktzyklus) ist in Abb. 3.4 dargestellt.

Der zuvor dargestellte klassische Produktlebenszyklus (=Marktzyklus) wurde in einer Fortentwicklung um einen Entwicklungs- und Nachsorgezyklus zu ergänzt, da beträchtliche mit einem zu vermarktenden Produkt im Zusammenhang stehende Kosten und Erlöse sowohl bereits vor Markteinführung als auch nach dem Verkauf des letzten Produkts anfallen. Das so genannte integrierte Lebenszyklusmodell bietet eine gesamtheitliche Sicht auf die Phase der Produktentstehung (*Entstehungszyklus*), die Phase des Angebots am Markt (*Marktzyklus*, das heißt der in Abb. 3.4 dargestellte klassische Lebenszyklus) und die Verpflichtungen als Folge des Angebots am Markt (*Nachsorgezyklus*). Die drei Teilzyklen können sich zeitlich überschneiden. Beispielsweise beginnen die Nachsorgeverpflichtungen (Garantie-, Reparatur- und Serviceleistungen) der Fahrzeughersteller bereits mit der Abnahme des ersten Fahrzeugs durch das Verkehrsunternehmen. Gleichzeitig sind auch Entwicklungsarbeiten um Zeitpunkt der Abnahme noch nicht abgeschlossen, da das Fahrzeug gegebenenfalls im Betrieb (geplant oder ungeplant) verändert wird [Sti09].

3.3.1.2 Lebenszyklus von Anlagen

Die zuvor dargestellten produktorientierten Lebenszykluskonzepte greifen für die Betrachtung in diesem Buch zu kurz, da sie die – insbesondere für Schienenfahrzeuge prägenden – langen Lebensdaueranteile vernachlässigen, in denen das Fahrzeug im Besitz von Verkehrsunternehmen ist und bei diesen im laufenden Betrieb Kosten verursacht. Von grundlegender Bedeutung für das Konzept zur Ermittlung der Lebenszykluskosten ist ein Grundverständnis über den Anlagenlebenszyklus sowie Tätigkeiten, die während dieser Phasen ausgeführt werden. Wesentlich ist auch ein Verständnis der Beiträge dieser Tätigkeiten zu Leistung, Sicherheit, Funktionsfähigkeit, Instandhaltbarkeit und anderen Merkmalen der Fahrzeuge inklusive der sich ergebenden Lebenszykluskosten. In den vergangenen Jahren hat sich in den Verkehrsunternehmen eine deutliche Entwicklung abgezeichnet: In Zeiten knapper werdender Budgets steigen die Anforderungen der Verkehrsunternehmen hinsichtlich der Leistung und der Lebensdauer von Fahrzeugen. Heute nimmt eine Betrachtung der Lebenszykluskosten bereits eine große Rolle bei der Kaufentscheidung neuer Fahrzeuge ein. Durch eine modellgestützte Planung, Erfassung und Auswertung von Lebenszykluskosten soll vor allem erreicht werden, dass Verkehrsunternehmen bei einer Kaufentscheidung sämtliche Beschaffungskosten und Folgekosten sowie etwaige Qualitäts- und Leistungsunterschiede in angemessener Weise mit einbeziehen. Lebenszyklusbezogene Analysen sind insbesondere bei Betriebsmitteln wie Fahrzeugen sinnvoll, da es sich bei diesen häufig um komplexe Systeme handelt, die über relativ lange Zeiträume im Verkehrsunternehmen genutzt werden und bei denen mit der Entscheidung über alternative Ausgestaltungsformen Wechselwirkungen zwischen den Kosten in verschiedenen Lebenszyklusphasen verbunden sind. Ein Beispiel hierfür ist die Entscheidung zwischen unterschiedlichen Antriebskonzepten von Bussen wie beispielsweise klassische dieselgetriebene Fahrzeuge über Hybridfahrzeuge bis hin zu voll elektrischen Fahrzeugen, bei denen höhere Anschaffungskosten durch geringere Betriebsaufwände für Primärenergie kompensiert werden [KSS15].

Abb. 3.5 zeigt das Verständnis des Lebenszyklus nach [DIN05a] und [DIN14], welches aus sieben aufeinander folgenden Hauptphasen besteht. Von den in Abb. 3.5 dargestellten

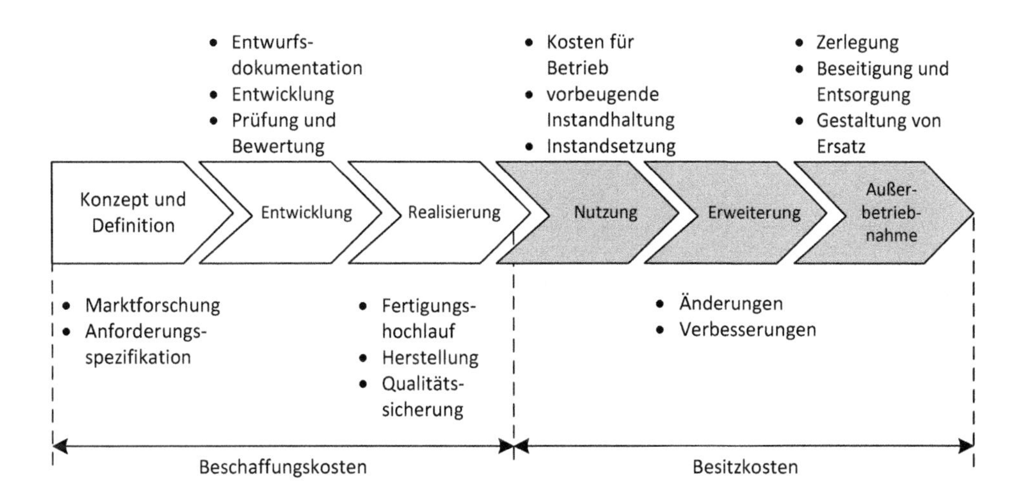

Abb. 3.5 Phasen des Anlagenlebenszyklus nach [DIN05a] und [DIN14] mit phasenbezogenen (kostenverursachenden) Aufgaben

Phasen betreffen die ersten drei Phasen die *Beschaffungskosten* eines Fahrzeugs und die letzten drei Phasen die Besitzkosten. Die Beschaffungskosten sind im Allgemeinen sichtbar und können noch vor der Entscheidung über die Beschaffung leicht bewertet werden. Die *Besitzkosten* hingegen, die oft einen Hauptteil der Lebenszykluskosten ausmachen und in vielen Fällen die Beschaffungskosten übersteigen, sind nicht unmittelbar sichtbar. Diese Kosten sind schwierig vorherzubestimmen und können auch Kosten im Zusammenhang mit dem Einbau beinhalten. Entsorgungskosten können einen wesentlichen Anteil an den gesamten Lebenszykluskosten darstellen. Die Gesetzgebung kann Aktivitäten innerhalb der Entsorgungsphase verlangen, so dass für größere Projekte (bspw. Atomkraftwerke) hierfür beachtliche Aufwendungen notwendig werden.

3.3.1.3 Lebenszyklus von Technologien

Auch Technologien können in Lebenszyklusmodellen dargestellt werden. Dem Modell (S-Kurven-Konzept) liegt die Annahme zugrunde, dass Technik bezüglich ihres Weiterentwicklungspotentials immer wieder an technische Leistungsgrenzen stößt. Somit dient das Lebenszyklusmodell zur Erkennung von möglichen Technikspüngen und unterstützt Unternehmen bei der Entscheidung, zu einer neuen Technik zu wechseln oder eine solche zu entwickeln. Die S-Form der Kurve bezieht sich auf den Zusammenhang der Leistungsfähigkeit einer Technik mit dem dazugehörigen Forschungs- und Entwicklungsaufwand (alternativ sind auch die Zeit oder die Absatzmenge möglich). Die Steigung der Kurve beschreibt dabei den Gewinn an Leistungsfähigkeit durch einen zusätzlichen Aufwand an Forschungs- und Entwicklungsarbeit, also die Produktivität der Forschung und Entwicklung. Das S-Kurven-Konzept nach Foster (Mitarbeiter der Unternehmensberatung McKinsey) gründet auf dem Technologielebenszyklus-Modell nach Arthur D. Little, wonach sich Technologien einem idealtypischen Lebenszyklus, ähnlich wie Produkte dem

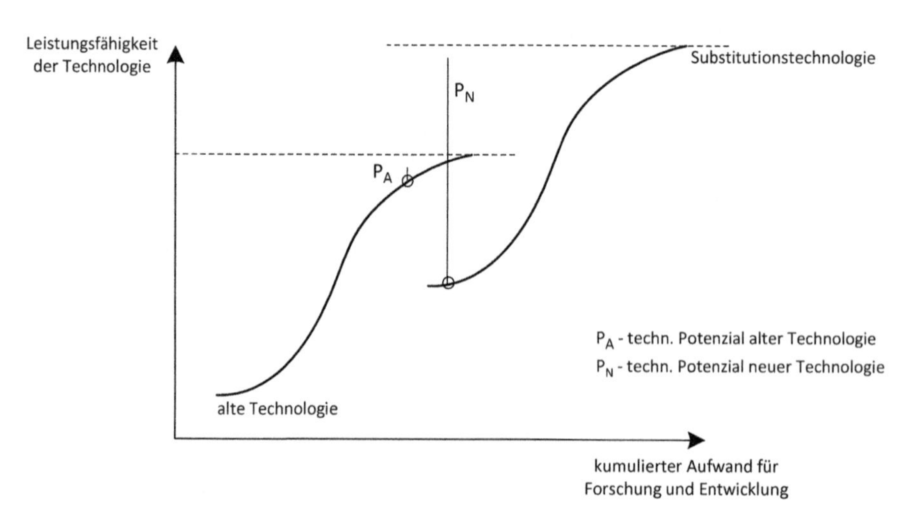

Abb. 3.6 Technologielebenszyklus

Produktlebenszyklus, entwickeln (vgl. Abb. 3.6). Mithilfe dieses Modells kann das Wettbewerbspotenzial von Technologien in Abhängigkeit von der Zeit abgetragen werden. Es wird davon ausgegangen, dass sich Technologien im Zeitverlauf in verschiedenen Phasen entwickeln. Unterteilt werden in diesem Zusammenhang a) die Entstehungsphase mit Aktivitäten der Forschung und Entwicklung, b) die Wachstumsphase, c) die Reifephase sowie d) die Phase der Alterung bzw. der Abschöpfung einer Technologie.

3.3.2 Konstruktions- und Entwurfsmethoden

Der Fokus von Konstruktions- und Entwurfsmethoden richtet sich darauf, mehr oder weniger zufällige Ergebnisse von Konstruktion und Entwicklung zu systematisieren. Das Ergebnis ist im Allgemeinen eine bessere Messbarkeit (und damit Steuerbarkeit) sowie eine Beschleunigung des Entwicklungsprozesses.

3.3.2.1 Produktentwicklungsprozess in der Fahrzeugentwicklung

Anforderungen an die Leistungsfähigkeit von Fahrzeugen nehmen stetig zu. Gleichzeitig werden Gesetze und Zulassungsregeln (beispielsweise im Umweltbereich oder im Rahmen der europäischen Harmonisierung im Schienenverkehr) immer anspruchsvoller. Um Fahrzeuge in hoher Qualität und zu den vereinbarten Bedingungen (vereinbarte technische Eigenschaften, Termine und Kosten) in Betrieb zu nehmen, sind in der Fahrzeugentwicklung Methoden und Prozesse anzuwenden, die sich auf eine frühe Fehlerprävention konzentrieren [VDB15]. Die damit verbundene systematische Absicherung der Ergebnisse reduziert dabei den Aufwand und die Kosten nachträglicher korrektiver Maßnahmen. In einem Produktentwicklungsprozess (PEP) werden einzelnen Phasen konkrete Entwicklungsziele zugeordnet:

- *Generische Phasen:* Der Produktentwicklungsprozess ist in Phasen gegliedert, die mit der Angebotsphase beginnen und mit der Gewährleistungsphase enden. Der PEP beinhaltet dabei die Engineering-Phasen „Angebot/Klärung“, „Konzept“, „Intermediate Design“ und „Final Design“. Diese Phasen sind in Anlehnung an [VDI04] und [VDI93] aufgebaut. Die weiteren Phasen orientieren sich an [BMV11] und der etablierten Praxis zur Inbetriebnahme von Schienenfahrzeugen.
- *Meilensteine:* Für den Abschluss einzelner Phasen des Produktentstehungsprozesses müssen definierte Ergebnisse vorliegen. Auf diese Weise lässt sich feststellen, ob die jeweiligen Ziele erreicht wurden (Quality Gates, vgl. [HG12]). Die Meilensteine dienen darüber hinaus als Grundlage für die Abstimmung und Synchronisation in der Lieferkette.

Der Schlüssel für ein erfolgreiches Fahrzeugentwicklungsprojekt ist eine erfolgreiche Integration der Lieferkette in das Fahrzeugentwicklungsprojekt. Fahrzeuge sind komplexe Gesamtsysteme, die aus einer Vielzahl untergeordneter Teilsysteme aufgebaut werden.

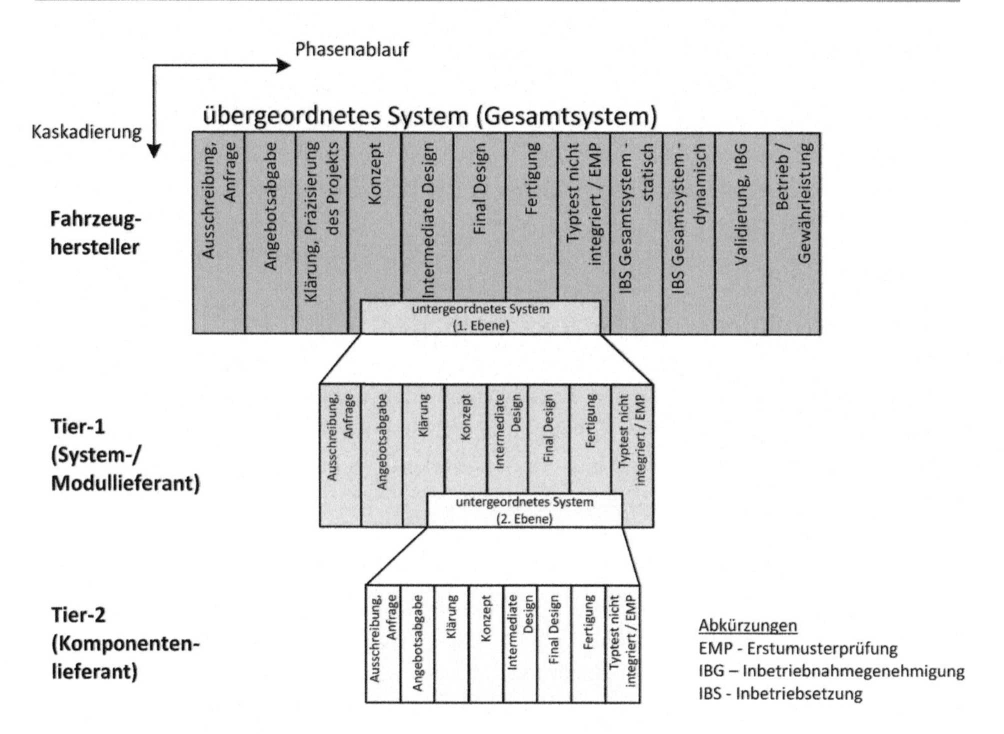

Abb. 3.7 Produktentstehungsprozess (PEP) – Kaskadierung innerhalb der Lieferkette

Ein Großteil dieser untergeordneten Systeme muss projektspezifisch angepasst und entwickelt werden. Die teilweise mehrstufige Kaskadierung innerhalb der Lieferkette eines Fahrzeugs ist in Abb. 3.7 dargestellt.

Teilweise können Anforderungen an die untergeordneten Systeme erst in der Konzeptphase des Gesamtsystems spezifiziert werden, da konzeptionelle Festlegungen zunächst auf Ebene des übergeordneten Systems erarbeitet werden müssen (vgl. [BRR16a] und [BRR16b]). Darum können die unterlagerten Teilsysteme in der Regel erst mit einem zeitlichen Versatz entwickelt werden. Dabei verkürzt sich in der Regel auch noch die Entwicklungszeit für die untergeordneten Systeme. Um sie in das übergeordnete System einfügen zu können, müssen untergeordnete Systeme nach der Typtest- und Erstmusterprüfung (EMP) spätestens zur statischen Inbetriebsetzung physisch in das Gesamtsystem integriert sein. Je nach Projekt muss die Integration jedoch schon deutlich früher im Montageprozess erfolgen. Das führt dazu, dass der Entwicklungsprozess der untergeordneten Systeme nach dem des Gesamtsystems startet, aber vor ihm endet. In diesem Fall muss die Entwicklungszeit für die Subsysteme kürzer sein als die für das Gesamtsystem.

3.3.2.2 Vorgehensmodelle im Software Engineering

In der Verkehrsbranche werden Neuentwicklungen immer komplexer, da die Anforderungen des Kunden zunehmen. Um interdisziplinäre Entwicklungen überhaupt in einer annehmbaren Zeit zu ermöglichen ist es wichtig, den Überblick zu behalten. Systems

Engineering ist ein interdisziplinärer Ansatz, um komplexe technische Systeme in großen Projekten zu entwickeln und zu realisieren. Im Mittelpunkt steht hierbei, die vom Kunden gewünscht Funktion innerhalb des Kosten- und Zeitrahmens zu erfüllen. Hierbei wird das betrachtete System strukturiert in Subsysteme, Geräte und Software heruntergebrochen und spezifiziert. Die Implementierung wird über alle Ebenen bis zur Übernahme an den Kunden kontrolliert. Dieser strukturierte Prozess erstreckt sich je nach Komplexität des Systems bis zu einem Gerät eines Unterauftragnehmers. Die Betrachtung des Systems Engineering wird von der Konzeption über die Produktion bis hin zum Betrieb und in manchen Fällen bis zur Wiederverwertung angewandt.

Das Systems Engineering ist ein Prozess, der in der Regel phasenorientiert bearbeitet wird [Sch99]. Eine methodische und systematische Vorgehensweise des Systems Engineering ist von dem aufeinander abgestimmten Zusammenwirken von Beschreibungsmitteln, Methoden und Entwicklungswerkzeugen nach dem Phasenmodell (bspw. Anforderungsdefinition, Entwurf, Realisierung, Betrieb) gekennzeichnet. Der methodische (ingenieurmäßige) Entwurf technischer Systeme folgt in der Regel *Vorgehensmodellen.* Sie dienen dazu, die Systementwicklung übersichtlich zu gestalten und in der Komplexität beherrschbar zu machen. Aufgabe eines Vorgehensmodells ist es, die allgemein in einem Gestaltungsprozess auftretenden Aufgabenstellungen und Aktivitäten in einer sinnfälligen logischen Ordnung darzustellen. Mit ihren Festlegungen sind Vorgehensmodelle organisatorische Hilfsmittel, die für konkrete Aufgabenstellungen (Projekte) individuell angepasst werden können und sollen (sog. Tailoring). In der Praxis können verschiedene Vorgehensmodelle unterschieden werden. Diese variieren in der Anzahl und Bedeutung der unterschiedenen Phasen. Gemeinsam ist allen Vorgehensweisen der schrittweise erfolgende Weg vom Problem zur Lösung und ihr systematisch rationales Vorgehen. Die einzelnen Phasen sind Idealtypen. In der Praxis ist es oft notwendig iterativ vorzugehen und „zurückzuspringen“. Phasenorientierte Meilensteine sollen das Risiko und die Kosten eines Scheiterns minimieren.

Ein Beispiel für ein Vorgehensmodell des Systems Engineerings ist das *Wasserfallmodell* als starre Abfolge aufeinander folgender Phasen (vgl. [Boe86]). Ein anderes Beispiel ist das *Spiralmodell*, welches Iterationen vorsieht, bei denen derselbe Arbeitsschritt (z. B. die Analyse) mehrfach durchlaufen wird und die Ergebnisse des Arbeitsschrittes pro Durchlauf verfeinert und verbessert werden (vgl. [Boe95]). Das *V-Modell* ist ein Vorgehensmodell, welches neben den Entwicklungsphasen auch das Vorgehen zur Qualitätssicherung phasenweise organisiert. Auf der linken Seite des Modells wird mit einer funktionalen/fachlichen Spezifikation begonnen, die immer tiefer detailliert zu einer technischen Spezifikation und Implementierungsgrundlage ausgebaut wird. Im „Knick“ erfolgt die Implementierung, die anschließend auf der rechten Seite gegen die Spezifikation auf der linken Seite getestet wird (vgl. Abb. 3.8). Das V-Modell legt einen wesentlichen Schwerpunkt auf die Eigenschaftsabsicherung der Anforderungen durch das Produkt (vgl. [Bal11] und [Wei06]).

Gegenüber den zuvor dargestellten Phasenmodellen unterstützen prototypenbasierte Prozessmodelle auf systematische Weise die frühzeitige Erstellung von ablauffähigen

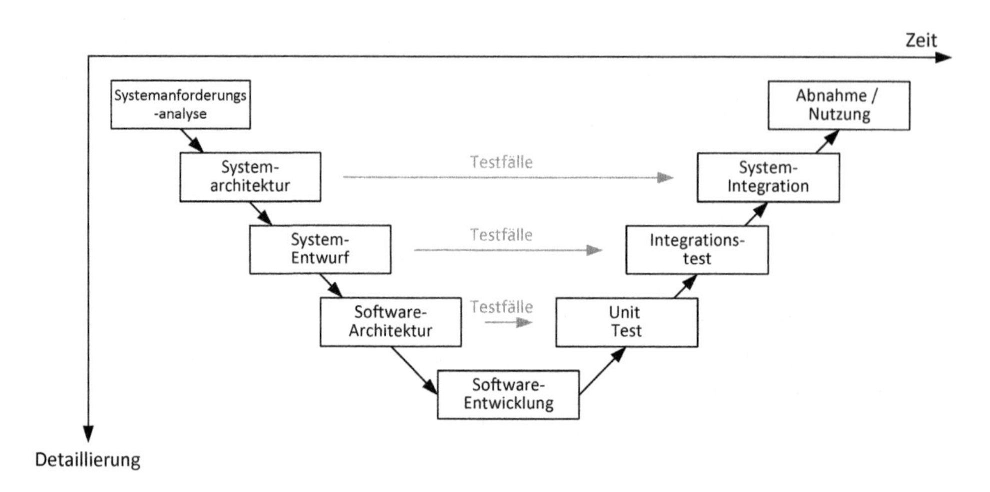

Abb. 3.8 V-Modell als Vorgehensmodell im Systems Engineering

Modellen des Zielprodukts. Auf diese Weise können die Entwickler ihre Umsetzungen der Anforderungen in Kooperation mit den späteren Benutzern frühzeitig überprüfen und mit dem Entwurf des Produkts experimentieren. In einem sich wiederholenden Prozess von Anforderungsbestimmung, Umsetzung im Prototypen und Evaluation mit den Benutzern entstehe aus dem Prototyp das Zielprodukt. Im Gegensatz zu den zuvor dargestellten dokumenten-getriebenen Prozessmodellen münden die Entwicklungsschritte dieser Prozessmodelle in der Erstellung neuer Produktversionen [PS14].

3.4 Phasen des strategischen Flottenmanagements

Mit dem Management von Fahrzeugflotten werden in Verkehrsunternehmen verschiedene konkrete Aufgaben wahrgenommen. Diese richten sich zum einen auf die Wirtschaftlichkeit der Betriebserbringung (Kosten- und Assetmanagement) und zum anderen auf Qualität und Sicherheit der Betriebsabwicklung (Qualitäts- und Sicherheitsmanagement). Diese Aufgaben werden als Querschnittsaufgaben aufgefasst, die in allen Lebenszyklusphasen gleichermaßen zu berücksichtigen sind. Abb. 3.9 zeigt auf, dass diese grundlegenden Aufgaben im Lebenszyklus eines technischen Systems (im vorliegenden Fall: eines Fahrzeugs) mit verschiedenen lebenszyklusphasenbezogenen Managementaufgaben verschränkt sind. Die einzelnen Managementaufgaben (sowohl phasenbezogene Aufgaben als auch Querschnittsaufgaben) werden nachfolgend im Überblick dargestellt. Den einzelnen Managementaufgaben ist jeweils ein eigenes Kapitel zur vertieften Darstellung gewidmet.

- *Querschnittsdisziplin Qualitätsmanagement*: Die Qualität des Betriebsprozesses wie der Zustand der Fahrzeuge aber auch die im Betrieb realisierte Pünktlichkeit steht immer wieder im Mittelpunkt der öffentlichen Wahrnehmung. Das *Qualitätsmanagement*

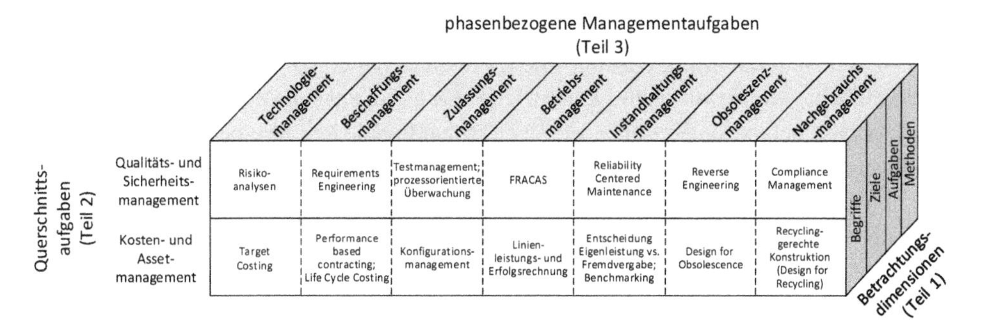

Abb. 3.9 Teilaufgaben des Flottenmanagements

bezeichnet alle organisatorischen Maßnahmen, die der Verbesserung der Prozessqualität dienen.

- *Querschnittsdisziplin Sicherheitsmanagement:* Das *Sicherheitsmanagement* ist eine Managementaufgabe, welche die Kontrolle aller Risiken, die mit der Tätigkeit des Eisenbahnunternehmens, einschließlich Instandhaltungsarbeiten und der Materialbeschaffung sowie der Vergabe von Dienstleistungsaufträgen verbunden sind (vgl. Art. 9 der „Sicherheitsdirektive" 2004/49/EG) sicherstellt [Bes15]. Alle wichtigen Elemente des Sicherheitsmanagementsystems müssen dokumentiert werden; insbesondere wird die Zuständigkeitsverteilung innerhalb der Organisation des Eisenbahnunternehmens beschrieben. Es beschreibt, auf welche Weise die fortlaufende Verbesserung des Sicherheitsmanagementsystems gewährleistet wird (vgl. Anhang III der „Sicherheitsdirektive" 2004/49/EG).
- *Querschnittsdisziplin Kostenmanagement*: Als Kostenmanagement wird ein Managementprozess bezeichnet, bei dem insbesondere die Kosten in einem Unternehmen analysiert und zielgerichtet beeinflusst werden. Dies ist für Verkehrsunternehmen insbesondere dahingehend relevant, als dass sie vor dem Hintergrund zunehmend begrenzter finanzieller Mittel der öffentlichen Haushalte gezwungen sind, ihre Kostenstrukturen zu optimieren und zu restrukturieren. Gerade bei der Beschaffung von Fahrzeugen gehen die Verkehrsunternehmen oftmals erheblich in Vorleistung, bevor die ersten Erträge aus den Verkehrsverträgen fließen. Life-Cycle-Costing (LCC) bzw. Lebenszykluskostenrechnung ist eine Methode des Kostenmanagements, mit der Verkehrsunternehmen wirtschaftlich optimale Investitionsentscheidungen treffen. Lebenszykluskostenrechnungen betrachten alle dem Produkt zurechenbaren Kosten von der Produktidee bis zur Rücknahme vom Markt (Produktlebenszyklus), also „von der Wiege bis ins Grab".
- *Querschnittsdisziplin Assetmanagement*: Das Asset Management umfasst eine geordnete Gesamtheit von systematischen und abgestimmten Aktivitäten und Vorgangsweisen, durch die ein Verkehrsunternehmen seine physischen Investitionsgüter (Assets) und die damit verbundenen Leistungen, Risiken und Ausgaben über deren gesamte Lebensdauer optimal und nachhaltig bewirtschaftet, um den strategischen Plan des Verkehrsunternehmens umzusetzen (vgl. [Sta15] und [SB17]).

- *Technologiemanagement*: Verkehrsunternehmen müssen in einem sich verschärfenden Wettbewerbsumfeld erfolgreich am Markt bestehen. Technologien gewinnen daher als ein mögliches wettbewerbliches Differenzierungsmittel zunehmend an Bedeutung. Das frühzeitige Erkennen aufkommender neuer Technologien, ihre Nutzbarmachung für das Verkehrsunternehmen und die Weiterentwicklung bestehender Lösungen sind zentrale Aktionsfelder eines Technologiemanagements. Das Technologiemanagement fokussiert ausschließlich auf Technologien, wobei sowohl neue als auch bereits bestehende Technologien zum Untersuchungsgegenstand gehören. Technologiemanagement umfasst die Planung, Organisation, Führung und Kontrolle der Unternehmensprozesse, welche die Beschaffung, die Speicherung und die Verwertung von Technologien zum Inhalt haben.
- *Beschaffungsmanagement:* Das Beschaffungsmanagement stellt sicher, dass für die Erbringung der Verkehrsleistung die erforderlichen Fahrzeuge kosten-, zeit- und qualitätsgerecht zur Verfügung stehen. Das Beschaffungsmanagement trifft Entscheidungen über die Versorgung der Bedarfsträger im Verkehrsunternehmen mit für den Betrieb einer Fahrzeugflotte im Zusammenhang stehenden Gütern und Leistungen. Das Ziel des Beschaffungsmanagements besteht in der Gewährleistung einer möglichst hohen Versorgungssicherheit in quantitativer (ausreichend Fahrzeuge) und qualitativer (die richtigen Fahrzeuge) Hinsicht.
- *Zulassungsmanagement:* Im Rahmen des Zulassungsmanagements sind die für die Zulassung und Betriebserlaubnis erforderlichen gesetzlichen und länderspezifischen Anforderungen zu erheben und gegebenenfalls mit den zuständigen Zulassungsbehörden abzustimmen. Für den Fall, dass neu beschaffte Fahrzeuge erstmals eingesetzt werden, müssen nationale und gegebenenfalls internationale Zulassungen für den Betrieb vorliegen. Hierfür muss nachgewiesen werden, dass die zuvor identifizierten Anforderungen an die Sicherheit (und im Eisenbahnverkehr auch an die Interoperabilität) der Fahrzeuge eingehalten werden.
- *Instandhaltungsmanagement:* Instandhaltungsmanagement definiert sich als die Gesamtheit aller Maßnahmen zur Gestaltung, Lenkung und Entwicklung der Instandhaltung. Das operative Instandhaltungsmanagement beschäftigt sich mit der Umsetzung der durch die Ziele der Instandhaltung gesetzten Vorgaben (unter anderem die Sicherheit des Betriebs des Verkehrssystems). Dazu gilt es, durch Planung, Steuerung, Durchführung und Kontrolle der notwendigen Maßnahmen und Ressourcen zur wirtschaftlichen Erfüllung dieser Aufgabe beizutragen.
- *Obsoleszenzmanagement:* Das Obsoleszenzmanagement sorgt dafür, dass abgekündigte Bauteile, die in den Fahrzeugen eines Verkehrsunternehmens eingebaut werden, rechtzeitig durch Vergleichstypen ersetzt oder extra für Reparaturen bevorratet werden. Mit diesem Managementprozess soll erreicht werden, dass der Lebenszyklus (Fertigung und Reparatur) der Fahrzeuge des Verkehrsunternehmens nicht nachteilig durch die Lieferbarkeit oder den Ausfall dafür benötigter Bauteile beeinflusst wird. Richtig durchgeführt dient es der Vermeidung oder zumindest Reduzierung von Ausfällen in der Erbringung der Verkehrsleistung. Weitere Ziele sind Kosteneinsparungen und die Vermeidung von Versorgungsengpässen.

- *Nachgebrauchsmanagement*: Verkehrsunternehmen sind im Rahmen des Kreislaufwirtschaftsgesetzes verpflichtet, Abfälle möglichst ressourceneffizient und wirtschaftlich zu entsorgen. Die Unternehmen haben verschiedene strategische Optionen von der Verwertung von Abfällen (bzw. dem Verkauf von Fahrzeugen) bis hin zur Beseitigung von Fahrzeugen als Abfall am Ende ihrer Lebensdauer.

Literatur

[Bal11] Balzert, Helmut. 2011. *Lehrbuch der Softwaretechnik: Entwurf, Implementierung, Installation und Betrieb*. Heidelberg: Spektrum Akademischer Verlag.

[Bes15] Beschow, Hartmut. 2015. Sicherheitsmanagementsystem für Eisenbahnverkehrs-unternehmen – eine Bestandsaufnahme. *Eisenbahntechnische Rundschau* 64 (5): 34–37.

[BMV11] Bundesministerium für Verkehr, Bau und Stadtentwicklung. 2012. *Handbuch Eisenbahnfahrzeuge – Leitfaden für Herstellung und Zulassung*. Berlin: BMVBS.

[Boe86] Boehm, Barry W. 1986. *Wirtschaftliche Software-Produktion*. Wiesbaden: Forkel.

[Boe95] Boehm, Barry W. 1995. A Spiral Model of Software Development and Enhancement. *IEEE Engineering Management Review* 23 (4): 69–81.

[BRR16a] Bartels, Sebastian, Ulrich Rudolph, und Franziska Rüsch. 2016. Neuer Quality Engineering Standard in der Bahnindustrie. *ZEV Rail* 140 (1–2): 35–44.

[BRR16b] Bartels, Sebastian, Ulrich Rudolph, und Franziska Rüsch. 2016. Neuer Quality Engineering Standard in der Bahnindustrie. *ZEV Rail* 140 Tagungsband SFT Graz, 224–233.

[DIN05a] Deutsches Institut für Normung. 2005. *DIN EN 60300-3-3: Zuverlässigkeitsmanagement – Teil 3-3: Anwendungsleitfaden – Lebenszykluskosten (IEC 60300-3-3:2004); Deutsche Fassung EN 60300-3-3:2004*. Berlin: Beuth Verlag.

[DIN14] Deutsches Institut für Normung. 2014. DIN EN 600300-3-3: *Zuverlässigkeitsmanagement – Teil 3-3: Anwendungsleitfaden – Lebenszykluskosten (IEC 56/1549/CD:2014)*. Berlin: Beuth Verlag.

[Goe00] Götz, Uwe. 2000. *Lebenszykluskosten*. In *Kostencontrolling – Neue Methoden und Inhalte*, Hrsg. Thomas Fischer, 265–289. Stuttgart: Schäffer-Pöschel.

[HBO97] Huch, Burkhard, Wolfgang Behme, und Thomas Ohlendorf. 1997. *Rechnungswesen-orientiertes Controlling*. Heidelberg: Physica-Verlag.

[HG12] Harhurin, Alexander, und Cengiz Genc. 2012. Quality Gates in der Entwicklung softwaregesteuerter Systeme. *Eisenbahntechnische Rundschau* 61 (6): 41–45.

[KSS15] Kurczveil, Tamas, Lars Schnieder, und Eckehard Schnieder. 2015. Optimierung des Energiemanagements induktiv geladener Busse unter Berücksichtigung betrieblicher und verkehrlicher Randbedingungen. *Straßenverkehrstechnik* 59 (4): 231–237.

[Men92] Menne, Albert. 1992. *Einführung in die Methodologie*. Darmstadt: Wissenschaftliche Buchgesellschaft.

[PS14] Proettel, Patricia, und Christian Scholz. 2014. Einsatz von Scrum im Kontext der EN 50128 – Wege zum Erfolg. *Signal + Draht* 106 (9): 35–39.

[Rop12] Ropohl, Günther. 2012. *Allgemeine Systemtheorie – Einführung in transdisziplinäres Denken*. Berlin: Edition Sigma.

[SB17] Schnieder, Lars, und Ulrich Bock. 2017. Assetmanagement von Fahrzeugflotten im Schienenverkehr. *Eisenbahntechnische Rundschau* 66 (1–2): 56–61.

[Sch99] Schnieder, Eckehard. 1999. *Methoden der Automatisierung*. Braunschweig: Vieweg Verlag.

[Sta15] Stalloch, Gerd. 2015. Der Nahverkehr. *IT-Systeme für Asset-Management im Eisenbahnverkehr* 33 (3): 59–64.

[Sta73] Stachowiak, Herbert. 1973. *Allgemeine Modelltheorie*. Wien, New York: Springer.

[Sti09] Stibbe, Rosemarie. 2009. *Kostenmanagement – Methoden und Instrumente*. München: Oldenbourg Verlag.

[VDB15] Verband der Bahnindustrie in Deutschland. 2015. *VDB-Leitfaden – Quality Engineering in der Entwicklung* von Schienenfahrzeugen *und ihren Systemen*. Berlin: Verband der Bahnindustrie in Deutschland.

[VDI00] Verein Deutscher Ingenieure. 2000. *VDI 3780: Technikbewertung Begriffe und Grundlagen*. Düsseldorf: VDI.

[VDI04] Verein Deutscher Ingenieure. 2004. *VDI 2206 – Entwicklungsmethode für mechatronische Systeme*. Düsseldorf: VDI.

[VDI13] Verein Deutscher Ingenieure. 2013. *VDI 2896: Instandhaltungscontrolling innerhalb der Anlagenwirtschaft*. Düsseldorf: VDI.

[VDI93] Verein Deutscher Ingenieure. 1993. *VDI 2221 – Methodik zum Entwickeln und Konstruieren technischer Systeme und Produkte*. Düsseldorf: VDI.

[Wei06] Verein zur Weiterentwicklung des V-Modell XT e.V. (Weit e.V.). 2006. *V-Modell XT – Das Deutsche Referenzmodell für Systementwicklungsprojekte. Version 2.1*. München: Weit e.V.

Kontext des Flottenmanagements 4

Verkehrsunternehmen bewegen sich im Kontext ihrer Umwelt. Als Stakeholder werden hierbei Personen oder Gruppen bezeichnet, die ein berechtigtes Interesse am Verlauf oder Ergebnis der unternehmerischen Tätigkeit des Verkehrsunternehmens haben. Dies sind beispielsweise Fahrgäste oder Mitarbeiter des Verkehrsunternehmens. Das Prinzip der Stakeholder versucht, das Verkehrsunternehmen in seinem gesamten sozialökonomischen Kontext (der Umwelt) zu erfassen und die Bedürfnisse der unterschiedlichen Anspruchsgruppen in Einklang zu bringen. In diesem Abschnitt werden externe Einflüsse aus der Verkehrspolitik (vgl. Abschn. 4.1) dargestellt, die in einer stetigen Fortentwicklung des Rechtsrahmen resultieren. Eine vertiefte Betrachtung des Rechtsrahmens in seinem Wechselspiel zwischen nationaler und europäischer Ebene erfolgt in Abschn. 4.2. Die verschiedenen Stakeholdergruppen, denen sich ein Verkehrsunternehmen gegenüber sieht werden in Abschn. 4.3 vorgestellt. Ihre Interessen müssen durch das Management im Verkehrsunternehmen adäquat adressiert werden. Das Prinzip des Stakeholder-Relationship-Managements (SRM) versucht, die Beziehungen des Verkehrsunternehmens zu allen, zumindest aber seinen wichtigsten Anspruchsgruppen in Einklang zu bringen.

4.1 Verkehrspolitik

Verkehr ist die Ortsveränderung von Gütern, Personen und Nachrichten. Der Verkehr soll nach Möglichkeit ökonomisch effizient, ökologisch verträglich und sozial ausgewogen stattfinden. Dies verdeutlicht die große wirtschafts- und gesellschaftspolitische Bedeutung des Verkehrssektors und die darauf gerichtete Politik. Angesichts der überragenden Bedeutung des Verkehrssektors ist die seit jeher festzustellende zentrale Einflussnahme des Staates auf die Verkehrswirtschaft und die Verkehrsinfrastruktur verständlich. Vor dem Hintergrund des europäischen Binnenmarktes verliert die nationale Verkehrspolitik

L. Schnieder, *Strategisches Management von Fahrzeugflotten im öffentlichen Personenverkehr*, VDI-Buch, https://doi.org/10.1007/978-3-662-56608-4_4

immer mehr an Gestaltungsmöglichkeiten zugunsten supranationaler Regelungen durch die Europäische Union (EU). Gerade im Verkehrssektor kam es bereits früh zu bilateralen oder multilateralen Kooperationen. In den 1950'er Jahren schufen die Integrationsverträge in Europa eine Basis für eine verkehrspolitische Kooperation. Im folgenden Abschnitt werden die Ziele der Verkehrspolitik (vgl. Abschn. 4.1.1) und die Instrumente der Verkehrspolitik (vgl. Abschn. 4.1.2) dargestellt.

4.1.1 Ziele der Verkehrspolitik

Die Verkehrspolitik ist ein Politikbereich, der die allgemeine Daseinsvorsorge berührt. Der Begriff der Daseinsvorsorge umfasst hierbei die staatliche Aufgabe zur Bereitstellung der für ein menschliches Dasein als notwendig erachteten Güter und Leistungen – die so genannte Grundversorgung. Dazu zählt auch das Verkehrswesen. Mit der Verkehrspolitik werden die nachfolgend aufgeführten Ziele verfolgt:

- *Weiterentwicklung von Verkehrssystemen und –netzen*: Das erheblich gestiegene Verkehrsaufkommen führt zu Überlastungserscheinungen. Das äußert sich beispielsweise in form von Staubildung im Straßenverkehr. Wesentliche Ursachen hierfür liegen in qualitativ und quantitativ unzureichenden sowie unvollständigen Verkehrsinfrastrukturen (Netzlücken) begründet. Hieraus resultiert neben dem Erfordernis einer vorausschauenden Planung und Erweiterung vorhandener Verkehrsinfrastrukturen auch verkehrsträgerübergreifend eine bessere Ausnutzung vorhandener Kapazitäten.
- *Verbesserung der Umweltverträglichkeit und der Verkehrssicherheit*: Hierbei geht es um eine Reduktion des Ressourcenverbrauchs (Verringerung der Abhängigkeit der Volkswirtschaft vom Import fossiler Brennstoffe) aber auch um eine drastische Verringerung verkehrsbedingter Treibhausgasemissionen, um den globalen Temperaturanstieg durch den Klimawandel unter 2°C zu begrenzen. Die Verkehrssicherheit soll Unfälle vermeiden und die Folgen von Unfällen vermindern [SS13]. Strategische Zielstellung ist die „Vision Zero“, d.h. die Vermeidung von Todesfällen im Straßenverkehr.

4.1.2 Instrumente der Verkehrspolitik

Zur Erreichung der im vorherigen Abschnitt genannten verkehrspolitischen Ziele kann sich die Verkehrspolitik verschiedener Lenkungsinstrumente bedienen. Hierunter fallen:

- *Verkehrssteuerpolitik*: Unter die Verkehrssteuerpolitik fällt beispielsweise der Erlass einer Lenkungssteuer. Eine Lenkungssteuer ist eine Abgabe, die in erster Linie das Ziel verfolgt, das Verhalten der Abgabepflichtigen in eine bestimmte Richtung zu lenken. Beispiele hierfür sind so genannte *Pigou-Steuern* zur Internalisierung externer Effekte (z. B. auf den Verbrauch von Energie lastende Steuern wie die sog. Ökosteuer

in Deutschland). Dieses Instrument setzt wirtschaftliche Anreize zur Steigerung der Energieeffizienz der abgabepflichtigen Verkehrsunternehmen [Man99]. Auch mit Verkehrswegenutzungsentgelten (beispielsweise Trassenpreise im Schienenverkehr oder Straßenbenutzungsgebühren im Straßenverkehr) wird eine Internalisierung externer Kosten sowie eine Steuerung der Verkehrsnachfrage mit dem Ziel einer besseren Nutzung der knappen Verkehrsinfrastrukturkapazitäten angestrebt. Ein finanzieller Anreiz für die Schonung von Ressourcen wird auch durch den *Handel mit Emissionsrechten* erzeugt [Man99]. Hierbei wird eine bestimmte maximale Menge von Emissionen eines bestimmten Schadstoffs (z. B. CO_2) begrenzt. Verkehrsunternehmen müssen im Rahmen des Emissionshandels alle benötigten CO_2-Zertifikate vollständig kostenpflichtig erwerben. Stark vereinfacht führt der Emissionshandel dazu, dass die insgesamt benötigte CO_2-Minderung auf die jeweils günstigste Art realisiert wird.
- *Verkehrsordnungspolitik*: Die Verkehrsordnungspolitik gestaltet den Ordnungsrahmen, innerhalb dessen Verkehr durchgeführt wird. Beispiele hierfür sind Maßnahmen zur Regulierung des Verkehrsmarktes (vgl. [FM04] und [Man99]). Der Begriff der Regulierung des Verkehrsmarktes bezeichnet hierbei direkte staatliche Eingriffe in die Wirtschaftsprozesse und die staatliche Beeinflussung des Verhaltens von Verkehrsunternehmen und Fahrgästen, um bestimmte, im allgemeinen Interesse bestehende Ziele zu verfolgen.
- *Verkehrsinfrastrukturpolitik*: Der Begriff Verkehrsinfrastrukturpolitik umfasst Maßnahmen zur Gestaltung der Verkehrsinfrastruktur [FM04]. Die Verkehrsinfrastrukturpolitik umfasst die Planung, die Realisierung, den Betrieb, die Bereitstellung und die Finanzierung der Infrastruktur. Waren in der Vergangenheit alle Bereiche vielfach durch staatliches Handeln gekennzeichnet, zwingen Begrenzungen der öffentlichen Haushalte sowie die damit einhergehende Notwendigkeit von Effizienzsteigerungen aber auch Kapazitätsengpässe der öffentlichen Verwaltung zu alternativen Lösungsansätzen wie beispielsweise Öffentlich-private Partnerschaften (ÖPP).

4.2 Rechtsrahmen des Flottenmanagements

Der Rechtsrahmen des Flottenmanagements ist ein externes Element, welches vom Verkehrsunternehmen kaum direkt beeinflussbar ist. Gesetzgebung und Normung drücken die Interessen der Allgemeinheit gegenüber dem Verkehrsunternehmen aus. So sind beispielsweise die Anforderungen der öffentlichen Sicherheit an den Bau und den Betrieb von Fahrzeugen von den Verkehrsunternehmen zu jeder Zeit zu gewährleisten. Diese Anforderungen werden bestimmt und konkretisiert durch europäische und nationale Gesetze sowie anerkannte Regeln der Technik. Abb. 4.1 stellt den Zusammenhang zwischen dem europäischen Rechtsrahmen (vgl. Abschn. 4.2.1) und dem nationalen Rechtsrahmen (vgl. Abschn. 4.2.2) dar. Sowohl aus europäischen als auch aus nationalen Rechtsnormen heraus wird auf technische Regelwerke verwiesen (Normen). Diese werden in Abschn. 4.2.3 thematisiert. Die Verkehrsunternehmen müssen geeignete Systeme und Organisationsstrukturen schaffen, welche die Befolgung rechtlicher Vorgaben sicherstellen [EGM12].

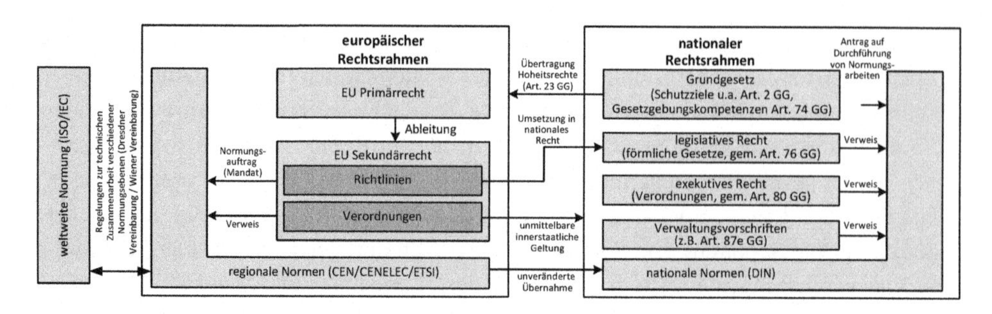

Abb. 4.1 Relationierung des nationalen und europäischem Rechtsrahmens und der nationalen und regionalen Normung

4.2.1 Europäischer Rechtsrahmen des Flottenmanagements

Die Rechtssetzung auf europäischer Ebene gewinnt für den alltäglichen Betrieb von Verkehrsunternehmen eine zunehmende Bedeutung. Die mit Gründung der Europäischen Union angestrebte wirtschaftliche Integration braucht eine gemeinsame Verkehrspolitik. Zur Erreichung der angestrebten politischen und wirtschaftlichen Integration wurde in den vergangenen Jahrzehnten ein umfassender europäischer Rechtsrahmen geschaffen.

4.2.1.1 Rechtsquellen des Europäischen Unionsrechts

Das *Primärrecht* bildet die zentrale Rechtsquelle des Europarechts (vgl. Abb. 4.1). Es besteht aus den zwischen den Mitgliedsstaaten geschlossenen Verträgen (z. B. Gründungsverträge wie die Römischen Verträge zur Gründung der Europäischen Wirtschaftsgemeinschaft oder Revisionsverträge). Das Primärrecht enthält grundlegende Regelungen über die Funktionsweise der Europäischen Union. Damit setzt es auch den Rahmen für die sog. Grundfreiheiten des Marktes (d. h. der freie Personen-, sowie der Dienstleistungs- und Kapitalverkehr sowie der freie Warenverkehr, siehe hierzu Abschn. 4.2.1.2) und die Wettbewerbsregulierung [FM04]. Die gemeinschaftlichen Vereinbarungen über die freie Bewegung von Gütern, für die freie Dienstleistungsbewegung und Bewegung von Kapital sind bereits in den Römischen Verträgen zur Gründung der Europäischen Wirtschaftsgemeinschaft (EWG) aus dem Jahr 1957 fixiert [Tho02].

Das *Sekundärrecht* (das heißt vom Primärrecht abgeleitetes Recht) sind die auf Grundlage des Primärrechts von den Organen der Europäischen Union erlassenen Rechtsakte. Das Sekundärrecht darf nicht gegen Primärrecht verstoßen. Bei einem Verstoß gegen das Primärrecht kann der Europäische Gerichtshof das Sekundärrecht für nichtig erklären. Unter Berücksichtigung des primärrechtlich verankerten Subsidiaritätsprinzips (das bedeutet die Kommission darf auf EU-Ebene Maßnahmen nur dann vorschlagen, wenn sich das Problem nicht auf effizientere Weise auf nationaler Ebene lösen lässt) stehen den Organen der Europäischen Union verschiedene Instrumente zur Rechtssetzung zur Verfügung. Zwei wesentliche Instrumente der Rechtssetzung auf europäischer Ebene sind Richtlinien und Verordnungen.

- *Richtlinien* sind für die Mitgliedsstaaten nur hinsichtlich der zu erreichenden Ergebnisse verbindlich. Sie müssen in einer vorgegebenen Frist in den nationalen Rechtsrahmen (nationale Gesetze und Verordnungen) übersetzt werden. Sie lassen somit Spielraum hinsichtlich Form und Mittel ihrer Umsetzung (vgl. [CER04] und [RRS12]).
- *Verordnungen* dienen oft als Durchführungsverordnungen für bestehende EU-Richtlinien [RRS12]. Sie sind in allen Teilen verbindlich und gelten unmittelbar in jedem Mitgliedsstaat. Daher ist an sich keine Umsetzung in nationales Recht erforderlich, wohl aber dessen Anpassung und die Ausfüllung der von der Verordnung gegebenen Spielräume für die Mitgliedsstaaten [Sch11].

4.2.1.2 Grundfreiheiten der Europäischen Union

Die so genannten Grundfreiheiten stellen die zentralen Bestimmungsgrößen für die Rechtssetzung der Europäischen Union dar. Auf Grund ihrer überragenden Bedeutung auch für die Entwicklung des Verkehrssektors in der Europäischen Union werden sie nachfolgend erläutert:

- Die *Etablierung eines freien Personen-, Dienstleistungs- und Kapitalverkehrs* zielt auf den freien Zugang zum Markt. Ein Beispiel hierfür ist die Zulassung von Verkehrsunternehmen zum Verkehr innerhalb eines Mitgliedsstaates in dem sie nicht ansässig sind sowie die Einräumung eines Rechts zur ständigen Präsenz in einem anderen Mitgliedsstaat. Dies wird durch eine einheitliche Regelung der Berufszugangsvoraussetzungen erreicht (Richtlinie 98/76/EG für den Straßenpersonenverkehr, bzw. Richtlinie 95/18/EG für den Eisenbahnverkehr). Zusätzlich hierzu kam es im Bereich des Beschaffungswesens zu einer weitgehenden Liberalisierung der Auftragsvergabe (Sektorenrichtlinie und –verordnung), welche die Verkehrsunternehmen bei der Beschaffung von Fahrzeugen, bzw. Aufgabenträger bei der Ausschreibung von Verkehrsverträgen zwingend beachten müssen.
- Die *Etablierung eines freien Warenverkehrs* zielt auf den Abbau handelstechnischer Hemmnisse. Hierbei handelte es sich in der Vergangenheit beispielsweise um national unterschiedliche Vorschriften zur Beschaffenheit, Material, Konstruktion, Abmessungen sowie Prüfung und Zulassung von Produkten. Durch die so genannte „Neue Konzeption" (engl. New Approach, bzw. in seiner Fortentwicklung der „neue Rechtsrahmen", engl. New Legislative Framework) verfolgte die Kommission der Europäischen Union die Strategie der Mindestharmonisierung. Hierfür wurden grundlegende Anforderungen definiert (unter anderem Sicherheit, Gesundheit und Umweltschutz), welche beim Inverkehrbringen technischer Erzeugnisse zwingend zu beachten sind. Eine weitere Angleichung wird durch die Schaffung einheitlicher harmonisierter Normen (vgl. Abschn. 4.2.3) vorgesehen. Ein weiteres Element der „Neuen Konzeption" ist die gegenseitige Anerkennung von Konformitätsnachweisen, um zu verhindern, dass nationale Behörden des Bestimmungslandes wiederholte Prüfungen anordnen (vgl. [EGM12] und [Sch17a]). Ein Beispiel für die Anwendung der „Neuen Konzeption" im Verkehrsbereich sind die für den Eisenbahnverkehr erlassenen umfassende Regelungen zur technischen Interoperabilität. Über gemeinsame Standards für Systemkonstituenten

des Verkehrssystems (konkretisiert durch Technische Spezifikationen für die Interoperabilität, und in diesen referenzierte anerkannte Regeln der Technik) werden in der Vergangenheit bestehende Zugangshemmnisse wirksam beseitigt. Gegebenenfalls anzuwendende nationale technische Regelwerke (NNTR, national notifizierte technische Regeln) dürfen einem freien Warenverkehr nicht entgegenstehen. Nationale technische Regelwerke sind daher gemäß Richtlinie 98/34/EG bei der EU-Kommission zu notifizieren und werden von der Europäischen Union veröffentlicht.
- *Wettbewerbsregulierung:* Die Vollendung des Binnenmarktes setzt auch ein Rechtssystem voraus, welches den Gemeinsamen Markt vor Verfälschungen schützt. Staatliche Beihilfen können den Wettbewerb verfälschen. Deshalb wurden auf europäischer Ebene umfassende Leitlinien und Grundsätze für die Beurteilung sektoraler Beihilfen (auch im Verkehr) ausgearbeitet. Ein Beispiel für den Verkehrsbereich ist die Verordnung (EG) Nr. 1370/2007. Diese regelt die Grundsätze der Ausschreibung und Vergabe gemeinwirtschaftlicher Verkehrsleistungen.

4.2.2 Nationaler Rechtsrahmen des Flottenmanagements

Für das Gebiet der Bundesrepublik Deutschland regelt Artikel 2 des Grundgesetzes (GG) die Unverletzlichkeit menschlichen Lebens (vgl. Art. 2 Abs. 2 GG) sowie den Schutz des persönlichen Eigentums (vgl. Art. 14 GG). Darüber hinaus ist der Schutz der natürlichen Lebensgrundlagen (vgl. Art. 20a GG) ein erklärtes Staatsziel. Diese Grundrechte zu gewährleisten, ist Ziel aller staatlichen Gewalt. Der Gesetzgeber erlässt daher zur Konkretisierung dieses Grundrechts weitere Rechtsakte. Aus der Sicht des Gesetzgebers kann Sicherheit auf zweierlei Art und Weise gewährleistet werden:

- Im Sinne *präventiver Maßnahmen* kann der Gesetzgeber die Normadressaten zum positiven Tun, d. h. zur Herstellung eines sicheren Zustands verpflichten. Derartige handlungsbezogene Pflichten finden sich in den einzelnen verkehrsträgerspezifischen Gesetzen und Verordnungen.
- Im Sinne *repressiver Maßnahmen* kann der „missbilligte Erfolg“ also ein unsicherer Zustand, insbesondere beim Eintritt eines Schadens, sanktioniert werden [HSB02]. Diesen Ansatzpunkt verfolgen Rechtsnormen, die zivilrechtliche Schadensersatzansprüche begründen und Straftatbestände enthalten.

Das Grundgesetz regelt auch das Verhältnis zwischen dem nationalen und dem europäischen Rechtsrahmen (Art. 23 GG) im Sinne einer möglichen Übertragung von Hoheitsrechten. Demnach entfalten die auf europäischer Ebene erlassenen Verordnungen unmittelbare Wirkung in nationalem Recht. Europäische Richtlinien sind jeweils in ein nationales Gesetzgebungsverfahren (gem. Art. 76 GG) einzuspeisen. Auf diese Weise werden die in den Mitgliedsländern der Europäischen Union bestehenden nationalen Regelungen harmonisiert und die Vorgaben der europäischen Richtlinien auf dem gesamten Gebiet der Europäischen Union in nationale Gesetze und Verordnungen umgesetzt [Roe12].

Für die Regelungen zum sicheren Betrieb von Verkehrssystemen wurden unter Berücksichtigung europäische Vorgaben verschiedene Rechtsnormen erlassen, die – wie in Abb. 4.1 dargestellt – in einem hierarchischen Verhältnis zueinander stehen und in einander in dieser Hinsicht konkretisieren.

- *Formelle Gesetze* bilden den Ausgangspunkt des verkehrsträgerspezifischen Rechtsrahmens. Das förmliche (Bundes-)Gesetz ist dadurch gekennzeichnet, dass es von den Gesetzgebungsorganen des Bundes, also Bundestag und Bundesrat, in den Verfahren nach Art. 76ff. GG beschlossen worden ist. Diese Rechtsnormen werden daher auch als legislatives Recht bezeichnet. Wer in der föderalen Staatsarchitektur der Bundesrepublik Gesetzgebungsorgan ist und nach welchen Verfahrensregeln Gesetze beschlossen werden ergibt sich aus dem Grundgesetz. Demnach sind gemäß Art. 74 GG der Verkehr von Eisenbahnen (Abs. 6a), der Straßenverkehr (Abs. 22) und der Verkehr von Straßenbahnen Gegenstand der ausschließlichen Gesetzgebung des Bundes. Diese förmlichen Gesetze sind zumeist auch *materielle Gesetze*. Im materiellen Sinn versteht man unter Gesetz jede Rechtsnorm, die allgemein verbindlich ist. Auf Bundesebene erlassene verkehrsträgerspezifische Gesetze sind das Allgemeine Eisenbahngesetz (AEG), das Straßenverkehrsgesetz (StVG) sowie das Personenbeförderungsgesetz (PBefG), welches den Betrieb von Straßenbahnen und Kraftomnibussen regelt.
- *Rechtsverordnungen* sind ebenfalls materielle Gesetze. Sie sind aber keine förmlichen Gesetze, weil ihr Urheber nicht Bundesrat und Bundestag sind (Legislative), sondern die Exekutive. Rechtsverordnungen sind exekutives Recht, welches von unterschiedlichen Stellen der Exekutive erlassen worden ist. Als materielles Recht sind Rechtsnormen allgemein verbindlich. Rechtsverordnungen sind Rechtsnormen (d. h. Gesetze im materiellen Sinn), die von einer Stelle erlassen worden sind, der Rechtssetzungsgewalt vom Gesetzgeber durch ein förmliches Gesetz (siehe Abschnitt zuvor) delegiert worden ist [Bac78]. Adressaten einer solchen Delegation können beispielsweise die Bundesregierung, ein Bundesminister oder eine Landesregierung sein (Art. 80 GG Abs. 1). Für die zuvor genannten verkehrsträgerspezifischen Gesetze wurden konkretisierende Rechtsverordnungen erlassen. Hierbei werden Inhalt, Zweck und Ausmaß der erteilten Ermächtigung im jeweiligen Gesetz bestimmt. Die jeweils zu Grunde liegende (förmliche) Rechtsgrundlage ist in der Verordnung anzugeben. Diesem Grundsatz folgend wird das legislative Recht des AEG durch das exekutive Recht der Eisenbahnbau- und –betriebsordnung (EBO) konkretisiert. Gleiches gilt für das Straßenverkehrsgesetz (StVG), welches durch die Straßenverkehrsordnung eine Konkretisierung erfährt. Das PBefG wird für Straßenbahnen durch die Verordnung über den Bau und Betrieb der Straßenbahnen (BOStrab), bzw. die Verordnung über den Betrieb von Kraftfahrunternehmen im Personenverkehr (BOKraft) näher spezifiziert.
- Das Grundgesetz weist einzelnen Behörden eine Verwaltungskompetenz zu (vgl. Art. 87e GG für die Eisenbahnen des Bundes). Im Zuge des Verwaltungshandelns werden die gesetzlichen Regelungen (sowohl legislatives als auch exekutives Recht) durch *Verwaltungsvorschriften* näher bestimmt. Bei Verwaltungsvorschriften handelt es

sich nicht um materielles (d. h. allgemein verbindliches) Recht. Verwaltungsvorschriften sind Innenrecht der Verwaltung. Mit Verwaltungsvorschriften wendet sich eine übergeordnete an eine nachgeordnete Verwaltungsinstanz. Typischer Inhalt von Verwaltungsvorschriften ist die Auslegung förmlicher Gesetze. Mit Verwaltungsvorschriften will die Verwaltungsspitze die Auslegung und Anwendung der Gesetze durch die nachgeordneten Behörden vereinheitlichen. Praktisch erlangen damit Verwaltungsvorschriften auch für das Verkehrsunternehmen eine erhebliche Bedeutung. Als Beispiel sei die durch das Eisenbahnbundesamt (EBA) erlassene Verwaltungsvorschrift für die Genehmigung zur Inbetriebnahme von Eisenbahnfahrzeugen (VV IBG Fahrzeuge) genannt.

4.2.3 Anerkannte Regeln der Technik im Flottenmanagement

Vor dem Hintergrund der Verwirklichung der wirtschaftlichen Grundfreiheiten nach dem EU-Primärrecht (vgl. Abschn. 4.2.1) haben die technischen Regelwerke (Normen) in den letzten Jahren für die Verkehrsunternehmen einen zunehmend größeren Stellenwert erhalten. Dieser Abschnitt beschreibt die Bedeutung technischer Regelwerke im Rechtsverkehr, differenziert verschiedene in Gesetzen verwendete Generalklauseln für technische Regeln und stellt die verschiedenen Ebenen der Normungsarbeit dar.

4.2.3.1 Bedeutung technischer Regelwerke im Rechtsverkehr

Technische Regelwerke bilden einen Maßstab für (rechtlich) einwandfreies technisches Verhalten. Dieser Maßstab ist auch im Rahmen der Rechtsordnung von Bedeutung [Kle01]. Die Anwendungspflicht von technischen Regelwerken ergibt sich aus Gesetzen, Rechtsverordnungen- und Verwaltungsvorschriften (vgl. Abschn. 4.2.1 und 4.2.2), Verträgen oder sonstigen Rechtsgrundlagen [DIN01]. Dennoch haben anerkannte Regeln der Technik *keinen unmittelbaren Gesetzescharakter*. Technische Regelwerke (Normen) können keine unmittelbare autoritative Wirkung entfalten, da sie auf europäischer oder nationaler Ebene durch privatrechtlich agierende Normungsgremien erlassen wurden. Ihnen fehlt als aus außerstaatlich entstandene Norm die Eigenschaft eines materiellen Gesetzes. Wäre dem nicht so, würde das Demokratieprinzip (Art. 20, Abs. 1 und 2 GG) durchbrochen, da Gremien, die außerhalb der auf das Staatsvolk rückführbaren Legitimationskette stehen, an der Ausübung des staatlichen Rechtssetzungsmonopols teilhaben [DiF95].

Die Beachtung von Normen bleibt aber gerade vor dem Hintergrund des europäischen Binnenmarktes dennoch nicht rein fakultativ. Werden die anerkannten Regeln der Technik beachtet, haben die Mitgliedsstaaten davon auszugehen, dass die entsprechend ausgewiesenen Produkte, bzw. Verfahren mit den Mindestanforderungen der von der Kommission der Europäischen Union erlassenen Richtlinien übereinstimmen (sog. *Vermutungswirkung*). Es wird somit auf die Unternehmen Druck ausgeübt, sich normenkonform zu verhalten [EGM12]. Werden Normen nicht eingehalten, geht die Rechtsprechung sogar so weit, dass sie vermutet, dass ein etwaiger Schaden durch die Nichteinhaltung der Norm verursacht wurde. Entscheiden sich Unternehmen bewusst gegen die Einhaltung einer Norm, sollte unbedingt auf andere Weise sichergestellt werden, dass dem Stand der Wissenschaft und Technik entsprochen wird [Hey17]. Dieses Alternativvorgehen sollte vom Unternehmen in angemessener Form dokumentiert werden, um die Sicherheit (des Fahrzeugs, bzw. des Betriebs) darlegen und beweisen zu können. Hierbei spielen zunächst unternehmensinterne technisch-wissenschaftliche Stellungnahmen eine Rolle. Noch hilfreicher sind die Entscheidung stützende Stellungnahmen von Sachverständigen (Gutachtern).

Konkrete technische Spezifikationen werden nicht in Gesetzesform festgelegt, sondern es wird auf anerkannte Regeln der Technik verwiesen. Durch einen solchen dynamischen Normverweis öffnet der Verordnungsgeber das Recht für technische Erkenntnisse. Für den Gesetzgeber hat die Verwendung von Technikstandards den Vorteil, dass er die rechtlichen Regelungen nicht fortlaufend an die technische Entwicklung anpassen muss. Sie werden erst in dem Fall verbindlich, wenn sie Gegenstand von Rechts- und Verwaltungsvorschriften eines Gesetz- oder Verordnungsgebers oder Inhalt eines Vertrages werden [BG14]. Durch die Verweisungstechnik erhalten die Normen also eine *mittelbare Rechtswirkung*. Dies kann im Sinne einer *unmittelbaren Verweisung* geschehen, in dem auf eine genau bezeichnete Norm Bezug genommen wird, aber auch nur durch eine *mittelbare Verweisung*, d. h. durch die Verwendung unterschiedlicher im Weiteren noch gegeneinander abzugrenzender Generalklauseln.

Bei der *unmittelbaren Verweisung* wird zwischen *statischen* und der *dynamischen* Verweisung unterschieden.

- Bei einer *statischen (fixen oder starren) Verweisung* wird auf eine Norm in ihrer genau bezeichneten Fassung Bezug genommen. Die Norm konkretisiert die verweisende Rechtsnorm. Ein Beispiel hierfür ist § 35 h StVZO, welcher vorschreibt, dass in Kraftomnibussen Erste-Hilfe-Material gemäß eines spezifischen Ausgabestands einer Norm mitzuführen ist.
- Demgegenüber wird bei einer *dynamischen (antizipierenden, gleitenden) Verweisung* nicht auf eine bestimmte mit Ausgabedatum bezeichnete technische Norm Bezug genommen, sondern auf die jeweils geltende Fassung verwiesen. Diese Form der Verweisung hat zwar den Vorteil, dass die entsprechende staatliche Rechtsnorm automatisch der technischen Entwicklung angepasst wird, ohne dass der Gesetz- oder Verordnungsgeber tätig werden muss. Allerdings wird diese Art der Verweisung u. a. im Hinblick auf die Aushebelung des Demokratiegebots verfassungsrechtlich als nicht zulässig erachtet (vgl. [Bac78] und [DiF95]).

Bei der *mittelbaren Verweisung* werden konkrete technische Spezifikationen nicht in Gesetzesform festgelegt, sondern per Generalklauseln auf sie verwiesen (vgl. Darstellung in Abschn. 4.2.3.2).

4.2.3.2 Generalklauseln für technische Regeln

Das Wort „Norm“ stammt von dem lat. Begriff „norma“ und bedeutet Regel, Vorschrift, Richtmaß. Mit Normen schafft sich der Mensch also Maßstäbe, die bestimmen, wie etwas „sein soll“ oder „geschehen soll“ [Bac78]. Zweck der Normung ist es, sich auf einem bestimmten Gebiet zu verständigen und eine sinnvoll abgestimmte Ordnung zu erreichen. Normen regeln ein Verhalten, legen die zur Erreichung des Zwecks notwendigen Mittel fest und stellen einen Maßstab zur Beurteilung und Bewertung von Handlungen dar [Kle01]. *Normen* und *anerkannte Regeln der Technik* sind nicht pauschal identisch. Sie sind zwar ein bedeutsames Hilfsmittel zur Festlegung des allgemein Anerkannten. Eine Gleichstellung kann nur nach umfassender Auswertung und Abwägung des rechtlich Gebotenen erfolgen. Ein *normatives Dokument* zu einem technischen Gegenstand wird zum Zeitpunkt seiner Annahme als Ausdruck einer anerkannten Regel der Technik zu sehen sein, wenn es in Zusammenarbeit der betroffenen Interessen durch Umfrage- und Konsensverfahren erzielt wurde [DIN06d]. Auf der anderen Seite jedoch bringt es der technische Fortschritt mit sich, dass Normen schon sehr bald nicht mehr dem Stand der Technik entsprechen. Umgekehrt ist es denkbar, dass eine Norm erarbeitet wird, die weder in die Praxis eingeführt wird noch allgemeine Anerkennung findet. Auch dem Selbstverständnis der Normung nach, sollen sich Normen als „anerkannte Regeln der Technik“ erst einführen.

Die verschiedenen aus den Gesetzen heraus verweisenden Generalklauseln unterscheiden sich hinsichtlich des assoziierten Begriffsumfangs erheblich. Die Relation der Generalklauseln zueinander, bzw. ihr begriffliches Verhältnis ist in Abb. 4.2 in einemgraphisch dargestellt.

- Die Generalklausel „*Stand von Wissenschaft und Technik*“ umschreibt das höchste Anforderungsniveau und wird daher in Fällen mit sehr hohem Gefährdungspotenzial verwendet. Stand von Wissenschaft und Technik ist der Entwicklungsstand fortschrittlichster Verfahren, Einrichtungen und Betriebsweisen, die nach Auffassung führender Fachleute aus Wissenschaft und Technik auf der Grundlage neuester wissenschaftlich

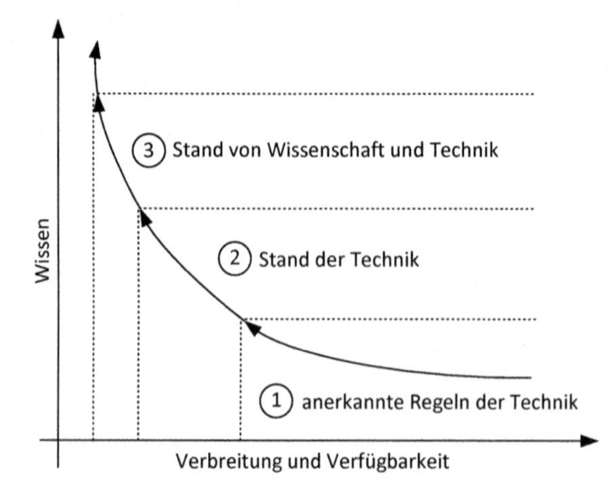

Abb. 4.2 Dreistufenmodell technischer Anforderungen in Relation zu normativen Dokumenten (Assoziierte Begriffsumfänge verschiedener Generalklauseln für das rechtlich Gebotene). Nach [Tho05]

vertretbarer Erkenntnisse im Hinblick auf das gesetzlich vorgegebene Ziel für erforderlich gehalten werden und das Erreichen dieses Ziels gesichert erscheinen lassen [BMJ08]. Ein Beispiel für eine solche mittelbare Verweisung auf den Stand von Wissenschaft und Technik findet sich im Atomgesetz (AtG).

- Das Anforderungsniveau bei der Generalklausel „*Stand der Technik*" liegt zwischen dem Anforderungsniveau der Generalklausel „allgemein anerkannte Regeln der Technik" und dem Anforderungsniveau der Generalklausel „Stand von Wissenschaft und Technik". Stand der Technik ist der Entwicklungsstand fortschrittlicher Verfahren, Einrichtungen und Betriebsweisen, der nach herrschender Auffassung führender Fachleute das Erreichen des gesetzlich vorgegebenen Zieles gesichert erscheinen lässt. Verfahren, Einrichtungen und Betriebsweisen oder vergleichbare Verfahren, Einrichtungen und Betriebsweisen müssen sich in der Praxis bewährt haben oder sollten – wenn dies noch nicht der Fall ist – möglichst im Betrieb mit Erfolg erprobt worden sein (vgl. [DIN06d] und [BMJ08]). Ein Beispiel für eine solche mittelbare Verweisung auf den Stand der Technik findet sich im Bundes-Immissionschutzgesetz (BImSchG).
- *Allgemein anerkannte Regeln der Technik* müssen – auch ohne schriftlich fixiert zu sein – in die Praxis eingedrungen, sich dort bewährt und gefestigt haben. Sie muss in den Kreisen der betreffenden Technik bekannt und als „richtig anerkannt" sein [BMJ08] und [Mar79]. definiert die anerkannte Regel der Technik als eine technische Spezifikation oder ein anderes Dokument, das der Öffentlichkeit zugänglich ist, unter Mitarbeit und im Einvernehmen oder mit allgemeiner Zustimmung aller interessierten Kreise (Unternehmen, Verbände, Gewerkschaften, Behörden) erstellt wurde, auf abgestimmten Ergebnissen von Wissenschaft, Technik und Praxis beruht, den größtmöglichen Nutzen für die Allgemeinheit erstrebt und von einer auf nationaler (z. B. das Deutsche Institut für Normung, DIN), regionaler oder internationaler Ebene anerkannten Organisation gebilligt worden ist [Hey17]. Ein Beispiel eines solchen mittelbaren Verweises auf die allgemein anerkannten Regeln der Technik findet sich in AEG, bzw. EBO.

4.2.3.3 Ebenen der Normung

Die Normung vollzieht sich auf verschiedenen Ebenen, die – wie der Rechtsrahmen auf nationaler und europäischer Ebene auch – mit einander in Beziehung stehen:

- *Nationale Normung*: Durch den Vertrag vom 5.Juni 1975 wurde das Deutsche Institut für Normung (DIN) von der Bundesrepublik Deutschland als zuständige Normungsorganisation für die Bundesrepublik Deutschland sowie als die nationale Normungsorganisation in nichtstaatlichen internationalen Normungsorganisationen anerkannt. Anlass für den Vertrag war die zunehmende Bedeutung der Normung auf europäischer und internationaler Ebene, die eine gebündelte Vertretung deutscher Interessen erforderlich machte. Durch diesen Vertrag wurden jedoch keine hoheitlichen Befugnisse auf das DIN übertragen.
- *Regionale Normung*: Mit wechselnder wirtschaftlicher Verflechtung benachbarter Länder und Ländergruppen wird eine übereinstimmende Normung mit größerer

Normungstiefe immer wichtiger, weil sonst auf vielen Gebieten mehr oder minder gravierende Handelshemmnisse bestehen bleiben. Diese Aufgaben übernehmen supranationale, auf Kontinente oder miteinander verflochtene Wirtschaftsräume beschränkte Organisationen, die sich zum Ziel gesetzt haben, bestehende nationale Normen zu harmonisieren und neue Normen gleich in möglichst optimaler Übereinstimmung zu entwickeln, auf die dann auch im Zuge einer regionalen Rechtsangleichung Bezug genommen werden kann. Auf Europäischer Ebene führen die Normungsorganisation CEN und CENELEC (für die elektrotechnische Normung) die Normungsaktivitäten durch. Europäische Normen müssen – laut Geschäftsordnung der europäischen Gremien CEN und CENELEC – in die nationalen Normenwerke unverändert überführt werden. Abweichende nationale Normen müssen zurückgezogen werden.
- *Internationale Normung*: Weltweit führen die Internationale Normungsorganisationen (ISO und IEC) Normungsvorhaben durch. Die Wiener Vereinbarung regelt die technische Zusammenarbeit zwischen der Internationalen Normungsorganisation (ISO) und dem Europäischen Komitee für Normung (CEN). Es geht dabei insbesondere um die parallele Annahme der Arbeitsergebnisse von Normungsgremien. Die Wiener Vereinbarung zwischen ISO und CEN hat zum Ziel, die Normungsarbeit möglichst nur auf einer Ebene durchzuführen, durch geeignete Abstimmungsverfahren aber die gleichzeitige Anerkennung als Internationale und als Europäische Norm herbeizuführen. Eine ähnliche Regelung mit dem Namen Dresdner Vereinbarung existiert zwischen IEC und CENELEC.

4.3 Rollen und Institutionen im Flottenmanagement

Im Flottenmanagement sind die verschiedenen Rollenkonzepte der beteiligten Akteure zu berücksichtigen. Hierbei muss der veränderten Marktentwicklung im Betrieb und in der Instandhaltung von (Schienen)Fahrzeugen entsprochen werden. Das frühere Standardmodell eines vollständig integrierten (Eisenbahn)Verkehrsunternehmens, das auch Halter und Instandhalter seiner Fahrzeuge ist, kommt immer weniger zum Tragen. Stattdessen nimmt das Fahrzeugmiet- und –leasinggeschäft immer mehr zu. Auch greifen zunehmend komplexe Konstrukte der Instandhaltung, wie zum Beispiel die Rückübertragung der Instandhaltung auf den Fahrzeughersteller, der seinerseits nur das Instandhaltungsmanagement betreibt und die Instandhaltung einem Dienstleister überträgt, um sich. Damit ist die alleinige Wahrnehmung der Sicherheitsverantwortung durch das Verkehrsunternehmen praktisch nicht mehr möglich. Es ergeben sich neue Rollen, deren Verantwortungswahrnehmung und Kontrolle einer rechtlichen oder vertraglichen Regelung bedürfen. Die Anzahl organisatorischer Schnittstellen im Verkehrssystem hat in den letzten 20 Jahren stark zugenommen. Zwischen den verschiedenen Rollen bestehen Wechselbeziehungen im Sinne von Verantwortungsabgrenzungen und Leistungsbeziehungen. Jede dieser Rollen verfolgt unterschiedliche Ziele, die im Zuge eines strategischen Managements von Fahrzeugflotten im öffentlichen Personenverkehr in Einklang miteinander gebracht werden müssen oder zwischen denen aktiv vermittelt werden muss.

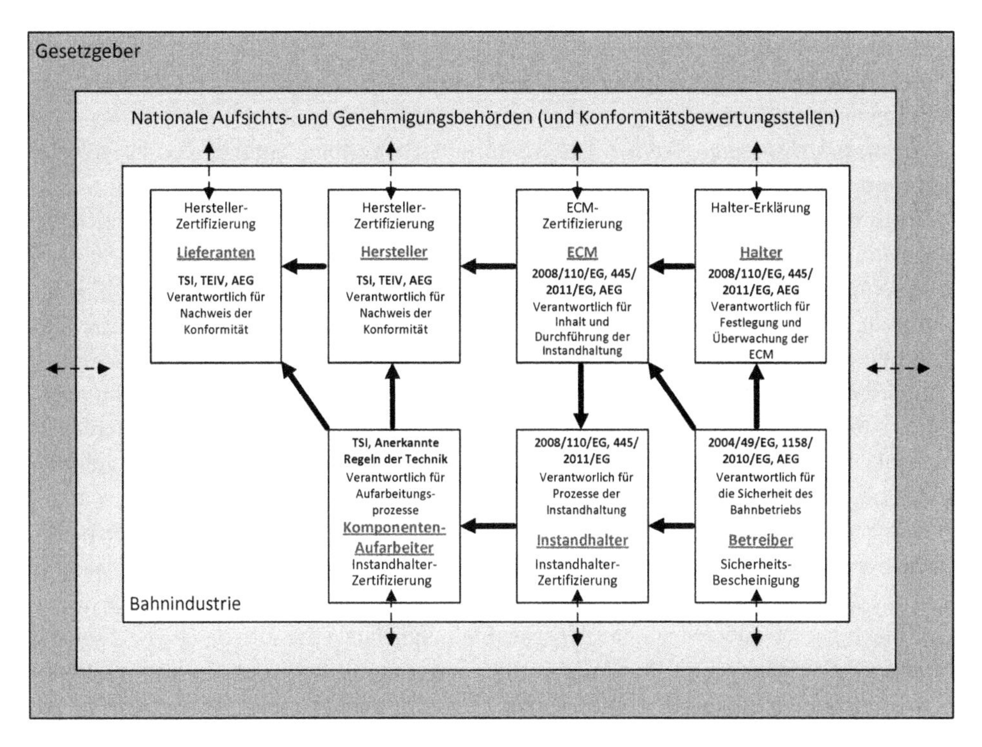

Abb. 4.3 Sicherheitsbezogene Verantwortungskette für den Betrieb und die Instandhaltung von Eisenbahnfahrzeugen. (In Anlehnung an [Roe11] und [Roe12])

Insgesamt ist im Verkehrssystem auch im Falle von Aufgabendelegierungen das erforderliche Sicherheitsniveau genauso zu gewährleisten als würde dies der Auftraggeber selbst wahrnehmen. Dabei gilt der Grundsatz, dass zwar Aufgaben delegiert werden können und der Auftragnehmer eine Mitverantwortung übernimmt, der Auftraggeber aber stets die Gesamtverantwortung für die delegierten Aufgaben behält. Damit sind entlang der Delegierungskette alle Aufgaben und Verantwortungen der Dienstleister und Lieferanten jeweils Bestandteil der Verantwortungen des vorgelagerten Auftraggebers. Abb. 4.3 stellt die sicherheitsbezogene Verantwortungskette der Stellen für den Betrieb und die Instandhaltung von Eisenbahnfahrzeugen dar. Jede Box im Schaubild stellt hierbei eine Rolle dar. Die von der jeweiligen Rolle wahrgenommene Verantwortung ist genauso dargestellt, wie die jeweils gültigen europäischen und nationalen Rechtsgrundlagen. Darüber hinaus wird dargestellt, wie die nationalen Aufsichts- und Genehmigungsbehörden im Zuge ihres Verwaltungshandelns die jeweilige Wahrnehmung der Sicherheitsverantwortung prüfen und überwachen.

Die einzelnen Rollen werden nachfolgend beschrieben:

- *Gesetzgeber:* Der Gesetzgeber auf nationaler und europäischer Ebene ist für die Beratung und Verabschiedung von Gesetzen im inhaltlichen und formalen Sinne zuständig.

- *Normungsorganisationen:* Ihnen obliegt die Ausarbeitung technischer Regelwerke, die im Rahmen der Rechtsordnung von Bedeutung sind. An der Normung arbeiten alle interessierten Kreise mit.
- *Konformitätsbewertungsstellen:* Die Konformitätsbewertung legt dar, dass festgelegte Anforderungen bezogen auf einen Gegenstand (Produkt, Prozess, Person) erfüllt sind. Konformitätsbewertung schließt Tätigkeiten wie Prüfen, Inspektion und Zertifizierung mit ein. Organisationen, die Konformitätsbewertungen durchführen sind Konformitätsbewertungsstellen. Sie verfügen über ein Konformitätsbewertungssystem, d. h. über Regeln, Verfahren und ein Management für die Durchführung von Konformitätsbewertungen (vgl. [ESB07], [Roe00] und [Sch17a]). Der Umfassende Begriff der Konformitätsbewertung subsummiert auch die Durchführung von Sicherheitsbegutachtungen (im Sinne von Inspektionen nach DIN EN ISO/IEC 17020). Im Zuge der Sicherheitsbegutachtung werden zum einen Sicherheitsprozesse und Managementsysteme auf ihre Angemessenheit für die Erfüllung festgelegter (Sicherheits-)Anforderungen bewertet. Zum anderen werden in der Sicherheitsbegutachtung die dokumentierten Sicherheitsnachweise für konkrete technische Artefakte bewertet. Wird in einem Sicherheitsnachweis vom Stand der Technik abgewichen, sind Stellungnahmen unabhängiger Sachverständiger einzuholen. Gutachterliche Stellungnahmen bewerten, ob die Gründe für die Abweichung vom Stand der Technik angemessen festgehalten wurden und ob nachvollziehbar dargelegt wurde, warum eine Abweichung sinnvoll ist und nicht zu einer Unsicherheit führt. Der Gutachter prüft und plausibilisiert die ihm vorgelegten Stellungnahmen [LP15].
- *Nationale Aufsichts- und Genehmigungsbehörden* dienen der Durchsetzung von Recht und Gesetz. Sie prüfen und überwachen Sicherheitsverantwortung der Verkehrsunternehmen [MMS07]. Sie erteilen Inbetriebnahmegenehmigungen für neue oder in wesentlichen Teilen geänderte Fahrzeuge. Sie überprüfen die Wirksamkeit des von den Verkehrsunternehmen eingeführten Sicherheitsmanagements und erteilen auf dieser Grundlage die Sicherheitsbescheinigung, welche die freizügige Teilnahme des Verkehrsunternehmens am Eisenbahnbetrieb in Europa ermöglicht. Darüber hinaus entwickeln sie den rechtlichen Rahmen für die Sicherheit des betrachteten Verkehrssystems weiter [EU04].
- *Aufgabenträger:* Die ÖPNV-Aufgabenträger sind in Deutschland seit der Regionalisierung und dem Inkrafttreten des Regionalisierungsgesetzes am 27. Dezember 1993 für die Organisation und Finanzierung des öffentlichen Personennahverkehrs (ÖPNV) zuständig. Dies umfasst den öffentlichen Straßenpersonennahverkehr (ÖSPV) gemäß Personenbeförderungsgesetz (PBefG) und den Schienenpersonennahverkehr (SPNV) gemäß Allgemeinem Eisenbahngesetz (AEG). Die Aufgabenträger erstellen einen Nahverkehrsplan, in dem sie die angestrebte räumliche und zeitliche Erschließung ihres räumlichen Zuständigkeitsbereichs festschreiben. Zur Umsetzung des Nahverkehrsplans schreiben die Aufgabenträger Verkehrsleistungen aus, vergeben diese an Verkehrsunternehmen und überwachen die qualitätsgerechte Leistungserbringung.

- Die *Verkehrsunternehmen* nehmen insbesondere im Nahverkehr an von den Aufgabenträgern inszenierten Ausschreibungswettbewerben für Verkehrsleistungen teil. Im Falle der Zuschlagserteilung übernehmen sie die Verpflichtung zur Erbringung der vertraglich geschuldeten Verkehrsleistungen. Sie benötigen hierfür Fahrzeugflotten, die sie entweder selbst besitzen oder die Ihnen von Dritten zur Nutzung bereitgestellt werden. Verkehrsunternehmen als Betreiber der Fahrzeuge wird die Verantwortung für den sicheren Betrieb im Sinne des sicheren Bewegens von Fahrzeugen im Rahmen von Zug- und Rangierfahrten (betriebsführende Eisenbahn im Sinne des §31AEG) zugewiesen. Sie erbringen Verkehrsleistungen auf einer vorhandenen Verkehrsinfrastruktur. Der Zugang zur Verkehrsinfrastruktur kann sich auch auf Verkehrsnetze anderer Ländern erstrecken. Insbesondere im Schienenverkehr ist aber im betreffenden Land eine Sicherheitsbescheinigung erforderlich. Die Verkehrsunternehmen sind für den sicheren und ordnungsgemäßen Betrieb verantwortlich.
- *Subunternehmer (Auftragsunternehmer):* Als Auftragsunternehmer wird ein Verkehrsunternehmen bezeichnet, welches gegen ein bestimmtes Entgelt Linien oder Verkehrsrelationen im Namen und auf Rechnung eines anderen Unternehmers bedient. Im öffentlichen Straßenpersonennahverkehr fährt er im Auftrag des Unternehmers, der die Genehmigungen(en) im Sinne des Personenbeförderungsgesetzes (PBefG) inne hat, im Schienenpersonennahverkehr im Auftrag des Eisenbahnverkehrsunternehmens, mit dem der Verkehrsvertrag geschlossen ist [VDV06].
- *Fahrzeughalter:* Durch das zunehmende Fahrzeugmiet- und Leasinggeschäft ist das Verkehrsunternehmen nicht zwangsläufig Halter seiner Fahrzeuge. Die Halter sind für den sicheren Zustand der Schienenfahrzeuge, für die sie im jeweiligen Nationalen Fahrzeugregister (NVR) als Halter eingetragen sind, verantwortlich (sog. nicht selbständige Teilnahme am Eisenbahnbetrieb nach § 32 AEG). Sie können diese Verantwortung an eine andere instandhaltungsverantwortliche Stelle (Entity in Charge of Maintenance, ECM) übertragen (vgl. [Roe11]und [Roe12]).
- *Fahrzeuginstandhalter:* Der Instandhalter möchte den Sollzustand der Fahrzeuge über einen möglichst langen und stetigen Lebenszykluszeitraum erhalten [Han00]. Er überführt die Fahrzeuge zur Instandhaltung, führt die Fahrzeuginstandhaltung einschließlich der erforderlichen Dokumentation zur durchgeführten Instandhaltung durch und übergibt im Anschluss die Fahrzeuge wieder an den Betrieb. Auf der Grundlage der Instandhaltungs-Ergebnisse und Erfahrungsrückläufe entwickelt er das Instandhaltungssystem weiter (vgl. [Roe11] und [Roe12]).
- *Fahrzeughersteller* sind Unternehmen, die Fahrzeuge produzieren. Die Hersteller wollen ihre Produkte und Ersatzteile entsprechend der gesetzlichen Regelungen, bzw. allgemein anerkannten Regeln der Technik (vgl. Abschn. 4.2.3) sowie den Anforderungen potentieller oder real existierender Betreiber über einen bestimmten Zeitraum verkaufen [Han00].

Literatur

[Bac78] Backherms, Johannes. 1978. *Das DIN Deutsches Institut für Normung e.V. als Beliehener.* Köln u.a.: Carl Heymanns Verlag.

[BG14] Benes, Georg M. E., und Peter. E. Groh. 2014. *Grundlagen des Qualitätsmanagements.* Leipzig: Hanser.

[BMJ08] Bundesministerium der Justiz. 2008. *Handbuch der Rechtsförmlichkeit.* Berlin: BMVJ.

[CER04] Community of European Railways and Infrastructure. 2004. *European Railway Legislation Handbook.* Hamburg: Eurailpress.

[DiF95] di Fabio, Udo. 1995. *Produktharmonisierung durch Normung und Selbstüberwachung.* Köln u.a.: Carl Heymanns Verlag.

[DIN01] Deutsches Institut für Normung. Hrsg. 2001. *Einführung in die DIN-Normen.* Stuttgart u.a.: Teubner.

[DIN05b] Deutsches Institut für Normung. DIN EN ISO/IEC 17000: *Konformitätsbewertung – Begriffe und allgemeine Grundlagen* (ISO/IEC 17000:2004); Dreisprachige Fassung EN ISO/IEC 17000:2004.

[DIN06d] Deutsches Institut für Normung. DIN EN 45020: *Normung und damit zusammenhängende Tätigkeiten – Allgemeine Begriffe* (ISO/IEC Guide 2:2004); Dreisprachige Fassung EN 45020:2006.

[EGM12] Ensthaler, Jürgen, Dagmar Gesmann-Nuissl, und Stefan Müller. 2012. *Technikrecht – Rechtliche Grundlagen des Technologiemanagement.* Berlin, Heidelberg: Springer Vieweg.

[ESB07] Ernsthaler, Jürgen, Kai Strübbe, und Leonie Bock. 2007. *Zertifizierung und Akkreditierung technischer Produkte – ein Handlungsleitfaden für Unternehmen.* Berlin: Springer.

[EU04] Europäische Union. *Richtlinie 2004/49/EG des Europäischen Parlaments und des Rates vom 29. April 2004 über Eisenbahnsicherheit in der Gemeinschaft.* Amtsblatt der Europäischen Union, L160, vom 30.04.2004, 44–113).

[FM04] Frerich, Johannes, und Gernot Müller. 2004. *Europäische Verkehrspolitik. Band 1: Politisch-ökonomische Rahmenbedingungen Verkehrsinfrastrukturpolitik.* München: Oldenbourg Verlag.

[Han00] Hanusch, Thomas. 2011. Systemanforderungen für ein Flottenmanagement. *Eisenbahningenieurkalender* 2011: 85–94.

[Hey17] Heyle, Fabian. 2017. Die anerkannten Regeln der Technik im Eisenbahnrecht – Neue Systeme?. *Deutsches Verwaltungsblatt* 132 (7): 417–420.

[HSB02] Hoppe, Werner, Detlef Schmidt, Bernhard Busch, und Bernd Schieferdecker. 2002. *Sicherheitsverantwortung im Eisenbahnwesen.* Köln u.a.: Carl Heymanns Verlag.

[Kle01] Klein, Martin. 2001. *Einführung in die DIN-Normen.* Stuttgart: Teubner.

[LP15] Lach, Sebastian, und Sebastian Polly. 2015. *Produktsicherheitsgesetz – Leitfaden für Hersteller und Händler.* Berlin: Springer.

[Man99] Mankiw, N. Gregory. 1999. *Grundzüge der Volkswirtschaftslehre.* Stuttgart: Schäffer-Pöschel Verlag.

[Mar79] Marburger, Peter. 1979. *Die Regeln der Technik im Recht.* Köln u.a.: Carl Heymanns Verlag.

[MMS07] Marti, Jürg, Rolf-Martin Müller, und Hendrik Schäbe. 2007. Neue Verfahren und Werkzeuge in der staatlichen Eisenbahnaufsicht. *ZEV Rail* 131 (10): 406–409.

[Roe00] Röhl, Hans Christian. 2000. *Akkreditierung und Zertifizierung im Produktsicherheitsrecht – zur Entwicklung einer Europäischen Verwaltungsstruktur.* Berlin: Springer.

[Roe11] Rösch, Wolfgang. 2011. Anforderungen aus Sicht der europäischen Sicherheitsrichtlinie an Betreiber, Halter und Instandhalter von Schienenfahrzeugen. *ZEV-Rail* 135 (8): 290–294.

[Roe12] Rösch, Wolfgang. 2012. Umsetzung des europäischen Regelwerks zur Eisenbahn-Fahrzeugsicherheit. *Elektrische Bahnen* 110 (10):563–569.

[RRS12] Ritter, Norbert, Berthold Radermacher, und Georg Sinnecker. 2012. EU-Normung im Schienennahverkehr. *Der Nahverkehrt* 30 (5): 7–14.

[Sch11] Schäfer, Martin. 2011. Neue EU-Berufszugangsverordnung für Kraftverkehrsunternehmer. *Der Nahverkehr* 29 (12): 50–51.

[Sch17a] Schnieder, Lars. 2017. Öffentliche Kontrolle der Qualitätssicherungskette für einen sicheren und interoperablen Schienenverkehr. *Eisenbahntechnische Rundschau* 66(4): 38–41.

[SS13] Schnieder, Lars, und Eckehard Schnieder. 2013. *Verkehrssicherheit – Maße und Modelle, Methoden und Maßnahmen für den Straßen- und Schienenverkehr*. Berlin: Springer Verlag.

[Tho02] Thomasch, Andreas. 2002. Prüfung und Zulassung von Fahrzeugen in Deutschland und für Europa. *ZEV-Rail* 126 (6+7): 270–283.

[Tho05] Thomasch, Andreas. 2005. Die Europäischen Zulassungsprozesse für Eisenbahnfahrzeuge. *Eisenbahntechnische Rundschau* 54 (12): 789–803.

[VDV06] Verband Deutscher Verkehrsunternehmen. 2006. *Das Fachwort im Verkehr*. Düsseldorf: Alba Fachverlag.

Teil II

Querschnittsaufgaben

5 Qualitätsmanagement

Qualität bezeichnet allgemein die Übereinstimmung der Produkteigenschaften mit den Anforderungen und Erwartungen der Kunden und anderer interessierter Parteien. Das Qualitätsmanagement ist eine Querschnittsfunktion in Verkehrsunternehmen. Qualitätsaspekte sind in jeder Lebenszyklusphase von Fahrzeugen gleichermaßen bedeutsam. Leistungen des öffentlichen Verkehrs sind keine Produkte im klassischen Sinne, sondern Dienstleistungen. Die Europäische Norm DIN EN 13816 definiert für verkehrliche Dienstleistungen, welche unterschiedliche Merkmale den Qualitätsbegriff aufspannen. In diesem Kapitel erfolgt zunächst eine allgemeine Begriffsbestimmung des Qualitätsmanagements für verkehrliche Dienstleistungen (vgl. Abschn. 5.1). Hierbei wird auch klar, dass eine qualitätsgerechte Leistungserbringung im öffentlichen Verkehr nur mit einer zuverlässigen Fahrzeugflotte gelingen kann. Es schließt sich eine Darstellung der durch das Qualitätsmanagement verfolgten Ziele in Abschn. 5.2 an. Die Darstellung der Aufgaben des Qualitätsmanagements in Abschn. 5.3 beschließt dieses Kapitel.

5.1 Teilbegriffsbestimmungen

Der Begriff *Qualität* bezeichnet den Grad, in dem ein Satz inhärenter Merkmale Forderungen erfüllt. Diese Definition nimmt auf zwei relevante Teilbegriffe Bezug [BG14].

- *Qualitätsmerkmale:* Merkmale dienen dazu, die Qualität zu beschreiben und zu definieren. Merkmale können qualitativer oder quantitativer Natur sein [VDV01]. Sie verfügen über Merkmalsarten und Merkmalswerte [LNO09]. Quantitative Qualitätsmerkmale werden durch physikalische Größen beschrieben. Sie sind somit einer Messung zugänglich. Im Falle der Pünktlichkeit wird beispielsweise die Verspätung der Fahrzeuge in Minuten und Sekunden gemessen [VDV02]. Qualitative Qualitätsmerkmale

L. Schnieder, *Strategisches Management von Fahrzeugflotten im öffentlichen Personenverkehr*, VDI-Buch, https://doi.org/10.1007/978-3-662-56608-4_5

sind keine physikalischen Größen. Sie sind also nicht messbar. Beispiele solcher Merkmale sind Checklisten mit denen festgestellt werden kann, ob beispielsweise Bestandteile der Haltestellenmöblierung (unter anderem Sitzmöglichkeiten und Fahrgastunterstände) vorhanden und mängelfrei sind [VDV02].

- *Anforderungen:* Forderungen bezeichnen „Erfordernisse oder Erwartungen, die festgelegt, üblicherweise vorausgesetzt oder verpflichtend sind". Es ist zu beachten, dass eine „Forderung" aus einer Reihe von Einzelforderungen besteht, die häufig in einer Produktspezifikation (vgl. Abschn. 10.4.1) und einer technischen Spezifikation (bspw. anerkannte Regel der Technik, vgl. Abschn. 4.2.3) oder auch in sonstigen Vorgabedokumenten (wie beispielsweise Gesetze) festgelegt sind. Kunden und Marktgegebenheiten stellen Qualitätsanforderungen an die Qualitätspolitik des Verkehrsunternehmens. Das Bestreben der Konkurrenz und direkte Kundenanforderungen stellen Zwänge dar, an denen sich das Verkehrsunternehmen orientieren muss. Auch die Allgemeinheit stellt Anforderungen an die Qualitätspolitik: beispielsweise sind gesetzliche Vorschriften, soziale Aspekte (Arbeitszeiten, Arbeitsbedingungen) und Umweltschutz (Umwelt- und Lärmschutzvorschriften) Rahmenbedingungen, welche die Verkehrsunternehmen in ihren Leistungen und Prozessen zur Leistungserstellung berücksichtigen müssen.

Qualitätsmanagement bezeichnet alle organisatorischen Maßnahmen, die der Verbesserung der Prozessqualität, der Leistungen und damit den Produkten jeglicher Art dienen. Im öffentlichen Personenverkehr ist zu beachten, dass es sich bei diesem um eine Dienstleistung handelt. Dienstleistungen weisen bei näherer Betrachtung einige Besonderheiten auf, welche sie deutlich von Sachleistungen abgrenzen:

- *Immaterialität der Leistung:* Bei Dienstleistungen handelt es sich nicht um physisch greifbare Objekte. Die Qualität der Dienstleistung kann damit vor ihrer Erstellung und damit in aller Regel vor dem Kauf nicht sinnlich wahrgenommen werden [KB05].
- *Integration des externen Faktors:* Die Erbringung einer Dienstleistung erfolgt am Fahrgast selbst oder an einem Gegenstand aus seinem Besitz (sog. Verfügungsobjekt). Der Fahrgast selbst und sein Verfügungsobjekt bilden gemeinsam den so genannten externen Faktor. Dieser wird direkt in den Prozess der Leistungserbringung einbezogen [KB05].
- *Gleichzeitigkeit von Produktion und Konsum:* Verkehrliche Dienstleistungen werden in dem Augenblick vom Fahrgast verbraucht, in dem sie vom Verkehrsunternehmen erbracht werden. Sie sind daher auch nicht lagerfähig. Es handelt sich um eine Produktion, die durch die Anwesenheit des Fahrgastes oder seines Verfügungsobjekts ausgelöst wird und nicht unabhängig davon ausgeführt werden kann [KB05].

Die Perspektive des Kunden auf die verkehrlichen Dienstleistungen sowie diejenige der Verkehrsunternehmen können anhand des kybernetischen Grundmodells (vgl. Abschn. 3.2) dargestellt werden. Der in [DIN02] dargestellte Qualitätskreis aus Sicht des Kunden und der Dienstleistungsanbieter wird in Anlehnung an [BBH03] um die Perspektive des Aufgabenträgers ergänzt. (vgl. [Sch15c]). Die Darstellung wird hierbei zum Modellkonzept eines kaskadierten Regelkreises (vgl. Abschn. 3.2.2) erweitert. Sowohl die planerischen und betrieblichen Prozesse des ÖPNV-Betreibers als auch das Nachfrageverhalten der ÖPNV-Kunden lassen sich jeweils durch das Modellkonzept des Regelkreises beschreiben. Der obere Regelkreis stellt hierbei den Fahrgast mit seiner Wahrnehmung und seiner kognitiven Verarbeitung dar, die in seinem konkret beobachtbaren Mobilitätsverhalten (=Modalwahlentscheidung) mündet. Der untere Wirkungskreislauf verdeutlich den durch die Messung der Dienstleistungsqualität geschlossenen Wirkungskreislauf der kontinuierlichen Qualitätsverbesserung des Verkehrsunternehmens. Beide Regelkreisstrukturen überlagern sich in der gemeinsamen Regelstrecke der tatsächlichen Dienstleistungserbringung, wo Bedienungsangebot und Verkehrsnachfrage zusammentreffen. Hier greift auch die Störgröße an. Fehlplanungen im Flottenmanagement (beispielsweise Mängel in der Instandhaltung von Fahrzeugen) wirken sich als Störgröße aus und beeinflussen damit die Betriebsabwicklung (beispielsweise in Form von Fahrzeugausfällen). Diese miteinander verwobenen Regelkreise werden in die übergeordnete Regelkreisstruktur des Aufgabenträgers eingebettet, der durch die Nahverkehrsplanung konkrete Sollwerte vorgibt und deren Einhaltung im Sinne eines verkehrlichen Controllings fortlaufend überwacht.

Zur näheren Betrachtung der Dienstleistung im Kontakt zwischen Kunde und Verkehrsunternehmen lässt sich das sog. Gap-Modell der Dienstleistung anwenden (von engl. Gap = Lücke) und anhand von Abb. 5.1 verdeutlichen. Dieses Modell dient als Orientierungshilfe für die gezielte Analyse und die folgende Beseitigung von Schwachstellen anhand der aufgezeigten Lücken. Das Gap-Modell unterscheidet die folgenden Lücken:

- Diskrepanz zwischen Kundenerwartungen (*erwartete Dienstleistungsqualität*) und die *Wahrnehmung der Kundenerwartungen* durch das Management des Verkehrsunternehmens.

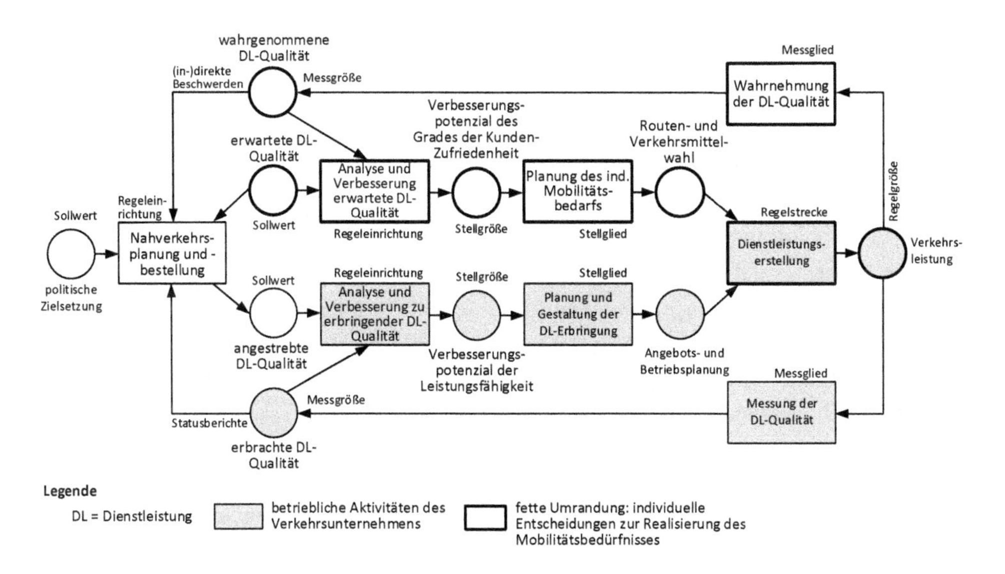

Abb. 5.1 Konzeption der Dienstleistungsqualität als Kaskadenregelkreis

Hier wird deutlich, dass bereits in der Erfassung der Kundenwünsche Schwierigkeiten bestehen [KB05]. Deshalb werden zur Erhebung der Kundenanforderungen methodisch Ansätze der Marktforschung angewendet.

- Diskrepanz zwischen der *Wahrnehmung der Kundenerwartungen* durch das Management und der Interpretation durch das Verkehrsunternehmen mit anschließender Umsetzung in Spezifikationen der Dienstleistungsqualität (die vom Verkehrsunternehmen *angestrebte Dienstleistungsqualität*). Diese Lücke zeigt, dass auch die Überführung der erhobenen Kundenwünsche in unternehmensinterne Vorgaben für die Ausführung der Dienstleistung Probleme bereiten kann [KB05].
- Diskrepanz zwischen den *Spezifikationen der Dienstleistungsqualität* (vom Verkehrsunternehmen angestrebte Dienstleistungsqualität) und der tatsächlich erstellten Leistung (vom Verkehrsunternehmen *erbrachte Dienstleistungsqualität*). Die beiden Qualitätsbegriffe werden über die *Leistungsfähigkeit* des Dienstleistungsanbieters miteinander in Beziehung gesetzt. Ursache für ungenügende Dienstleistung liegen im teilweise bedeutenden Einfluss technischer Gegebenheiten, nicht beeinflussbaren Umfeldbedingungen aber auch im Unvermögen der Mitarbeiter [KB05].
- Diskrepanz zwischen erstellter Dienstleistung (vom Verkehrsunternehmen *erbrachte Dienstleistungsqualität*) und der an den Kunden gerichteten *Kommunikation über diese Dienstleistung*. Diese Lücke zeigt, dass dem Kunden mehr versprochen wird, als das Verkehrsunternehmen zu leisten in der Lage ist [KB05].
- Diskrepanz zwischen den Erwartungen des Kunden an eine Dienstleistung (vom Kunden *erwartete Dienstleistungsqualität*) und seiner Wahrnehmung der real erbrachten Dienstleistung (*wahrgenommene Dienstleistungsqualität*). Diese Lücke wird auch als *Grad der Kundenzufriedenheit* ausgedrückt und ist damit die entscheidende Lücke. Es besteht jedoch eine weitgehende Abhängigkeit von den zuvor dargestellten Lücken [KB05].

5.2 Ziele des Qualitätsmanagements

Nichtqualität ist ein Unternehmensrisiko. Fehlerhafte Planung, mangelnde Überwachung und Kommunikation, fehlende Verantwortung sowie Nichtbeachtung der Kundenanforderungen führen zum unternehmerischen Misserfolg. Im Produktgeschäft äußert sich dies in Reklamationen (und damit verbundenen Kosten), Verlust des Kundenvertrauens sowie umfangreichen Haftungsverpflichtungen für fehlerbehaftete Produkte. Im Verkehr äußert sich dies langfristig in geringeren Fahrgastzahlen, da Fahrgäste alternative Modalwahlentscheidungen treffen. Aus Sicht des Verkehrsunternehmens können daher die folgenden Ziele des Qualitätsmanagements definiert werden (vgl. [BG14]):

- *Effiziente und fahrplangerechte Erstellung der Verkehrsleistung:* Umfassende Qualitätsmanagementsysteme zielen auf die Optimierung aller unternehmerischen Tätigkeiten. Im Ergebnis werden vorhandene Ressourcen des Verkehrsunternehmens optimal genutzt.

- *Hohe Wettbewerbsfähigkeit:* Die Wettbewerbskomponente „Qualität" hat in den letzten Jahren neben den traditionellen Wettbewerbsfaktoren „Kosten" und „Zeit" an Bedeutung gewonnen. Auch gilt es, die von außerhalb gestellten Forderungen so zu erfüllen, dass das Verkehrsunternehmen wettbewerbsfähig bleibt.
- *Hohe Kundenzufriedenheit*/-loyalität: Verkehrsunternehmen erfüllen die Kundenwünsche (d. h. der Aufgabenträger, bzw. der Fahrgäste). Ein Qualitätsmanagementsystem stärkt das Vertrauen der Kunden in die Qualitätsfähigkeit des Verkehrsunternehmens.

5.3 Aufgaben des Qualitätsmanagements

Das Qualitätsmanagement hat die Aufgabe, die Forderungen die Qualität entsprechend den Unternehmenszielen zu verwirklichen. Konkret umfasst dies die nachfolgend dargestellten Aufgaben. Diese Aufgaben folgen wiederum der Struktur eines Regelkreises (vgl. Abb. 5.2).

5.3.1 Qualitätsplanung

Qualitätsplanung ist der Teil des Qualitätsmanagements, der auf das Festlegen der Qualitätsziele und der notwendigen Ausführungsprozesse sowie der zugehörigen Ressourcen zum Erreichen der Qualitätsziele gerichtet ist. Die Qualitätsplanung beginnt mit der Festlegung der Ziele. Der Kunde und Gesetzgeber liefern die Forderungen, die als Teilaufgaben an die Qualitätsplanung gegeben werden. Die Qualitätsplanung dient somit der Konkretisierung von Kunden-, Markt-, und gesetzlichen Forderungen. Ihre Aufgabe ist es, die externen und internen Forderungen an die Qualität zu operationalisieren. In diesem Sinne

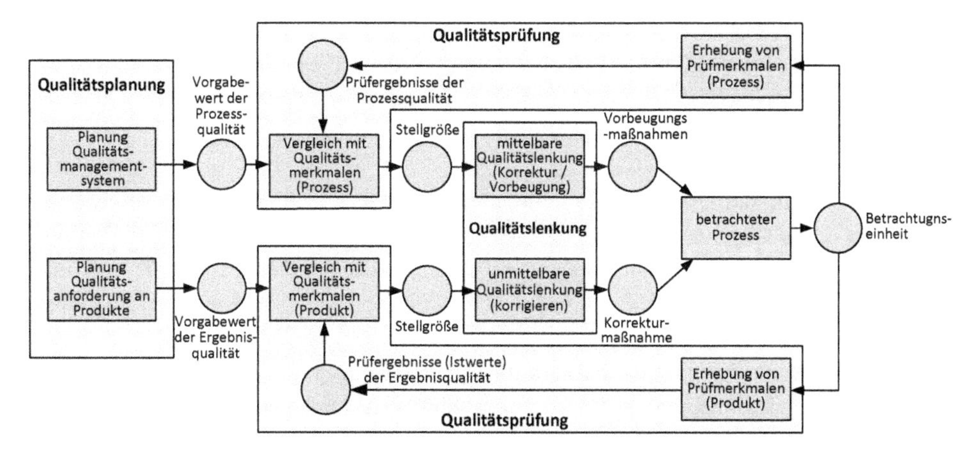

Abb. 5.2 Zusammenhang der Aufgaben des Qualitätsmanagements

erfolgt im Rahmen der Qualitätsplanung eine Transformation der Qualitätsforderungen in bewertbare Qualitätskriterien. Die Messbarkeit ist elementare Voraussetzung für eine spätere objektive Beurteilung der erzielten Güte der Ergebnisse und Prozesse. Relevanter Tätigkeitskomplex ist neben der Planung der Qualitätsanforderungen auch die Planung des Qualitätsmanagementsystems [BG14]. Die Qualitätsplanung umfasst folglich zwei Aufgabenbereiche:

- *Planung der Ergebnisqualität:* Festlegung einer möglichst konkreten Spezifikation in einer Anforderungsliste, in der alle funktionellen Daten beschrieben sind [VDI98].
- *Planung der Prozessqualität:* Die Festlegung der Abläufe, Prüfschritte, der Beteiligten, des zeitlichen Verlaufs die notwendig sind um die Prozessausführung effektiv und effizient zu gestalten [VDI98].

5.3.2 Qualitätsprüfung

Qualitätsprüfung ist die konkrete Ermittlung, ob bei Produkten und Dienstleistungen bestimmte Bedingungen erfüllt sind. Im Zuge der Qualitätsprüfung werden Teile, Baugruppen, Produkte, Lieferungen und Dienstleistungen hinsichtlich ihrer Einhaltung bestimmter vorgegebener Eigenschaften verglichen. Die Qualitätsprüfung bezieht sich auf die in der Qualitätsplanung erarbeiteten Qualitätsmerkmale sowie auf Normen (vgl. DIN EN 13816), Vorschriften und Lieferantenverträgen (d. h. der bestehende Verkehrsvertrag), welche die Grundlage für die Festlegung der Prüfmerkmale darstellen [BG14]. Für die Auswahl der Prüfungsart ist die Art des Prüfmerkmals maßgeblich.

- *Objektive Prüfungen* basieren auf Messwerten. Beispiel hierfür sind konkret messbare Phänomene im Betrieb (sog. Direct Performance Measurements nach [DIN02]), wie beispielsweise die Anzahl pünktlicher Halte eines Verkehrsmittels.
- *Subjektive Prüfungen* erfolgen durch die Wahrnehmung von Prüfern ohne Hilfsmittel. Ein Beispiel hierfür sind Mystery Shopping Surveys nach [DIN02] zur Bewertung nicht direkt messbarer Phänomene (Freundlichkeit des Betriebspersonals oder Sauberkeit von Haltestellenbereichen).

Neben der Prüfung der Qualitätsanforderungen an das Produkt (bzw. die Dienstleistung) ist auch das Qualitätsmanagementsystem (d. h. die Prozessqualität) selbst einer Prüfung zu unterwerfen. Hierzu dienen beispielsweise Audits und Benchmarks:

- *Audits* werden von der Unternehmensleitung initiiert und von unabhängigen Personen (den Auditoren) durchgeführt. Es wird dabei untersucht, ob die getroffenen qualitätsbezogenen Maßnahmen wie geplant verwirklicht werden und geeignet sind, die Qualitätsziele zu erreichen [BG14].

- *Benchmarking:* Hierbei handelt es sich um einen systematischen und kontinuierlichen Prozess des Bewertens und Vergleichens von Prozessen im eigenen Unternehmen mit denen eines Vergleichsunternehmens [BG14]. Dieser Prozess hat zum Ziel, systematisch Verbesserungspotenziale für die eigene Organisation abzuleiten.

5.3.3 Qualitätslenkung

Die Anstrengungen zur Erreichung von Qualitätszielen dürfen nicht an einer mangelnden Verfolgung und Kontrolle der Auswirkungen der eingeleiteten Maßnahmen scheitern. Um die Qualität langfristig auf dem geforderten Qualitätsniveau zu halten sind zukunftsorientierte Maßnahmen einzuleiten und durchzuführen. Vereinfacht entspricht die Qualitätslenkung den aus der Regelungstechnik bekannten Regelkreisen (vgl. Abschn. 3.2). Als wesentliche Bedingung für die Funktion der Regelkreise gilt die aktuelle Erfassung, Verdichtung und Auswertung der Daten (Qualitätsprüfung), ihre Rückführung (im Sinne eines Vergleichs der Prüfergebnisse mit den Sollwerten, d. h. den vorgegebenen Qualitätsforderungen aus der Qualitätsplanung) sowie Umwandlung in Steuergrößen (Qualitätslenkung). Die Qualitätslenkung benötigt prinzipiell die Ergebnisse der Qualitätsprüfungen. Die Qualitätslenkung unterteilt sich in eine unmittelbare und eine mittelbare Qualitätslenkung.

- Die *unmittelbare Qualitätslenkung* (unterer Regelkreis in Abb. 5.2) wirkt während der Realisierung des Prozesses auf die Tätigkeiten und Mittel der Realisierung ein. Ein Beispiel hierfür wäre die Nachbearbeitung eines als fehlerhaft erkannten Werkstücks bei erkannter Abweichung im Fertigungsprozess.
- Die *mittelbare Qualitätslenkung* verbessert die Qualitätsfähigkeit der Personen und Mittel zur Realisierung [VDI98]. Ein Beispiel hierfür wäre eine Verbesserung von Prozessen bei erkannten Abweichungen von Prozessmetriken vom Zielniveau.

5.3.4 Qualitätssicherung

Die Qualitätssicherung zielt auf das Erzeugen von Vertrauen in die Fähigkeit des Qualitätsmanagementsystems. Es handelt sich also um vertrauensbildende Vorgänge in Bezug auf die Darstellung und die Wirksamkeit des eigenen Qualitätsmanagementsystems [BG14]. Im Sinne einer Darlegung des Qualitätsmanagementsystems werden alle geplanten und systematischen Tätigkeiten des Verkehrsunternehmens verwirklicht und erfolgreich dargelegt. Ziel ist es, Vertrauen zu schaffen, dass eine Einheit (d. h. eine Dienstleistung oder ein Produkt) die Qualitätsanforderungen erfüllen wird. Auch wappnen sich Verkehrsunternehmen durch eine leistungsfähige, gute und transparent dokumentierte Organisation ihrer geschäftlichen Aktivitäten gegen das erhöhte Haftungsrisiko aus der Beweislastumkehr [Mue04]. Beispielsweise prüft das Kraftfahrt Bundesamt (KBA) im Zuge der Anfangsbewertung, ob die vom Fahrzeughersteller installierten Verfahren eine genehmigungskonforme Produktion der Fahrzeuge erwarten lassen. Durch Zertifizierungen von Qualitätsmanagementsystemen wird das generelle Vertrauen in eine qualitätsgerechte Erbringung der Dienstleistung von externen Dritten bestätigt.

5.3.5 Qualitätsverbesserung

Unternehmen müssen für eine erfolgreiche Zertifizierung ihres Qualitätsmanagementsystems nachweisen, welche organisatorischen Maßnahmen getroffen wurden, um eine gezielte und regelmäßig stattfindende kontinuierliche Verbesserung zu gewährleisten. Die Organisation muss darüber hinaus nachweisen, wie sie Verbesserungsmaßnahmen und deren Ergebnisse überwacht und dokumentiert [BG14].

Literatur

[BBH03] Becker, Josef, Henrik Behrens, und Sascha Hollborn. 2003. Qualität von Nahverkehrsleistungen – die Bedeutung der neuen DIN EN 13816. *Internationales Verkehrswesen* 12: 30–34.

[BG14] Benes, Georg M. E., und Peter E. Groh 2014. *Grundlagen des Qualitätsmanagements*. Leipzig: Hanser.

[DIN02] Deutsches Institut für Normung. 2002. *DIN EN 13816: Transport – Logistik und Dienstleistungen – Öffentlicher Personenverkehr; Definition, Festlegung von Leistungszielen und Messung der Servicequalität*; Deutsche Fassung EN 13816:2002. Berlin: Beuth Verlag.

[KB05] Kamiske, Gerd F., und Jörg-Peter Brauer. 2005. *Qualitätsmanagement von A-Z – Erläuterungen moderner Begriffe des Qualitätsmanagements*. München: Hanser.

[LNO09] Leonhard, Karl-Wilhelm, Peter Naumann, und Andreas Odin. 2009. *Managementsysteme – Begriffe – Ihr Weg zu klarer Kommunikation*. Köln: Deutsche Gesellschaft für Qualität e.V (Hrsg.).

[Mue04] Müller, Rolf-Martin. 2004. Die Bedeutung des Rechtsinstituts der Beweislastumkehr für die Haftungsrisiken von Eisenbahnverkehrsunternehmen und Herstellern von Eisenbahnsystemen. *ZEV Rail* 128 (Tagungsband SFT Graz): 48–53.

[Sch15c] Schnieder, Lars. 2015. *Betriebsplanung im öffentlichen Personennahverkehr – Ziele, Methoden, Konzepte*. Berlin: Springer.

[VDI98] Verein Deutscher Ingenieure. 1998. *VDI 2887 – Qualitätsmanagement in der Instandhaltung.*. Düsseldorf: VDI.

[VDV01] Verband Deutscher Verkehrsunternehmen. 2001. *Kundenorientierte Qualitätskriterien*. VDV-Mitteilung Nr. 7012. Köln: Verband Deutscher Verkehrsunternehmen.

[VDV02] Verband Deutscher Verkehrsunternehmen. 2002. *Messung der Dienstleistungsqualität im ÖPNV – Methodenbewertung unter dem Aspekt von Bonus/Malus-Regelungen*. VDV-Mitteilung Nr. 10008. Köln: Verband Deutscher Verkehrsunternehmen.

6 Sicherheitsmanagement

Eine Voraussetzung für die Teilnahme eines Eisenbahnverkehrsunternehmens oder eines Halters von Eisenbahnfahrzeugen am Eisenbahnverkehr ist eine von der nationalen Sicherheitsaufsichtsbehörde ausgestellte Sicherheitsbescheinigung. In diesem Zusammenhang müssen die Unternehmen ein Sicherheitsmanagement einrichten und dessen Wirksamkeit regelmäßig gegenüber der Sicherheitsbehörde nachweisen. In diesem Kapitel werden zunächst die relevanten Teilbegriffe des Begriffsfeldes der Sicherheit geklärt (Abschn. 6.1). Anschließend werden die Ziele des Sicherheitsmanagements umrissen (Abschn. 6.2) sowie die Aufgaben des Sicherheitsmanagements erörtert (Abschn. 6.3).

6.1 Teilbegriffsbestimmungen

Sicherheit ist der relative Zustand der Gefahrenfreiheit. Hierbei sind zwei Aspekte zu betrachten. Verkehrssysteme können zum einen zu einem Angriffsziel vorsätzlich schädigender Handlungen werden, die auf die Störung oder den Ausfall des Betriebs der Systeme gerichtet sind. Hieraus wird ersichtlich, dass ein Schutz technischer Systeme vor Fremdeinwirkungen erforderlich ist. Dies wird auch als *Angriffssicherheit* (engl. *Security*) bezeichnet. Der sichere und ordnungsgemäße Betrieb von Bahnsystemen wird auch als *Betriebssicherheit* (engl. *Safety*) bezeichnet. Die Gewährleistung der Betriebssicherheit bei Eisenbahnen liegt in der Verantwortung des Eisenbahnverkehrsunternehmens. Eisenbahnen haben nach § 4 Abs. 1 des Allgemeinen Eisenbahngesetzes die Verpflichtung, ihren Betrieb sicher zu führen und Fahrzeug und Zubehör sicher zu bauen und in betriebssicherem Zustand zu halten. Die beiden Konzepte Safety und Security stehen nicht nebeneinander, sondern sind wechselseitig aufeinander bezogen. Im englischen Sprachgebrauch hat sich daher die Redensart herausgebildet „what's not secure is not safe“. Fehlende Angriffssicherheit kann die Betriebssicherheit negativ beeinflussen [Sch17b]. In den folgenden Ausführungen steht die Betriebssicherheit im Fokus.

L. Schnieder, *Strategisches Management von Fahrzeugflotten im öffentlichen Personenverkehr*, VDI-Buch, https://doi.org/10.1007/978-3-662-56608-4_6

Risiko und *Sicherheit* sind zentrale Begriff im Betrieb von Verkehrssystemen. Hinsichtlich einer genauen Interpretation der Sicherheit sind spezielle Merkmale und Größen zu finden und zu definieren. Ihre wichtigste Größe ist das *Risiko*, welche in diesem Abschnitt zuerst in ihrer Wortherkunft erläutert und im Folgend definitorisch präzisiert wird [SS13]. Die sprachliche Wurzel des Begriffs Risiko (engl. risk, franz. Risque) liegt unmittelbar im Schiffsverkehr, denn der Wortstamm von riscare geht auf das Altgriechisch zurück, was so viel wie Wurzel, aber auch Klippe bedeutet. Ein sich in der hellenischen Inselwelt bewegender Schiffer riskierte nun etwas, wenn er versuchte den Weg abzukürzen, indem er sich näher an die Klippe heranwagte, die seinen Untergang bedeuten könnte. In dieser Bedeutung verknüpft Risiko also eventuelle Verluste mit den Gewinnen und Vorteilen des kürzeren Wegs. Der Begriff Risiko setzte sich in der norditalienischen Kaufmannssprache im 15. Jahrhundert durch. Risco, bzw. rischio bedeutete dort Gefahr und Wagnis und ging schon im 15. Jahrhundert in die Alltagssprache ein, während es im Deutschen bis zum 19. Jahrhundert als Terminus Technicus für ökonomische Schadensgefahren genutzt wurde. Im ingenieurwissenschaftlichen Verständnis wird Risiko als Kombination der Wahrscheinlichkeit eines Schadenseintritts und seines Schadensausmaßes verstanden. Das *Risiko* ist mathematisch ausgedrückt eine multiplikative Verknüpfung von *Schadensausmaß* und *Schadenshäufigkeit*. Hierbei bedeutet:

- *Schadensausmaß*: Für eine Gefährdung müssen ein Schutzgut (Personen, Anlagen, Umwelt) räumlich und/oder zeitlich zusammentreffen. Das Wirksamwerden einer Gefahr führt zu einem Schaden. Hierbei handelt es sich um leichte oder schwere Verletzungen, Tod oder Sachschäden [Sta15].
- *Schadenshäufigkeit*: Sicherheit bedeutet nicht, dass Beeinträchtigungen vollständig ausgeschlossen sind, sondern nur, dass sie hinreichend unwahrscheinlich sind.

Sicherheit muss bewusst in die Verkehrssysteme „hineinkonstruiert" werden. Hierfür wird in den Regelwerken einzelner Verkehrsträger sichergestellt, dass die Fahrzeuge so beschaffen sind, dass sie den Anforderungen der Sicherheit und Ordnung genügen (dies ergibt sich in der Regel aus höherrangigen Rechtsvorschriften wie die im Grundgesetz dokumentierten Rechte auf Leben und körperliche Unversehrtheit, bzw. der Gewährleistung des Eigentums, vgl. Kap. 4). In der Regel gelten die Anforderungen als erfüllt,

- wenn die Fahrzeuge den jeweiligen *Vorschriften der Rechtsverordnungen* genügen,
- wenn die Fahrzeuge den *anerkannten Regeln der Technik* (vgl. Abschn. 4.2.3) entsprechen, soweit die Rechtsverordnungen keine ausdrücklichen Vorschriften enthalten,
- wenn bei Abweichen von den anerkannten Regeln der Technik, *mindestens die gleiche Sicherheit* wie bei Beachtung der anerkannten Regeln der Technik nachgewiesen ist (vgl. [PWH01]).
- oder die Fahrzeuge gegebenenfalls entsprechend den *von der Aufsichtsbehörde getroffenen Anordnungen* gebaut wurden (vgl. hierzu [Hey17] zu produkt- und

staatshaftungsrechtlichen Problemen einer solchen administrativen Festlegung des Technikstandes).

Der Nachweis der Erfüllung der Anforderungen, insbesondere der Nachweis mindestens gleicher Sicherheit hat eine große Bedeutung für den Einsatz neuer Technologien (vgl. Kap. 9). Wer von den anerkannten Regeln der Technik abweichen will, trägt die Beweislast für eine mindestens gleich große Sicherheit. Insofern muss ein *Sicherheitsnachweis* (vgl. Abschn. 11.3.2) in nachprüfbarer Weise vorliegen, bevor von einer anerkannten Regel der Technik abgewichen werden kann (vgl. [PWH01]).

6.2 Ziele des Sicherheitsmanagements

Durch den technischen Fortschritt erhöhen sich permanent die Anforderungen an die Aufrechterhaltung der betrieblichen Sicherheit eines Verkehrsunternehmens. Die Komplexität der technischen Anlagen nimmt gleichermaßen stetig zu. Auch die Komplexität der Abläufe im Verkehrsunternehmen wächst durch die stetige Ausdifferenzierung organisatorischer Schnittstellen (vgl. [MMS07] und [Bes15]). Das Sicherheitsmanagement eines Verkehrsunternehmens verfolgt die nachfolgend beschriebenen Ziele (vgl. [EU04], [Fig09] und [SS01]):

- *Sichere Steuerung der Betriebsabläufe* eines Eisenbahnunternehmens
- *Identifikation von Risiken* in den Betriebsabläufen und Maßnahmen zur Risikominimierung
- *Erfüllung aller zu beachtenden Richtlinien*, Gesetze und Vorschriften
- *Klare Definition der Verantwortlichkeiten* und schriftliche Regelung der Betriebsabläufe
- *Ständige Erhöhung der Qualität der Arbeitsabläufe* durch Auswertung von Fehlern.

Die Verfahren und Prozesse eines Sicherheitsmanagementsystems beeinflussen die Sicherheitskultur im Unternehmen, das heißt sie ändern das Verhalten der Mitarbeiter – von der Führungspitze bis hin zur Ausführungsebene [SS04]. Das Sicherheitsmanagement gewährleistet die sichere Steuerung der Betriebsabläufe eines Verkehrsunternehmens. Es gewährleistet die Kontrolle aller Risiken, die mit der Tätigkeit des Verkehrsunternehmens verbunden sind. Dies schließt die Vergabe von Dienstleistungsaufträgen an Dritte im Zuge des Beschaffungsmanagements (vgl. Kap. 10), die Materialbeschaffung, sowie die Instandhaltung (vgl. Kap. 12) bewusst mit ein.

6.3 Aufgaben des Sicherheitsmanagements

Das Sicherheitsmanagement hat die Aufgabe, sicherheitsbezogene Forderungen zu verwirklichen. Konkret umfasst dies die in den folgenden Abschnitten dargestellten Aufgaben.

6.3.1 Definition von Zielen und Maßnahmen zur Zielerreichung (Planung)

Wie für jedes Managementsystem sind auch für Sicherheitsmanagementsysteme Ziele elementar. Im Sinne des kybernetischen Grundmodells (vgl. Abschn. 3.2.1) wird das im Betrieb des Verkehrsunternehmens erreichte Sicherheitsniveau gegen die zuvor festgelegten Sicherheitsziele verglichen. Es sind Verfahren für die regelmäßige Überwachung und Überprüfung der getroffenen sicherheitsgerichteten Maßnahmen umgesetzt. Das heißt, dass einschlägige Sicherheitsdaten erhoben werden, um Entwicklungen im Sicherheitsniveau ableiten und die Einhaltung der Ziele bewerten zu können. Die erhobenen Sicherheitsdaten werden ausgewertet, um notwendigen Änderungen am Sicherheitsmanagementsystem vornehmen zu können (vgl. Buchstabe K in [EU10]). Gefordert werden aber nicht nur die Ziele, sondern auch Pläne und Verfahren für das Erreichen der Ziele. Pläne und Verfahren können die Form von Sicherheitsprogrammen haben, die nicht nur Maßnahmen zur Verbesserung der Sicherheit und damit zur Zielerreichung auflisten, sondern auch beschreiben, mit welchen Verfahren die Maßnahmen aufgestellt, ausgewählt, priorisiert, umgesetzt und ihre Einhaltung und Umsetzung im Sinne eines kontinuierlichen Verbesserungsprozesses überwacht werden [SS04].

6.3.2 Maßnahmen zur Kontrolle der Risiken (Prüfung)

Es bestehen in Verkehrsunternehmen Verfahren zur Ermittlung von Risiken im Zusammenhang mit dem Betrieb des Verkehrssystems (Vgl. Buchstabe A in [EU10]). Auf Grundlage der ermittelten Risiken werden Maßnahmen zu ihrer Kontrolle entwickelt und eingeführt. Für die Überwachung der Wirksamkeit von Risikokontrollverfahren sind Maßnahmen realisiert. Gegenstand dieser Maßnahmen zur Kontrolle der Risiken sind nicht nur diejenigen aus der eigenen Tätigkeit, sondern auch die von anderen in das eigene Geschäft hineingetragen wurden. Dies geschieht zum Beispiel durch Tätigkeiten der Instandhaltung und Materialbeschaffung (vgl. Buchstabe B in [EU10]) sowie die Beschaffung von Leistungen von Auftragnehmern und Zulieferern (vgl. Buchstabe C in [EU10]).

Für die Beurteilung von Änderungen im Gesamtsystem (technisch, betrieblich und organisatorisch) werden diese nach Sicherheitsrelevanz und Signifikanz bewertet. Erst wenn die Signifikanz erkannt ist, erfolgt die endgültige Systemdefinition mit Gefährdungsermittlung (Was kann geschehen? Wann? Wo? Wie? usw.) und Gefährdungseinstufung (wie kritisch?). Wird festgestellt, dass es sich nicht um ein weitgehend akzeptiertes Risiko handelt, so muss ein entsprechendes Risikomanagementverfahren zur Risikoakzeptanz durchgeführt werden. Damit muss nachgewiesen werden, dass das durch die Veränderung im System eingebrachte Risiko akzeptabel ist. Dazu sind eventuell zusätzliche Sicherheitsmaßnahmen umzusetzen. Die Bewertung der Risiken erfolgt dann entweder über die Referenzierung auf anerkannte Regeln der Technik oder es wird ein Vergleichsszenario gefunden. Wenn dies beides nicht anwendbar ist, muss eine qualitative und quantitative Risikoanalyse (vgl. Abschn. 9.4.1) erfolgen [Men11].

6.3.3 Einhaltung bestehender und geänderter Vorgaben (Lenkung)

Das Sicherheitsmanagementsystem zielt auf die kontinuierliche Aufrechterhaltung der Sicherheit im betrachteten Verkehrssystem. In dieser Hinsicht sind geänderte rechtliche Regelungen genauso zu betrachten wie Fortschritte in den anerkannten Regeln der Technik (vgl. Kap. 4). Es müssen hierbei Verfahren vorhanden sein, um diese Anforderungen zu ermitteln und einschlägige Regelwerke zu aktualisieren, um Änderungen Rechnung zu tragen (Änderungskontrollverfahren). Die erkannten Änderungen müssen erfüllt, die Erfüllung überwacht sowie gegebenenfalls korrigierend bei erkannten Abweichungen eingegriffen werden (vgl. Buchstabe L in [EU10]). Das Regelwerk muss richtig, anwenderbezogen (auf den Anwender und seine Aufgaben inhaltlich zugeschnitten) und durchführbar (Ressourcen zur Einhaltung des Regelwerks werden zur Verfügung gestellt). Aufbauend auf der zuvor dargestellten Änderungskontrolle werden die hiermit korrespondierenden Risiken bewertet. Falls erforderlich wird das Sicherheitsmanagementsystem hieran angepasst (vgl. Buchstabe M in [EU10]).

6.3.4 Dokumentation des Sicherheitsmanagementsystems (Sicherung)

Das Sicherheitsmanagementsystem eines Verkehrsunternehmens (Aufbau- und Ablauforganisation) muss umfassend beschrieben sein. Auch an die Dokumentation selbst werden Anforderungen gestellt.

- *Qualifikation von Mitarbeitern:* Zunächst müssen die sicherheitsrelevanten Funktionen identifiziert werden. Diese ergeben sich unter anderem aus den Rollen in den Prozessbeschreibungen. Zu diesen Funktionen müssen die Anforderungen (Kompetenzprofil) beschrieben werden. Diese Beschreibung der Anforderungen ist der Ausgangspunkt dafür, dass die Mitarbeiter für die Aufgaben, für die sie eingesetzt werden, entsprechend ausgewählt, aus- und fortgebildet sowie geprüft werden. Darüber muss das Unternehmen Nachweise führen. Außerdem muss das Unternehmen stets sicherstellen, dass Mitarbeiter für betriebssicherheitsrelevante Aufgaben in ausreichender Zahl eingesetzt sind. Dies wird bei vielen operativen Funktionen über die Gestaltung des Dienstplanes geregelt. In anderen Funktionen muss aufgrund einer entsprechenden Bemessungsvorgabe entschieden werden, wie viele Mitarbeiter beispielsweise Instandhaltungs- oder Betriebskontrollen durchführen (vgl. Buchstabe E in [EU10]).
- *Zuständigkeitsverteilung:* die Beschreibung der Zuständigkeitsverteilung ist ganz entscheidend, da die Unternehmensleitung, die für die Sicherheit des Betriebs originär verantwortlich ist, einen Teil ihrer Sicherheitsverantwortung delegieren wird. Daher ist eine klare und zweckbestimmte Delegation auf geeignete Mitarbeiter mit definierten Aufgaben und Verantwortungsbereichen und einer funktionsfähigen Überwachung erforderlich. Dementsprechend sind sicherheitsrelevante Verantwortungsbereiche und die Verteilung von Zuständigkeiten entsprechend den damit verbundenen Funktionen

und ihren Überschneidungen klar festzulegen. Eine solche umfassende und klare Zuständigkeitsverteilung verhindert Sicherheitslücken und fördert gezielt das Verantwortungsgefühl der Betroffenen [GQR06]. Für Personal mit nachgeordneten Zuständigkeiten innerhalb der Organisation (=Führungskräfte) wird sichergestellt, dass diese die Autorität, fachliche Befähigung und die notwendigen Ressourcen verfügen, um ihren Aufgaben gerecht zu werden. Für Personal, an welches sicherheitsrelevante Aufgaben delegiert werden, wird sichergestellt dass dieses über die erforderliche fachliche Befähigung verfügt (vgl. Buchstabe F in [EU10]). Innerhalb des Sicherheitsmanagementsystems sind Verfahren etabliert, gemäß derer die Erfüllung delegierter sicherheitsrelevanter Maßnahmen durch die Vorgesetzten überwacht wird. Sofern die Aufgaben nicht ordnungsgemäß ausgeführt werden, wird korrigierend eingegriffen (vgl. Buchstabe G in [EU10]).

- *Dokumentation:* Anforderungen an die mit dem Sicherheitsmanagementsystem zusammenhängende Dokumentation umfassen Maßnahmen für die Formatierung, Generierung, Verteilung und Kontrolle der Änderungen sämtlicher einschlägiger Sicherheitsunterlagen sowie die Sammlung und Archivierung sämtlicher einschlägiger Unterlagen und Informationen in angemessener Form (digital oder in Papierform) (vgl. Buchstabe P in [EU10]). Nur wenn das Sicherheitsmanagementsystem dokumentiert ist, kann es den Mitarbeitern vermittelt, nachhaltig verbessert und von einem externen Prüfer zertifiziert werden [GQR06]. Nur auf der Grundlage einer ordentlichen Dokumentation gelingt auch eine wirksame Beweisführung bei Unfällen. Es kann dann zur Vermeidung persönlicher Haftung von Führungskräften und des Unternehmens dargelegt und bewiesen werden, dass alles Erforderliche getan wurde und insbesondere die Normen und Standards eingehalten wurden [SS04].

6.3.5 Gewährleistung fortlaufender Verbesserungen (Verbesserung)

Damit das Sicherheitsmanagementsystem, wo dies vernünftig und praktikabel ist, fortlaufend verbessert wird, werden geeignete Maßnahmen umgesetzt [Bes15]. Beispiele hierfür sind die regelmäßige Überprüfung des Sicherheitsmanagementsystems, die Überwachung und Auswertung einschlägiger Sicherheitsdaten, Verfahren zur Beschreibung der Art und Weise zur Behebung festgestellter Mängel, Verfahren zur Beschreibung der Umsetzung neuer Regeln für das Sicherheitsmanagement, sowie Verfahren zur Beschreibung der Art und Weise, wie Ergebnisse interner Audits in Verbesserungen des Sicherheitsmanagementsystems einfließen (vgl. Buchstabe I in [EU10]). Dieser Zusammenhang ist in Abb. 6.1 als Regelkreis des Sicherheitsmanagements dargestellt. Dieser setzt sich aus Sicherheitsbewertungen (rückschauend) und Risikobewertungen (vorausschauend auf Änderungen reagieren) zusammen [Men11].

Das Melden und Untersuchen von Unfällen, Störungen, Beinaheunfällen und sonstigen gefährlichen Ereignissen ist ein zentraler Bestandteil des Sicherheitsmanagements. Zusätzlich sollte sich aber jedes Unternehmen mit Möglichkeiten zur Förderung des

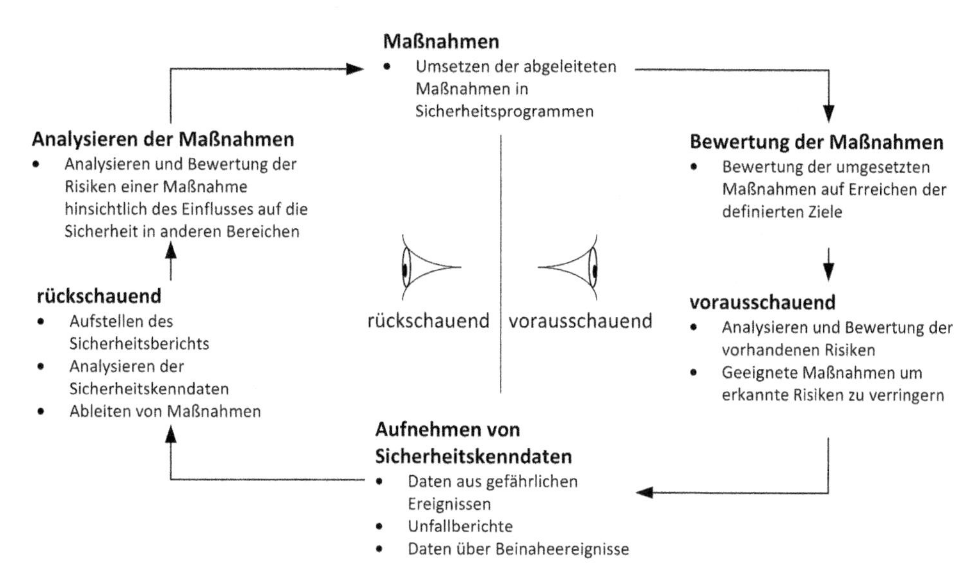

Abb. 6.1 Der Regelkreis des Sicherheitsmanagement bestehend aus rückschauenden Sicherheitsbewertungen und vorausschauenden Risikobewertungen. (Nach [Men11])

Meldens von Störungen und Beinahe-Unfällen – auch bei Fehlverhalten eines Mitarbeiters – auseinandersetzen [SS04]. Untersuchungen von Betriebsunfällen und sicherheitsrelevanten Vorkommnissen geben in der Regel sehr konkrete Anlässe für Modifikationen des Sicherheitsmanagementsystems (vgl. [Gra01] und [Bec11]). Deshalb ist zu gewährleisten, dass Unfälle, Störungen, Beinaheunfälle und sonstige gefährliche Ereignisse gemeldet, protokolliert, untersucht und ausgewertet werden. Auf dieser Grundlage sind gegebenenfalls angemessene Vorbeugungsmaßnahmen umzusetzen (vgl. Buchstabe Q in [EU10]). Die Untersuchung eines gefährlichen Ereignisses gliedert sich im Regelfall in die zwei aufeinander folgenden Phasen der *Sachverhaltsermittlung* am Ereignisort und der *Ursachenermittlung* anhand der sichergestellten Daten und Unterlagen.

- Die Hauptaufgabe der *Sachverhaltsermittlung* bei gefährlichen Ereignissen im Bahnbetrieb besteht somit darin, am Ort des Ereignisses alle relevanten Betriebsdaten sicherzustellen und zu dokumentieren. Dies muss passieren, bevor die Daten im weiteren Betriebsablauf überschrieben werden.
- Die *Ursachenermittlung* selbst ist ein iterativer Prozess, bei dem zunächst aus allen verfügbaren Daten der Ereignishergang rekonstruiert wird. Von besonderer Bedeutung ist hierbei der gegenseitige Abgleich auf bestimmte Orte und und Zeitpunkte bezogener Daten aus verschiedenen Quellsystemen. Aus einer Gegenüberstellung des rekonstruierten Ist-Hergangs eines Ereignisses mit dem Soll-Hergang lässt sich sodann die Ursache in der Regel unmittelbar erkennen. Hinter primären Ursachen verstecken sich aber auch Sekundärursachen.

Auch ein *unabhängiges und unparteiliches internes Auditsystem* überprüft nicht nur die Existenz notwendiger und geforderter Prozesse und Verfahren, sondern bestätigt auch ihre Anwendung und Wirksamkeit. Darüber hinaus stößt es Verbesserungen des Sicherheitsmanagementsystems an. Hierfür ist ein Zeitplan für geplante interne Audits, abhängig von den Ergebnissen vorheriger Audits und den Resultaten der Leistungsüberwachung, zu erstellen. Die Ergebnisse der Audits sind zu analysieren und zu bewerten, empfohlene Folgemaßnahmen zur realisieren sowie die Wirksamkeit der Maßnahmen zu überprüfen (vgl. Buchstabe S in [EU10]).

Auch Sicherheitsmanagementsysteme unterliegen einer *externen Überprüfung*. Im Unterschied zur Zertifizierung bei anderen Managementsystemen handelt es sich bei der Abnahme eines Sicherheitsmanagementsystems um eine staatliche Zulassung. Im Gegensatz zu anderen Managementsystemen haben externe Audits, als Überprüfungen, Untersuchungen und Inspektionen des Sicherheitsmanagementsystems durch die nationale Sicherheitsbehörde möglicherweise folgenschwere Konsequenzen, da bei festgestellten Mängeln nicht lediglich Auftragsverluste wegen des fehlenden Zertifikats drohen, sondern Auflagen bis hin zum Verlust der Betriebsgenehmigung drohen [Lud04].

Literatur

[Bec11] Becker, Matthias. 2011. Unabhängige Unfalluntersuchung in Deutschland. *Eisenbahningenieur* 62 (9): 68–69.

[Bes15] Beschow, Hartmut. 2015. Sicherheitsmanagementsystem für Eisenbahnverkehrsunternehmen – eine Bestandsaufnahme. *Eisenbahntechnische Rundschau* 64 (5): 34–37.

[EU04] Europäische Union. 2004. *Richtlinie 2004/49/EG des Europäischen Parlaments und des Rates vom 29. April 2004 über Eisenbahnsicherheit in der Gemeinschaft*. Amtsblatt der Europäischen Union, L160, vom 30.04.2004, 44–113.

[EU10] Europäische Union. 2010. *Verordnung (EU) Nr. 1158/2010 der Kommission vom 9. Dezember 2010 über eine gemeinsame Sicherheitsmethode für die Konformitätsbewertung in Bezug auf die Anforderungen an die Ausstellung von Eisenbahnsicherheitsbescheinigungen*. L 326, . 11–24.

[Fig09] Figoluschka, Martin. 2009. Formalismus oder wirksame Verbesserung der Betriebsabläufe?. *Eisenbahningenieur* 60 (10): 20–21.

[GQR06] Grote, Uwe, Thomas Quernheim, und Carsten Rohlfing. 2006. Neues Sicherheitsmanagement für Eisenbahnen – Vorbild für den ÖPNV?. *Der Nahverkehr* 24 (7–8): 21–24.

[Gra01] Grauf, Hans-Heinrich. 2001. Untersuchen von gefährlichen Ereignissen – der Weg zur Sicherheit. *Eisenbahntechnische Rundschau* 50 (4): 169–176.

[Hey17] Heyle, Fabian. 2017. Die anerkannten Regeln der Technik im Eisenbahnrecht – Neue Systeme?. *Deutsches Verwaltungsblatt* 132 (7): 417–420.

[Lud04] Ludwig, Bjørn. 2004. Sicherheitsmanagementsysteme – Eine neue Herausforderung für die Eisenbahnen?. *Eisenbahntechnische Rundschau* 53 (11): 749–757.

[Men11] Menne, Dirk. 2011. Einrichtung eines Sicherheitsmanagementsystems. *Eisenbahningenieur* 62 (8): 62–65.

[MMS07] Marti, Jürg, Rolf-Martin Müller, und Hendrik Schäbe. 2007. Neue Verfahren und Werkzeuge in der staatlichen Eisenbahnaufsicht. *ZEV Rail* 131 (10): 406–409.

[PWH01] Pätzold, Fritz, Klaus-Dieter Wittenberg, Horst-Peter Heinrichs, und Walter Mittmann. 2001. *Kommentar zur Eisenbahn- Bau- und Betriebsordnung (EBO).* Darmstadt: Hestra-Verlag.

[Sch17b] Schnieder, Lars. 2017. Safety und Security in der Zulassung von Bahnanwendungen. *Eisenbahningenieur* 67 (7): 15–19.

[SS01] Schräder, Fritz, und Corinna Salander. 2001. Der Eisenbahnbetriebsleiter – Sicherheitsmanagement bei Eisenbahnen. *Eisenbahntechnische Rundschau* 50 (4): 162–168.

[SS04] Salander-Ludwig, Corinna, und Fritz Schröder. 2004. Sicherheitsmanagementsystem für Eisenbahnen – Ein Kommentar zum Anhang III der europäischen Richtlinie für Eisenbahnsicherheit. *Eisenbahntechnische Rundschau* 53 (11): 741–748.

[SS13] Schnieder, Lars, und Eckehard Schnieder. 2013. *Verkehrssicherheit – Maße und Modelle, Methoden und Maßnahmen für den Straßen- und Schienenverkehr.* Berlin: Springer Verlag.

[Sta15] Stalloch, Gerd. 2015. IT-Systeme für Asset-Management im Eisenbahnverkehr. *Der Nahverkehr* 33 (3): 59–64.

Kostenmanagement

7

Verkehrsunternehmen im öffentlichen Personenverkehr sind mit einem zunehmenden Kostendruck konfrontiert. Öffentliche Haushalte, über die Leistungen des öffentlichen Verkehrs überwiegend finanziert werden, sind zunehmend angespannt. Zusätzlich verschärfen der demographische Wandel und die zunehmende Verstädterung die Finanzierung insbesondere des ÖPNV in ländlichen Räumen, dem mit wegbrechenden Schülerzahlen die Finanzierungsgrundlage entzogen wird. Die Liberalisierung des Verkehrsmarktes hat den Wettbewerbsdruck für Verkehrsunternehmen verschärft. Gleichzeitig besteht ein erheblicher (Re-)Investitionsbedarf in Fahrzeuge und die Verkehrswegeinfrastruktur. Dies sind die Gründe dafür, die Kostenposition sowie der Verkehrsunternehmen durch eine spezifische Managementaufgabe (das Kostenmanagement) zu adressieren. In diesem Kapitel erfolgt eine Einführung in die wesentlichen Begriffe des Kostenmanagements (vgl. Abschn. 7.1). es schließt sich in Abschn. 7.2 eine Darstellung der Ziele des Kostenmanagements an. Die einzelnen Aufgaben des Kostenmanagements werden in Abschn. 7.3 diskutiert.

7.1 Teilbegriffsbestimmungen

Kosten haben ein „Mengengerüst“ und ein „Bewertungsgerüst“. Das *Mengengerüst* der Kosten wird gebildet durch die verbrauchten Güter, beispielsweise gemessen in Stück oder in anderen Größen (Kostengütermenge). Das *Bewertungsgerüst* der Kosten sind die Preise für die verbrauchten Güter (Kostengüterpreise). Kosten sind also stets das rechnerische Produkt aus Kostengütermenge und Kostengüterpreis [Pli00]. Kosten werden definiert als „Betriebszweckbezogener, bewerteter Güterverbrauch“. Diese drei konstituierenden Merkmale des Kostenbegriffs werden nachfolgend näher betrachtet.

- *Güterverbrauch:* Der allgemeine Kostenbegriff ist so weit gefasst, dass er alle Güterarten (beispielsweise Sachgüter, Dienstleistungen und Rechte) umfasst. Ein Verbrauch

L. Schnieder, *Strategisches Management von Fahrzeugflotten im öffentlichen Personenverkehr*, VDI-Buch, https://doi.org/10.1007/978-3-662-56608-4_7

liegt vor, wenn ein Gut aufgrund seiner Bereitstellung und Verwendung für den Betriebszweck an Wert verliert oder ganz verzehrt wird [Pli00].

- *Betriebszweckbezogenheit des Güterverbrauchs:* „Der Betriebszweck eines Unternehmens ist das geplante Produktions- und Vertriebsprogramm in Form von Art, Menge und zeitlicher Verteilung der vom Unternehmen geplanten Ausbringungsgüter. Der Betriebszweck eines Unternehmens ist durch Entscheidungen festzulegen und kann im Zeitlauf Änderungen unterliegen" [Pli00]. In einem Verkehrsunternehmen liegt der Betriebszweck in der Beförderung von Personen und Gütern.
- *Bewertung des Güterverbrauchs:* „Der Kostengüterpreis ist ein spezifischer, auf eine Mengeneinheit bezogener Geldbetrag. Er repräsentiert den der Mengeneinheit zugeordneten (Kosten)Wert. Die Notwendigkeit der Bewertung des Güterverbrauchs ergibt sich zunächst aus der Dimensionsverschiedenheit der Güter. [...] Die Bewertung der Kostengüter hat auch eine Lenkungsfunktion, d. h. durch die Bewertung der Verbrauchsmengen wird die Höhe der Kosten (mit)bestimmt und dadurch die an der Höhe der Kosten orientierten betrieblichen Entscheidungen gelenkt" [Pli00].

7.2 Ziele des Kostenmanagements

Kostenmanagement ist auf eine zielorientierte Gestaltung der Kosten in Verkehrsunternehmen ausgerichtet [Sti09]. Im *operativen Kostenmanagement* bewegen sich die Möglichkeiten hierzu im Rahmen gegebener Strukturen und Kapazitäten. Das *strategische Kostenmanagement* betrachtet demgegenüber auch variable Strukturen und Kapazitäten. Es wird hierbei versucht, frühzeitig und auf kontinuierlicher Basis die Kosten zu beeinflussen und zukünftige Ereignisse in die Kostenplanung mit einzubeziehen. Das *Kostenmanagement* in Verkehrsunternehmen verfolgt die nachfolgend aufgeführten Ziele:

- *Senkung des Kostenniveaus:* Die Gesamtkosten oder die Kosten bestimmter Leistungsfelder sollen zielorientiert beeinflusst werden (vgl. [Sti09] und [Leu05]). Hierfür ergeben sich mit der Mengen- und Wertkomponente der Kosten zwei mögliche Ansatzpunkte.
  - Die *Mengenkomponente* setzt unmittelbar an den Verbrauchsmengen der zum Einsatz gelangenden Produktionsfaktoren an. Die Kostengestaltung adressiert hier beispielsweise reduzierte Materialkosten (beispielsweise durch eine verbesserte Ausschöpfung der Abnutzungsvorräte von Komponenten durch die zustandsorientierte Instandhaltung, vgl. Abschn. 13.3.1) oder verkürzten Durchlaufzeiten für spezifische Bearbeitungsvorgänge in der Werkstatt.
  - Die *Wertkomponente* der Kosten bietet den zweiten Ansatzpunkt zur Senkung des Kostenniveaus. Die Wertkomponente der Kosten kann beispielsweise durch das Auffinden günstiger Bezugsquellen für Materialien sowie Entscheidungen zwischen Eigenfertigung und Fremdbezug beeinflusst werden (vgl. hierzu die Darstellungen in Kap. 10).

- *Beeinflussung von Kostenstrukturen:* Rein formal ist die Kostenstruktur die Gliederungslogik, nach der die Kosten eines Verkehrsunternehmens in Kostengruppen und Kostenarten [KF08] aufgeteilt werden. Die Aufstellung einer Kostenstruktur ist sinnvoll, um effektive Kostenplanung und Kostencontrolling betreiben zu können. Insbesondere dient sie dazu, die am meisten zu den Gesamtkosten beitragenden Kostenarten zu bestimmen und bei Bedarf die wirksamsten Einsparpotenziale bestimmen zu können. Auf diese Weise können die Gesamtkosten gezielt beeinflusst werden. Die Gesamtkosten eines Verkehrsunternehmens können mit Hilfe verschiedener Einteilungskriterien kategorisiert werden.
  - *Differenzierung der Primärkosten:* Ein Ansatzpunkt liegt in der strukturellen Zusammensetzung der primären Kostenarten (beispielsweise Arbeitskosten, Werkstoffkosten, Betriebsmittelkosten). Die Kostenstrukturpolitik versucht hierbei, knappheitsbedingte Preisentwicklungen in bestimmten Primärkostenarten (beispielsweise für fossile Energieträger) vorausschauend aufzudecken und Faktorsubstitutionspotenziale zu identifizieren. Beispielsweise können steigende Personal- und Energiekosten über den verstärkten Einsatz von Technologien durch geringere Technologiekosten (beispielsweise für automatisierte Fahrzeugflotten oder die Elektrifizierung des Antriebsstrangs konventionell angetriebener Busse) ausgetauscht werden (vgl. Darstellungen zum Technologiemanagement in Kap. 9).
  - *Differenzierung der Lebenszykluskosten*: Auch die Ermittlung und Gestaltung der lebenszyklusphasenspezifischen Kostenstruktur (vgl. Darstellung zu Lebenszykluskosten in Abschn. 10.4.3) ist Gegenstand einer Optimierung der Kostenstruktur. Ziel des Kostenstrukturmanagements ist es in diesem Fall, die Kosten von Fahrzeugen über ihren Lebenszyklus aktiv zu gestalten. So kann es sich beispielsweise als sinnvoll erweisen, Nachlaufkosten zu vermeiden, indem beispielsweise durch Design for Recycling (vgl. Abschn. 15.4.1) ein entsorgungsfreundliches Fahrzeug beschafft wird.
  - *Differenzierung nach Kostenauflösung in fixe und variable Kosten:* Fixkosten eines Verkehrsunternehmens bleiben in einem bestimmten Zeitraum konstant und können nicht verursachungsgerecht auf die Stückkosten umgelegt werden. Dem gegenüber lassen sich variable Kosten verursachungsgerecht auf Produkteinheiten verteilen. Rücken Fixkosten und variable Kosten in den Vordergrund, kann statt einer durch Fahrzeugkauf ausgelösten langfristigen Investition das kurzfristige Leasing aus Sicht des Kostenmanagements die günstigere Beschaffungsalternative (vgl. hierzu die Ausführungen in Kap. 10) darstellen.
- *Vermeidung von Überkompensations- und Rückzahlungsrisiken gewährter Beihilfen:* Öffentliche Zuschüsse für den Betrieb von Liniendiensten im Stadt-, Vorort- und Regionalverkehr fallen nicht unter das Beihilfeverbot nach gemäß EU-Primärrecht. Voraussetzung hierfür ist allerdings, dass es sich hierbei um eine Ausgleichs- oder Gegenleistung für eine vom begünstigten Unternehmen im Rahmen gemeinwirtschaftlicher Verpflichtungen erbrachte Verkehrsleistung handelt. Die Höhe der Ausgleichszahlungen bestimmt sich nach der Rechtsprechung des Europäischen Gerichtshofs

(EuGH, Rechtssache „Altmarktrans") auf der Grundlage einer Analyse der Kosten, die ein durchschnittlich gut geführtes Unternehmen hätte, das über eine für die gestellten gemeinwirtschaftlichen Anforderungen angemessene Fahrzeugausstattung verfügt (vgl. [Ern13], [GV10] und [Hen13]).

7.3 Aufgaben des Kostenmanagements

Das Rechnungswesen stellt die Informationen hinsichtlich der Kostensituation des Verkehrsunternehmens zusammen und bereit. Je nach Zweck des Rechnungswesens wird ein internes und externes Rechnungswesen unterschieden. Das externe Rechnungswesen ist durch extern gesetzte Normen (Gesetze und Verordnungen) geprägt. Die Informationen des internen Rechnungswesens sind nur für den Gebrauch innerhalb des Verkehrsunternehmens bestimmt. Diese internen Informationen weisen einen höheren Grad an Differenzierung auf, als es bei der Information für Außenstehende sinnvoll und erforderlich wäre. Im Folgenden wird die Kostenrechnung als Teil des internen Rechnungswesens vertieft betrachtet. Man kann vor allem fünf Hauptaufgaben der Kostenrechnung unterscheiden: Kostenplanung, Kostensteuerung, Kosten- und Wirtschaftlichkeitskontrolle, Entscheidungsvorbereitung und Dokumentation. Diese einzelnen Aufgaben werden nachfolgend vorgestellt [Rau00].

7.3.1 Kostenplanung

Am Beginn einer jeden Planung steht die Ableitung von kostenbezogenen Zielsetzungen aus der übergeordneten Unternehmensplanung (Budget). Hierbei stellt der Produktionsplan die wichtigste Grundlage dar [TS13]. Um konkrete Maßnahmen zur Erreichung der erarbeiteten Kostenziele setzen zu können, bedarf es erst der Erfassung der Ist-Situation in Form einer *Kostenanalyse*. Dabei geht es darum, einen Überblick über den Kostenzustand des Verkehrsunternehmens zu erhalten. Gegenstand derartiger Analysen sind das *Kostenniveau* (im Sinne der absoluten Höhe der Kosten), die *Kostenstruktur* (Anteil fixer und variabler Kosten) und der *Kostenverlauf* (Reaktion der Kosten auf Variation eines oder mehrerer Kostentreiber wie beispielsweise Beschaffungspreise). Außerdem gilt es, die relevanten Kostentreiber an sich und deren Einfluss auf das Kostenverhalten zu identifizieren.

7.3.2 Kostensteuerung

Aufbauend auf den Planvorgaben und den Ergebnissen der Kostenanalyse können in der Kostensteuerung konkrete Handlungsbedarfe für das Management der Kosten des Verkehrsunternehmens identifiziert werden. Diese können je nach Bedarf permanenten oder projektbezogenen Charakter haben. Die Implementierung dieser Maßnahmen bedingt üblicherweise mehr oder weniger drastische Veränderungen der bestehenden Organisation,

Prozesse oder Produkteigenschaften. Hier ist auf ein durchdachtes und effektives Veränderungsmanagement (Change Management) sowie eine offene Kommunikationspolitik im Verkehrsunternehmen zu achten, um die Mitarbeiter von der Notwendigkeit der getroffenen Maßnahmen zu überzeugen.

7.3.3 Kosten- und Wirtschaflichkeitskontrolle

Um Abweichungen von den Planvorgaben erkennen und zu können und rechtzeitig entgegenwirken zu können ist es erforderlich, Kontrollen durchzuführen. Diese können den Charakter von Soll-Ist-Vergleichen haben. Dies setzt eine Erfassung der Kosten (nach Kostenarten, Kostenträgern und Kostenstellen differenziert, vgl. Abschn. 7.3.1 zur Dokumentationsaufgabe) voraus. Auch die benötigten Vergleichsmaßstäbe (z. B. Kosten anderer Perioden oder Sollkosten) müssen entsprechend dokumentiert sein. Hierbei müssen Soll- und Ist-Daten müssen für die Vergleichbarkeit strukturgleich sein. Diese Datengrundlage kann auch dem Vergleich mit Externen im Sinne von Betriebs- und Branchenvergleichen (z. B. Benchmarks, vgl. Abschn. 13.4.3) dienen. Ein im Kontext des für den öffentlichen Verkehr relevanten Beihilferechts zentraler Vergleichsmaßstab sind die Kosten eines „durchschnittlich gut geführten Unternehmens". Darüber hinaus werden Zielgrößen (Vorgabewerte) für die Betriebsführung vorgegeben. Dies schließt im Sinne des kybernetischen Grundmodells der Betriebsführung (vgl. Abschn. 3.2) den Regelkreis, da Soll-Ist-Abweichungen offenbar werden und auf diese Weise Prozesse und Abläufe, bzw. Produktstrukturen im Sinne einer Regelung „nachjustiert" werden können [Rau00].

7.3.4 Entscheidungsvorbereitung

Für die Vorbereitung unternehmerischer Entscheidungen werden Kosteninformationen bereitgestellt. Hierbei kann es sich um eine große Bandbreite unterschiedlicher betrieblicher Entscheidungen handeln (Entscheidungen über den Betrieb wie in Abschn. 12.4.2 dargestellt oder aber Entscheidungen über Beschaffungsvorgänge sowie Angebotspreise). Kosteninformationen werden unter anderem für kurzfristige Entscheidungen genutzt, die revidierbar sind wie beispielsweise die Entscheidung über die Nutzung vorhandener Kapazitäten. Auch für langfristige Entscheidungen, beispielsweise Investitionsentscheidungen werden Kostendaten als Basis verwendet (vgl. [VDV10]). Daten der Kostenrechnung dienen in diesem Fall als Ausgangsgrößen, die in Methoden der Investitionsrechnung und –entscheidung (vgl. [HBO97]) einbezogen werden [Rau00].

7.3.5 Dokumentationsaufgabe

Die Kostenrechnung erfasst die im Verkehrsunternehmen entstandenen Kosten nach Kostenarten, Kostenstellen und Kostenträgern. Auf der Grundlage dieser umfassenden Daten können Informationen für die Erfüllung externer Verpflichtungen bereitgestellt werden. Ein Beispiel hierfür ist die Ableitung der Herstellkosten für die Bewertung von Beständen in der externen Rechnungslegung nach dem Handels- und Steuerrecht. Des Weiteren werden Kosteninformationen für Erfolgsrechnungen bereitgestellt. Hierbei kann es sich zum einen um Herstellkosten für interne Erfolgsrechnungen handeln. Zum anderen werden Herstellkosten für externe Erfolgsausweise wie die Gewinn- und Verlustrechnungen ermittelt. Auch kann die Bildung von Angebotspreisen durch die Ermittlung der Selbstkosten des Unternehmens unterstützt werden (vgl. [Rau00] und [Hen13]).

Literatur

[Ern13] Ernst, Leo. 2013. Beihilfencontrolling im ÖPNV zur Vermeidung von Überkompensation- und Rückzahlungsrisiken. In *Unternehmenssteuerung im ÖPNV – Instrumente und Praxisbeispiele*, Hrsg. Christian Schneider, 203–215. Hamburg: DVV-Media.

[GV10] Gnauk, Peter, und Martin Vibrans. 2010. Auf dem Weg zur durchschnittlich gut geführten Businstandhaltung. *Der Nahverkehr* 28 (10): 16–18.

[HBO97] Huch, Burkhard, Wolfgang Behme, und Thomas Ohlendorf. 1997. *Rechnungswesen-orientiertes Controlling*. Heidelberg: Physica-Verlag.

[Hen13] Henrich-Köhler, Christiane. 2013. Anforderungen an die Ausgestaltung eines Berichtswesens im ÖPNV im Lichte der Verordnung 1370/2007. In *Unternehmenssteuerung und Controlling im ÖPNV – Instrumente und Praxisbeispiele*, Hrsg. Christian Schneider, 217–224. Hamburg: DVV Media.

[KF08] Krämer, Horst, und Rudolf M. Fischer. 2008. *Kalkulation im Busverkehr*. München: Huss-Verlag.

[Leu05] Leuthardt, Helmut. 2005. Betriebskosten von Linienbussen im systematischen Vergleich. Der *Nahverkehr* 23 (11): 20–25.

[Pli00] Plinke, Wulff. 2000. *Industrielle Kostenrechung – Eine Einführung*. Berlin u.a.: Springer.

[Rau00] Rautenberg, Hans Günter. 2000. Zeitorienterte Fundierung: Ist-, Normal- und Plankosten. In *Kostencontrolling – Neue Methoden und Inhalte*, Hrsg. Thomas Fischer, 23–52. Stuttgart: Schäffer-Pöschel.

[Sti09] Stibbe, Rosemarie. 2009. *Kostenmanagement – Methoden und Instrumente*. München: Oldenbourg Verlag.

[TS13] Tschandl, Martin, und Peter Schentler. 2013. Empfehlungen und Gestaltungsansätze zur Optimierung der Planung und Budgetierung. In *Unternehmenssteuerung und Controlling im ÖPNV – Instrumente und Praxisbeispiele*, Hrsg. Christian Schneider, 52–76. Hamburg: DVV Media.

[VDV10] Verband Deutscher Verkehrsunternehmen. 2010. VDV-Mitteilung 2315 – Life Cycle Cost (LCC) bei Linienbussen – Bewertungskriterien bei Ausschreibungen. Köln: Verband Deutscher Verkehrsunternehmen.

Assetmanagement 8

Das Kennzeichnende am Betrieb von Fahrzeugflotten im öffentlichen Verkehr ist, dass ihre Anschaffung und ihr Betrieb kapitalintensiv und langfristig ist. Falsche Entscheidungen zu Beginn einer Investitionsphase wirken sich möglicherweise erst deutlich später im Betrieb aus. Sie können dann nur mit einem erheblichen Aufwand korrigiert werden. Aus diesem Grund wird die Bewirtschaftung des Anlagevermögens von Verkehrsunternehmen durch die spezifische Managementaufgabe des Assetmanagements adressiert. Das Assetmanagement umfasst alle organisatorischen und technischen Aktivitäten, die es ermöglichen, Vermögenswerte zu maximieren. In Abschn. 8.1 wird der grundlegende Begriff „Assets" näher bestimmt. Die Ziele des Assetmanagements werden in Abschn. 8.2 dargestellt. Es schließt sich eine Darstellung der Aufgaben des Assetmanagements (Abschn. 8.3) an. Die einzelnen Methoden des Assetmanagements werden ihrer querschnittlichen Orientierung wegen in Bezug zu den spezifischen Lebenszyklusphasen in den folgenden Kapiteln dargestellt.

8.1 Teilbegriffsbestimmungen

Das Wort „*asset*" stammt aus dem Englischen und bezeichnet einen Vermögenswert. Bei einem Vermögenswert handelt es sich um ein materielles oder immaterielles Gut, dem ein Wert zugeschrieben werden kann. Das Vermögen wird hierbei unterschieden in das Anlagevermögen und das Umlaufvermögen (vgl. auch die Darstellung des Begriffssystem in Abb. 8.1).

- *Umlaufvermögen* (englisch: *current assets*) sind in Verkehrsunternehmen alle Vermögensgegenstände, die im Rahmen des Betriebsprozesses zur kurzfristigen Veräußerung, zum Verbrauch, zur Verarbeitung oder zur Rückzahlung bestimmt sind. Sie befinden

L. Schnieder, *Strategisches Management von Fahrzeugflotten im öffentlichen Personenverkehr*, VDI-Buch, https://doi.org/10.1007/978-3-662-56608-4_8

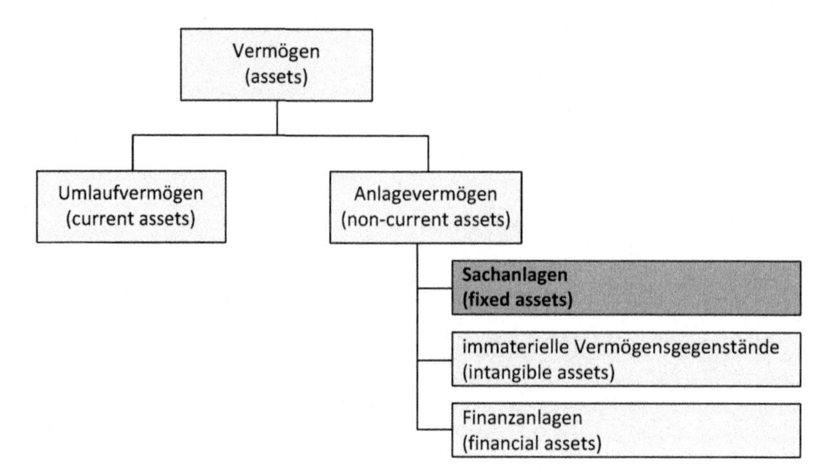

Abb. 8.1 Eingrenzung des Asset-Begriffsverständnisses für das Flottenmanagement. (Vgl. [SB17])

sich nur kurze Zeit im Unternehmen und dienen nicht, wie das Anlagevermögen, dauerhaft dem Geschäftsbetrieb.
- *Anlagevermögen* (englisch: *non-current assets*) bezeichnet im Rechnungswesen den auf der Aktivseite einer Bilanz ausgewiesene Teil der Vermögensgegenstände, die am Bilanzstichtag dazu bestimmt sind, dem Geschäftsbetrieb des Verkehrsunternehmens dauernd zu dienen.

Das Anlagevermögen umfasst somit alle Vermögensteile, die zum Aufbau, zur Ausstattung und Funktionstüchtigkeit eines Betriebes notwendig sind. Sie sind langfristig im Verkehrsunternehmen gebunden und dienen dem eigentlichen Betriebszweck. Das Anlagevermögen wird im Gegensatz zum Umlaufvermögen nicht weiter be- oder verarbeitet und geht nicht in den Prozess der betrieblichen Leistungserstellung ein [HBO97]. Es gehört damit zu den betrieblichen Potentialfaktoren. Konkret gehören zum Anlagevermögen drei Untergruppen, und zwar

- *Sachanlagen* (englisch: *Fixed assets*): betriebliche Grundstücke und grundstücksgleiche Rechte (bebaut oder unbebaut), technische Anlagen und Maschinen, Betriebs- und Geschäftsausstattung, Fahrzeuge, geleistete Anzahlungen und Anlagen im Bau;
- *immaterielle Vermögensgegenstände* (englisch: *intangible assets*): selbst geschaffene gewerbliche Schutzrechte und ähnliche Rechte und Werte, entgeltlich erworbene Konzessionen, Lizenzen, Patente an solchen Rechten und Werten, Geschäfts- oder Firmenwert;
- *Finanzanlagen* (englisch: *financial assets*): beispielsweise Beteiligungen an anderen Verkehrsunternehmen, Ausleihungen an verbundene Unternehmen oder Wertpapiere des Anlagevermögens.

Die Sachanlagen im Sinne technischer Anlagen und Maschinen sind die „Assets", die in diesem Buch betrachtet werden sollen. Das Assetmanagement beschreibt demnach „eine geordnete Gesamtheit von systematischen und abgestimmten Aktivitäten und Vorgangsweisen, durch die [ein Verkehrsunternehmen seine] physischen Investitionsgüter (Assets) und die damit verbundenen Leistungen, Risiken und Ausgaben über deren gesamten Lebenszyklus optimal und nachhaltig bewirtschaftet, um den strategischen Plan [des Verkehrsunternehmens] umzusetzen" (vgl. [GB10], [Han16] und [Sta15]).

8.2 Ziele des Assetmanagements

Das Anlagenmanagement (Assetmanagement) ist eine ganzheitliche Funktion im Verkehrsunternehmen. Es zielt darauf ab, unter Berücksichtigung nachvollziehbarer Planungskriterien die optimale Entwicklung und Erhaltung der im öffentlichen Verkehr eingesetzten Fahrzeugflotten zu gewährleisten [BS11]. Dies verfolgt die folgenden Ziele:

- *Langfristige Ertragsoptimierung:* Dieses Ziel untergliedert sich in drei Teilziele:
  - *Reduktion der Kosten*: Die von einem Fahrzeug verursachten Kosten (zum Beispiel einer Fahrzeugflotte) müssen über den Lebenszyklus betrachtet werden. Hierbei muss eine Abwägung zwischen verschiedenen Kostentreibern erfolgen. Beispielsweise werden mögliche Kosteneinsparungen in der Instandhaltung durch höhere Kosten für Betriebsunterbrechungen (beispielsweise Schienenersatzverkehre und Vertragsstrafen) wieder aufgezehrt.
  - *Substanzerhalt des Sachvermögens:* Die vorhandenen Anlagegüter müssen angemessen erhalten werden. Das heißt, sie unterliegen dem Instandhaltungsmanagement.
  - *Erhöhung der Kapitalrendite*: Das bedeutet die Erhöhung des Gewinns eines Verkehrsunternehmens im Verhältnis zum eingesetzten (d. h. in der Fahrzeugflotte gebundenen) Kapital.
- *Sicherstellung einer hohen Verfügbarkeit der Fahrzeugflotte*: Fahrzeuge müssen stets für den beabsichtigten Einsatzzweck zur Verfügung stehen. Grundsätzlich gilt, dass je höher die angestrebte Verfügbarkeit ist, höhere Investitionen in die Instandhaltung (zum Beispiel im Sinne schnell erreichbaren Instandhaltungspersonals, einer höheren Ersatzteilverfügbarkeit und vorbeugender Instandhaltung) erforderlich werden. Alternativ kann eine Neuinvestition erwogen werden. Die Auswahl der wirtschaftlich optimalen Instandhaltungsstrategie wird also selbst zum Planungsproblem.
- *Bereitstellen einer Entscheidungsgrundlage für Investitionsentscheidungen:* Ein effektives Assetmanagement soll ermöglichen, dass ein Verkehrsunternehmen seine Entscheidungsfindung verbessert und eine Ausgewogenheit von Kosten, Risiken, Chancen und Leistungsvermögen erzielen kann.

- *Sicherstellung akzeptabler Risiken:* Risiken innerhalb des gesamten Geschäftsprozesses müssen identifiziert werden. Der Risikobegriff geht hier über den eng gefassten Risikobegriff der funktionalen Sicherheit hinaus, da hier auch andere Einflüsse wie Umwelt- und Gesellschaftsaspekte einfließen. Es müssen anschließend auf Unternehmensebene geeignete Maßnahmen zur Verminderung der Risiken eingeleitet und umgesetzt werden [ES17]. Dieser strukturierte Prozess erlaubt es, Projekte gemäß ihres Beitrags zum gesamten im Verkehrsunternehmen vorhandenen Risiko zu priorisieren.

8.3 Aufgaben des Assetmanagements

Das Assetmanagement ist als umfassende Aufgabe in das Management von Verkehrsunternehmen eingebunden. Dies umfasst die nachfolgend dargestellten Aufgaben.

8.3.1 Definition der Instandhaltungsstrategie

Die Instandhaltung von Fahrzeugen hat die Aufgabe, die Verfügbarkeit und die Leistungsfähigkeit der Fahrzeugflotte über die gesamte Lebensdauer zu sichern. Grundsätzlich besitzt jedes Betriebsmittel einen Abnutzungsvorrat, der durch geeignete Instandhaltungsmaßnahmen beeinflusst wird. Bei Betriebsmitteln von Fahrzeugen werden verschiedene Instandhaltungsstrategien verwendet, die auch den Ersatz oder Austausch von Komponenten festlegen. Die Auswahl der Strategie für eine Betrachtungseinheit hängt von verschiedenen Randbedingungen ab, die im Einzelfall zu beachten sind [BS11]. Hierzu gehört beispielhaft das Ausfallverhalten der Betrachtungseinheit, die Konsequenz im Falle einer Störung sowie der Vergleich der Instandhaltungskosten in Relation zum Investitionswert (vgl. Abschn. 13.3.1.2).

8.3.2 Definition der Flottenentwicklungs- und -erneuerungsstrategie

Neben dem Management der Bestandsflotte gehört es zu einer der Hauptaufgaben des Assetmanagers die zukünftige Entwicklung der Fahrzeugflotte mit allen Eventualitäten abzuschätzen. Hierauf aufbauend ist eine Strategie zu definieren, wie sich die Fahrzeugflotte des Verkehrsunternehmens künftig entwickeln wird. Hierzu sind einerseits Prognosen in verschiedenen Prognosefeldern erforderlich. Die einzelnen Prognosebereiche sind teilweise miteinander verzahnt und in der Regel von externen Einflussfaktoren wie der Stadt- und Raumentwicklung, der öffentlichen Meinung, Technologieentwicklungen und politischen Entscheidungen abhängig. Früher oder später kommen die Fahrzeuge des Verkehrsunternehmens an das Ende ihrer technischen Lebensdauer, was die Erneuerungsstrategie in den Vordergrund rückt. Im Rahmen der Ausarbeitung der Erneuerungsstrategie sind Entscheidungen über das „ob“, „wann“ und „wie“ einer Ausmusterung vorhandener

Fahrzeuge herbeizuführen und im Zusammenhang damit wirtschaftliche Verwertungsstrategien zu entwickeln. Eine zentrale Rolle hat die planmäßige Ausmusterung von Fahrzeugen. Planmäßig ist eine Ausmusterung dann, wenn die Entscheidungen nach Ort und Zeit sowie dem Inhalt nach im Rahmen einer übergeordneten Planung gefällt wird. Zu welchem Zeitpunkt Fahrzeuge auszumustern und gegebenenfalls durch neue zu ersetzen sind, ist durch die Betrachtung mehrerer Kriterien sachgerecht zu fundieren. Die Entscheidung über die Erneuerung der Fahrzeugflotte ist nicht allein vom Alter abhängig, sondern von mehreren anderen Kriterien:

- *Technische Kriterien* wie die Funktionalität der Fahrzeuge, ihre möglicherweise zunehmende Ausfallrate, veraltete Technologie, Alterung und Verschleiß in Folge von Abweichungen des tatsächlichen Einsatzprofils zum ursprünglich geplanten. Das Einsatzprofil der Fahrzeuge bestimmt die Belastungsrealität. Möglicherweise werden durch spätere Einsatzprofiländerungen oder geänderte Einsatzbedingungen der Fahrzeuge die Randbedingungen der Betriebsfestigkeit der Fahrzeuge überschritten. Dies erfordert im Betrieb einen regelmäßigen Vergleich der realen gemessenen Lasten mit den für die Auslegung der Fahrzeuge verwendeten Lastannahmen [Wol07].
- *Wirtschaftliche Kriterien*: Vor dem Hintergrund knapper öffentlicher Kassen, sowie des verschärften Wettbewerbs im ÖPNV stellen Verkehrsunternehmen Überlegungen an, inwieweit Kostenreduzierungen bei gleichbleibendem Verkehrsangebot realisiert werden können. Ein Aspekt in diesen Überlegungen ist eine genaue Betrachtung der betrieblichen Nutzungsdauer der eingesetzten Fahrzeuge, da die Nutzungsdauer andere Kostenelemente in vielfältiger Weise betriebswirtschaftlich sowohl positiv als auch negativ beeinflusst. Vereinfacht steigen die Instandhaltungskosten bei einem Betrieb des Fahrzeugs über den optimalen Zeitpunkt hinaus (Kosten für Ersatzteile, Instandhaltung, Reservefahrzeuge, Nichtverfügbarkeit der Fahrzeugflotte) stärker als die Abschreibungen (Kapitaldienst) sinken. Anders ausgedrückt fallen die Instandhaltungskosten mit abnehmender Nutzungsdauer stärker als die Abschreibungen steigen (vgl. [Leu08] für eine umfassende Darstellung einer exemplarischen Berechnung der betriebswirtschaftlich optimalen Nutzungsdauer von Linienbussen).
- *Strategische Kriterien* wie beispielsweise das Image des Verkehrsunternehmens, regulatorische und gesetzgeberische Vorgaben, Vorgaben aus Verkehrsverträgen, sowie Abhängigkeiten vom Fahrzeughersteller.

8.3.3 Leistungsbeurteilung

Das Verkehrsunternehmen sollte die Leistungsfähigkeit seiner Anlagegüter messen. Messgrößen hierfür können direkt oder indirekt ermittelt werden und monetär, bzw. nicht monetär bewertbar sein. Die Bewertung der Leistungsfähigkeit der Anlagegüter ist oftmals nur indirekt möglich und komplex. Hierfür ist ein umfassendes Datenmanagement anlagenbezogener Messgrößen zu realisieren (vgl. [ISO14a], [ISO14b], [ISO14c] und

[GB10]). Darüber hinaus müssen mit Methoden des Data Minings große Datenmengen zu interpretierbaren Informationen verdichtet werden. Nur dann ist eine Beurteilung der Leistungsfähigkeit der eingesetzten Anlagegüter möglich. Die Überwachung, Analyse und Bewertung der vorhandenen Informationen sollte ein kontinuierlicher Prozess sein. Die Bewertung der tatsächlich erreichten Leistungsfähigkeit (Performance) sollte sich gegen die zuvor definierten Zielgrößen richten. Falls die Ziele nicht erreicht werden, sollte sich eine unmittelbare Analyse der Abweichungen anschließen (sowohl im Sinne übertroffener als auch unterschrittener Zielstellungen). Hierfür müssen die folgenden Aspekte festgelegt werden:

- *Messgrößen:* Was konkret sollte überwacht und gemessen werden?
- *Methoden:* Wie genau sollte überwacht, gemessen, analysiert und bewertet werden?
- *Zeitpunkte:* Wann genau soll überwacht und gemessen werden?

8.3.4 Entwicklung und Sicherstellung von Normen und Standards

Die Grundlage eines rechtssicheren Assetmanagements ohne Organisationsverschulden (vgl. [ES17]) beruht auf anerkannten Standards und Normen (vgl. [BS11] und [Mue04]). Die Gesetzeslage (insbesondere die zunehmende Bedeutung des Rechtsinstituts der Beweislastumkehr für Verkehrsunternehmen und Fahrzeughersteller) zwingt Fahrzeughersteller und Verkehrsunternehmen zu einer leistungsfähigen Organisationsqualität, die ihnen die jederzeitige Beweisführung über diverse Merkmale ihres Schaffens erlaubt. „Ein Vorschriftenmanagement ist heute um ein Vielfaches wichtiger als zu Zeiten, in denen Rechtssetzung und Rechsprechung das Rechtsinstitut der Beweislastumkehr noch nicht so weit entwickelt hatten“ [Mue04]. Die Normen sind durch externe Expertengremien erstellt (vgl. Abschn. 4.2.3), müssen jedoch auf die jeweils spezifischen Anforderungen der zu managenden Fahrzeugflotte angepast und damit zu einem internen Regelwerk geformt werden. Dem Assetmanagement kommt hierbei die Richtlinienkompetenz und damit die Deutungshoheit zu den externen Regelwerken zu, aber auch die Verantwortung, die internen Regelwerke umfassend zu erstellen, pflegen und auch für deren Publikation zu sorgen [BS11].

8.3.5 Sicherstellung der Ressourcen

Über die Strategieentwicklung und –umsetzung hinaus muss das Assetmanagement die ordnungsgemäße Funktion der Fahrzeugflotte, bzw. deren sicheren und stabilen Betrieb gewährleisten. Hierfür ist eine Kalkulation der notwendigen Finanzmittel (bezogen auf Gesamtjahreszeiträume und Mittelfristplanungszeiträume) erforderlich. Auch müssen die notwendigen Ressourcen (Materialien, Betriebsmittel und Betriebspersonal) für die operativen Tätigkeiten bereitgestellt werden.

Literatur

[BS11] Balzer, Gerd, und Christian Schorn. 2011. *Asset Management für Infrastrukturanlagen – Energie und Wasser*. Berlin: Springer.

[ES17] Ehricht, Daniel, und Philip Smitka. 2017. Compliance der IT-Security in Eisenbahnverkehrs-unternehmen. *Der Eisenbahningenieur*.68 (7): 21–23.

[GB10] Gutsche, Katja, und Florian Brinkmann. 2010. Ganzheitliches Management von Anlagen der Eisenbahninfrastruktur. *Signal + Draht* 102 (11): 27–31.

[Han16] Hannusch, Gritt. 2016. Anforderungen an IT-Systeme für das Asset-Management im Bahnverkehr. *EI – Eisenbahningenieur* 67 (7): 34–36.

[HBO97] Huch, Burkhard, Wolfgang Behme, und Thomas Ohlendorf. 1997. *Rechnungswesen-orientiertes Controlling*. Heidelberg: Physica-Verlag.

[ISO14a] International Organization for Standardization. 2014. *Asset management – Overview, principles and terminology*. Genf: International Organization for Standardization.

[ISO14b] International Organization for Standardiziation. 2014. *Asset management – Management systems – Requirements*. Genf: International Organization for Standardization.

[ISO14c] International Organization for Standardization. 2014. *Asset management – Management systems – Guidelines fort he application of ISO 55001*. Genf: International Organization for Standardization.

[Leu08] Leuthardt, Helmut. 2008. Betriebswirtschaftlich optimale Nutzungsdauer von Linienbussen. *Der Nahverkehr* 26 (9): 33–37.

[Mue04] Müller, Rolf-Martin. 2004. Die Bedeutung des Rechtsinstituts der Beweislastumkehr für die Haftungsrisiken von Eisenbahnverkehrsunternehmen und Herstellern von Eisenbahnsystemen. *ZEV Rail* 128 (Tagungsband SFT Graz 2004): 48–53.

[SB17] Schnieder, Lars, und Ulrich Bock. 2017. Assetmanagement von Fahrzeugflotten im Schienenverkehr. *Eisenbahntechnische Rundschau* 66 (1–2): 56–61.

[Sta15] Stalloch, Gerd. 2015. IT-Systeme für Asset-Management im Eisenbahnverkehr. *Der Nahverkehr* 33 (3):59–64.

[Wol07] Wolter, Winfried. 2007. Betriebsgerecht ausgelegte Schienenfahrzeuge durch systematische Ermittlung der Belastungsrealität. *ZEV-Rail* 131 (Tagungsband SFT Graz 2007): 192–201.

Teil III

Phasenbezogene Aufgaben

9 Technologiemanagement

In Anlehnung an Carl Friedrich von Weizsäcker ist Technologie die Bereitstellung von Mitteln zur Erfüllung von Zwecken. Demnach ist der Auslöser, der den Einsatz einer Technologie begünstigt, ein Sprung in den Randbedingungen der Technologie wie beispielsweise eine verbesserte Leistungsfähigkeit, geringerer Bauraum, fallende Kosten oder neue Funktionalität [SKS16]. Dieser angebotsorientierten Aussage (so genannter „technology push") steht nach [Sch99] eine nachfrageorientierte Sichtweise (so genannter „demand pull") gegenüber. Bislang ungelöste technische Widersprüche müssen durch neue zu entwickelnde Technologien gelöst werden [HFF15]. Konkret kann beispielsweise durch einen Unfall, neue Rechtsnormen oder steigende Kundenerwartungen ein Bedarf an neuen Technologien entstehen [SKS16]. Die Kombination aus angebots- und nachfrageorientierter Sichtweise ergibt einen geschlossenen Zyklus. Das Angebot neuer (technischer) Mittel ermöglicht zum einen neue Zwecke. Umgekehrt erfordern neue Zwecke neue (technische) Mittel. Das Technologiemanagement gestaltet diesen Prozess, so dass dieses Wechselspiel aus dem geschlossenen Zyklus von Zweck und Mittel über die zeitliche Folge eine Fortschrittsspirale der technischen Fortentwicklung hervorruft. Dieser Fortschritt leistet einen Beitrag zur Erreichung der unternehmerischen Ziele des Verkehrsunternehmens. In diesem Kapitel erfolgt zunächst eine Teilbegriffsbestimmung (vgl. Abschn. 9.1), es schließt sich eine Darstellung der Ziele des Technologiemanagements (vgl. Abschn. 9.2) an, es folgt eine Vorstellung der mit dem Technologiemanagement korrespondierenden Aufgaben (vgl. Abschn. 9.3). Das Kapitel schließt mit einer Erörterung beispielhafter Methoden des Technologiemanagements (vgl. Abschn. 9.4).

L. Schnieder, *Strategisches Management von Fahrzeugflotten im öffentlichen Personenverkehr*, VDI-Buch, https://doi.org/10.1007/978-3-662-56608-4_9

9.1 Teilbegriffsbestimmung „Technologie"

Technologie ist definiert als die Wissenschaft von der Technik [SKS16]. Technologien liefern Aussagen über prinzipielle Ziel-Mittel-Relationen und stellen Wissen über Lösungswege zur technischen Problemlösung dar. Dahingegen ist eine Technik ein materielles Ergebnis eines Problemlösungsprozesses. Technik dokumentiert sich dabei als Ergebnis von Technologie in Form tatsächlich realisierter Produkte, Betriebsmittel, Transformationsprozesse und –verfahren und Materialien [Zop13]. Technologien können nach verschiedenen Merkmalen kategorisiert werden.

Weit verbreitet ist die *funktionale Abgrenzung* hinsichtlich des Einsatzgebietes.

- *Prozesstechnologien* werden im Produktionsprozess genutzt. Ein Beispiel hierfür ist der Einsatz von 3D-Druck in der Bahntechnik (vgl. [Ree15] und [BK17]) für die Fertigung von Ersatzteilen.
- *Produkttechnologien* sind Bestandteil eines Erzeugnisses.

Ein weiteres zentrales Merkmal ist das *wettbewerbsstrategische Potenzial.*

- *Basistechnologien* sind allgemein verfügbar, vielfach eingesetzt und werden von allen Unternehmen einer Branche beherrscht.
- *Schlüsseltechnologien* bieten dahingegen die Möglichkeit zur Erreichung von Wettbewerbsvorteilen, da sie noch nicht vollständig beherrscht werden und von hoher Relevanz für eine Branche sind.
- *Schrittmachertechnologien* sind im frühesten Entwicklungsstadium. Das ihnen vorhergesagte Entwicklungspotenzial prognostiziert eine Weiterentwicklung zu Schlüsseltechnologien, diese Vorhersage ist allerdings mit hohen Unsicherheiten verbunden [Zop13].

9.2 Ziele des Technologiemanagements

Ein strukturiertes Technologiemanagement gibt allen Akteuren (Fahrzeughersteller, Verkehrsunternehmen) Orientierung hinsichtlich der Ressourcenlenkung in Forschung und Entwicklung. Allerdings sind Innovationen naturgemäß nicht kostenlos zu haben und müssen sich für die Fahrzeughersteller und die Verkehrsunternehmen wirtschaftlich rentieren. Darüber hinaus handelt es sich bei der initialen Beschaffung neuer Technologien (beispielsweise Fahrzeuge mit alternativen Antriebskonzepten) nicht nur um eine einfache Beschaffung, sondern möglicherweise um eine umfassende Systemumstellung mit damit verbundenen erheblichen Risiken für das Verkehrsunternehmen. Diese berührt nahezu alle Bereiche des Verkehrsunternehmens. So erfordert zum Beispiel eine Neubeschaffung von Elektrobussen eine Anpassung der Infrastruktur, eine ergänzende Ausrüstung für die Instandhaltung oder aber zusätzliche Infrastruktur in den Abstellanlagen. Auch muss das Personal in den Werkstätten für den Umgang mit neuen Technologien qualifiziert werden. Es ist daher eine umfassende betriebliche, technologische und wirtschaftliche Bewertung der in Frage kommenden Technologien als Auswahl- und Entscheidungsgrundlage erforderlich [LO15].

Konkret verfolgt das Technologiemanagement in Verkehrsunternehmen die folgenden Ziele:

- *Langfristige Sicherung der Wettbewerbsfähigkeit* von Verkehrsunternehmen durch den Aufbau und die Weiterentwicklung technologiebasierter Erfolgspotentiale. Im Sinne einer strategischen Frühaufklärung müssen entscheidende technologische Systemwechsel frühzeitig identifiziert werden, um so die Reaktionsfähigkeit und damit möglicherweise den Fortbestand der Unternehmung sicherzustellen [Spa14]. Hierbei steht die Frage im Vordergrund, wie für aktuell und zukünftig zu erbringende Verkehrsleistungen die benötigte Technologie zum richtigen Zeitpunkt und zu angemessenen Kosten verfügbar gemacht werden kann.
- *Erfüllung gesetzlicher Vorgaben:* Neue Technologien sind gegebenenfalls für die Einhaltung neuer gesetzlicher Vorgaben erforderlich. Beispielsweise erfordern verschärfte Regelungen zur Emission von Luftschadstoffen eine kontinuierliche Weiterentwicklung der Antriebsstränge konventionell (mit fossilen Brennstoffen) angetriebener Fahrzeuge [ZS10] oder legen die Einführung alternativer Antriebskonzepte in der Flotte des Verkehrsunternehmens nahe. Ein anderes Beispiel ist die Einführung eines lärmabhängigen Trassenpreissystems im Schienenverkehr, welches einen wirtschaftlichen Anreiz zur Umrüstung von Fahrzeugen mit lärmmindernder Technologie setzen soll [KQ11].
- *Realisierung von Kosteneinsparungen:* Hierbei steht die Frage im Vordergrund, wie durch den Einsatz neuartiger Technologien die Wirtschaftlichkeit eines Verkehrsunternehmens verbessert werden kann. Ansatzpunkte hierfür sind Einsparungen von Energiekosten durch energieeffizientes Fahren, Einsparungen von Personalkosten durch fahrerloses Fahren sowie die Reduktion von Instandhaltungskosten durch eine zustandsorientierte Instandhaltung auf der Grundlage erhobener Fahrzeugzustandsdaten in Verbindung mit einer entsprechend leistungsfähigen Datenauswertung [SKS16].
- *Systematische Erkennung und Gestaltung von Normungsbedarfen:* Hier geht es darum, in der Industrie Standards zu schaffen, um den Weg von teuren Einzellösungen [HFF15] hin zu größeren Fertigungslosen zu beschreiten, so dass Verkehrsunternehmen zukünftig von Skaleneffekten profitieren können.

9.3 Aufgaben des Technologiemanagements

Grundsätzlich beinhalten die Unternehmensprozesse zum Technologiemanagement (vgl. [SKM11]) die Technologiefrüherkennung (vgl. Abschn. 9.3.1), die Technologieplanung (vgl. Abschn. 9.3.2), die Technologieentwicklung, die Technologieverwertung, den Technologieschutz, sowie die Technologiebewertung (vgl. Abschn. 9.3.3). In Bezug auf Verkehrsunternehmen werden hier die ersten beiden Teilprozesse (Technologiefrüherkennung und -planung) sowie der letzte Teilprozess (Technologiebewertung) betrachtet. Durch die

Rollentrennung zwischen Verkehrsunternehmen und Fahrzeugherstellern im Sinne der Ausschreibung und Vergabe von Fahrzeugkonzepten werden die Aufgaben der Technologienentwicklung, -verwertung und des -schutzes von den Fahrzeugherstellern wahrgenommen und an dieser Stelle nicht weiter vertieft.

9.3.1 Technologiefrüherkennung (-frühaufklärung)

Ziel der *Technologiefrüherkennung* ist das Erkennen von relevanten (neuen) Technologien und technologischen Entwicklungen, die für das eigene Verkehrsunternehmen Chancen oder Risiken darstellen können. Die Technologiefrüherkennung fokussiert auf die Analyse und Prognose der technologischen Potenziale neuer sowie der Bestimmung der technologischen Leistungsgrenzen bestehender Technologien. Zielsetzung ist die Identifikation von Entwicklungen in relevanten Technologiefeldern als Grundlage für Technologieentscheidungen in Verkehrsunternehmen [SKM11]. Dies soll dem Verkehrsunternehmen ermöglichen, zukünftige Chancen zu nutzen und Risiken im Vorfeld zu erkennen. Entscheidend für den Erfolg der Technologiefrüherkennung sind:

- *Gute und verlässliche Informationsquellen* innerhalb und außerhalb des Unternehmens
- Die jeweils herangezogenen *Selektions- und Beurteilungskriterien* für neue Technologien
- Eine *zuverlässige, kontinuierliche Kommunikation* der Ergebnisse der Technologiefrüherkennung im Verkehrsunternehmen.

Die Technologiefrüherkennung teilt sich in drei Basisaktivitäten Technologiescanning, Technologiemonitoring und Technologiescouting auf, die sich vom Detaillierungsgrad her unterscheiden. Der Detailgrad der Information nimmt hierbei vom Technologiescanning zum Technologiescouting hin zu. Der zeitliche Vorlauf nimmt hingegen ab:

- *Technologiescanning:* Hierbei handelt es sich um eine zeitlich unbegrenzte Informationssuche ohne konkrete Richtungsvorgabe. Diese Informationssuche geschieht losgelöst vom Tagesgeschäft und ist unvoreingenommen. Die Aufgabe ist die Überprüfung neuer Technologien auf ihre Einsetzbarkeit im Verkehrsunternehmen.
- *Technologiemonitoring:* Auf der Grundlage der Ergebnisse des Technologiescannings nimmt das Technologiemonitoring eine detaillierte Verfolgung einzelner Technologiefelder bezüglich Markt und Technologie über einen längeren Zeitraum wahr. Im Gegensatz zum Scanning erfolgt das Monitoring in vordefinierten Bereichen. Die Beobachtung ist wesentlich detaillierter. Die Ergebnisse des Technologiemonitorings können im Technologieradar visualisiert werden (vgl. Abb. 9.1). Hierbei wird zunächst eine Zeitachse der Technologiereife durch konzentrische Kreise eingeführt. Das Radar ist in einzelne Sektoren zur inhaltlichen Strukturierung und Abgrenzung der Suchräume unterteilt. Einzelne Suchfelder können nun im Radar eingetragen werden. Die

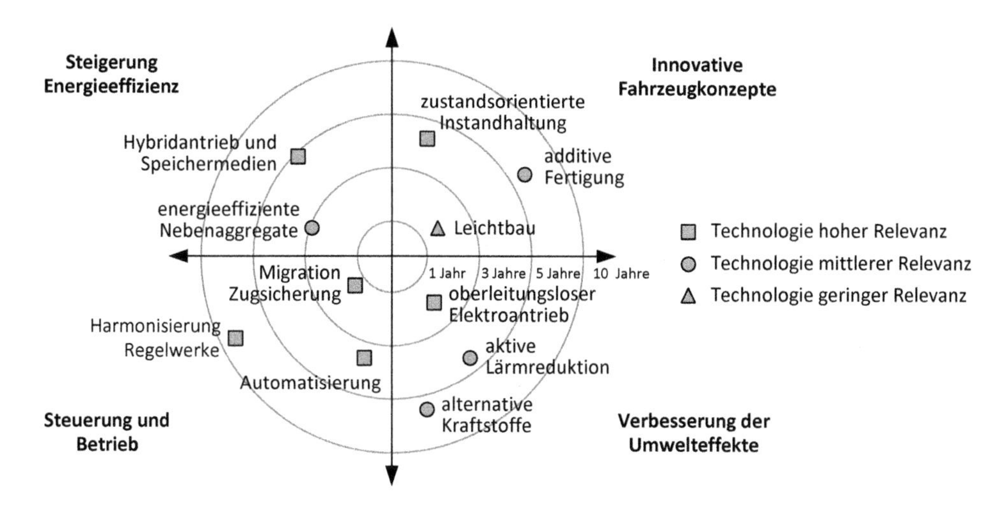

Abb. 9.1 Monitoring-Radar für Innovationsfelder im System Bahn. (In Anlehnung an [SKM11] und [SW15])

Form des Symbols verdeutlicht die Relevanz eines Suchfeldes aus Sicht des Verkehrsunternehmens. Ihr Abstand zur Mitte des Radars verdeutlich die Technologiereife (vgl. Abschn. 9.3.3).

- Technologiescouting dient der Erforschung bestimmter Themen und Quellen über einen festgelegten Zeitraum. Es hat einen klar festgelegten Zeitraum und ein klar festgelegtes Ziel (im Sinne konkreter Technologiefelder und Technologiethemen).

9.3.2 Formulierung von Technologiestrategien (Technologieplanung)

Eine *Technologiestrategie* definiert die Ziele des Verkehrsunternehmens in Bezug auf den Technologieeinsatz und zeit Wege auf, die dorthin führen. Eine Technologiestrategie gibt an, welche Technologien zu welchem Zweck eingesetzt werden, welches Leistungsziel erreicht, bzw. angestrebt wird, zu welchem Zeitpunkt der Ersatz einer Technologie erfolgt und woher die Technologie bezogen wird. Die Auswahl der richtigen Strategie muss immer „einem komplexen Umfeld aus unterschiedlichen Faktoren Rechnung tragen: das sind der aktuelle Fahrzeugstatus, Anforderungen an den künftigen Betrieb, individuelle Schwachstellen der aktuellen Fahrzeugausrüstung, Kundenbedürfnisse, Gesetze und Regulierungen, Beförderungsverträge, verfügbares Budget, politische Interessen, die Akzeptanz der Fahrzeuge in der Bevölkerung und das technisch Mögliche“ [Noc12].

Die *Technologieplanung* hat die Gestaltung des Weges zur Erreichung der Ziele zum Gegenstand. Die Planung beinhaltet die Ermittlung und Systematisierung aller Aktivitäten, Abläufe, Kosten, Ressourcen und Termine und ist somit die geistige Vorwegnahme zukünftigen Handelns. In der Technologieplanung sind mehrere Entscheidungen zu treffen wie beispielsweise Investitions- und Desinvestitionsentscheidungen sowie die Festlegung zeitorientierter *Technologieroadmaps* für in eine neue Fahrzeugbaureihe zu integrierende Technologien [SKM11]. Der Begriff des Roadmappings lehnt sich hierbei an die Metapher der Straßenkarte an. Das Unternehmen wird hierbei in Analogie zu einem Fahrzeug auf einer Fahrt durch ein unbekanntes Gelände betrachtet. Der Fahrer, bzw. die Unternehmensleitung sind durch die Roadmap bei der Navigation zu unterstützen [Spa14]. Die Ursprünge des Technologieroadmappings gehen auf die strategische Technologieplanung des Technologiekonzerns Motorola zurück. Motorola führte in den 1970'er Jahren unternehmensweite Prozesse zur Verknüpfung und Optimierung der strategischen Produkt- und Technologieplanung ein. Dies hatte zum Ziel, der zunehmend dynamischen Entwicklung und steigenden Komplexität in der Kommunikationsbranche zu begegnen und so der Gefahr zu entgehen, neue technologische Entwicklungen nicht rechtzeitig zu erkennen oder falsch einzuschätzen. Inzwischen wird das Technologieroadmapping in vielen Branchen wie zum Beispiel Automobil-, sowie Luft- und Raumfahrtindustrie) angewendet. Technologieroadmapping erlaubt es, zukünftige Technologieentwicklungen zu prognostizieren, zu analysieren, zu bewerten und graphisch darzustellen. Hierbei werden langfristige Projekte in einzelne, leichter zu bewältigende Schritte strukturiert. Roadmapping ist ein Prozess, der zur Festlegung einer Technologiestrategie beiträgt. Die Kommunikation und Umsetzung von Technologien wird insbesondere durch die bildliche Darstellung gefördert [Spa14].

In der Bahnbranche haben sich Ansätze der Technologieplanung jüngst im Sinne des strategischen Anforderungsmanagements etabliert, welches in so genannten „Generationszielbildern" für Fahrzeugbaureihen münden. Im Sinne eines solchen strategischen Anforderungsmanagements sollen beispielsweise aus gesellschaftlichen und technologischen Trends frühzeitig Anforderungen an zukünftig eingesetzte Fahrzeuge abgeleitet werden [HFF15]. „Beispielsweise gibt es angesichts der Verknappung von Ressourcen und der zunehmenden Verteuerung von Energie – nicht zuletzt durch die so genannte Energiewende – Bedarf, aber auch viel Potenzial noch ‚grüner' zu werden" [HB12]. Dies mündet beispielsweise in konkreten Anforderungen an alternative Antriebskonzepte.

9.3.3 Technologiebewertung

Im Sinne einer allgemeinen Begriffsdefinition bezeichnet Technologiebewertung die Ermittlung und Beurteilung des Erfüllungsgrades vorgegebener Zielstellungen oder –zustände für ein bestimmtes technologiebezogenes Bewertungsobjekt, um Entscheidungen bei der Entwicklung, Einführung und Nutzung von Technologien treffen zu können [SKM11]. Die *Technologiebewertung* dient der Einschätzung der heutigen und vor allem der zukünftigen Attraktivität alternativer Technologien bzw. technologischen Kompetenzen.

Maßgeblichen Einfluss auf die sogenannte Technologieattraktivität haben zum einen Einflussfaktoren aus den übergeordneten Umfeldern des Unternehmens (vgl. Darstellung in Abb. 9.2):

- *Technologisches Umfeld:* Technologische Innovationen tragen zur Attraktivität des Verkehrsmittels bei, wenn sie in einem strukturierten Entwicklungsprozess zur

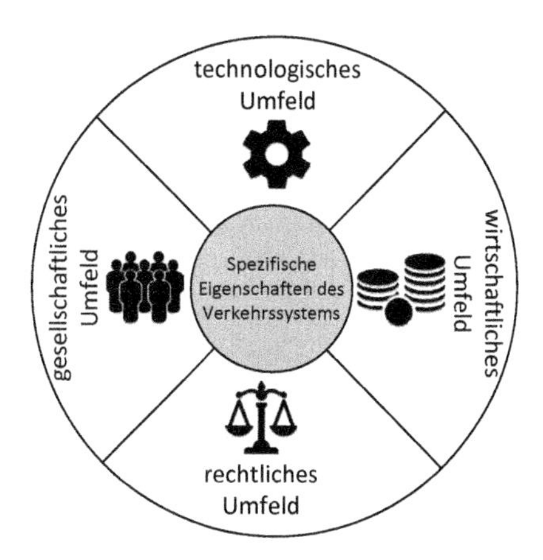

Abb. 9.2 Einflussfaktoren der Technologieattraktivität

Einsatzreife und als ausgereifte Systeme in Betrieb gebracht werden. Fehlende technische Lösungen für die angestrebten Ziele (z. B. Fahrzeugautomatisierung) erfordern es, technische Entwicklungen der Automatisierung aus anderen Anwendungsdomänen für den bodengebundenen Verkehr nutzbar zu machen. Betrachtet man beispielsweise die Bahnbranche, so wird für den Einsatz neuer Technologien in jedem Fall die Tauglichkeit der Produkte für den Einsatz im Bahnumfeld gefordert. Die Bedeutung von Bahntauglichkeit wird gemeinhin als die Fähigkeit verstanden, unter bahnüblichen Bedingungen zuverlässig zu funktionieren. Im Vergleich zum Automobil bedeutet dies, bei sehr viel höheren Laufleistungen, täglichen Betriebsstunden und längeren Produktlebenszyklen zum Beispiel die hohe Widerstandsfähigkeit gegenüber häufigen Temperaturwechseln und mechanischer Beanspruchung oder auch eine den stärkeren Feldstärken angepasste elektromagnetische Störfestigkeit. Außerdem muss das Prinzip „mindestens gleiche Sicherheit" eingehalten werden. Das heißt, ein System mit erneuerter Komponente oder auch mit zusätzlicher Funktion muss in der Gesamtbetrachtung mindestens die gleiche Sicherheit aufweisen wie das unveränderte System. Diese Fähigkeit muss über den gesamten Lebenszyklus (im Schienenverkehr bis zu 40 Jahre) hinweg bestehen bleiben [SKS16].

- *Rechtliches Umfeld:* fehlende rechtliche Regelungen (beispielsweise für den Einsatz führerloser Fahrzeuge im öffentlichen Verkehr) erfordern die Beeinflussung des politischen Willens, so dass entscheidende Weichenstellungen auf die (verkehrs-)politische Agenda kommen.
- *Gesellschaftliches Umfeld:* Die subjektive Akzeptanz neuer Technologien (z. B. führerloser Fahrzeuge) durch die potenziellen Kunden erfordern eine Aufklärung, bzw. Einbeziehung (Partizipation) weiterer Kreise in die Systementwicklung.
- *Wirtschaftliches Umfeld:* Der hohe Investitionsaufwand für den initialen Einsatz neuer Technologien wird sich langfristig durch Standardisierung und Skaleneffekte bei ihrer breiteren Einführung relativieren.

Neben diesen externen Einflussfaktoren müssten auch aus dem Verkehrsunternehmen selbst resultierende veränderte Anforderungen sowie das funktionale und kostenmäßige Potential (Weiterentwicklungspotential) von Technologien berücksichtigt werden. Eine Technologiebewertung muss – wie nachfolgend am Beispiel der Automatisierung des Betriebs dargestellt – auch die spezifischen Eigenschaften der betrachteten Verkehrssysteme berücksichtigen.

- *Offene vs. geschlossene Systeme:* Für geschlossene Systeme fällt naheliegender Weise eine Automatisierung leichter. Insbesondere bei U-Bahnen gibt es kaum Wechselwirkungen mit der Umwelt. Insbesondere sind Strecken aufgrund ihrer baulichen Besonderheiten (unabhängiger Bahnkörper, Bahnsteigtüren) kaum zu betreten, so dass Störungen durch externe Faktoren begrenzt sind. Demgegenüber gestaltet sich die Automatisierung in offenen Systemen äußerst schwierig. Anders als bei geschlossenen Systemen existiert hier ein Austausch mit der Umwelt. Infolgedessen sind sie komplexer. Insbesondere an Kreuzungen zwischen Schienenverkehr und Straßen und an Haltepunkten ist es kaum möglich, externe Faktoren wirksam auszuschließen [PS15].
- *Heterogene vs. homogene Systeme:* Sind Systeme baulich (bezüglich Bahnsteigen und Gleisanlagen) homogen, ist die Einführung technologischer Innovationen (beispielsweise Automatisierung) einfacher. Auch das eingesetzte Rollmaterial ist gleich oder ähnlich und auf Personenverkehr ausgerichtet. Oftmals sind auch fest definierte Streckenabschnitte festgelegt. Demgegenüber gibt es heterogene Systeme mit unterschiedlichen Fahrzeugen, deren Einsatz sich nicht auf Personenverkehr oder den Einsatz auf fest definierten Streckenabschnitten beschränkt. Hierbei sind dann immer auch Fragen der Migration zu lösen.

Für eine vertiefte Betrachtung des technologischen Umfelds wurde in manchen Industriebranchen der Begriff Technologiereifegrade eingeführt, um den Entwicklungsstand von Technologien einzustufen. Ursprünglich stammt er unter der englischen Bezeichnung Technology Readiness Level (TRL) aus der Raumfahrtindustrie (vgl. [ISO13]). Mit unterschiedlichsten Definitionen sind TRL inzwischen auch in anderen Branchen gebräuchlich. In der Regel werden Technologiereifegrade über eine 9-stufige Skala eingeteilt. Technologiereifegrade ermöglichen es, den Entwicklungsstand komplexer Systeme nachvollziehbar zu jedem Zeitpunkt – bis zum Erreichen der Funktionstüchtigkeit – zu beschreiben. Das Beurteilen des Reifegrades erfolgt dabei auf Basis spezifisch definierter Merkmale. Ihnen sind stufenweise unterschiedliche Merkmale zugeordnet.

Ein Beispiel für die Demonstration des Prototypen im „einsatznahen Umfeld" ist hierbei z. B. die Bewährung eines Fahrzeugs oder einer seiner Komponenten in einer Klimakammer (vgl. [FHO14] und [FM14], bzw. Darstellung als Stufe 7 in der Abb. 9.3).

In einer weiteren Stufe schließt sich eine Erprobung im Feld an. Ziel ist es hierbei, ein „Ausreifen" von Innovationen unter Betriebsbedingungen zu ermöglichen. Weiterhin verhelfen Erprobungen dazu, den höchsten Einsatzreifegrad nachzuweisen, die Produkte des

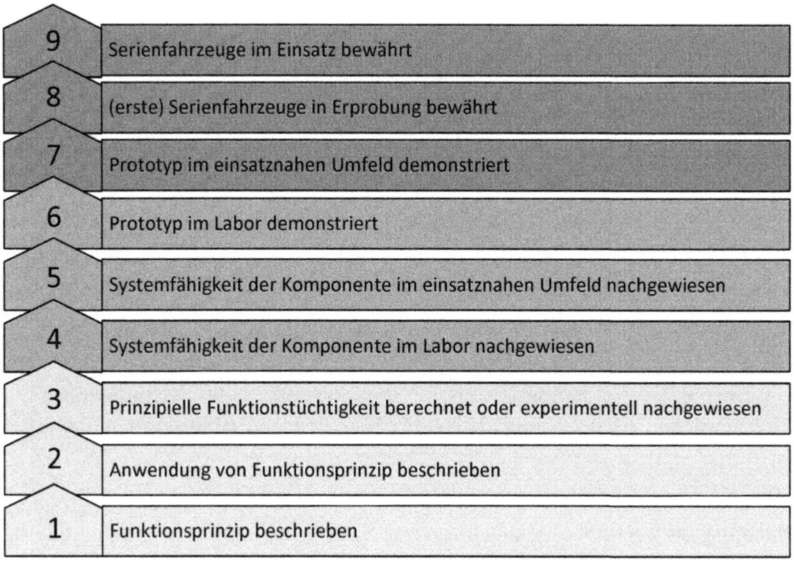

9 Serienfahrzeuge im Einsatz bewährt
8 (erste) Serienfahrzeuge in Erprobung bewährt
7 Prototyp im einsatznahen Umfeld demonstriert
6 Prototyp im Labor demonstriert
5 Systemfähigkeit der Komponente im einsatznahen Umfeld nachgewiesen
4 Systemfähigkeit der Komponente im Labor nachgewiesen
3 Prinzipielle Funktionstüchtigkeit berechnet oder experimentell nachgewiesen
2 Anwendung von Funktionsprinzip beschrieben
1 Funktionsprinzip beschrieben

Abb. 9.3 Technologiereifegrad: mögliche Abstufung für Schienenfahrzeuge nach [FM14]

Lieferanten besser kennenzulernen und die Qualität der Produkte zu verbessern. Sollen Komponenten eines Lieferanten auf Fahrzeugen eines Verkehrsunternehmens zur Erprobung integriert werden, ist eine Erprobungsvereinbarung mit einer verbindlichen Rollenverteilung zwischen den Partnern zu schließen (vgl. [MKR17]).

Der Erfüllungsgrad der einzelnen Anforderungsstufen legt den Reifegrad des Systems fest. Neben den definierten Merkmalen spielen auch regelmäßige Bewertungen des Systems zu festgelegten Zeitpunkten – idealerweise zum Abschluss jeder Entwicklungsphase (vgl. Abschn. 3.3.2) im Rahmen von Quality Gates – eine zentrale Rolle (vgl. [BRR16a] und [BRR16b]). Die Einteilung der Technologiereifegrade erlaubt es, Risiken die aus der Produktentwicklung und der Systemintegration erwachsen zu identifizieren. Die Beherrschung der Risiken wird anhand von Planungen zur Risikominimierung nachgewiesen.

9.4 Methoden des Technologiemanagements

Im Technologiemanagement kommen verschiedene Methoden zum Einsatz, von denen an dieser Stelle zwei wesentliche Methoden exemplarisch vorgestellt werden. Hinsichtlich der Querschnittsdisziplin Kosten- und Assetmanagement wird das Target Costing (vgl. Abschn. 9.4.2) als lebensphasenbezogener Methodenbaustein vorgestellt. Bezüglich der Querschnittsdisziplin des Sicherheits- und Qualitätsmanagements wird die Risikoanalyse als methodischer Ansatz einer systematischen Technologiebewertung diskutiert (vgl. Abschn. 9.4.1).

9.4.1 Technologiebewertung mittels Risikoanalysen

Neue Technologien stellen möglicherweise eine signifikante Änderung im Verkehrssystem dar. Signifikant ist eine Änderung genau dann, wenn Ausfälle zu erheblichen Folgen führen, innovative Elemente in der Implementierung der Änderung zum Einsatz kommen, die Änderung komplex oder nicht umkehrbar ist [BJ10]. Änderungen können hierbei technisch, betrieblich, organisatorisch oder eine Kombination der vorgenannten Kriterien sein. Eine Risikobewertung muss vor Einführung von Änderungen eines in Betrieb befindlichen Systems vorgenommen und dokumentiert werden [Fig15].

Die Risikoanalyse bietet eine klar definierte Schnittstelle zwischen den Betriebsanforderungen (des Verkehrsunternehmens) und den Sicherungssystemen (des Herstellers) als technische Lösung. Es ist demnach Aufgabe des Betreibers, eine Risikoanalyse durchzuführen. Das Vorgehen erfolgt hierbei in den folgenden aufeinander aufbauenden Schritten (vgl. Abb. 9.4):

- *Systemdefinition*: Es müssen exakt Grenzen, Schnittstellen, Funktionen und Umgebungen festgelegt werden. Hierfür kommt eine Vielzahl möglicher Beschreibungsmittel in Betracht (vgl. [Sch99]), welche die wichtigsten Aspekte von Zuständen, Strukturen, Funktionen und Verhalten (technischer) Systeme beschreiben [Bra07].
- *Gefährdungsidentifikation:* Dies ist eine systematische Analyse des betrachteten Systems, um Gefährdungen, die sich während des Lebenszyklus des Systems ergeben, erkennen zu können. Eine solche systematische Erkennung von Risiken umfasst zwei Phasen. In einer empirischen Phase werden in der Vergangenheit gemachte Erfahrungen (beispielsweise aus Beinaheunfällen) genutzt. In einer kreativen Phase werden Vorhersagen im Sinne einer Betrachtung „was wäre wenn" gemacht [Bra07]. Die *Fehler-Möglichkeits- und Einfluss-Analyse (FMEA)* ist eine induktive Methode zur Identifizierung von Gefährdungen und ihrer Auswirkungen im Entwurf. Sie kann bei der Suche nach Korrektur- oder Überwachungsmaßnahmen helfen. Die bereits 1949 vom US-Militär entwickelte Methode wird mittlerweile erfolgreich in vielen verschiedenen Industriezweigen angewandt. Die Darstellung der Ergebnisse der FMEA erfolgt in einer Tabelle, deren Spalten unter anderem die Bauteile, Funktionen, Ausfallarten, Auswirkungen und anzuwendenden Maßnahmen enthalten (vgl. [DIN06a].
- *Modellierung von Unfallsequenzen (Folgenanalyse):* Die Folgenanalyse dient der Identifizierung, Erfassung und Bewertung wahrscheinlicher Konsequenzen, die sich aus einer zuvor erkannten Gefährdung ergeben. Demnach zählen alle Ereignisse, die nach einer Gefährdung passieren, zu den möglichen Folgen. Da nicht alle Gefährdungen zu Schäden führen, hilft eine adäquate Folgenanalyse, Risiken nicht um Größenordnungen zu überschätzen und nicht unnötig hohe Sicherheitsanforderungen abzuleiten [Bra07]. Hierbei werden zwei Techniken miteinander kombiniert:
  - Die *Ereignisbaumanalyse* (engl. Event Tree Analysis) ist ein induktives Verfahren, welches mögliche Folgen eines auftretenden Fehlers bestimmen soll (vgl. [DIN11a]). Ausgehend vom Startereignis (Initialereignis) beschäftigt sich die

Abb. 9.4 Ablauf einer Risikoanalyse

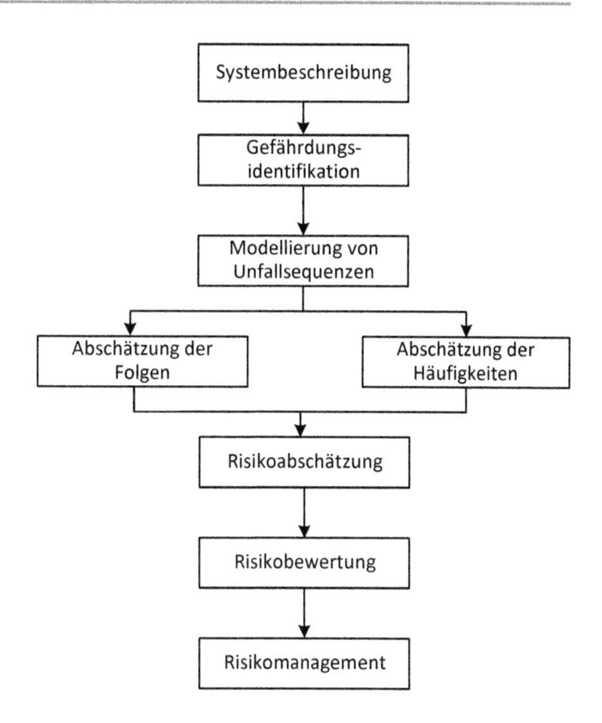

Ereignisbaumanalyse mit der Frage „was geschieht, falls …“. Insofern ist die im vorherigen Absatz beschriebene FMEA ein erster Schritt bei der Erstellung des Ereignisbaumes, indem kritische Fehler eines Systems als mögliche Startereignisse identifiziert werden. Im weiteren Verlauf der Ereignisbaumanalyse entwirft der Analytiker eine Art Baum mit verschiedenen möglichen Ergebnissen. Mit Hilfe der angewandten Vorwärtslogik kann die Ereignisbaumanalyse als Methode bezeichnet werden, die die schadensmindernden Faktoren, die einem Startereignis folgen, darstellt. Hierbei können angemessene schadensmindernde Faktoren berücksichtigt werden. Der Ereignisbaum wird üblicherweise von links nach rechts gezeichnet, jeweils mit Abzweigungen für zwei Alternativen. Ein oberer Zweig für das erfolgreiche Verhalten, bei dem der schadensmindernde Faktor wie geplant aktiv ist. Ein unterer Zweig modelliert das Scheitern, d. h. das Versagen der des schadensmindernden Faktors (vgl. [DIN11a]). Die einzelnen Pfade vom Startereignis bis zu einem definierten Endzustand stellen dann die möglichen Unfallsequenzen dar. Jeder Abzweig ist dabei mit einer gewissen Ausfall-Fehlerwahrscheinlichkeit verbunden.

- Sofern für die Fehlerwahrscheinlichkeiten keine empirischen Daten vorliegen, werden diese mit Hilfe einer *Fehlerbaumanalyse* ermittelt [DIN81]. Durch Multiplikation der Wahrscheinlichkeiten des Startereignisses und denen der Abzweige, die auf dem Pfad liegen, erhält man die Wahrscheinlichkeit dieser spezifischen Unfallsequenz. Die Unfallwahrscheinlichkeit des Systems erhält man – sofern keine Abhängigkeiten zwischen den verschiedenen Pfaden bestehen – durch Addition der Pfadwahrscheinlichkeiten, die zu einem Unfall führen (vgl. [DIN11a]).

- *Risikoabschätzung:* Kombination der Häufigkeiten und Konsequenzen (Schäden) aller Ereignisse, um hieraus ein Maß für das mit dem betrachteten System assoziierte Risiko zu erhalten.
  - *Abschätzung der Folgen:* Ermittlung des Schadensausmaßes jedes möglichen Ereignisablaufs. Bei Schadensanalysen wird in der Regel nach den gefährdeten Personengruppen unterschieden. Häufig wird eine Gewichtung nach unterschiedlichen Schadensklassen vorgenommen, um diese vergleichbar zu machen. Gemäß des im Schienenverkehr etablierten Ansatzes der „fatalities and weighted injuries" entspricht 1 Todesfall, 10 Schwerverletzten und 100 Leichtverletzten. Auch Unfalldatenbanken leisten einen Beitrag zur Schadensanalyse [Bra07].
  - *Abschätzung der Häufigkeiten:* Sind die Unfallsequenzen bekannt, werden Fehlerwahrscheinlichkeiten abgeleitet und daraus Häufigkeiten von Unfallereignissen abgeschätzt. Dies geschieht beispielsweise mit einer Fehlerbaumanalyse. Die *Fehlerbaumanalyse (*engl. *Fault Tree Analysis, FTA)* ist ein Verfahren zur Ermittlung der logischen Verknüpfung von Komponenten- oder Teilsystemausfällen, die zu einem unerwünschten Ereignis führen [DIN81]. Die Ergebnisse dieser Untersuchungen tragen zur Systembeurteilung im Hinblick auf Betrieb und Sicherheit bei. Die Ziele der Analyse sind zum einen die systematische Identifizierung aller möglichen Ausfallkombinationen (Ursachen), die zu einem vorgegebenen unerwünschten Ereignis führen. Zum anderen sollen mit der Analyse die Zuverlässigkeitskenngrößen wie z. B. Eintrittshäufigkeiten der Ausfallkombinationen, Eintrittshäufigkeit des unerwarteten Ereignisses oder Nichtverfügbarkeit des Systems bei Anforderung ermittelt werden. Die Fehlerbaumanalyse liefert eine klare und nachvollziehbare Dokumentation der Untersuchung. Die Kombination von Ereignisbaum- und Fehlzustandsbaumanalyse ist ein wirkungsvolles Analyseverfahren für die Zuverlässigkeits- und Risikoanalyse (vgl. Abb. 9.5).

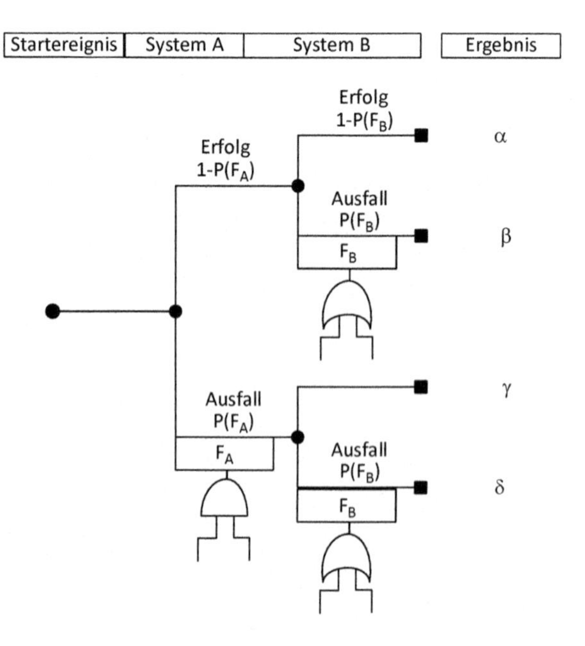

Abb. 9.5 Verbindung von Ereignis- und Fehlzustandsbäumen

- *Risikobewertung:* Ziel der Risikobewertung ist es, durch einen Vergleich der Analyseergebnisse mit dem gewählten Risikoakzeptanzkriterium systematisch und nachvollziehbar zu tolerierbaren Gefährdungsraten zu kommen. Diese liegen als Zielgrößen der nachfolgenden Systemimplementierung durch den Hersteller zu Grunde [Bra07].

Als *Vorteil* von Risikoanalysen wird genannt, dass diese ein Mittel darstellen, technologisch orientierte Entscheidungen im Lebenszyklus von Fahrzeugflotten methodisch fundiert und nachvollziehbar zu treffen [Bra05]:

- Risikoanalysen sind ein probates Mittel, sich eine *Übersicht über die Sicherheit* des Gesamtbetriebs zu verschaffen
- Mit Risikoanalysen können die Auswirkungen von (systemtechnischen und/oder organisatorischen) *Änderungen* bewertet werden.
- Auf der Grundlage von Risikoanalysen und der hierdurch zur Verfügung stehenden Informationen können *bewusste und optimierte Entscheidungen* getroffen werden.

Als *Nachteil* von Risikoanalysen werden die folgenden Einwände hervorgebracht (vgl. [VDI00]):

- Insbesondere für *neuartige oder nur vereinzelt eingesetzte Komponenten* sind keine verlässlichen Ausfallwahrscheinlichkeiten zu ermitteln.
- Für wahrscheinliche Folgen von Ereignissen, die in der Praxis *noch nie aufgetreten* sind, sind Schadensausmaße nur schwer im Vorfeld abzuschätzen.
- Die Wahrscheinlichkeit *menschlichen Versagens* in Mensch-Maschine-Systemen zu beziffern wird als grundsätzliche Schwierigkeit eingeschätzt.

Die Vorteile der Risikoanalysen überwiegen in der Praxis ihre Einschränkungen und Nachteile. Weltweit führen Betreiber von Verkehrssystemen Risikoanalysen durch und Genehmigungsbehörden nutzen Risikoanalysen als Entscheidungsgrundlage.

9.4.2 Technologiebewertung mittels Target Costing

Target Costing ist ein Bündel an Kostenplanungs-, Kostenkontroll- und Kostenmanagementinstrumenten. Der Einsatz dieser Instrumente hat zum Ziel, die Kostenstrukturen des Verkehrsunternehmens hinsichtlich der Marktforderungen zu gestalten. Das Target Costing verfolgt einen retrograden (d. h. rückwärtsgerichteten) Kalkulationsansatz, der die Kostenkalkulation von einer Kunden- und Marktperspektive (Market into company, d. h. aus Sicht des Besteller- und Fahrgastmarktes) heraus beginnt. Die Prozesse des Verkehrsunternehmens werden auf diese Weise konsequent am Markt ausgerichtet. Zudem hilft das Target Costing Investitionen zu priorisieren, da für den Kunden entscheidende Faktoren und Kostensenkungspotenziale frühzeitig identifiziert werden [BN13]. Abb. 9.6 zeigt die grundsätzliche Vorgehensweise des Target Costing. Die einzelnen Elemente werden nachfolgend skizziert.

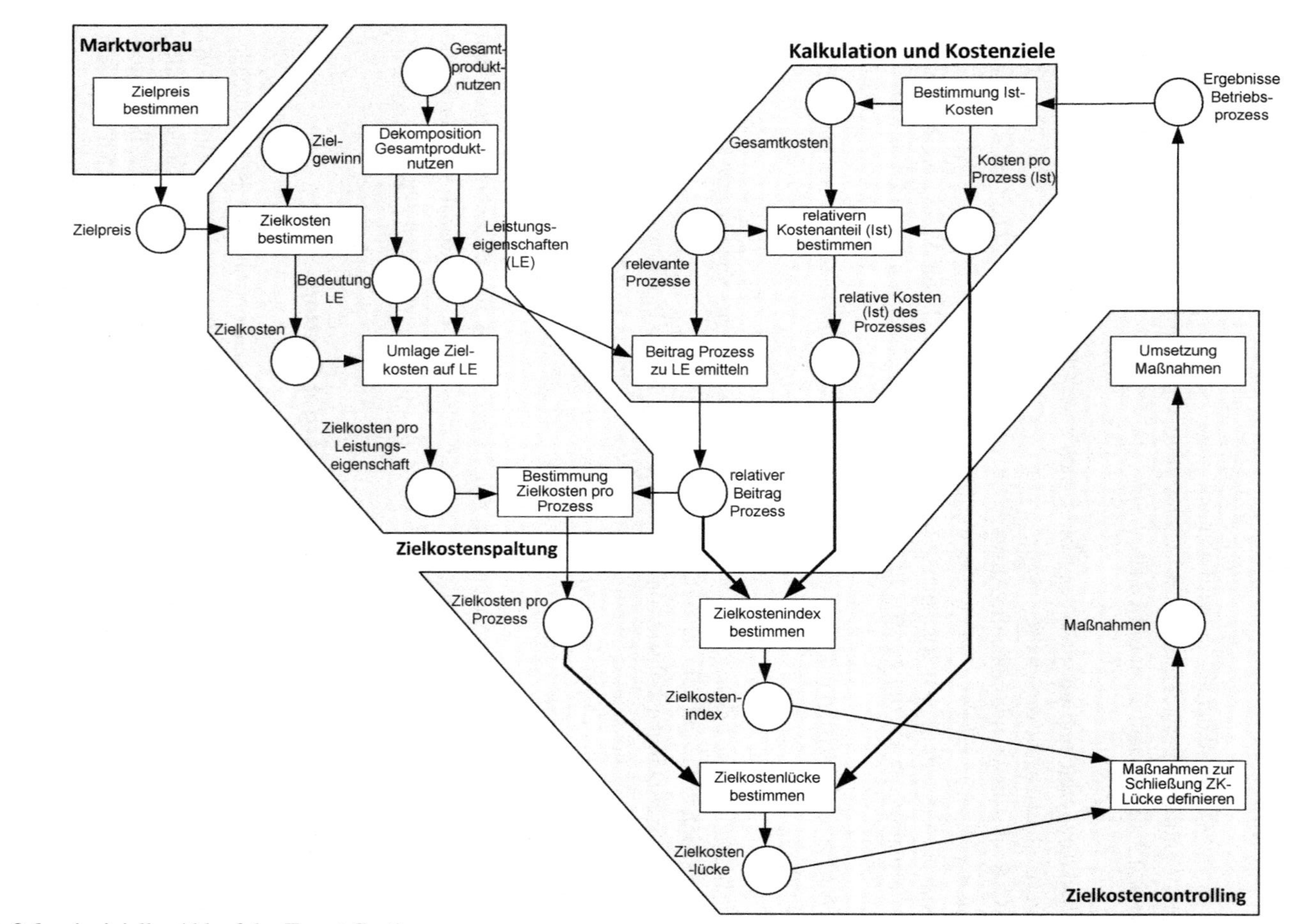

Abb. 9.6 prinzipieller Ablauf des Target Costing

Marktvorbau: Die Analyse von Marktdaten stellt die Informationsgrundlage für den weiteren Verlauf des Target Costings dar Hierzu sind die hierfür erforderlichen Grundlagen zu erheben. Dabei handelt es sich zunächst um den *Zielverkaufspreis*, d. h. der Preis, den der Kunde zu zahlen bereit ist. Darüber hinaus sind die *Leistungseigenschaften* (zum Beispiel Sicherheit, Pünktlichkeit und Sauberkeit) zu identifizieren, die die Kaufentscheidung des Kunden beeinflussen. Das Gesamtprodukt wird hierbei als Bündel nutzenstiftender Eigenschaften (Produktmerkmale) verstanden. Die *Bedeutung der Leistungseigenschaften*, bzw. ihre Relevanz für den Kunden helfen, diese innerhalb des Target Costing zu optimieren.

Zielkostenspaltung: Als nächstes ist der Gesamtnutzen in seine Einzelbestandteile zu unterteilen. Als geeignetes Instrument für eine solche Aufteilung des Gesamtnutzens in seine Einzelbestandteile wird die Anwendung eines Verfahrens der Conjoint-Analyse vorgeschlagen [Rie00]. Dabei handelt es sich um ein Verfahren der indirekten Kundenbefragung, das aus allgemeinen Aussagen über Präferenzen über statistische Methoden Schlüsse über die Wirkung einzelner Leistungseigenschaften erlaubt. Als Ergebnis liefert die Conjoint-Analyse den Beitrag jeder einzelnen Leistungseigenschaft zum Gesamtnutzen [Rie00]. Zuletzt ist auch die *Kundenzufriedenheit* (d. h. das Verhältnis aus von den Fahrgästen erwarteter und von ihnen wahrgenommener Dienstleistungsqualität [DIN02]) zu ermitteln. Dies liefert Ansatzpunkte zur Angebotsverbesserung. Im nächsten Schritt erfolgt die Durchführung einer Zielkostenspaltung. Hierfür werden zunächst aus dem Zielverkaufspreis abzüglich eines Zielgewinns die Zielkosten bestimmt. Es folgt eine Umlage der Zielkosten auf die zuvor ermittelten Leistungseigenschaften. Dies gibt eine erste Indikation über Bereiche (aus Kundensicht), in denen Prozessverbesserungen den größten Nutzen versprechen.

Kalkulation und Kostenziele: Analog zur Kundensicht müssen nun die Daten des Verkehrsunternehmens selbst ermittelt werden (vgl. rechter Ast von Abb. 9.6). Dies sind vor allem die Gesamtkosten für die Ausbringungseinheit eines bestimmten Prozesses aber auch die Kostenanteile für die relevanten Teilprozesse. Für jeden der als relevant identifizierten Teilprozesse wird sein Beitrag zu den vom Markt geforderten Leistungseigenschaften evaluiert. Dies ist Grundlage dafür, die ermittelten Zielkosten pro Leistungseigenschaft auf die Prozesse umzulegen (z. B. trägt der Prozess „Fahrzeuginstandhaltung" zu einem Zehntel zur Erfüllung der Leistungseigenschaft „Pünktlichkeit" bei). Aus der Summe der auf die Prozesse (auf Grundlage ihres prozentualen Beitrags zur Erfüllung der Leistungseigenschaft) umgelegten Zielkosten pro Leistungseigenschaft resultieren die *Zielkosten pro Prozess*.

Zielkostencontrolling: In einem weiteren Schritt erfolgt die Gegenüberstellung der Ergebnisse der kalkulatorisch ermittelten Ist-Kosten eines Prozesses (rechter Ast in Abb. 9.6) mit den retrograd aus den Kundenbedürfnissen abgeleiteten Zielkosten pro Prozess (linker Ast in Abb. 9.6). Die sich aus der Saldierung dieser Ist- und Sollkosten ergebende *Zielkostenlücke* ist die Grundlage für Verbesserungsmaßnahmen. Darüber hinaus kann der relative Beitrag eines Prozesses zur Erfüllung der Kundenanforderungen zu seinem relativen Kostenanteil ins Verhältnis gesetzt werden. Diese Kennzahl wird als

Zielkostenindex bezeichnet [Rie00]. Als ideal wird ein Zielkostenindex von 1 betrachtet. In diesem Fall stimmen Bedeutungs- und Kostengewicht einer Komponente bei Betrachtung des Gesamtproduktnutzens überein. Komponenten, die einen Zielkostenindex kleiner als 1 aufweisen, bieten Kosteneinsparungspotenziale, da sie im Vergleich zu ihrem Bedeutungsgewicht zu teuer sind. Umgekehrt wird ein Zielkostenindex größer als 1 als gemäß dem Kundenwusch zu billige Konstruktion interpretiert [Rie00]. Der Zielkostenindex erlaubt es, Aktivitäten gemäß ihrer Relevanz monetär zu stärken.

Zur Schließung der Zielkostenlücke, bzw. zur Verbesserung der Orientierung an den Kundenbedürfnissen werden Strukturen und Prozesse im Verkehrsunternehmen restrukturiert. Hierfür werden die vorhandenen Prozesse und Strukturen analysiert, eine Sollkonzeption (auch unter Einbeziehung externer Best Practices und Benchmarks) entworfen sowie die Umsetzungsschritte durch ein *Umsetzungscontrolling* überwacht, gemessen und gesteuert. Insbesondere in der Umsetzungsphase ist ein Konfliktmanagement zur Beseitigung etwaiger Umsetzungshemmnisse essentiell.

Literatur

[BJ10] Breyne, Thierry, und Dragan Jovicic. 2010. Gemeinsame Sicherheitsmethode (CSM) für die Evaluierung und Bewertung von Risiken. *Signal+ Draht* 102 (12): 15–18.

[BK17] Brickwede, Stefanie, und Nina Kramer. 2017. 3D-gedruckte Ersatzteile auf der Schiene. *Eisenbahningenieur* 67 (6): 55–57.

[BN13] Bohlmann, Björn, und Andreas Nowak. 2013. Target Costing als Ansatz zur Optimierung im ÖPNV. In *Unternehmenssteuerung im ÖPNV – Instrumente und Praxisbeispiele*, Hrsg. Christian Schneider, 78–89. Hamburg: DVV-Media.

[Bra05] Braband, Jens. 2005. *Risikoanalysen in der Eisenbahn-Automatisierung*. Hamburg: Eurailpress.

[Bra07] Braband, Jens. 2007. Funktionale Sicherheit. In *Handbuch Eisenbahninfrastruktur*, Hrsg. Lothar Fendrich. Berlin: Springer.

[BRR16a] Bartels, Sebastian, Ulrich Rudolph, und Franziska Rüsch. 2016. Neuer Quality Engineering Standard in der Bahnindustrie. *ZEV Rail* 140 (1–2): 35–44.

[BRR16b] Bartels, Sebastian, Ulrich Rudolph, und Franziska Rüsch 2016. Neuer Quality Engineering Standard in der Bahnindustrie. *ZEV Rail* 140 (Tagungsband SFT Graz): 224–233.

[DIN02] Deutsches Institut für Normung. 2002. *DIN EN 13816: Transport – Logistik und Dienstleistungen – Öffentlicher Personenverkehr; Definition, Festlegung von Leistungszielen und Messung der Servicequalität*; Deutsche Fassung EN 13816:2002. Berlin: Beuth Verlag.

[DIN06a] Deutsches Institut für Normung. 2006. DIN EN 60812:2006-11: *Analysetechniken für die Funktionsfähigkeit von Systemen – Verfahren für die Fehlerzustandsart- und auswirkungsanalyse (FMEA)*. Deutsche Fassung EN 60812:2006. Berlin: Beuth Verlag.

[DIN11a] Deutsches Institut für Normung. 2011. DIN EN 62502:2011-06: *Verfahren zur Analyse der Zuverlässigkeit – Ereignisbaumanalyse (ETA)*. Deutsche Fassung EN 62502:2010. Berlin: Beuth Verlag.

[DIN81] Deutsches Institut für Normung. 1981. DIN 25424-1:1981-09: *Fehlerbaumanalyse – Methode und Bildzeichen*. Berlin: Beuth Verlag.

[FHO14] Falk, Gorden, Dirk Holfoth, und Reinhard Otto. 2014. Anwendung von Methoden des Quality Engineerings in der Entwicklung von Schienenfahrzeugen. *ZEV-Rail* 138 (TB SFT): 154–161.

[Fig15] Figoluschka, Martin. 2015. *Vermeidung von gefährlichen Ereignissen im Bahnbetrieb. Eisenbahningenieur* 65 (10): 59–61.

[FM14] Falk, Gorden, und Andreas Müller. 2014. Qualitätspartnerschaft in der Schienenfahrzeugentwicklung. *ZEV-Rail* 138 (6–7): 212–223.

[HB12] Homann, Oliver, und Martin Büdenbender. 2012. Energieeffizienz als vergaberechtliche Herausforderung. *Der Nahverkehr* 30 (9): 72–75.

[HFF15] Heerdegen, Björn, Konrad Fonfara, und Frank Fürstenau. 2015. Strategisches Anforderungsmanagement bei Schienenfahrzeugen als Sektoraufgabe. *Eisenbahntechnische Rundschau* 64 (11): 49–53.

[ISO13] International Organization for Standardization. 2013. *ISO 16290: 2013-11: Raumfahrtsysteme – Definition des Technologie-Reifegrades (TRL) und der Beurteilungskriterien.* Genf: ISO.

[KQ11] Klocksin, Jens, und Thomas Quernheim. 2011. Ein lärmabhängiges Trassenpreissystem für Deutschland. *Eisenbahningenieur* 61 (11): 6–9.

[LO15] Lange, Jürgen, und Thomas Otto. 2015. BeSystO: Entscheidungsmodell für den ÖPNV mit Elektrobussen. *Der Nahverkehr* 33 (6): 16–21.

[MKR17] Müller, Matthias, Carsten Kretzschmar, und Thomas Richter. 2017. Erprobung von Komponenten und Systemen in Schienenfahrzeugen sichern eine hohe Produktreife. *Eisenbahntechnische Rundschau* 66 (1+2): 62–65.

[Noc12] Nock, Marco. 2012. Modernisierungen von Schienenfahrzeugen – Lösungen aus Spezialistenhand. *Eisenbahntechnische Rundschau* 11: 16–21.

[PS15] Pollmeier, Peter, und Andreas Schneider. 2015. Automatisiertes Fahren: Auch für Bahnen? *Der Nahverkehr* 33 (7–8): 7–10.

[Ree15] Rees, Dagmar. 2015. 3D-Druck bei der Bahn: die neue Technologie nimmt Fahrt auf. *Eisenbahntechnische Rundschau* 64: 67–72.

[Rie00] Riegler, Christian. 2000. Zielkosten. In *Kostencontrolling – Neue Methoden und Inhalte*, Hrsg. Thomas Fischer, 239–263. Stuttgart: Schäffer-Pöschel.

[Sch99] Schnieder, Eckehard. 1999. *Methoden der Automatisierung*. Braunschweig: Vieweg Verlag.

[SKM11] Schuh, Günther, Sascha Klappert, und Torsten Moll. 2011. Ordnungsrahmen Technologiemanagement. In *Technologiemanagement*, Günther Schuh und Sascha Klappert, 11–31. Berlin: Springer.

[SKS16] Salander, Corinna, Thomas Kirschbaum, und Timo Strobel. 2016. Chancen für die bahngerechte Nutzung von Technologien aus der Automobilbranche. *ZEV-Rail* 104 (Tagungsband SFT Graz): 234–239.

[Spa14] Spangenberg, Felix. 2014. *Technologieroadmapping bei Systeminnovationen*. Dissertation, Technische Universität Berlin.

[SW15] Schuppe, Axel, und Maxim Weidner. 2015. Innovationen im Schienenverkehr – Wie kommen Technologien schneller auf die Schiene?. *Eisenbahningenieurkalender* 2015: 329–342.

[VDI00] Verein Deutscher Ingenieure. 2000. *VDI 3780: Technikbewertung Begriffe und Grundlagen*. Düsseldorf: VDI.

[Zop13] Zopp, Julian. 2013. *Systemisches und evolutionsbasiertes Technologiemanagement*. Dissertation Technische Universität Braunschweig, Vulkan Verlag (Essen).

[ZS10] Zikoridse, Gennadi, und Rainer Sandig. 2010. Strategien für effiziente und umweltverträgliche Bahnantriebe. *Eisenbahningenieur* 60 (3): 33–37.

10 Fahrzeugbeschaffungsmanagement

Das Fahrzeugbeschaffungsmanagement gewährleistet die bedarfsgerechte und wirtschaftliche Bereitstellung von Fahrzeugen für die Verkehrsunternehmen. Zur betrieblichen Leistungserstellung von Verkehrsunternehmen müssen die passenden Fahrzeuge in der ausreichenden Menge zum benötigten Zeitpunkt am richtigen Ort in der geforderten Qualität und zu angemessenen Kosten zur Verfügung stehen. Durch die Fahrzeugbeschaffung entstehen neben einmaligen Anschaffungs- und Investitionskosten über die Nutzungsdauer auch signifikante Folgekosten. Die Folgekosten übersteigen die Anschaffungskosten oft erheblich. Die Auswahl der wirtschaftlichsten Beschaffungsalternative muss also schon in der Planung einer konkreten Beschaffungsmaßnahme besondere Berücksichtigung finden. In den letzten Jahren haben sich die Beschaffungsaktivitäten der Verkehrsunternehmen aufgrund gestiegener Anforderungen am Verkehrsmarkt weiterentwickelt. Verkehrsunternehmen gingen den Schritt von der Beschaffung einzelner materieller Güter (der Fahrzeuge) hin zur Beschaffung umfassender Leistungen (so genannter Leistungsbündel). Dies erhöhte die Komplexität des Leistungsaustauschs, der Verträge und der Lieferantenbeziehungen. Insbesondere führt der vermehrte Einkauf von Leistungsbündeln zu einer höheren Beschaffungstiefe der Verkehrsunternehmen im Vergleich zu den hochintegrierten Verkehrsunternehmen der Vergangenheit, die über den Lebenszyklus hinweg viele Aufgaben selbst wahrnahmen, die heutzutage fremd vergeben werden. Zur Steuerung von komplexen Lieferbeziehungen sind in den Verkehrsunternehmen spezifische Managementkompetenzen erforderlich. Je komplexer die Lieferbeziehung, desto eher besteht die Gefahr, dass ein Verkehrsunternehmen die Leistung eines Lieferanten nicht bewerten oder nicht zeitgerecht bzw. mit adäquaten Mitteln beeinflussen kann. In diesem Kapitel werden die relevanten Teilbegriffe der Beschaffung (vgl. Abschn. 10.1), die Ziele der Beschaffung (vgl. Abschn. 10.2), die Aufgaben (vgl. Abschn. 10.3) sowie die Methoden (vgl. Abschn. 10.4) des Fahrzeugbeschaffungsmanagements vorgestellt.

L. Schnieder, *Strategisches Management von Fahrzeugflotten im öffentlichen Personenverkehr*, VDI-Buch, https://doi.org/10.1007/978-3-662-56608-4_10

10.1 Teilbegriffsbestimmung „Beschaffung"

In der betriebswirtschaftlichen Literatur werden alle zur Erreichung des Sachziels der Unternehmung erforderlichen Produktionsfaktoren als Beschaffungsobjekte bezeichnet. Beispiele für Beschaffungsobjekte sind Roh-, Hilfs- und Betriebsstoffe, Personal/Arbeitskräfte, Kapital, Finanzmittel, Immobilien, Dienstleistungen, Rechte und externe Informationen. In diesem Kapitel erfolgt eine Eingrenzung auf Materialien und Güter des Sachanlagevermögens (Assets, vgl. Abschn. 8.1).

Der Beschaffungsprozess kann unterschieden werden in einen operativen und einen strategischen Beschaffungsprozess:

- Der *operative Beschaffungsprozess* wird durch eine Bestellanforderung ausgelöst. Die Bestellung umfasst hierbei zumindest Artikel, Menge, Lieferzeitpunkt und –ort. Die Bestellung erfolgt bei einem Lieferanten, der in aller Regel bereits bekannt ist und mit dem in der Regel ein Rahmenvertrag besteht. Einige Beschaffungsverfahren sehen sogar vor, dass der Lieferant den Lagerbestand online überwacht und beim Unterschreiten des Bestellbestandes die fehlende Ware unaufgefordert anliefert. Dieser operative Beschaffungsprozess umfasst im Flottenmanagement im wesentlichen Roh-, Hilfs- und Betriebsstoffe sowie Ersatzteile.
- Der *strategische Beschaffungsprozess* wird nicht im Rahmen definierter Geschäftsprozesse bearbeitet. Bei Fällen strategischer Bedeutung wird die Beschaffung formal als Projekt definiert. Dies ist in der Regel der Fall bei Fahrzeugen. Hierbei sind spezielle Vergabeverfahren (mit Meilensteinen) einzuhalten und auf Grund des hohen finanziellen Volumens spezielle Vorgaben zu Budget und Terminen im Rahmen eines Reportings zu verfolgen.

10.2 Ziele des Fahrzeugbeschaffungsmanagements

Das Fahrzeugbeschaffungsmanagement verfolgt die folgenden Ziele:

- *Rechtssichere Ausgestaltung des Vergabeverfahrens:* Dieses Ziel hat einen transparenten und diskriminierungsfreien Bieterwettbewerb zum Inhalt (vergaberechtliche Verfahrensgrundsätze von Wettbewerb, Gleichheit und Transparenz). Bieter haben in einem Vergabeverfahren einen Anspruch darauf, dass der Auftraggeber die Bestimmungen des Vergaberechts einhält. Dies umfasst die Bestimmung angemessener Fristen im Verfahren ebenso wie die Auswahl und Gewichtung der Auswahlkriterien. Grundsätzlich darf ein Lastenheft keine Spezifikation enthalten, die nur ein Fahrzeughersteller erfüllen kann. Um eine Prüfbarkeit des Vergabeverfahrens und der Zuschlagserteilung zu ermöglichen, ist durch das Verkehrsunternehmen eine angemessene Dokumentation zu führen und zu archivieren. Somit dient die rechtssichere Ausgestaltung des Vergabeverfahrens schlussendlich der *Vermeidung negativer Rechtsfolgen* für das Verkehrsunternehmen [VDV99]:

  - *Vermeidung von Terminrisiken:* Werden Bieter durch Missachtung von bieterschützenden Vorgaben in ihren Wettbewerbschancen beeinträchtigt, können sie dies mit Aussicht auf Erfolg vor Vergabenachprüfungsinstanzen geltend machen. Stellen diese eine Verletzung der subjektiven Rechte des Bieters fest, kommt im Regelfall nur eine *Wiederholung des gesamten Vergabeverfahrens* in Betracht. Dies stellt eine erhebliche Verzögerung von Beschaffungsvorhaben dar.
  - *Vermeidung von Kostenrisiken:* Unter Umständen ist darüber hinaus eine Verpflichtung des Auftraggebers zur *Zahlung von Schadensersatz* möglich. Des Weiteren drohen Auftraggebern Nachteile, wenn sie als Empfänger von Investitionszuschüssen gegen Auflagen eines entsprechenden Bescheids verstoßen haben, die – was regelmäßig der Fall ist – eine Anwendung von vergaberechtlichen Bestimmungen vorsehen. In diesem Fall ist der Fördergeber regelmäßig zu einer *Rückforderung bewilligter Fördermittel* berechtigt [HB12]. Eine solche Rückforderung kann beachtliche Löcher in die Budgetplanung des Verkehrsunternehmens reißen.
- *Qualitätsgerechte Bereitstellung der Fahrzeuge:* Dies bedeutet zum einen, dass die für die betroffene Verkehrsleistung richtigen Fahrzeuge beschafft werden müssen. Dies umfasst sowohl die Einhaltung technischer Parameter (beispielsweise Traktionsstromsystem, Lichtraumprofil) als auch die Berücksichtigung etwaiger Komfortmerkmale aus Sicht der Fahrgäste, bzw. Aufgabenträger (wie zum Beispiel die Bestuhlung oder Infotainment). Zum anderen sollen die Fahrzeuge den Verkehrsunternehmen von den Herstellern frei von technischen Mängeln bereitgestellt werden, so dass die Fahrzeuge für den beabsichtigten Betriebszweck tatsächlich geeignet und zulassungsfähig sind (vgl. Kap. 11). In Summe soll die qualitätsgerechte Bereitstellung der Fahrzeuge vermeiden, dass vertraglich mit dem Aufgabenträger vereinbarte Verkehrsleistungen gar nicht oder nur unzureichend erbracht werden können.
- *Termingerechte Bereitstellung der Fahrzeuge* ohne Lieferverzögerungen. Dies soll vermeiden, dass das Verkehrsunternehmen eigene vertragliche Verpflichtungen (nämlich die dem Aufgabenträger geschuldete Erbringung der Verkehrsleistung) in Folge verspätet beigestellter Fahrzeuge nur unzureichend erfüllen kann. Eine große Bedeutung erhält vor dem Hintergrund der Ausschreibung und Vergabe von Fahrzeugen auch die Beachtung der erforderlichen Mindestfristen für das jeweilige Vergabeverfahren, bzw. dessen rechtssichere Ausgestaltung, um weitere Verzögerungen durch von den Bietern eingelegte Rechtsmittel zu verhindern.
- *Minimierung der Transaktionskosten:* Transaktionskosten sind diejenigen Kosten, die durch die Benutzung des Marktes, also im Zusammenhang mit dem Kauf von Gegenständen anfallen. Ziel ist es, einen möglichst „schlanken" Beschaffungsprozess zu etablieren. Dies rückt die Kosten für die Ausschreibung und Vergabe an sich in den Vordergrund: Jede Ausschreibung bindet bei den Verkehrsunternehmen und den Fahrzeugherstellern erhebliche personelle Kapazitäten und bedeutet demnach für beide Seiten auch eine große Belastung auf der Kostenseite.
- *Beherrschung des Investitionsrisikos:* Als Investitionsrisiko wird die Gefahr bezeichnet, dass in der Zahlungsreihe eines Investitionsobjekts prognostizierte Werte ungünstiger

ausfallen können als erwartet. Hierbei stehen vor allem die Unsicherheiten bezüglich des Kostenverhaltens der beschafften Fahrzeuge im Lebenszyklus im Vordergrund. Angestrebt wird hierbei die wirtschaftlichste Vergabe, das heißt die Minimierung der Gesamtheit aller Kosten, die ein Fahrzeug beim Verkehrsunternehmen während seiner Nutzungszeit verursacht (Lebenszykluskosten). Neben den Anschaffungs- und Investitionskosten müssen hierbei auch die Folgekosten während der Nutzungsdauer berücksichtigt werden. Folgekosten werden in erheblichem Maße durch Instandhaltungsaufwände verursacht. Instandhaltungskriterien müssen also bereits bei der Beschaffung langlebiger Wirtschaftsgüter wie Fahrzeuge berücksichtigt werden [VDI08]. Aus Sicht der Verkehrsunternehmen kann eine solche ganzheitliche Betrachtung der Kosten zu Beschaffungsentscheidungen führen, die zwar zunächst höhere Anschaffungskosten bedeuten, über die gesamte Nutzungsdauer jedoch die wirtschaftlichere Alternative für ein Verkehrsunternehmen darstellen [VDI05a].

10.3 Aufgaben des Fahrzeugbeschaffungsmanagements

Das Fahrzeugbeschaffungsmanagement trifft Entscheidungen mit großer Tragweite. Dies betrifft zum einen den zeitlichen Horizont (Fahrzeuge sind im Falle von Kraftomnibussen ein Jahrzehnt, bei Schienenfahrzeugen ein Vielfaches davon im betrieblichen Einsatz) als auch die erhebliche finanzielle Auswirkung der getroffenen Entscheidungen. Im Folgenden wird der grundsätzliche Prozess einer Fahrzeugbeschaffung (vgl. Abschn. 10.3.1), die Bestimmung der Beschaffungsmenge im Sinne einer Bestimmung der für die Erbringung der Betriebsleistung erforderlichen Flottengröße (vgl. Abschn. 10.3.2), die Varianten möglicher Beschaffungsoptionen (vgl. Abschn. 10.3.3) sowie Aspekte der Fahrzeugfinanzierung (vgl. Abschn. 10.3.4) vorgestellt.

10.3.1 Fahrzeugbeschaffungsprozess im Überblick

Verkehrsunternehmen möchten ihr Investitionsrisiko mindern und daher die Fahrzeughersteller in die Verantwortung für das Kostenverhalten ihrer Produkte mit einbinden [Que00]. Aus diesem Grund erhalten die Lebenszykluskosten (LCC) der Fahrzeuge eine große Bedeutung in der Ausgestaltung des Beschaffungsvorgangs (vgl. [VDV00] und [VDV10]). Sie werden als eines der ausschlaggebenden Kriterien für die Auswahl des Fahrzeugs herangezogen. Fahrzeugbeschaffungen müssen öffentlich (und auf Grund ihres Volumens auch europaweit) ausgeschrieben werden. Die europarechtliche Grundlage hierfür bildet die so genannte Sektorenrichtlinie bzw. -verordnung, die in das deutsche Vergaberecht, insbesondere die Verdingungsordnung für Leistungen (VOL) umgesetzt wurde [VDV99]. Die Sektorenverordnung bestimmt den Gang eines Vergabeverfahrens von der Bekanntmachung über die Auswahl der Bewerber bis zur Wertung der Angebote und schließlich die Erteilung des Zuschlags. Der Beschaffungsprozess, unabhängig von der Art der Beschaffung (Komponenten oder komplette Fahrzeuge), verläuft durch diese rechtlichen Vorgaben hochgradig strukturiert. Die einzelnen Stufen des Vergabeverfahrens sind zu dokumentieren, um eine spätere Überprüfbarkeit des Vergabeverfahrens zu gewährleisten. Abb. 10.1 zeigt den Zeitbedarf für einen Beschaffungsprozess (ohne Iterationen) für eine Delta-Zulassung auf Basis einer bestehenden Typzulassung für einen elektrischen Regio-Triebzug (Abschätzung der Zeitangaben nach [BMV11]).

Der Beschaffungsprozess läuft in mehreren aufeinander folgenden Schritten ab. Die Möglichkeiten der Lieferantenauswahl bestimmen sich nach den vergaberechtlichen Möglichkeiten (Vergabeverfahren und Vergabearten). Beispielsweise kann im so genannten „Verhandlungsverfahren" nach Angebotseingang das Verkehrsunternehmen mit den Bietern verhandeln. Beim „offenen Verfahren" ist dagegen die Vergabestelle an das zum Submissionstermin (d.h. dem von den Bietern verbindlich zu berücksichtigender Stichtag für die Angebotsabgabe) wirtschaftlichste Angebot gebunden, ohne weitere Verhandlungen führen zu können [VDV99]. Das Verhandlungsverfahren ist üblich und gilt als für die Fahrzeugbeschaffung empfehlenswert. Das Verhandlungsverfahren ist bei der Komplexität von Fahrzeugvergaben unter Einbeziehung von Life-cycle-costs und Verfügbarkeitsvorgaben zweckmäßig [SS09]. Daher wird der grundsätzliche Ablauf eines Vergabeverfahrens im Folgenden anhand des sogenannten Verhandlungsverfahrens exemplarisch dargestellt.

- *Bedarfsanalyse und -feststellung*: Zu Beginn des Fahrzeugbeschaffungsprozesses wird ermittelt, welche Fahrzeuge für die zu erbringende Verkehrsleistung zu beschaffen sind und wie viele Fahrzeuge es sein müssen (im Sinne einer der Beschaffungsmaßnahme vorangestellten Bedarfsanalyse, vgl. hierzu auch die Darstellung in Abschn. 10.3.2). In diesem Schritt werden auch schon Teilmengen des Gesamtauftrags (Lose) gebildet. Allerdings setzt eine Aufspaltung des Gesamtauftrags dessen Teilbarkeit voraus [MW14]. Begrifflich wird hierbei nach Teillosen und Fachlosen unterschieden.

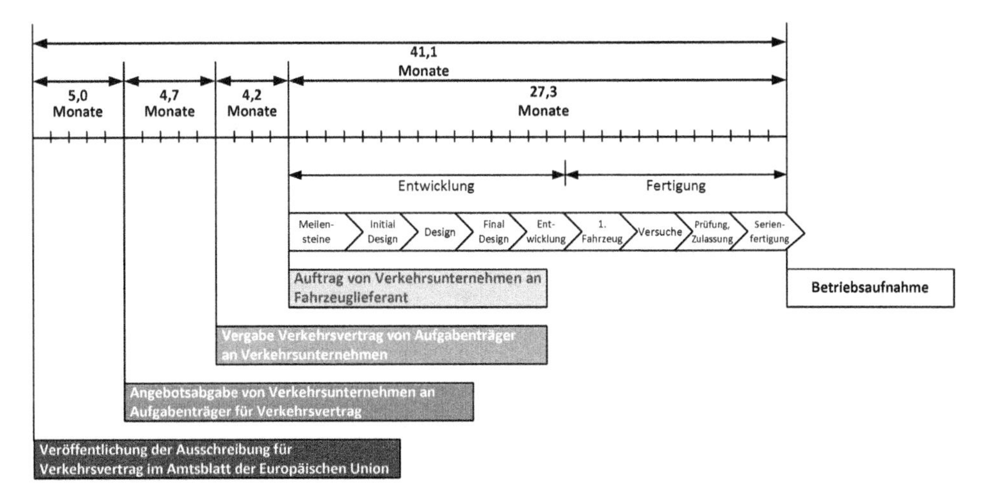

Abb. 10.1 Praxis der Verkehrsausschreibung und Fahrzeugbeschaffung nach [Tho13]

  - *Teillose* sind hierbei das Ergebnis einer mengenmäßigen oder räumlichen Aufspaltung des Gesamtauftrags. Ein Beispiel für ein Teillos wäre die gleichzeitige Ausschreibung und Vergabe von Einzel- und Gelenkbussen eines Verkehrsunternehmens.
  - *Fachlose* beziehen sich auf unterschiedliche Leistungsarten, Gewerbezweige oder Fachgebiete. Ein Beispiel für die Bildung von Fachlosen wäre die getrennte Ausschreibung von Leistungselektronik und Chassis, bzw. den Busaufbauten bei Elektrobussen.
- *Sicherung der für das Beschaffungsvorhaben notwendigen finanziellen Mittel:* Nachdem der Bedarf in den Fachabteilungen ermittelt wurde, sind die notwendigen finanziellen Mittel zu beschaffen. In der Regel wird die Abstimmung mit den jeweiligen Entscheidungsträgern für kaufmännische Belange erfolgen [BMI15]. Da nicht immer eine *Eigenfinanzierung* der Fahrzeuge möglich ist, ist auch die jeweils gültige Förderlandschaft in der Finanzbedarfsplanung mit zu berücksichtigen. Hierbei sind möglicherweise konkrete Vorgaben im weiteren Verlauf des Vergabeverfahrens zu berücksichtigen. Beispiele hierfür sind Vorgaben zum maximalen Fahrzeugalter bei der Beschaffung gebrauchter Fahrzeuge, sowie zwingend einzuhaltende Vorgaben zur Schadstoffemission (Stichwort Schadstoffnorm Euro VI) und zur Barrierefreiheit. Parallel ist gegebenenfalls eine Genehmigung von Fahrzeugbeschaffungen im Rahmen eines politischen Abwägungsprozesses erforderlich. Alternativ werden zu diesem Zeitpunkt auch Möglichkeiten der *Fremdfinanzierung* sondiert und Gespräche mit externen Investoren geführt.
- *Planung des Vergabeverfahrens*: Grundlage der Planung des Vergabeverfahrens ist die *Schätzung des Auftragswertes*. Der geschätzte Auftragswert wird bestimmt durch eigene Erkenntnisse der Beschaffer sowie einer Marktanalyse. Dieser geschätzte Auftragswert entscheidet dann, ob ein EU-weites oder nationales *Vergabeverfahren* durchzuführen ist. Erreicht oder übersteigt der bei der Schätzung festgestellte Auftragswert gewisse Schwellenwerte, so ist ein EU-weites Vergabeverfahren durchzuführen. Gleichzeitig sind dann die für europaweite Verfahren gültigen Rechtsnormen anzuwenden. Wird der festgelegte Schwellenwert nicht erreicht, so ist ein nationales Vergabeverfahren nach Maßgabe nationaler Regelungen durchzuführen. Ausgehend von dem in Abhängigkeit vom Schwellenwert zutreffenden Vergabeverfahren kommt entweder im nationalen oder im EU-weiten Bereich eine der in Tab. 10.1 aufgeführten *Vergabearten* in Frage. Hierbei sind die in nationalem und EU-weitem Vergaberecht geltenden Vergabearten gemäß ihrer inhaltlichen Entsprechung einander gegenübergestellt.

Tab. 10.1 Abgrenzung EU-weiter und nationaler Vergabearten. (Nach [BMI15])

Vergabearten in nationalen Vergabeverfahren	Vergabearten in europäischen Vergabeverfahren
Öffentliche Ausschreibung	Offenes Verfahren
Beschränkte Ausschreibung	Nichtoffenes Verfahren
Freihändige Vergabe	Verhandlungsverfahren
	Wettbewerblicher Dialog

- An die Entscheidung des Vergabeverfahrens und der Vergabeart schließt sich die *Erstellung des Zeitplans* für die Durchführung des Vergabeverfahrens an. Für den Bereich EU-weiter Vergaben gelten bestimmte nach Kalendertagen bemessene Fristen. Bei nationalen Vergabeverfahren sind keine nach Tagen bemessene, sondern „ausreichende" Fristen vorgeschrieben. Bei der Aufstellung eines Zeitplans sind neben den vorgeschriebenen Fristen auch alle internen Zeiten zu berücksichtigen. Dies sind insbesondere Mitzeichnungszeiten, Abstimmungszeiten, Zeiträume für die Bewertungen, aber auch Abwesenheits- und Urlaubszeiten (insbesondere von Entscheidungsträgern) aller im Verkehrsunternehmen am Vergabeverfahren Beteiligten [BMI15].
- *Erstellung der Vergabeunterlagen:* Der Gesetzgeber stellt umfassende Anforderungen an Vergabeverfahren auf, in dem er einen verbindlichen Dokumentensatz vorgibt, welcher sämtliche Wettbewerbs- und Auftragsbedingungen vorgibt. Eine solche Grundlage schützt das Vergabeverfahren vor Beeinflussungen, sie bindet den Auftraggeber und gewährleistet die Chancengleichheit der Bieter. Der Auftraggeber muss sicherstellen, dass die *Leistungsbeschreibung*, die *Vertragsbedingungen*, sowie die *Zuschlagskriterien* bereits vor Einleitung des Vergabeverfahrens feststehen [MW14].
  - Die Erstellung der *Leistungsbeschreibungen* für die einzuholenden Angebote ist ein wesentliches Element – in ihr legt der Auftraggeber fest, welche Leistung er konkret beschaffen will und welche technischen oder wirtschaftlichen Anforderungen diese im Einzelnen zu erfüllen hat [HB12]. Gegebenenfalls enthält das Lastenheft bereits Vorgaben zu Instandhaltungsaspekten [VDI08] (vgl. Kap. 13), Recyclingfähigkeit [VDI02] (vgl. Kap. 15) oder zu Energieverbrauch und Umweltauswirkungen [TK15]. Die Leistungsbeschreibung muss hierbei vollständig, eindeutig und korrekt sein. Neue, spät kommunizierte oder spät entstandene Anforderungen lösen im späteren Engineering und Herstellprozess kosten- und zeitintensive Iterationsschleifen aus [HFF15] und sind daher zu vermeiden.
  - Die *Vertragsbedingungen* werden ebenfalls frühzeitig festgelegt. Der Auftraggeber legt mit den Vertragsbedingungen schon zu Beginn eines Vergabeverfahrens den Inhalt des späteren Vertragsverhältnisses fest. Die Vertragsbedingungen umfassen beispielsweise den Leistungsumfang, den Lieferumfang, den Termin- und Lieferplan, den Liefertermin, Preise und Preisgleitklauseln, Zahlungsbedingungen, Zusatzaufträge und Preisanpassungen, das Claim-Prozedere, Bonusregelungen und Vertragsstrafen, Vertragsunterbrechungen und Vertragsbeendigungen, Abnahme und Mängelhaftungszeiten sowie die Aufgabenteilung zwischen Auftraggeber und Auftragnehmer und Mitwirkungspflichten des Auftraggebers [GW09]. Es gilt, das Vertragswerk dahingehend zu gestalten, dass entweder Claims vermieden werden können („das Leistungsprofil schärfen") oder dass das Vertragswerk ein Instrumentarium enthält, welches erlaubt, mit Störungen des geplanten Projektablaufs sachgerecht umgehen zu können [Hah16].
  - Darüber hinaus werden die Kriterien definiert, nach denen die Lieferanten bewertet werden sollen (*Zuschlagskriterien*). Insbesondere bei der Anschaffung hochwertiger Investitionsgüter (wie beispielsweise Fahrzeuge für den Schienenverkehr, aber

auch Busse) spielen Lifecycle-Costs (LCC) eine immer größere Rolle [DIN14]. Der Begriff der LCC umfasst hierbei die Gesamtheit aller Kosten, die ein Objekt nach Festlegung von Objektstruktur, Zyklusphase(n) und Kostenklasse(n) durch den Untersuchenden verursacht [DT98]. Für die durch die Fahrzeughersteller im Zuge der Angebotsbearbeitung zu erstellenden LCC-Prognosen sollten spezifische Vorgaben gemacht werden, um eine Vergleichbarkeit der Herstellerangaben zu ermöglichen und die Auswertung der umfangreichen Angaben zu vereinfachen [Que00].

- *Bekanntmachung der Vergabeunterlagen*: Der Bekanntgabe der Vergabeabsicht des Verkehrsunternehmens kommt für den freien Wettbewerb eine grundlegende Bedeutung zu. Die Vergabeunterlagen werden in einschlägigen Publikationsorganen (Internetportalen, Tageszeitungen, amtlichen Veröffentlichungsblättern oder Fachzeitschriften) veröffentlicht. Der Sinn und Zweck der Bekanntmachung liegt darin, dass der Bewerber oder die Bieter von der bevorstehenden Auftragsvergabe des Verkehrsunternehmens erfahren und sich an dem Verfahren beteiligen können. Sie werden durch die Lektüre der Bekanntmachung in die Lage versetzt, abzuschätzen, ob ein Beschaffungsvorhaben für Ihr Unternehmen interessant ist. Gleichzeitig sollen möglichst viele Unternehmen von der Vergabeabsicht Kenntnis erlangen und sich an der Ausschreibung beteiligen. Diese Publizität gewährleistet, dass ein nicht diskriminierender und transparenter Wettbewerb stattfinden kann. Außerdem stellt die Bekanntmachung sicher, dass alle Interessenten die gleichen Informationen erhalten [MW14].
- *Teilnahmewettbewerb:* Zur Eingrenzung und Vorauswahl eines nach Zahl und Eignung nicht übersehbaren Bewerberkreises dient ein der Angebotsabgabe vorgeschalteter Teilnahmewettbewerb. Der Teilnahmewettbewerb ist vom Verkehrsunternehmen unter Verwendung von Standardformularen im EU-Amtsblatt zu veröffentlichen. Der Teilnahmewettbewerb dient dazu, die Eignungsvoraussetzungen der Fachkunde, Leistungsfähigkeit und Zuverlässigkeit der Bewerber zu ermitteln [SS09]. Der Auftraggeber kann von den Unternehmen Angaben zum Nachweis ihrer Fachkunde, Leistungsfähigkeit und Zuverlässigkeit fordern. *Fachkunde* liegt vor, wenn ein Unternehmen über die erforderlichen technischen Kenntnisse verfügt, um den zu vergebenden Auftrag ordnungsgemäß durchzuführen. Die *Leistungsfähigkeit* eines Unternehmens ist anzunehmen, wenn es in technischer, kaufmännischer, personeller und finanzieller Hinsicht über die zur ordnungsgemäße, das heißt fach- und fristgerechten Auftragsausführung erforderlichen Mittel verfügt. Die *Zuverlässigkeit* eines Unternehmens liegt vor, wenn es seinen gesetzlichen Verpflichtungen nachgekommen ist und eine vertragsgemäße Ausführung des Auftrags erwarten lässt [MW14]. Dies ist zum Beispiel dann der Fall, wenn sich das Unternehmen nicht in einem Insolvenzverfahren befindet. Der Verfahrensschritt des Teilnahmewettbewerbs wird mit der Auswahl der Verhandlungsteilnehmer abgeschlossen. Die Höchstzahl der zur weiteren Teilnahme am Vergabeverfahren einzuladenden Unternehmen kann eingeschränkt werden. Sinn und Zweck der Festlegung einer Höchstzahl ist es, im Sinne der Verfahrenseffizienz den Aufwand für Verhandlungen und Angebotswertungen für das Verkehrsunternehmen zu reduzieren. Zudem wird vermieden, dass potenzielle Lieferanten zur kostenträchtigen Erarbeitung

von Angeboten oder Lösungsvorschlägen angehalten werden, obgleich sie keine Chance auf den Zuschlag haben [MW14]. Auch lässt die Auswahl des Bieterkreises auf besondere Angebotsqualität hoffen.

- *Angebotsbearbeitung durch den Bieter und Behandlung von Bewerberfragen durch die Vergabestelle* (Erstangebot, bzw. überarbeitetes Angebot im Verhandlungsverfahren): Im Anschluss an die Vorauswahl werden die als geeignet ausgewählten Bewerber in einer zweiten Stufe zur konkreten Angebotsabgabe aufgefordert [SS09]. Hierbei müssen die Auftraggeber den Bietern eine ausreichend lange Frist einräumen, während der die Bieter die Vergabeunterlagen prüfen und bearbeiten können, um sich anschließend durch die Einreichung eines Angebotes am Vergabeverfahren zu beteiligen [MW14]. Mit der Angebotsanfrage werden auch LCC-Prognosen der Hersteller angefragt. Hierbei wird durch die Fahrzeughersteller der Versuch unternommen, die Höhe der Instandhaltungskosten auf Basis gegebener Randbedingungen eines Betreibers oder Erfahrungen mit ähnlichen Objekten eines Herstellers vorherzusagen [DT98]. Bieter können beim Auftraggeber im Vergabeverfahren zusätzliche sachdienliche Hinweise einholen, da die Vergabeunterlagen oftmals trotz aller Bemühungen der Auftraggeber nicht immer eindeutig und erschöpfend sind. Mit diesen Auskünften verschafft sich der anfragende Bieter alle für eine ordnungsgemäße Angebotsbearbeitung erforderlichen Informationen. Die Auskünfte des Auftraggebers auf die Fragen der Bieter werden zum Bestandteil der Vergabeunterlagen. Dies gilt insbesondere dann, wenn Bieter mit ihren Fragen Lücken in den Vergabeunterlagen aufdecken und das Verkehrsunternehmen diese Lücken mit seinen Antworten ausfüllt. Der vergaberechtliche Grundsatz der Gleichberechtigung erfordert, dass der Auftraggeber die zusätzlichen sachdienlichen Auskünfte im Zweifel allen Bietern mitteilt. Aus praktischen Gründen hat es sich hierbei bewährt, Bieterfragen zu sammeln und in Bieterrunden zu beantworten. In Bieterfragelisten werden Fragen und Antworten dokumentiert. Auf diese Weise wird verhindert, Fragen doppelt zu beantworten oder sich in Widersprüche zu verstricken. Die Bieter setzen sich mit den Antworten auseinander und ermitteln deren Auswirkungen auf die Angebotserstellung. Für den Fall eines in mehreren Phasen gegliederten Verhandlungsverfahrens müssen die Bieter ihr Angebot auf Grundlage der Verhandlungsergebnisse für die zweite Runde überarbeiten. Die Abgabe der überarbeiteten Angebote durch die Bieter muss gleichzeitig und bei gleichem Informationsstand erfolgen [MW14].
- *Prüfung und vergleichende Wertung der eingegangenen Angebote:* Die eingegangenen Angebote werden durch den Auftraggeber geprüft, ob sie vollständig eingereicht sowie rechnerisch und fachlich richtig sind. Jedes der eingegangenen Angebote muss gegebenenfalls den Bietern vorab kenntlich gemachte Mindestbedingungen erfüllen. Bestimmte Kriterien können im Sinne von Mindestanforderungen bei Nichterfüllung zum Ausschluss des Angebotes aus dem weiteren Verlauf des Vergabeverfahrens führen. Für den Fall, dass Zweifel am Inhalt des Angebots oder an der Eignung des Bieters bestehen und ein Ausschluss des betroffenen Unternehmens vom Vergabeverfahren in Frage steht, kann der Auftraggeber mit dem Bieter ein Aufklärungsgespräch führen. Nur erfolgreich geprüfte Angebote gelangen überhaupt in die Phase der vergleichenden

Wertung. In der Phase der vergleichenden Wertung ist die prozentuale Einteilung der Hauptkriterien und eine Punktvergabe hinsichtlich der Unterkriterien eine sehr gängige Bewertungsform. Dieses Verfahren wird im Hinblick auf die nicht monetären Kriterien häufig als Nutzwertanalyse (strukturiert durch Wertungsmatrizen [HB12]) bezeichnet. Es handelt sich um eine bei Planungsprozessen angewandte Entscheidungstechnik, durch die aus allen möglichen Alternativen die subjektiv beste herausgefiltert werden soll. Sie erfasst den Nutzen nicht in Geldeinheiten, sondern als dimensionslose Zahl, die aus den subjektiven Zielvorstellungen des Auftraggebers hergeleitet wird. Sie erlaubt die Berücksichtigung nicht monetärer Bewertungskriterien und die Bewertung verschiedener Ziele [MW14]. Diese Methodik erfolgt in einem Top-Down-Ansatz, das heißt. es wird ausgehend von der obersten Ebene (so genannte Kriterienhauptgruppe) eine Verteilung der Gewichte auf mehrere Ebenen Vorgenommen. Für die Ermittlung der Gesamtleistungspunkte werden die Einzelkriterien durch die Vergabe von jeweils 0 bis 10 Punkten bewertet. Anschließend werden die Leistungspunkte durch Multiplikation der Bewertungspunkte mit den Gewichtungspunkten auf Ebene der Einzelkriterien errechnet. Anschließend werden die Leistungspunkte über alle Kriterien aufsummiert (vgl. exemplarische Darstellung einer Bewertungsmatrix in Tab. 10.2). Eines der Kriterien für die Wertung der Angebote sind die als Bestandteil der umfassenden Angebotsdokumentation von den Fahrzeugherstellern beim Auftraggeber eingereichten LCC-Prognosen. Diese Berechnungen versetzen die Verkehrsunternehmen in die Lage, die über das gesamte Produktleben wahrscheinlich wirtschaftlichsten Fahrzeuge auszuwählen. „Die Angaben zum Komplex LCC/RAMS stellen zugesicherte Eigenschaften des zu beschaffenden Objekts dar [DT98].“ Insofern fließen diese Angaben in eine Auswertung der eingegangenen Angebote mit ein. Abschließend wird das wirtschaftlichste Angebot unter Anwendung ebenfalls vorab bekannt gemachter Zuschlagskriterien (LCC als Vergabekriterium) für die Auftragsvergabe ausgewählt [SS09].

- *Verhandlungsrunde:* Gegenstand der Verhandlungen kann der gesamte Auftragsinhalt sein. Verhandelt werden kann etwa über die zu erbringende Leistung oder die Ausführungsmodalitäten in rechtlicher und technischer Hinsicht. Gibt es beispielsweise Vorschläge für die Inhalte eines Vertrags, so werden die Bieter versuchen, diese in den Verhandlungen durch weitere günstige Regelungen zu ergänzen oder für sie inakzeptable Regelungen zu streichen. Gemäß des Wettbewerbsgrundsatzes sind Verhandlungen grundsätzlich mit mehreren Bietern zu führen. Alle Bieter sind gleich zu behandeln und müssen dieselben Informationen erhalten. Gemäß des Transparenzgrundsatzes muss der Auftraggeber spätestens mit der Aufforderung der Bieter zur Verhandlung den weiteren Verfahrensablauf mitteilen. Die Bewerber müssen grundsätzlich zu jedem Zeitpunkt des Verfahrens wissen, in welchem Stadium sich dieses befindet und was Gegenstand der Verhandlungsgespräche ist. Der Auftraggeber kann die Verhandlung in mehrere Phasen gliedern und nach jeder Phase zur Abgabe eines überarbeiteten Angebotes auffordern. Eine solche Strukturierung erhöht die Transparenz des Verfahrensablaufs und erlaubt dem Auftraggeber zugleich eine bessere Auswertung der Verhandlungsergebnisse [MW14]. Ein konkretes Beispiel für die Präzisierung vertraglicher Regelungen

Tab. 10.2 Beispiel einer Bewertungsmatrix. (Nach [BMI15])

Kriterien-hauptgruppe	Kriterien-gruppe	Kriterium	Gewichtungspunkte			Bewertungs-punkte	Leistungs-punkte
			KHG	KG	K		
KHG A			35 %				
	KG 1			35 %			
		Kriterium A 1.1.			35 %		
		Kriterium A 1.2.			15 %		
		Kriterium A 1.3.			30 %		
		Kriterium A 1.4.			20 %		
	KG 2			25 %			
		…			…		
	KG 3			25 %			
		…			…		
	KG 4			15 %			
		…			…		
KHG B			40 %				
	…	…		…	…		
KHG C			15 %				
	…	…		…	…		
KGH D			10 %				
	…	…		…	…		

im Verhandlungsverfahren einer Fahrzeugbeschaffung sind die Vorgehensweisen für Lebenszykluskostenbetrachtungen (LCC). Werden diese Gegenstand des Vertrages, sollten bereits in der Verhandlungsphase zentrale Weichenstellungen vorgenommen werden. Das gesamte Verfahren der LCC-Prognose und späteren Analyse (bzw. –verifikation) muss vor dem Abschluss des Vertrags zwischen Verkehrsunternehmen und Fahrzeughersteller verhandelt werden. Dies umfasst die Einigung über die Randbedingungen, die zu messenden Basisgrößen, die Art der Messverfahren, Messzeitpunkte, die Berechnung der Ergebnisse, ihre Bewertung sowie die genauen Modalitäten zur Verwaltung von Gutschriften oder Pönalen [DT98]. Hierbei müssen die gesammelten Informationen so detailliert sein, dass eine exakte Nachvollziehbarkeit gegeben ist. Ebenfalls sollte der Aufwand zur Datenerfassung einen gewissen Aufwand nicht überschreiten [Que00]. Die Verhandlungsrunde endet mit der Zuschlagserteilung an einen Bieter.

- *Zuschlagserteilung*: Der Zuschlag an das wirtschaftlichste Angebot beendet das Vergabeverfahren. Allerdings muss der Auftraggeber zunächst die Bieter, deren Angebote er nicht berücksichtigen will, vor Erteilung des Zuschlags informieren. In dem Absageschreiben muss er den Namen des Bieters, dessen Angebot angenommen werden soll, sowie die Gründe der vorgesehenen Nichtberücksichtigung des Angebots des angeschriebenen Bieters und ferner den (rechtlich) frühesten Zeitpunkt des Vertragsschlusses angeben. Den Vertag darf ein öffentlicher Auftraggeber erst schließen, wenn er 15 Kalendertage (bzw. 10 bei Information per E-Mail) gewartet hat. Diese Frist beginnt am Tag nach der Absendung der Informationen durch den Auftraggeber. Da der Auftraggeber den Zuschlag erst nach Ablauf der Wartefrist erteilen darf, haben Bieter die Möglichkeit die Vergabekammer einzuschalten, wenn sie sich benachteiligt glauben. In diesem Fall muss ein Vergaberechtsverstoß gegenüber dem Auftraggeber gerügt werden und vor Erteilung des Zuschlags ein begründeter Nachprüfungsantrag bei der zuständigen Vergabekammer eingereicht werden. Die Vergabekammer prüft, ob der Nachprüfungsantrag zulässig und begründet ist. Sie leitet diesen dann an den Auftraggeber weiter. Mit der Übermittlung des Nachprüfungsantrags an den Auftraggeber tritt ein gesetzliches Zuschlagsverbot in Kraft. Der Auftraggeber darf den Zuschlag an den von ihm ausgewählten Bieter so lange nicht erteilen bis die Vergabekammer über den Nachprüfungsantrag entschieden hat. Liegt keine Beschwerde vor oder stellt die Vergabekammer keine Verfahrensmängel fest, kommt mit der Zuschlagserteilung zwischen dem Auftraggeber und dem Zuschlagsbieter ein Vertragsverhältnis zustande. Die Zuschlagsentscheidung wird anschließend in einschlägigen Publikationen veröffentlicht [MW14].
- *Vertragsabwicklung:* In dieser Phase des Beschaffungsprozesses erfolgt eine kontinuierliche Betreuung und Prüfung des Lieferanten bezüglich der korrekten und rechtzeitigen Zulieferung der bestellten Güter. Zweck eines *Contract Managements* ist es in dieser Phase, eine vertragskonforme Abwicklung des Projektes zur Konstruktion, Fertigung, Zulassung und Lieferung zwischen den Vertragsparteien sicherstellen zu können [Sta15]. Projektbegleitendes Contract Management stellt eine risikominimierende Projektabwicklung sicher [Hah16]. Zur qualitätsgerechten Prozessabwicklung in der Beschaffung von Fahrzeugen können als ein wirksames Element eines Contract Managements *Quality Gates* (QG), also Qualitätsprüfpunkte, eingesetzt werden (vgl. [FHO14], [FM14] und [BMV11]). Bei Quality Gates handelt es sich um fest verankerte Meilensteine in einem Projekt, an denen die Qualität der zuvor vereinbarten Leistungen zu definierten Anforderungen gemessen und bewertet wird. Ziel ist die *Steigerung der Produktqualität* in der Realisierung von Fahrzeugprojekten sowie die *Absicherung des Zeitrahmens* des jeweiligen Projekts durch ein *frühzeitiges Erkennen von internen und externen Risiken* und ein rechtzeitiges Gegensteuern mittels eines gesamthaft transparenten Leistungsprozesses [HR11]. Die Basis für die Anwendung von Quality Gates bildet stets das gemeinsame Vertragsverhältnis zwischen dem Verkehrsunternehmen (Auftraggeber) und dem Fahrzeughersteller (Auftragnehmer). Die Zeitpunkte der einzelnen Quality Gates werden im Vertrag über die Entwicklung,

Herstellung und Lieferung von Fahrzeugen zwischen den Vertragsparteien vereinbart. Beispiele für Quality Gates sind nach [BMV11] die Klärung der Auftragsumsetzung (QG A), das Conceptual Design Review (QG B), das Intermediate Design Review (QG C), das Final Design Review (QG D), die Erstmusterprüfung von Gewerken (QG E), die Fertigungsendprüfung (QG F), die Vorbereitung der Abnahmeprüfung für Probe- und Serienfahrzeuge (QG G) sowie den Abschluss der Gewährleistungsphase (QG H). Die Quality Gate-Systematik stellt in allen Punkten eine Systematisierung ohnehin durchzuführender Arbeitsschritte dar. Sie dient herbei der Feststellung der erfolgten Erbringung von beiderseitig vertraglich vereinbarten Leistungspflichten (z.B. im Hinblick auf Terminpläne, Qualität und Quantität der Leistungen) an wesentlichen Meilensteinen der konkreten Vertragsrealisierung [HR11]. Gegenstand und Thema der Design Reviews und der folgenden Quality Gates ist der Nachweis der Erfüllung der Anforderungen in dem der abzuschließenden Entwicklungsphase entsprechendem Tiefgang. Die Quality Gates werden durch Checklisten strukturiert. Die Prüfpunkte der Checkliste unterscheiden sich in zwei Arten: *Haltepunktkriterien* und *Kontrollpunktkriterien*. Ein Haltepunktkriterium ist in seiner Tragweite derart substanziell, dass im Vertrag unter einer zunächst zweiwöchigen Nachfrist zur Mängelbeseitigung weitergearbeitet werden darf. Innerhalb dieses Zeitraums muss eine Wiederholungssitzung stattfinden, in der die auslösenden Kriterien für eine „rote Ampel“ bereinigt werden. Ist keine Klärung möglich, darf anschließend unter der zusätzlichen Einschaltung einer Eskalationsebene des Managements weitergearbeitet werden. Ein Kontrollkriterium definiert zwar ebenfalls die Durchführungsqualität der vertragsgemäßen Zusammenarbeit, führt aber erst zu einer Eskalation wenn der Umfang nicht erfüllter Kontrollkriterien einen festgelegten Grenzwert überschreitet (vgl. [FHO14], [FM14] und [HR11]). Trotz des Contract Managements kann es zu Störungen in Konstruktions- und Fertigungsprozessen kommen, aus denen Ansprüche der Vertragspartner auf Kompensation erwachsen. Zweck des *Claim Managements* ist es, sach- und vertragsgerecht mit Situationen in der Projektabwicklung umzugehen, in der eine Vertragspartei einen Anspruch erhebt, den die andere Vertragspartei nicht gewähren möchte. Ablaufstörungen, die nicht in den Verantwortungsbereich gehören, sind dem Vertragspartner schriftlich anzuzeigen. Diese schriftliche Anzeige einer Ablaufstörung ist eine der wesentlichen Bestandteile eines effizienten Claim Managements [Hah16].

- *Gewährleistungsphase:* In dieser Phase ist die Inbetriebnahme der Fahrzeuge abgeschlossen. Dennoch wird die im Betrieb gesammelte Erfahrung dokumentiert, um etwaige Gewährleistungsansprüche gegenüber dem Fahrzeughersteller geltend machen zu können. Dies schließt eine LCC-Analyse ein. Im Rahmen einer LCC-Analyse werden die tatsächlichen Instandhaltungskosten am existenten und im Betrieb befindlichen Fahrzeug [DT98] erfasst. „Diese [zugesicherten] Eigenschaften sind überprüfbar und damit auch hinsichtlich der Erfüllung [der im Kaufvertrag vereinbarten] Vorgaben bewertbar. Eine Nichterfüllung kann pönalisiert, ein Erreichen oder Übertreffen der Vorgaben honoriert werden“ [DT98]. Insofern wird im Betrieb eine die in der Angebotsphase erstellte LCC-Prognose sukzessive in eine LCC-Analyse überführt, in der

der Anteil der verfügbaren Felddaten kontinuierlich zunimmt. Eine solche Verifikation der tatsächlichen LCC kann entweder durch eine sehr aufwändige Vollerfassung oder durch eine zeitlich und inhaltlich stichprobenhafte Datenerfassung erfolgen [DT98]. Ein *Gewährleistungsmanagement* besteht aus mehreren Bausteinen. Für ein wirksames Gewährleistungsmanagement sind im Betrieb festgestellte Mängel zu dokumentieren und zu katalogisieren. Gegebenenfalls sind zusätzliche Sachverständigengutachten zur objektiven Feststellung von Tatbeständen einzuholen. Anschließend sind berechtigte Beanstandungen mit ausreichender Fristsetzung zur Mangelbeseitigung beim Verursacher anzuzeigen. Die Mangelbeseitigung des Verursachers ist zu verfolgen, dessen Mängelbeseitigungsanzeige zu prüfen und erledigte Beanstandungen beim Verantwortlichen freizumelden. Für den Fall, dass der Verursacher den Mangel nicht behebt, sind Selbstvornahmen einzuleiten und zu steuern. Die Kosten der Selbstvornahme können dem Verursacher gegenüber aufgrund seiner nicht erbrachten Leistungen geltend gemacht werden. Am Ende werden die entstandenen Kosten für Selbstvornahmen zusammengestellt und mit vorhandenen Sicherheitsleistungen verrechnet (Gewährleistungsbürgschaft).

- *Vertragsbeendigung:* Das dem Vertragsschluss zu Grunde liegende Schuldverhältnis kann durch die Erfüllung der vertraglichen Pflichten (unter anderem die bereits zuvor angesprochenen LCC-Nachweise) regulär beendet werden. Darüber hinaus ist es auch möglich, das Schuldverhältnis durch weitere Rechtsgeschäfte zu beenden. Dies kann sowohl im Konsens (beispielsweise in Form eines Aufhebungsvertrags) der Parteien als auch durch Ausübung einseitiger Gestaltungsrechte (bspw. vertraglich vereinbarte Rücktrittsrechte für den Fall von Leistungsstörungen oder die Kündigung für den Fall, dass ein Dauerschuldverhältnis wie bspw. eine Miete beendet werden soll) geschehen.

10.3.2 Dimensionierung der zu beschaffenden Fahrzeugflotte

Bei der Dimensionierung der Fahrzeugflotte geht es um die Bestimmung der optimalen Größe für den vom Verkehrsunternehmen vorzuhaltenden Fuhrpark. Dies schließt neben den für die eigentliche Betriebsleistung erforderlichen Fahrzeugen (vgl. Abschn. 10.3.2.1) auch die für Instandhaltungszwecke in Reserve gehaltenen Fahrzeuge mit ein (vgl. Abschn. 10.3.2.2).

10.3.2.1 Bestimmung des betrieblich erforderlichen Fahrzeugbedarfs

Für die Erfüllung eines Verkehrsvertrags wird eine bestimmte Anzahl von Fahrzeugen benötigt [Sch15c]. Diese ergibt sich aus dem Fahrgastaufkommen, bzw. der vom Aufgabenträger ausgeschriebenen Verkehrsleistung [Alt14]. Unter Berücksichtigung einer maximal zulässigen Besetzung der Fahrzeuge mit Fahrgästen in Verbindung mit den im Verkehrsunternehmen vorhandenen Gefäßgrößen ergibt sich die Anzahl der für den Transport des Fahrgastvolumens erforderlichen Fahrzeugbewegungen.

Die Hin- und Rückfahrt eines Busses oder Zuges auf einer Linie wird als Umlauf bezeichnet [VDV06a]. Die *Umlaufzeit* (t_{Umlauf}) ist die Zeit, die ein Fahrzeug für einen vollen Umlauf benötigt. Sie setzt sich zusammen aus der *Beförderungszeit* $t_{bef,AB}$ vom Linienendpunkt A zum Linienendpunkt B, der Beförderungszeit $t_{Bef,BA}$ für die Fahrt in Gegenrichtung sowie die *Wendezeiten* $t_{wen,A}$ und $t_{wen,B}$ an den Endhaltepunkten A und B (vgl. [VDV06]). Fallen bei einer Ringlinie die beiden Linienendpunkte zusammen, muss in diesem Fall keine Wendezeit im eigentlichen Sinne angesetzt werden. Allerdings müssten hier gegebenenfalls Pufferzeiten zur Kompensation von Verspätungen entlang des Linienverlaufs vorgesehen werden. Es gilt:

$$t_{Umlauf} = t_{bef,AB} + t_{wen,B} + t_{bef,BA} + t_{wen,A} \tag{10.1}$$

Der verkehrlich erforderliche Fahrzeugeinsatz (n) für das Gesamtnetz eines Verkehrsunternehmens ergibt sich aus den Fahrzeugeinsätzen auf allen Linien eines Verkehrsunternehmens. Der für eine Linie erforderliche Fahrzeugeinsatz kann aus dem Quotienten der linienbezogenen Umlaufzeit ($t_{Umlauf,j}$) auf einer Linie und der Taktfrequenz ($t_{Takt,j}$) auf dieser Linie gebildet werden (Die Umlaufzeit muss hierbei ein ganzzahliges Vielfaches der Taktzeit betragen). Für das gesamte Liniennetz eines Verkehrsunternehmens ergibt sich die Gesamtzahl der eingesetzten Fahrzeuge aus einer Aufsummierung der Einzelbedarfe aller Linien (laufender Index j).

$$n = \sum_j \frac{t_{Umlauf,j}}{t_{Takt,j}} \tag{10.2}$$

Die *Einsatzkurve* stellt den Tagesgang der im Einsatz befindlichen Fahrzeuge für einen Werktag graphisch dar [VDV07]. Das Einsatzprofil zeigt ausgeprägte Einsatzspitzen zu den Hauptverkehrszeiten am Morgen und am Mittag. Der Spitzenbedarf in der morgendlichen Hauptverkehrszeit (vgl. Abb. 10.2) treibt in dem dargestellten Beispiel maßgeblich die Dimensionierung der Fahrzeugflotte und der für die Verfügbarkeit der Bedienung vorzuhaltende Fahrzeugreserve.

10.3.2.2 Bestimmung der optimalen Größe der Fahrzeugreserve

Die Zuverlässigkeit der Betriebsabwicklung und Aspekte der Wirtschaftlichkeit stehen teilweise im Konflikt zueinander. Die Verkehrsunternehmen verfolgen daher möglichst das Ziel einer knappen, aber ausreichenden Dimensionierung der von ihnen vorgehaltenen Fahrzeugflotte. In folgenden Abschnitt werden die verschiedenen Anteile der Fahrzeugreserve definiert. Die Berechnung der Größe der Fahrzeugreserven kann nach dem in [VDV98a] erläuterten statistischen Verfahren durchgeführt werden.

Als *Gesamtreserve* wird der Fahrzeugbestand bezeichnet, der zusätzlich zum verkehrlich erforderlichen Fahrzeugeinsatz (vgl. Abschn. 10.3.2.1) vorgehalten wird. Die Gesamtreserve setzt sich aus der *Betriebsreserve* und der *Werkstattreserve* zusammen.

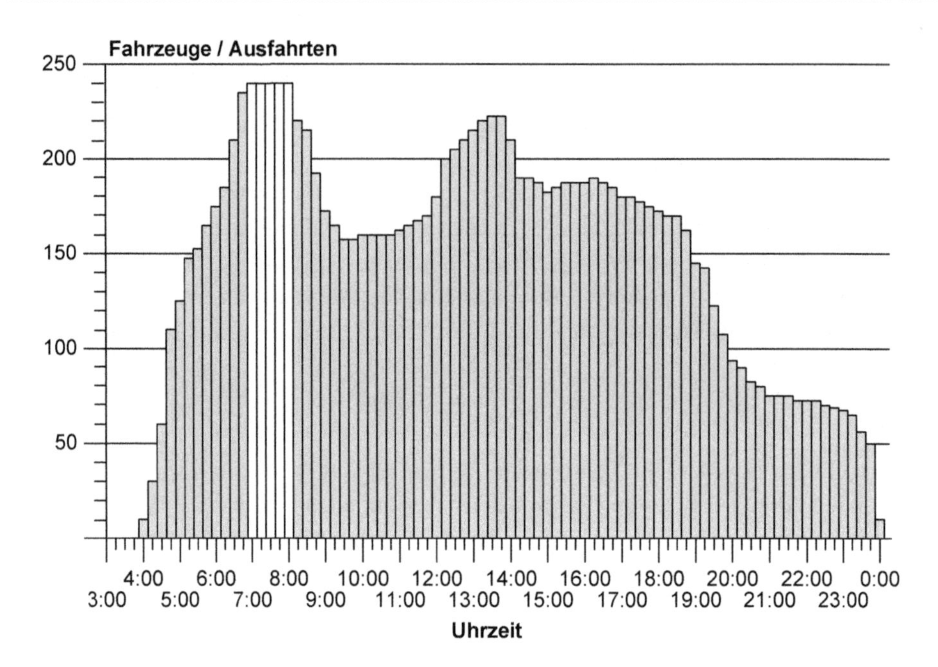

Abb. 10.2 Tagesgang des verkehrlich erforderlichen Fahrzeugeinsatzes nach [VDV98a]

Als *Betriebsreserve* wird der Fahrzeugbestand bezeichnet, der erforderlich ist, um bei unvorhergesehenen Fahrzeugausfällen und Betriebsstörungen das Leistungsangebot dennoch aufrechtzuerhalten. Ausgangsgröße der Bemessung der Betriebsreserve ist der verkehrlich erforderliche Fahrzeugeinsatz in der Verkehrsspitze eines Regelwerktages (vgl. [VDV98a] und Abb. 10.3). Diese Information liegt als Ergebnis der Kapazitätsplanung, der Fahrlagenplanung sowie der gebildeten Fahrzeugumläufe vor.

Die *Werkstattreserve* bezeichnet einen Fahrzeugbestand, der erforderlich ist, um die im Rahmen der betrieblichen Instandhaltung nicht verfügbare Fahrzeugzahl auszugleichen. Sie ist eine zusätzlich zu der für die Erstellung des Leistungsangebots gehaltenen Fahrzeugreserve (*Betriebsreserve*) erforderliche Anzahl von Fahrzeugen zum Ausgleich der sich in Werkstätten zur Instandhaltung (vgl. Abschn. 13.1 zu Begriffen der Instandhaltung) befindlichen und damit zeitweise nicht einsetzbaren Fahrzeuge [VDV06]. Die Werkstattreserve setzt sich aus einem zufallsbedingtem, unplanmäßigen Ausfall von Fahrzeugen zusammen (*ungeplante Werkstattreserve* beispielsweise für Aktivitäten der korrektiven Instandhaltung) und einer durch Herstellervorgaben oder gesetzliche Vorgaben planbaren Unverfügbarkeit von Fahrzeugen zusammen (*geplante Werkstattreserve* beispielsweise für Inspektionen und präventive Instandhaltung). Bei der geplanten Werkstattreserve sind die Fahrzeuge prinzipiell einsatzfähig und werden geplant der Werkstatt zugeführt, um dort beispielsweise die Hauptuntersuchung oder Sicherheitsüberprüfung durchzuführen. Fahrzeuge der geplanten Werkstattreserve sind möglicherweise noch für dispositive

Maßnahmen verfügbar, da die anstehenden Instandhaltungsmaßnahmen gegebenenfalls innerhalb gewisser Grenzen (Laufleistungen, Einsatzdauern oder Zeitpunkte) verschiebbar sind. Möglicherweise können planmäßige Arbeiten zu einem Zeitpunkt durchgeführt werden, wenn keine oder nur eine vergleichsweise geringe Nachfrage vorliegt.

Idealerweise gelingt eine Fehlerdetektion, -diagnose und –prognose. Bei einer solchen zustandsorientierten Instandhaltung wird bei sich kontinuierlich entwickelnde Verschleißerscheinungen das Schadenswachstum überwacht und die weitere Entwicklung prognostiziert. Bei Erreichen eines Schwellenwertes wird der Schaden behoben. Zuvor zufällige – und korrektiv zu behebende – Ausfälle sind nun vorhersagbar. Durch die jetzt planbaren Prozessschritte der Instandhaltung können Instandhaltungsaktivitäten in Zeiten schwacher Nachfrage oder in den Zeitraum der Betriebsruhe verlagert werden. Dies begrenzt nicht nur die Anzahl der in der Einsatzspitze vorzuhaltenden Fahrzeuge begrenzt sondern nutzt auch die im Verkehrsunternehmen verfügbare Werkstattkapazität durch eine langfristige Planung optimal aus (vgl. [LNW13] und [SLB15]).

Die *Störungsreserve* umfasst die Betriebsreserve und die ungeplante Werkstattreserve. Abb. 10.3 stellt die zuvor definierten gesamten Begriffe zur Fahrzeugreserve dar.

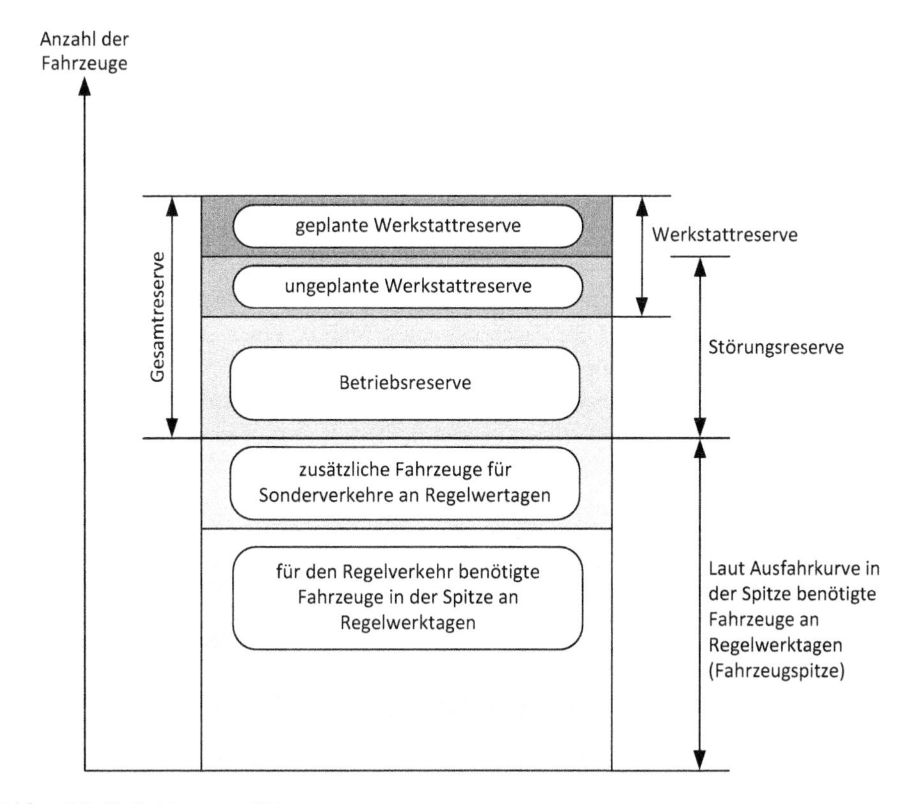

Abb. 10.3 Definitionen zu Fahrzeugreserven

10.3.3 Auswahl der Beschaffungsoptionen

Für einen modernen und wirtschaftlichen öffentlichen Verkehr sind moderne Fahrzeuge mit geringen Betriebskosten und einer hohen Attraktivität für (potenzielle) Fahrgäste erforderlich [Lud02]. Die betrieblich-technische Lebensdauer von Fahrzeugen des Schienenpersonennahverkehrs liegt bei etwa 30 Jahren [LHW12]. Da nicht die gesamte Fahrzeugflotte zu einem Zeitpunkt beschafft wird, bzw. Fahrzeugmodelle für spezifische betriebliche Ausprägungen beschafft werden, ist die Fahrzeugflotte eines Verkehrsunternehmens in der Regel heterogen hinsichtlich ihrer Altersstruktur und technischen Merkmale. Vor dem Hintergrund des erheblichen Investitionsaufwandes für die Fahrzeuge weisen unternehmerische Entscheidungen über die Zusammensetzung der Fahrzeuge eine große strategische Tragweite auf. In diesem Abschnitt wird der Lösungsraum verschiedener Beschaffungsstrategien aufgezeigt und die einzelnen Strategieoptionen erörtert. Letztendlich ist fallweise ein wirtschaftlicher Vergleich zwischen den verschiedenen Strategieoptionen (beispielsweise Sanierung oder Neubeschaffung von Fahrzeugen) erforderlich (vgl. [Ane15]).

10.3.3.1 Beschaffung von Neufahrzeugen

Die Fahrzeugneubeschaffung ist mit hohen Beschaffungskosten verbunden. „Sie kommt zur Anwendung, wenn sich [andere] Varianten technisch und wirtschaftlich nicht realisieren lassen. Einschränkend wirkt dabei, dass sich durch den Konzentrationsprozess bei den Herstellern von Schienenfahrzeugen in Europa in den letzten Jahren ein Herstellermarkt mit deutlich gestiegenen Fahrzeugbeschaffungskosten gebildet hat. Dem Fahrzeugkäufer bleibt dadurch oft keine große Auswahl mehr an geeigneten Anbietern für seine Fahrzeugbeschaffung und der Wettbewerb ist stark eingeschränkt. Zu berücksichtigen ist weiterhin, dass auch bei einer Neubeschaffung spätestens nach zwanzig Jahren [...] ebenfalls umfangreiche Sanierungsarbeiten durchgeführt werden müssen." [VDV14a] Auch hat die Höhe finanzieller Förderung bei der Fahrzeugneubeschaffung einen entscheidenden Einfluss auf die Entscheidung für eine Modernisierung, Sanierung oder Neubeschaffung. So definiert die Höhe der öffentlichen Zuschüsse für Neufahrzeuge den Grenzwert, bei dem die Neubeschaffung gegenüber der Sanierung für die Unternehmen wirtschaftlich darstellbar wird [VDV14a]. Insbesondere bei der Beschaffung von Omnibussen ist die Beschaffung von Neufahrzeugen möglicherweise mit der Abwicklung einer Inzahlungnahme des gebrauchten Fahrzeugs verknüpft [Hil14].

10.3.3.2 Beschaffung von Gebrauchtfahrzeugen

Schienenfahrzeuge werden, der Vielfalt historisch gewachsener Bahnsysteme folgend, auf spezifische Infrastrukturen (beispielsweise Fahrzeuge mit „Kleinprofil" der Berliner U-Bahn) und Nutzungen ausgelegt und damit festgelegt. Es gestaltet sich demzufolge schwierig, sie außerhalb ihrer ursprünglichen Einsatzinfrastruktur oder ihres originären Einsatzzwecks einzusetzen [HFF15]. Bestätigt jedoch die Prüfung der technischen Randbedingungen die grundsätzliche Einsetzbarkeit der gebrauchten Fahrzeuge im Zielnetz, ist diese Beschaffungsoption für Verkehrsunternehmen ein gangbarer Weg. Werden die Fahrzeuge unverändert in den Betrieb übernommen oder erfahren allenfalls geringfügige

Modifikationen, ist nur ein vereinfachter Zulassungsprozess zu durchlaufen (vgl. Kap. 11) und die Fahrzeuge stehen im Vergleich zu anderen Beschaffungsoptionen vergleichsweise kurzfristig zur Verfügung [KNS02].

Mit rund 25.000 Umschreibungen im Jahr allein in Westeuropa wechseln zum Beispiel deutlich mehr Omnibusse den Besitzer als neue zugelassen werden [Hil14]. Die für den Schienenverkehr prägenden technischen Restriktionen, die einem flexiblen Fahrzeugeinsatz – und damit Verkauf – entgegenstehen, sind für Omnibusse nicht existent. Es gibt vielmehr einen verbindlichen Satz einzuhaltender technischer Vorschriften (UN/ECE-Regelungen), die einen weitestgehend freizügigen Fahrzeugeinsatz ermöglichen. Für Omnibusse besteht ein ausgeprägter Zweitmarkt auf dem kurzfristig Fahrzeuge zur Verfügung stehen. Bei diesen Fahrzeugen sind alle notwendigen Reparaturen und Services (unter anderem Hauptuntersuchung) durchgeführt worden und die Fahrzeuge sind ebenfalls umfassend optisch und technisch aufbereitet.

10.3.3.3 Teilmodernisierung von Fahrzeugen (Fahrzeugaufbereitung)

Bei einer Fahrzeugaufarbeitung „wird das Ziel verfolgt, die Fahrzeugleistung auf dem originalen Niveau zu halten und altersbedingte Leistungseinbußen zu verhindern" [Noc12]. „Bei der Teilmodernisierung ist der Arbeitsumfang sehr begrenzt. Es werden nur bestimmte Baugruppen und Komponenten ersetzt. Umfangreiche Sanierungsarbeiten an Wagenkasten, Druckluftanlage oder Elektrik werden bei der Teilmodernisierung nicht durchgeführt. Die Standzeit eines Stadtbahnwagens in der Werkstatt ist sehr kurz. Sie fallen nur kurz für den Betrieb aus. Die Nutzungszeit („Lebensdauer") des Stadtbahnwagens wird nicht wesentlich verlängert" [VDV14a]. Nach [Ped07] kann durch die Verkehrsunternehmen zum Beispiel bei Erreichen der Hälfte der wirtschaftlichen Nutzungsdauer ein technisches Redesign insbesondere auch der elektronischen Komponenten der Leittechnik der Fahrzeuge (beispielsweise Fahr- und Bremssteuerung) erfolgen. Hierdurch können Obsoleszenzrisiken vermieden werden (vgl. Kap. 14).

10.3.3.4 Generalüberholung von Fahrzeugen (Zweiterstellung, Sanierung, Redesign)

Bei knappem finanziellen Spielraum der Verkehrsunternehmen ist die Zweiterstellung (Sanierung, Redesign) von Fahrzeugen eine mögliche wirtschaftliche Alternative im Vergleich zur Neubeschaffung. „Bei einer Generalüberholung ist der Arbeitsumfang sehr umfangreich. So kann zum Beispiel nahezu die gesamte Elektrik ersetzt werden, der Wagenkasten wird vollständig saniert (einschließlich Neulackierung) und eventuell werden die Drehgestelle komplett aufgearbeitet" [VDV14a]. Darüber hinaus können konstruktive Mängel beseitigt und konstruktive Änderungen vorgenommen werden. Aufgrund der umfangreichen Maßnahmen stehen die Fahrzeuge länger in der Werkstatt und fallen so länger für den Betrieb aus. Die Generalüberholung weist die folgenden Vorteile auf:

- *Geringeres Investitionsvolumen:* Die Nutzungszeit der Fahrzeuge kann deutlich (bis zu 25 Jahren) verlängert werden, so dass die Fahrzeuge insgesamt bis zu 45 Jahre im Einsatz bleiben können. Durch die längere Nutzungsdauer ohnehin vorhandener

Fahrzeuge werden die finanziellen Ressourcen der Betreiber geschont und das Verkehrsunternehmen spart Investitionsmittel (vgl. [VDV14a]). Die Kosten für die Generalüberholung betragen nur etwa ein Drittel der Kosten einer Neubeschaffung (vgl. [Kos14a] und [Mar12]). Dies gewinnt vor dem Hintergrund der sehr begrenzten Haushaltsmittel der öffentlichen Hand zukünftig möglicherweise eine noch größere Bedeutung (vgl. [Ane15]).

- *Bessere Ökobilanz:* Die Umwelt profitiert in Bezug auf Nachhaltigkeit (unter anderem Materialverbrauch, Energiebedarf) von einer Generalüberholung, da im Sinne einer Ökobilanzierung (vgl. Abschn. 15.4.2.1) die Ressourcenverbräuche für vorgelagerte Prozesse (Rohstoffgewinnung und Materialtransport zur Fertigungsstätte) und die Fertigung geringer ausfallen als bei Beseitigung/Verwertung der alten Fahrzeuge und Beschaffung von Neufahrzeugen [PWA10].
- *Geringere Betriebskosten:* Im Rahmen einer Generalüberholung besteht die Möglichkeit, vorhandene konstruktive Mängel zu beseitigen oder konstruktive Änderungen vorzunehmen. Durch gezielt geschnürte Maßnahmenpakete wird möglicherweise die Verfügbarkeit der Fahrzeuge verbessert. Gleichfalls werden Erkenntnisse aus der Instandhaltung der letzten Jahre in die Planung der Maßnahmen mit einbezogen (vgl. [PH11]). Auf diese Weise werden der Betrieb und die Instandhaltung der Fahrzeuge durch moderne Technologien (beispielsweise durch den Einbau neuer rückspeisefähiger Antriebe bei Schienenfahrzeugen, vgl. [Mar12]) wirtschaftlicher und kann mit dem von Neubaufahrzeugen verglichen werden.
- *Gesteigertes Leistungsniveau:* Bei einer Fahrzeugmodernisierung „werden die Fahrzeuge teilweise oder komplett auf einen aktuellen technischen Stand gebracht und dabei die Leistung teilweise deutlich über das ursprüngliche Niveau angehoben. Modernisierungen erlauben den Betreibern, ihre Fahrzeuge in der verbleibenden Fahrzeugrestlebensdauer effektiv und auf einem gesteigerten Leistungsniveau zu betreiben“ [Noc12].
- *Qualitätssteigerung:* Die älteren Fahrzeuge erfüllen gegebenenfalls nur noch bedingt die zunehmend gestiegenen Komfortanforderungen an Nahverkehrsfahrzeuge. „Nach dem Redesign erfüllen die [...] Fahrzeuge sämtliche geforderten Komfortmerkmale“ [Zec06], beispielsweise in Form einer neuen zeitgemäßen Möblierung des Interieurs oder moderner Fahrgastinformationseinrichtungen [Mar12].

Wird die Generalüberholung im Verkehrsunternehmen durchgeführt kann das dort vorhandene Wissen genutzt und an jüngere Mitarbeiter weitergegeben werden. Allerdings müssen hierfür die entsprechenden Voraussetzungen vorliegen:

- *Personal:* Da der Personalaufwand für eine Zweiterstellung naturgemäß erheblich höher ist als für eine Teilmodernisierung (Aufarbeitung), muss hierfür eine entsprechende Personalkapazität vorhanden sein und eingeplant werden (vgl. [Uhl15] und [Kos14b]). Darüber hinaus hat es sich bewährt, dass ein spezielles Team von Mitarbeitern gebildet wird, welches sich ausschließlich um die Modernisierung kümmert. Das Personal kann sich somit für die Besonderheiten dieser Aufgabe entsprechend spezialisieren [Mar12].

- *Werkstätten:* Da die Standzeiten der Fahrzeuge wegen des Umfangs der durchzuführenden Arbeiten bei einer Zweiterstellung erheblich länger sind (vgl. [VDV14a]), müssen hierfür ausreichende (räumliche) Werkstattkapazitäten (Abstellgleise und Lagerflächen) vorgesehen werden. Darüber hinaus wird möglicherweise eine dedizierte Umbauwerkstatt mit spezifischen Werkstatteinrichtungen (Hebebühnen und Kräne) erforderlich, die es ermöglicht, alle erforderlichen Arbeiten an den Fahrzeugen durchzuführen.
- *Fahrzeugreserve*: Um die Generalüberholung mit möglichst geringen Auswirkungen auf den Fahrgastbetrieb durchführen zu können ist eine je nach Anzahl gleichzeitig zu bearbeitender Fahrzeuge ausreichende Fahrzeugreserve im Verkehrsunternehmen erforderlich [VDV14a]. Gegebenenfalls müssen langfristig Verkehre ersatzweise von Bussen übernommen werden.

Die Zweiterstellung von Fahrzeugen gewissermaßen unter „rollendem Rad" ist organisatorisch sehr komplex, da der fahrplanmäßige Fahrgastbetrieb während der Durchführung des Modernisierungsprojekts ohne Einschränkungen fortgesetzt werden soll. Deshalb kann immer nur eine gewisse Anzahl von Fahrzeugen pro Bauart aus dem Regelbetrieb den mit der Durchführung der Arbeiten betrauten Fertigungsbetrieben zugeführt werden. Die Fahrzeuge sind einen möglichst kurzen Zeitraum aus dem Betrieb herauszulösen. Nach Abschluss der Arbeiten werden die Fahrzeuge wieder in den Regelbetrieb eingegliedert [AGM05].

Die Vorgehensweise der Generalüberholung (Sanierung) ist schematisch in Abb. 10.4 dargestellt. Möglicherweise bestehen bei der Durchführung der Arbeiten Synergien zu

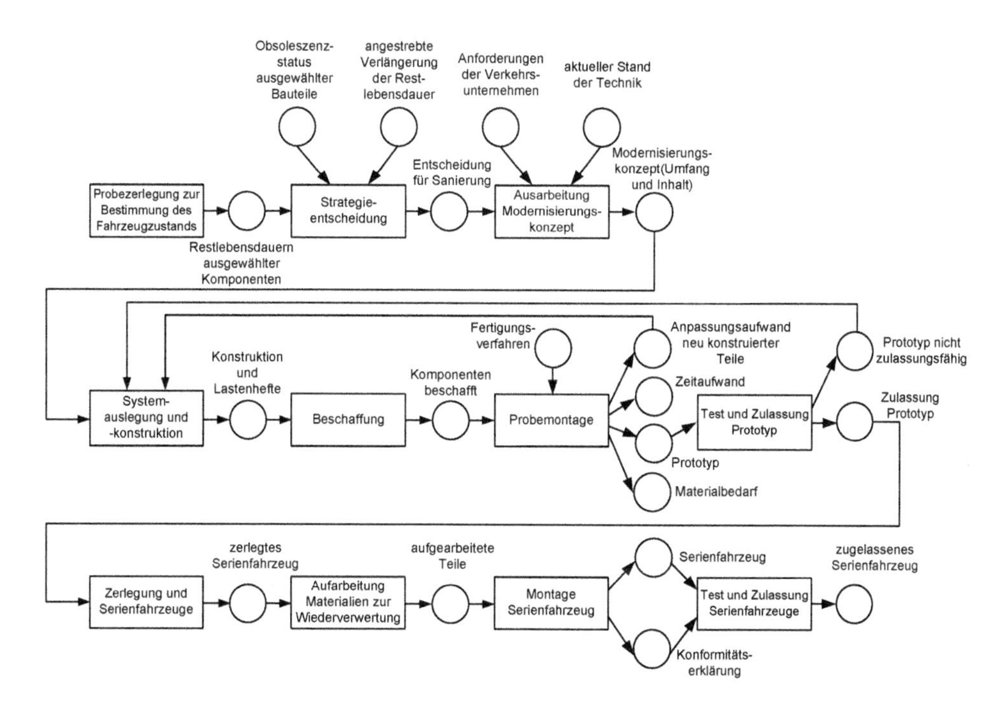

Abb. 10.4 Vorgehensweise der Generalüberholung (Sanierung) von Fahrzeugen

ohnehin turnusmäßig erforderlichen Maßnahmen wie beispielsweise die Durchführung einer Ertüchtigung im Rahmen einer ohnehin fälligen Hauptuntersuchung (vgl. [Kos14b] und [Uhl15]). Dies ist insofern sinnvoll, da die Fahrzeuge bei jeder Hauptuntersuchung ohnehin weitgehend zerlegt werden. Die Generalüberholung (Sanierung) erfolgt in den folgenden Schritten:

- *Probezerlegung zur Bestimmung des Fahrzeugzustands:* Als Grundlage die Entscheidung zwischen den verschiedenen Alternativen der Sanierung oder Neubeschaffung von Fahrzeugen, ist der aktuelle Fahrzeugzustand zu bestimmen. Hierfür werden beispielsweise Restlebensdaueruntersuchungen ausgewählter Komponenten (Wagenkasten, Drehgestelle, Fußboden und Verkabelung) durchgeführt [PH11]. Eine Sanierung macht nur dann Sinn, wenn die Qualität der alten Fahrzeuge (zum Beispiel des Stahls der Wagenkästen) noch ausreichend gut ist und einen sicheren und zuverlässigen Betrieb auch in den nächsten 25 bis 30 Jahren Liniendienst erwarten lässt (vgl. [Ane15] und [Kos14a]). Bei der Befundung (Zustandsermittlung) von Altfahrzeugen wird insbesondere analysiert, welche Systeme derzeit verbaut sind, in welchem Zustand sich diese befinden, wie das Umfeld der zu modernisierenden Systeme beschaffen ist und welche Probleme eventuell mit der Modernisierung zu lösen sind [Noc12].
- *Ausarbeitung des Modernisierungskonzepts (Designstudie):* Auf Basis der Anforderungen des Verkehrsunternehmens, dem aktuellen Fahrzeugstatus, dem Obsoleszenzstatus zentraler Komponenten (vgl. Kap. 14) und dem aktuellen Stand der Technik entwickeln Modernisierungsexperten ein fahrzeugtypspezifisches Modernisierungskonzept [Noc12]. Hierbei wird der Umfang der Arbeiten festgelegt (vgl. [MST11]). Hierbei stehen die folgenden Fragen im Vordergrund: Was wird gemacht und in welchem Umfang? Was wird beibehalten? Was wird neu? Bei welchen Bauteilen sind Obsoleszenz-Probleme bereits eingetreten oder zu erwarten?
- *Durchführung der Systemauslegung, Konstruktion mit Festigkeitsberechnungen (inkl. Gewichtsmanagement)* Nach Festlegung des Modernisierungskonzepts wird eine detaillierte Systemauslegung durchgeführt [Noc12]. Hierbei sind bei allen im Fahrzeugdesign getroffenen Festlegungen die Achslasten sowie die Gesamtmasse der Fahrzeuge im Blick zu behalten (Gewichtsmanagement, vgl. [Kos14a]), um am Ende ein zulassungsfähiges Fahrzeug zu erhalten. Im Ergebnis des detaillierten Systemdesigns können die Leistungsbeschreibungen und technischen Lastenhefte für die jeweiligen Gewerke ausgearbeitet werden. Diese stellen die Grundlage für die konkrete Ausgestaltung von Vergabeverfahren dar. Die Arbeit an den Lastenheften wird durch elektronische Anforderungsmanagementwerkzeuge unterstützt [PH11].
- *Durchführung der Beschaffung:* Abhängig vom Systemdesign werden Firmen für die Entwicklung neuer Produkte oder die Anpassung existierender Produkte inklusive ihrer Produktion beauftragt [Noc12] (vgl. hierzu die Darstellung des Beschaffungsprozesses in Abschn. 10.3.1).
- *Durchführung der Probemontage:* Bei der Probemontage können neue Verfahren der Fertigung und des Zusammenbaus getestet werden. Parallel dazu werden die dafür

benötigten Zeiten erfasst, um den detaillierten Aufwand für alle Gewerke zu ermitteln und den Materialbedarf zu planen. Darüber hinaus werden in diesem Rahmen auch neu konstruierte Teile geprüft und die Konstruktion möglicherweise instandhaltungs- und fertigungsgerecht angepasst [MST11].

- *Test und Zulassung Prototyp:* Eine qualifizierte Inbetriebnahme ist für den späteren Fahrzeugeinsatz im Fahrgastbetrieb unabdingbar [MST11]. Der Prototyp des sanierten Fahrzeugs wird durch die Technische Aufsichtsbehörde (TAB) für den Betrieb nach BOStrab und das Eisenbahn-Bundesamt (EBA) für den Betrieb nach EBO im Rahmen der Fahrzeugtyp-Zulassung „auf Herz und Nieren" getestet.
- *Zerlegung der Serienfahrzeuge:* Die Zerlegung der Fahrzeuge muss fachgerecht mit genauer Erfassung, Bezeichnung und exakt zugeordneter Lagerung aller Teile erfolgen. Material, das nach der Modernisierung wieder verwendet werden kann, wird gereinigt, geprüft und für den späteren Wiedereinbau gelagert [Mar12]. Sie sachgerechte Lagerung ist für eine spätere optimale Montage, einen rationellen Umschlag sowie eine wirtschaftliche Nutzung der begrenzten Lagerflächen essentiell [MST11].
- *Ausbesserung und Teileaufbereitung, bzw. –überholung:* Im Zuge einer Generalüberholung werden beispielsweise die Drehgestelle im Rahmen einer gründlichen Revision auf Risse untersucht. Wagenkästen erhalten Verstärkungen, die zunehmenden Gewichtsbelastungen Rechnung tragen. Etwaige vorhandene Schadstellen werden beseitigt [Ane12].
- *Montage der Serienfahrzeuge:* Die Abläufe der Montage müssen so geplant werden, dass bereits fertig gestellte Gewerke über die gesamte Dauer der weiteren Arbeiten keine Beeinträchtigung erfahren [MST11]. Möglicherweise leisten Teams der Lieferanten in der Betriebswerkstatt des Verkehrsunternehmens Unterstützung beim Umbau der Fahrzeuge [Noc12].
- *Test und Zulassung Serienfahrzeuge:* Jedes Fahrzeug der Serie muss separat geprüft und abgenommen werden. Der hierfür erforderliche Aufwand an Personen, internen und externen Kosten ist im Voraus einzuplanen [MST11]. Die weiteren Fahrzeuge erhalten die Zulassung nach Fertigstellung auf Basis einer Konformitätserklärung (vgl. [Ane15]). Diese Erklärung enthält eine Aussage des Herstellers, dass die Fahrzeuge gemäß der zuvor geprüften und freigegebenen Bauunterlagen umgebaut wurden.

10.3.4 Gewährleistung der Fahrzeugfinanzierung

Die Kosten für die Fahrzeugfinanzierung sind in Verkehrsunternehmen ein großer Ausgabenblock [BvE12]. Das erhebliche Investitionsvolumen in die Fahrzeugflotte erfordert von den Verkehrsunternehmen und Aufgabenträgern eine detaillierte Betrachtung der hierfür relevanten Rahmenbedingungen. Eine maßgeschneiderte Finanzierung berücksichtigt unter anderem die mit einer Fahrzeugbeschaffung zusammenhängenden Risiken. Die Risiken der Fahrzeugfinanzierung werden in Abschn. 10.3.4.1 dargestellt. Es schließt sich in den folgenden Abschnitten eine vergleichende Darstellung verschiedener

Finanzierungsinstrumente an, welche die verschiedenen Risiken in unterschiedlicher Weise adressieren. Grundsätzlich sollte hierbei jeder Akteur die Risiken übernehmen, die er am besten tragen kann [LHW12].

10.3.4.1 Risiken der Fahrzeugfinanzierung

Aus der langfristigen Vertragsbindung vieler Finanzierungsinstrumente ergeben sich für die Verkehrsunternehmen zahlreiche Risiken aus unvorhergesehenen Entwicklungen. Für die Finanzierung, bzw. Eigentumsübernahme von Fahrzeugen bestehen verschiedene Risiken. Diese müssen in der Gestaltung des jeweiligen Finanzierungsinstruments berücksichtigt werden:

- *Wiederverwendungsrisiko*: Verkehrsunternehmen beteiligen sich an Ausschreibungen um Verkehrsleistungen des SPNV und investieren teilweise in erheblichem Umfang in eine auf die spezifischen Anforderungen des jeweiligen Teilnetzes zugeschnittene Fahrzeugflotte. Da die Dauer der Verkehrsverträge (in der Regel 10 – 15 Jahre) in der Regel deutlich geringer als die übliche betrieblich-technische Lebensdauer der Fahrzeuge ist (30 Jahre), besteht das Risiko des Wiedereinsatzes (vgl. [LHW12]). Die Fahrzeuge können nach dem Ende des Verkehrsvertrags beispielsweise nach einer Modernisierung (vgl. Abschn. 10.3.3.3, bzw. Abschn. 10.3.3.4) ohne Probleme weiter eingesetzt werden [Alt14]. Nicht immer kann das jeweilige Verkehrsunternehmen freiwerdende Fahrzeugflotten und Ausschreibungen aufeinander abstimmen. Gewinnt beispielsweise das betreffende Verkehrsunternehmen am Ende der Laufzeit des Verkehrsvertrags den Ausschreibungswettbewerb um den Folgeauftrag nicht, sind die Fahrzeuge für das betroffene Verkehrsunternehmen möglicherweise nicht mehr sinnvoll nutzbar. Gegebenenfalls ist auch durch spezifische Besonderheiten des vorhandenen Fahrzeugbestands ihr Einsatz in anderen Netzbereichen nicht möglich.
- *Restwertrisiko:* Aus dem unsicheren Wiedereinsatz der Fahrzeuge resultiert das Restwertrisiko. Die Praxis der Fahrzeugfinanzierung zeigt, dass speziell für Schienenfahrzeuge kein funktionierender Sekundärmarkt besteht. Dies liegt darin begründet, dass die Fahrzeuge oftmals auf die spezifischen Anforderungen des jeweiligen Teilnetzes zugeschnitten sind, nicht aber auf eine universelle Einsetzbarkeit in möglichst vielen (deutschen) Teilnetzen.
- *Zinsänderungsrisiko:* Als Zinsänderungsrisiko bezeichnet man die Möglichkeit von Marktschwankungen und deren Einfluss auf Darlehenszinsen. Verkehrsunternehmen kommen mit dem Zinsänderungsrisiko genau dann in Berührung, wenn sie ihre Fahrzeuge mit variabler Verzinsung finanzieren. Dies ist Chance und Risiko zugleich. Sinken die Zinsen während der Laufzeit der Finanzierung, profitiert das Verkehrsunternehmen davon, da sich mit dem gesunkenen Zinsniveau auch die monatliche Kreditrate reduziert. Sollte der Marktzins allerdings während der Rückzahlungsphase steigen, ist es wahrscheinlich, dass die Höhe der Kreditrate steigt. Das Zinsänderungsrisiko komplett auszuschließen funktioniert nur über die Vereinbarung einer Zinsbindung während eines bestimmten Zeitraums. Eine solche Übernahme des Zinsänderungsrisikos wird am Kapitalmarkt mit einer Risikoprämie entschädigt.

10.3.4.2 Eigentumserwerb durch Verkehrsunternehmen (Fahrzeugkauf)

Die Verkehrsunternehmen schließen mit dem Aufgabenträger einen *Verkehrsvertrag* (vgl. Abb. 10.5). Hierin wird die vom Verkehrsunternehmen zu erbringende Verkehrsleistung festgelegt (im Sinne zu befahrender Linien, Taktzeiten und Gefäßgrößen). Darüber hinaus definiert der Verkehrsvertrag die Qualität, mit der die Verkehrsleistung erbracht werden muss. Die Festlegungen zur Dienstleistungsqualität im öffentlichen Verkehr erfolgen nach [DIN02]. Abweichungen von der bestellten Qualität werden zunehmend durch Bonus- und Malusregelungen geregelt. Verkehrsunternehmen benötigen für die Erfüllung ihrer aus dem Verkehrsvertrag resultierenden Verpflichtungen eine Flotte von Fahrzeugen.

Fahrzeuge können direkt von den Eisenbahnverkehrsunternehmen (EVU) gekauft werden. Die Verkehrsunternehmen schließen hierüber mit dem Fahrzeughersteller einen *Kaufvertrag*. Durch den Kaufvertrag verpflichtet sich der Hersteller zur termingerechten und mängelfreien Lieferung der Fahrzeuge. Dem Verkehrsunternehmen wird im Gegenzug die Pflicht auferlegt, den Kaufpreis fristgemäß zu bezahlen und den Fahrzeugherstellern den Kaufgegenstand abzunehmen. „Beschaffen die Unternehmen selbst, ist ein hinreichender Zeitraum zwischen Zuschlagserteilung und Betriebsaufnahme einzuplanen [Lud02]". Die Finanzierung kann dann über Bankdarlehen, öffentliche Zuschüsse oder Eigenmittel der Unternehmen erfolgen (vgl. [Sch15b]).

Der Kauf von Fahrzeugen weist aus Sicht der Verkehrsunternehmen die folgenden Nachteile auf:

- Die Verkehrsunternehmen verfügen auch in dem Zeitraum über die Fahrzeuge, für die möglicherweise keine Verkehrsleistung vertraglich gesichert werden konnte (sog. *Wiederverwendungsrisiko* oder im Falle des Verkaufs der Fahrzeuge sog. *Restwertrisiko*).
- Die Verkehrsunternehmen müssen für die Bauphase der Fahrzeuge die komplette *Vor- und Zwischenfinanzierung* übernehmen. Zahlungen werden also auch dann fällig, wenn der Fahrzeugbeschaffung noch keine Einnahmen aus dem Verkehrsvertrag gegenüber stehen.

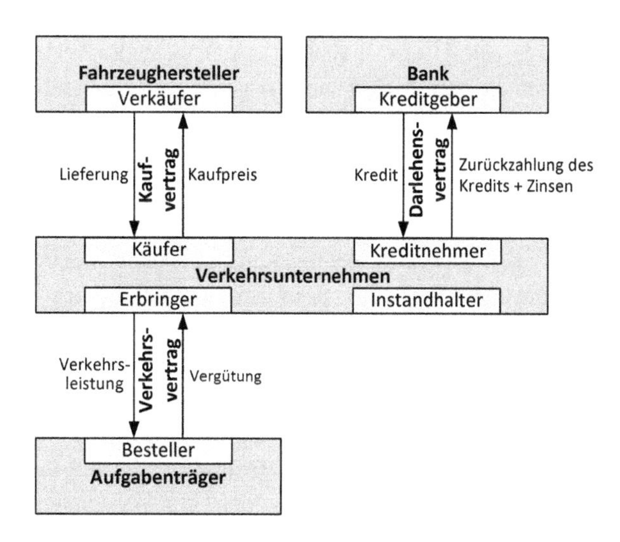

Abb. 10.5 Vertragsstruktur bei direkter Fahrzeugbeschaffung durch das Verkehrsunternehmen

- Ein Betreiber hat möglicherweise nicht die erheblichen finanziellen Mittel zum Kauf einer geeigneten Fahrzeugflotte zur Verfügung, bzw. möchte dieses nicht durch einen Kauf der Fahrzeug langfristig binden. Dies schließt möglicherweise die Beteiligung an Ausschreibungen für Verkehrsverträge aus.

Die zuvor genannten Gründe haben die Aufgabenträger im SPNV veranlasst, unterstützende Finanzierungsinstrumente zu entwickeln, welche diese Risiken minimieren, bzw. kompensieren. Auf diese Weise soll eine möglichst rege Teilnahme an Ausschreibungswettbewerben zu Verkehrsleistungen im SPNV sichergestellt werden. Bei diesen unterstützenden Finanzierungsinstrumenten verbleibt nach wie vor ein hohes Maß unternehmerische Freiheit bei den Verkehrsunternehmen [LHW12]. Als unterstützende Finanzierungsinstrumente werden die folgenden Instrumente bezeichnet:

- *Öffentliche Ko-Finanzierung:* Bei diesem Modell beteiligt sich die öffentliche Hand an der Finanzierung der Fahrzeuge. Bei diesem Konstrukt müssen vertragliche Regelungen für die Eigentumsübertragung der Fahrzeuge innerhalb des Zweckbindungszeitraums für den Fall eines Betreiberwechsels getroffen werden. Darüber hinaus werden gegebenenfalls in den Verhandlungen zwischen dem Verkehrsunternehmen und dem Aufgabenträger die gewährten Zuschüsse, bzw. Zinsvorteile auf das Bestellerentgelt angerechnet (vgl. [GH03]).
- *Kapitaldienstgarantie (Bürgschaft):* Im Rahmen einer Kapitaldienstgarantie steht der Aufgabenträger für die Rückzahlung des Kredits des Verkehrsunternehmens, bzw. Leasinggebers ein. Im Falle einer Insolvenz des Verkehrsunternehmens übernehmen die Aufgabenträger mit dieser Garantie die Zahlungen an die Finanzierer einer Fahrzeugflotte. Hierdurch gelingt es, die für staatliche Kreditnehmer geltenden besseren Konditionen bei den Geldgebern für die SPNV-Projekte zu nutzen [BvE12]. Hierdurch wird aus Sicht des Finanzierers das Risiko des Zahlungsausfalls gelöst. Allerdings wird hierdurch nicht das grundlegende Problem der Unsicherheit des Wiedereinsatzes der Fahrzeuge gelöst (vgl. [LHW12]). Aus Sicht des Verkehrsunternehmens verbessern sich durch die vom Aufgabenträger geleisteten Kapitaldienstgarantien jedoch die Finanzierungskonditionen [JNM13]. Da der Aufgabenträger ein erhebliches Interesse daran hat, dass die mit Hilfe der Bürgschaft finanzierten Fahrzeuge am Ende der Vertragslaufzeit nicht wertlos sind, sollte der Vertrag zwischen Aufgabenträger und Verkehrsunternehmen umfassende Regelungen zur Wartung und Instandhaltung der Fahrzeuge enthalten [Fuc13]. Allerdings genügen entsprechende vertragliche Regelungen nicht. Der Aufgabenträger muss die tatsächliche Einhaltung der vertraglichen Verpflichtungen auch regelmäßig überwachen.
- *Übernahme Zinsänderungsrisiko:* Mit der Übernahme der Zinsänderungsrisiken durch den Aufgabenträger wird anstelle einer Unterstützung der weiteren Fahrzeugverwendung lediglich die Kalkulationsbasis der Finanzierung abgesichert. Andernfalls müsste bei steigenden Refinanzierungszinsen entweder die Leasingrate steigen oder der Tilgungsanteil sinken, was aus Sicht der Verkehrsunternehmen eine Verlängerung der Amortisationsdauer zur Folge hätte.

- *Wiedereinsatzgarantie:* Mit der Wiedereinsatzgarantie verpflichtet sich der Aufgabenträger, die aus einem Verkehrsvertrag bestehenden Fahrzeuge für deren restliche Lebensdauer (in der Regel eine zweite Verkehrsvertragsperiode) erneut zu verwenden. Der Aufgabenträger wird also allen Bietern der Folgeausschreibung die Weiterverwendung der Fahrzeuge vorgeben. Der Einsatz der aus dem vorherigen Verkehrsvertrag bestehenden Fahrzeuge ist dann für den Folgeverkehrsvertrag verpflichtend. In diesem Fall findet ein Eigentumsübergang zwischen den Betreibern statt. Übernimmt der Aufgabenträger jedoch eine Wiedereinsatzgarantie für die zu beschaffenden Fahrzeuge, ist diese „nur etwas wert, wenn sichergestellt ist, dass die Fahrzeuge sich nach Ablauf des Verkehrsvertrags in einem *Zustand befinden, der einen Wiedereinsatz erlaubt*. Enthält der Vertrag mit dem Eisenbahnverkehrsunternehmen hierzu keine Regelungen, ist dieses rechtlich nicht gehindert, gegen Ende des Verkehrsvertrags an der Wartung der Fahrzeuge zu sparen und diese schließlich in einem Zustand zu hinterlassen, der eine weitere Verwendung ohne grundlegende Überholung unmöglich macht. Daher muss der Vertrag mit dem Eisenbahnverkehrsunternehmen auch bei einer ‚bloßen' Wiedereinsatzgarantie für die Fahrzeuge umfassende Regelungen zu deren Wartung und Instandhaltung enthalten. Darüber hinaus muss im Vertrag geregelt werden, wie die Fahrzeuge zum Ablauf des Verkehrsvertrags bewertet werden, wenn sie auf einen anderen Betreiber übergehen sollen. Hierbei ist zum Beispiel zu berücksichtigen, dass nach einer Nutzungsdauer von zehn bis 15 Jahren die Inneneinrichtung erneuert werden muss" [Fuc13]. In diesem Sinne führen Wiedereinsatzgarantien zu einem „erhöhten Controllingaufwand [bei den Aufgabenträgern], weil sie im eigenen Interesse den Werterhalt der Züge durch das Verkehrsunternehmen während der ersten Vertragsperiode fortlaufend prüfen sollten. Um einen vertragsgemäßen Zustand der Fahrzeuge sicherzustellen, kommen bei [schwer wiegenden] Verletzung der Instandhaltungsverpflichtungen des [Eisenbahnverkehrsunternehmens] Vertragsstrafen in Betracht, die schlimmstenfalls bis zum Wegfall der [Wiedereinsatz]Garantie führen können" [BvE12]. Die konkreten Modalitäten des Eigentumsübergangs müssen ebenfalls geklärt werden. „Aus Sicht des Aufgabenträgers am vorteilhaftesten ist es, wenn der Gewinner der Erstausschreibung infolge der Garantie die Züge auf den Sieger der Folgeausschreibung zu vorher festgelegten Bedingungen übereignen kann. Dies ist jedoch vergaberechtlich problematisch. So ist nicht gesichert, ob die Vorgabe einer bestimmten Bezugsquelle zulässig ist, wenn die Fahrzeuge nicht dem Aufgabenträger gehören" [BvE12]. „Eine rechtssichere Lösung ist dagegen der Zwischenerwerb des Fahrzeugeigentums durch den Aufgabenträger nach Ablauf der ersten Vertragsperiode. Diese Ausgestaltung ist beihilferechtlich zulässig, sofern ein marktüblicher Rückkaufpreis vereinbart wird" [BvE12]. Neben den zuvor genannten Regelungen zur Wartung und Instandhaltung, die einen Werterhalt der Fahrzeugflotte zum Inhalt haben, müssen auch *betriebliche Aspekte eines Wiedereinsatzes* betrachtet werden [Alt14]. Probleme können sich beispielsweise bei Mehrfachtraktion im Bahnbetrieb ergeben. Eine Mehrfachtraktion ist ein Zugverband, welcher von mehreren Triebfahrzeugen aktiv befördert wird. Die Triebfahrzeuge werden zentral von einem Führerstand (in der Regel des ersten Fahrzeugs) gesteuert. Die Möglichkeit der Mehrfachtraktion erlaubt das Stärken und Schwächen von Zugverbänden entsprechend der Nachfragespitzen oder die Umsetzung von Flügelzugkonzepten. Für den Wiedereinsatz der Fahrzeuge ist zu beachten, dass nach Ablauf des Verkehrsvertrags und Neuausschreibung der Leistung der neue Verkehrsvertrag nicht zwingend mit der identischen Anzahl von Fahrzeugen gefahren werden können muss. Hier gibt es verschiedene Fälle. Zum ersten können die beiden Verträge identisch sein. Die Verwendung der bislang eingesetzten Fahrzeuge ist in diesem Fall unproblematisch. Zum zweiten kann die Verkehrsleistung des neuen Vertrags möglicherweise nicht mit der alten Fahrzeugflotte komplett abgedeckt werden. In diesem Fall stellt sich dann notwendigerweise die Frage der Kompatibilität der dann notwendigerweise im betrachteten Teilnetz eingesetzten Gebraucht- oder Neufahrzeuge. Dasselbe gilt für den dritten Fall, bei dem sich ein Verkehrsunternehmen an einer Ausschreibung mit Gebrauchtfahrzeugen bislang verschiedener Netze beteiligt [Alt14].

- *Wiederzulassungsgarantie:* Diese Garantie setzt an einem garantierten Wiedereinsatz über einen Zeitraum an, in dem die beschafften Fahrzeuge vollständig amortisiert sind. Die Aussage dieser Garantie ist, dass der Aufgabenträger die im vorhergehenden Verkehrsvertrag durch ein Verkehrsunternehmen beschafften Fahrzeuge in einer Folgeausschreibung zulassen wird und den Bieter nicht wegen einer möglicherweise veralteten Fahrzeugflotte disqualifiziert. Allerdings wird durch diese Garantie aus Sicht des Verkehrsunternehmens das Restwertrisiko nicht wirksam ausgeschlossen, da bei einer Folgeausschreibung auch andere Bieter mit eigenen Fahrzeugen gewinnen können (vgl. [LHW12], [BvE12]).
- *Laufzeitverlängerung des Verkehrsvertrags:* Die Verlängerung der Vertragslaufzeit setzt an dem Punkt an, dass die betrieblich-technische Lebensdauer von Fahrzeugen (30 Jahre) die übliche Dauer von Verkehrsverträgen (15 Jahre) deutlich überschreitet. Eine Verlängerung der Laufzeit eines Verkehrsvertrags um 50% (d.h. auf 22,5 Jahre) ist beispielsweise dann möglich, wenn die Amortisationsdauer von Wirtschaftsgütern, die der Betreiber zu einem wesentlichen Teil bereitstellt und die überwiegend an den Verkehrsvertrag gebunden sind, berücksichtigt werden [EU07]. Nach einer Zeit von 22,5 Jahren sind die Investitionen in Schienenfahrzeuge im Normalfall voll amortisiert. Das bedeutet, dass nach dieser Zeit kein Restwertrisiko mehr besteht (vgl. [LHW12]).

10.3.4.3 Eigentumserwerb durch Aufgabenträger (Fahrzeugpoolmodelle)

Ein viel beachtetes Instrument der Fahrzeugfinanzierung für den SPNV sind Fahrzeugpools. Hierbei kann es sich um private oder öffentliche Fahrzeugpools im Eigentum der Aufgabenträger handeln [BR15]. Hierfür haben sich in den letzten Jahren verschiedene Modelle herausgebildet, denen – allen Unterschieden zum Trotz – allen gemein ist, dass das Fahrzeugeigentum direkt oder indirekt auf den Aufgabenträger übergeht (vgl. [LHW12]). Die Verkehrsunternehmen müssen in beiden Fällen weniger Eigenkapital aufbringen, bzw. binden dieses nicht in der Fahrzeugflotte [Lud02]. Die Fahrzeuge aus dem Eigentum des Aufgabenträgers werden dann den Verkehrsunternehmen im Rahmen des jeweiligen Verkehrsvertrags für die Bedienung der vertraglich geschuldeten Verkehrsleistung bereitgestellt. Die Aufgabenträger verknüpfen hiermit die Erwartung, dass dieses Modell der Fahrzeuggestellung wesentliche Risiken für die Verkehrsunternehmen reduziert und sich in besseren Bieterzahlen bei ausgeschriebenen Verkehrsverträgen niederschlägt, als dies ohne Einbeziehung dieses Finanzierungsmodells der Fall gewesen wäre [JNM13].

Allerdings übernehmen die Aufgabenträger mit dem Eigentum zusätzlich erhebliche Risiken. „Über den gesamten Lebenszyklus eines Fahrzeugs – in der Regel 25 bis 30 Jahre – sind die infrastrukturellen Rahmenbedingungen, Änderungen der Nachfrage, neue Normen oder politische Entscheidungen kaum zu kalkulieren, da sie oft außerhalb des Einflussbereiches der Akteure liegen“ (vgl. [LHW12]). Als konkrete Risiken der Aufgabenträger werden hierbei genannt:

- *Politische Risiken:* Werden auch künftig Finanzmittel bereitstehen und damit Fahrzeuge, Betrieb und Fahrzeuge finanziert werden können?
- *Technologische Risiken:* Erhalten die Fahrzeuge termingerecht vor der Betriebsaufnahme ihre Sicherheitszulassung?
- *Schnittstellenrisiken:* Für den Fall, dass Betrieb und Wartung/Instandhaltung durch zwei verschiedene Akteure durchgeführt werden, entstehen komplexe organisatorische Schnittstellen, die nur mit hohem Aufwand zu regeln sind.

Direkte Fahrzeugbeschaffung durch Aufgabenträger

Bei der direkten Beschaffung von Fahrzeugen durch den Aufgabenträger bestehen mehrere vertragliche Regelungen zwischen den einzelnen Parteien. Diese sind in Abb. 10.6 dargestellt und werden nachfolgend erläutert.

Der Aufgabenträger schließt einen *Kaufvertrag* mit dem Fahrzeughersteller. In Aufgabenträgerpools beschafft „beispielsweise ein Verkehrsverbund die Züge unabhängig von der Ausschreibung der Verkehrsdienstleistungen selbst für einen eigenen Fahrzeugpool

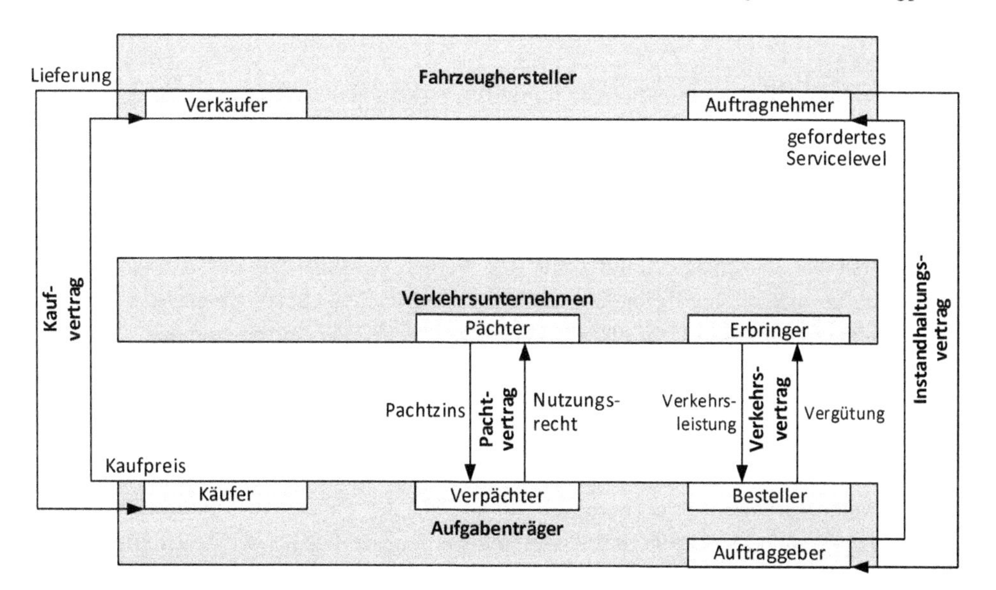

Abb. 10.6 Vertragsstruktur bei direkter Fahrzeugbeschaffung durch den Aufgabenträger und Herstellerinstandhaltung

[...]. Es handelt sich um einen Fuhrpark, der im Eigentum des Aufgabenträgers steht. Um von Kommunkalkreditkonditionen zu profitieren, muss der Aufgabenträger das Darlehen für den Kauf der Züge aufnehmen" [BvE12].

Aufgabenträger und Verkehrsunternehmen schließen einen *Verkehrsvertrag*. Neben den üblichen Festlegungen zu Umfang und Qualität der vom Verkehrsunternehmen zu erbringenden Verkehrsleistung wird den Verkehrsunternehmen die Inanspruchnahme der Fahrzeuge aus dem Aufgabenträgerpool für den betreffenden Verkehrsvertrag verbindlich vorgegeben [Lud02].

Aufgabenträger und Verkehrsunternehmen schließen einen Miet-, Pacht, oder Leasingvertrag über eine Laufzeit von in der Regel 12 bis 15 Jahren (sie entspricht der Laufzeit des Verkehrsvertrags). Dieser regelt die Überlassung der Fahrzeuge für die Verkehrsbedienung:

- *Miete:* Der Aufgabenträger (als Vermieter) steht mietrechtlich gegenüber dem Eisenbahnverkehrsunternehmen für die Verwendbarkeit der Fahrzeuge ein. In Bezug auf Mängelansprüche muss sich der Aufgabenträger mit dem Fahrzeughersteller auseinandersetzen.
- *Leasingmodell:* Die Gewährleistungsansprüche des Aufgabenträgers gegenüber dem Fahrzeughersteller werden im Rahmen eines Leasingmodells an das Eisenbahnverkehrsunternehmen übertragen.
- *Pacht:* Die Pacht ist die Gebrauchsüberlassung eines Fahrzeugs auf Zeit mit der Möglichkeit, es für den Betrieb zu nutzen. Pacht unterscheidet sich von der Miete dadurch, dass der Pächter (im Gegensatz zur mietweisen Überlassung) die Möglichkeit hat, Früchte aus den Fahrzeugen zu ziehen. Im Pachtvertrag können daher nicht nur (wie im Mietvertrag) feste monatliche Beträge vereinbart werden, sondern auch Zahlungen in Abhängigkeit vom Umsatz oder Ertrag.

Der Einsatz des Fahrzeugpoolmodells bringt für Verkehrsunternehmen und Aufgabenträger Vorteile mit sich:

- *Kurzfristige Verfügbarkeit der Fahrzeuge*: Gepoolte Fahrzeuge sind vergleichsweise kurzfristig verfügbar, da sie bereits im Fahrzeugpool vorhanden sind. Der Zeitraum zwischen der Zuschlagserteilung für den Verkehrsvertrag und der Aufnahme des Betriebs des betroffenen Teilnetzes kann somit vergleichsweise kurz bemessen werden. Die Fahrzeuge müssen nicht für einen spezifischen Verkehrsvertrag von den Verkehrsunternehmen beschafft werden [Lud02]. Die frühzeitige Fahrzeugbestellung ermöglicht eine vorgezogene Betriebsaufnahme (bis zu zwei Jahre früher).
- *Skaleneffekte in der Fahrzeugbeschaffung:* Aus der Zusammenfassung des Bedarfs für mehrere in den Wettbewerb zu führende Teilnetze resultieren größere Stückzahlen für eine Fahrzeugbeschaffung. Hierdurch können bei der Fahrzeugbeschaffung von den Fahrzeugherstellern günstigere Preise erzielt werden, als dies bei der Beschaffung kleinerer Teillose durch die Verkehrsunternehmen der Fall wäre [GH03]. Außerdem können Synergiepotenziale bei der Verwaltung und Wartung der Fahrzeuge erschlossen werden.

- *Höhere Flexibilität bei Ausschreibungszyklen:* Lebenszyklen von Fahrzeugen und Laufzeiten von Verkehrsverträgen werden entkoppelt. Somit werden auch kürzere Vertragslaufzeiten in den Verkehrsverträgen möglich.
- *Hohe Flottenhomogenität:* Durch eine standardisierte Beschaffung von Fahrzeugen kann eine hohe Flottenhomogenität erreicht werden. Ein Fahrzeugtausch zwischen verschiedenen Netzen ist daher einfach möglich.

Indirekte Fahrzeugbeschaffung durch Aufgabenträger

In diesem Beschaffungsmodell wird das Know-how der Verkehrsunternehmen bei der Fahrzeugbeschaffung für die Aufgabenträger nutzbar [JNM13]. Dieses Beschaffungsmodell ist durch verschiedene vertragliche Regelungen zwischen den einzelnen Parteien gekennzeichnet. Die einzelnen Regelungen werden nachfolgend erläutert und sind in ihrem Zusammenhang in Abb. 10.7 dargestellt.

Das Verkehrsunternehmen und der Fahrzeughersteller schließen einen *Kaufvertrag*. Hierfür ermittelt das Verkehrsunternehmen einen Fahrzeughersteller, der ihm die für die vom Aufgabenträger ausgeschriebene Verkehrsleistung erforderlichen und passenden Fahrzeuge liefert. Das Verkehrsunternehmen sucht sich selbst Anzahl und Ausstattung der Fahrzeuge für die ausgeschriebenen Linien aus [HJN11]. Nur wenn das Verkehrsunternehmen im Vergabeverfahren vom Aufgabenträger den Zuschlag für die ausgeschriebene Verkehrsleistung erhält, erwirbt es die Fahrzeuge vom Hersteller.

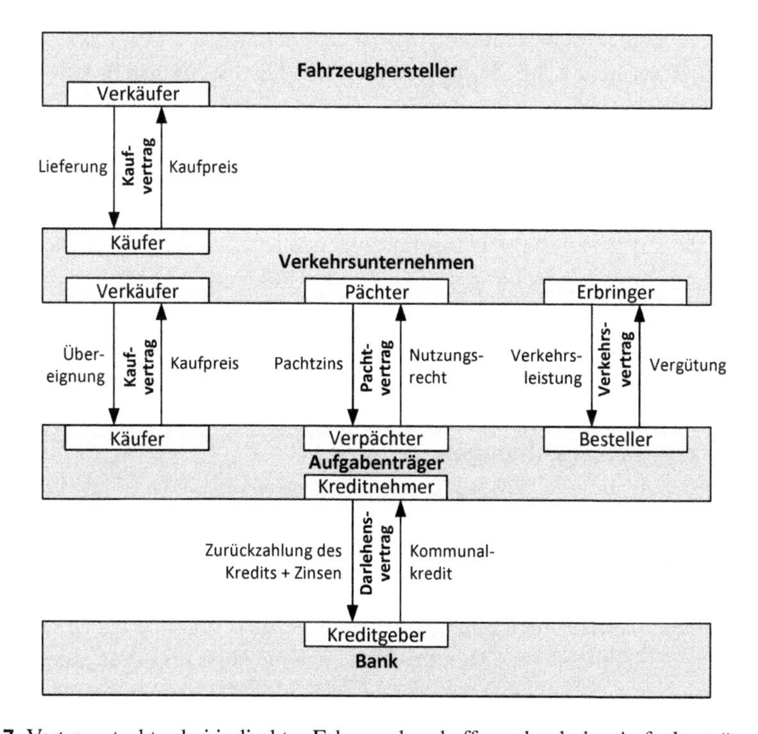

Abb. 10.7 Vertragsstruktur bei indirekter Fahrzeugbeschaffung durch den Aufgabenträger

Der Aufgabenträger und das Verkehrsunternehmen schließen im Zusammenhang mit der Zuschlagserteilung für den ausgeschriebenen Verkehrsvertrag einen *Kaufvertrag* über die Fahrzeuge. Das Verkehrsunternehmen bietet dem Aufgabenträger im Rahmen des Vergabeverfahrens neben den Verkehrsleistungen auch den Kaufpreis der Fahrzeuge an. Das Verkehrsunternehmen verpflichtet sich im Kaufvertrag, die vom Hersteller erworbenen Fahrzeuge an den Aufgabenträger weiter zu veräußern [HJN11]. Der Aufgabenträger finanziert die Fahrzeuge über einen Zeitraum von beispielsweise 25 Jahren annuitätisch über ein Kommunaldarlehen.

Das Verkehrsunternehmen und der Aufgabenträger schließen einen *Pachtvertrag*. Hierin verpflichtet sich der Aufgabenträger, dem Verkehrsunternehmen die Fahrzeuge zur Erbringung der Verkehrsleistung zu überlassen. Gleichzeitig wird das Verkehrsunternehmen mit dem Pachtvertrag verpflichtet, die Fahrzeuge instand zu halten und die Pacht für die Nutzung zu bezahlen [HJN11]. Über die Pachtzahlungen wird der Kapitaldienst (Annuität) für das Darlehen finanziert. Zusätzlich wird ein Aufschlag von 1,0 bis 1,25 Prozent des Kaufpreises pro Jahr für bei Aufgabenträger entstehende Managementleistungen, Steuerzahlungen und Risikorückstellungen erhoben. Wartungs- und Instandhaltungsarbeiten, Versicherungskosten und sonstige Lasten verbleiben beim Verkehrsunternehmen (vgl. [JNM13]). „Nach Zuschlag [für ein Verkehrsunternehmen] kommt dem technischen Controlling eine Schlüsselposition zu. Bei Bau und Abnahme kommt es auf eine konsequente und permanente Überwachung an. Gleiches gilt für den laufenden Betrieb und die Hauptuntersuchungen. Hierzu wird ein Informationssystem zur kontinuierlichen Dokumentation des Fahrzeugzustandes implementiert“ [JNM13].

Dieses Modell vermeidet aus Sicht der Aufgabenträger Schnittstellenrisiken, da die Aufgabenträger keine unmittelbare vertragliche Beziehung zum Fahrzeughersteller haben. Sind die Fahrzeuge etwa mangelhaft oder werden sie zu spät geliefert, so bleibt das Verkehrsunternehmen dennoch zur Zahlung der Miete oder Pacht an den Aufgabenträger verpflichet. Denn das Eisenbahnverkehrsunternehmen (EVU) kann sich gegenüber dem Aufgabenträger nicht auf Vertragsverletzungen des Herstellers berufen. Es hat die Fahrzeuge ja selbst beschafft. Der Aufgabenträger muss sich bei Mängeln daher nur mit seinem Vertragspartner, dem EVU, auseinandersetzen. Dieses ist durch den Pachtvertrag, verpflichtet, die Züge instand zu halten, und muss etwaige Gewährleistungsansprüche gegenüber dem Hersteller ausüben (vgl. [BvE12]).

10.3.4.4 Leasing von Fahrzeugen

Ein Leasinggeschäft besteht aus mehreren Vertragsbeziehungen. Der Leasinggeber schließt mit dem Fahrzeughersteller einen Kaufvertrag ab. Über das Fahrzeug schließen Leasinggeber und das Verkehrsunternehmen (als Leasingnehmer) einen Leasingvertrag ab, aufgrund dessen der Hersteller das Fahrzeug direkt an das Verkehrsunternehmen liefert. Das Verkehrsunternehmen darf das Fahrzeug zeitlich begrenzt gegen eine Entgeltzahlung nutzen, es bleibt aber im Eigentum des Leasinggebers. Im Unterschied zur Miete ist Leasing aber oft mit Optionsrechten verbunden, deren Ausübung am Laufzeitende den vollständigen Eigentumsübergang vom Leasinggeber zum Leasingnehmer bewirkt.

Zusätzlich können im Rahmen von Serviceleasing zusätzliche Dienstleistungskomponenten wie die Wartung des Fahrzeugs angeboten werden [GT09]. Diese Servicebestandteile werden vom Leasinggeber in die Leasingrate eingepreist. Ein Mehrwert durch Leasing besteht aus Sicht des Verkehrsunternehmens nur dann, wenn die zusätzlichen Dienstleistungen durch den Leasinggeber wirtschaftlicher erbracht werden können. Operating Lease ist ein solches umfassendes Finanzierungsmodell für Schienenfahrzeuge. Hierbei verlagert der Betreiber wesentliche Aufgaben auf den Leasinggeber. Beispielsweise übernimmt dieser unter anderem die Verhandlungen mit den Fahrzeugherstellern und Banken, den Abschluss des Kaufvertrags mit dem ausgewählten Hersteller, das Projektmanagement und die Baubetreuung während der Bauphase der Züge (vgl. [Sch15b]).

Die Vertragsstruktur eines Leasinggeschäfts ist in Abb. 10.8 dargestellt. Grundsätzlich weist das Leasingmodell die folgenden Vorteile auf:

- *Liquiditätseffekte:* Die Verkehrsunternehmen leasen die benötigten Fahrzeuge nur für den Zeitraum, für den auch eine Verkehrsleistung vertraglich gesichert werden konnte (vgl. [Sch15b]). So übernimmt beispielsweise der Leasinggeber die komplette Vor- und Zwischenfinanzierung. Durch die Übernahme der Finanzierung durch die Leasing-Gesellschaft kommt es zum Investitionszeitpunkt nicht zu einem Liquiditätsentzug oder/und einer Ausweitung der Fremdfinanzierung. Außerdem werden die ersten Leasingzahlungen erst dann fällig, sobald vom Betreiber auch Einnahmen aus dem Verkehrsvertrag generiert werden. Eine solche Verteilung der Kosten der Investition über die Zeitspanne des Verkehrsvertrags mit Leasingraten wird auch als *„Pay as you earn"-Prinzip* bezeichnet.

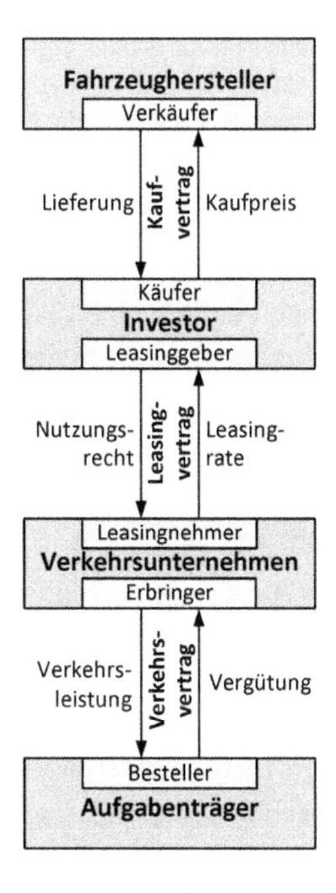

Abb. 10.8 Vertragsstruktur bei Anwendung eines Leasingmodells

- *Planungssicherheit der Kosten:* „Die Höhe der Leasingraten wird beim Abschluss des Leasingvertrages für die gesamte Vertragslaufzeit fixiert, was zusätzlich eine hohe Transparenz und Kalkulierbarkeit für den Betreiber bedeutet" (vgl. [Sch15b]).
- *Übernahme des Wiederverwendungs- und Restwertrisikos* durch den Leasinggeber am Ende des Leasingzeitraums. Hierdurch kann das Verkehrsunternehmen seine Risiken nach Ende des Verkehrsvertrages minimieren und flexibel auf möglicherweise geänderte Anforderungen reagieren." (vgl. [Sch15b]). „Der Betreiber kann nach Ablauf des Verkehrsvertrags die Fahrzeuge ohne weitere Belastungen einfach an den Leasinggeber zurück geben" (vgl. [Sch15b]). Dieser muss dann Möglichkeiten zur Weiternutzung der Fahrzeuge finden. Dadurch verfügt der Leasinggeber über die erforderlichen Kenntnisse am Sekundärmarkt und kann die Fahrzeuge gut vermarkten. Auch im Falle eines Leasingvertrags müssen besondere Regelungen zum Umgang mit dem Leasingobjekt getroffen werden. Hier kann beispielsweise eine Vertragsklausel aufgenommen werden, die einen bestimmten Wartungsturnus fest vorschreibt. Alternativ können Anreize über eine günstige Kaufoption geschaffen werden, bei denen der Leasingnehmer an einem (durch gute Wartung) hohen Fahrzeugwert nach Vertragsablauf teilhaben kann.
- *Bilanzeffekte*: Da der Leasinggeber juristischer Eigentümer des Leasing-Objekts ist und es in seiner Bilanz ausweist, kommt es beim Leasing-Nehmer nicht zu einer Bilanzverlängerung. Dies hat positive Auswirkungen auf die Eigenkapitalquote des Verkehrsunternehmens.
- *Eröffnen eines Marktzugangs*: Kleinen und mittelständischen Betreibern wird die Teilnahme an einem Vergabeverfahren für einen Verkehrsvertrag überhaupt erst durch Leasing eröffnet. Diese Unternehmen verfügen nicht über die für eine Fahrzeugbeschaffung erforderliche Kapitalbasis.
- *Höhere Flexibilität durch den Einsatz des Fahrzeugpools des Leasinggebers*: „Auf Adhoc-Lösungen bei Revisionen, Unfällen, Spätauslieferung oder kurzfristigen Mehrbedarf kann mit einem umfangreichen Fahrzeugpool eines Leasinggebers schneller und einfacher reagiert werden." (vgl. [Sch15b]).
- *Effizienzeffekte:* Der Leasinggeber hat im Betrieb von Fahrzeugflotten finanzielle Vorteile, die er teilweise an das Verkehrsunternehmen weitergeben kann. Dies resultiert in vergleichsweise günstigen Leasingraten. In ähnlicher Weise sind beim Herstellerleasing oft günstige Konditionen vorzufinden, da der Fahrzeughersteller durch ein günstiges Finanzierungsangebot den Absatz seiner Fahrzeuge fördern möchte [Win10].
  - *Skaleneffekte durch größere Beschaffungsmacht des Leasinggebers*: Weil der Leasinggeber eine größere Anzahl an Fahrzeugen beim Hersteller erwirbt, besitzt er eine größere Verhandlungsmacht. Er kann hierdurch bei den Fahrzeugherstellern höhere Preisnachlässe aushandeln und hat insgesamt niedrigere Anschaffungskosten als die nach Volumen vergleichbare Anzahl vieler kleinerer Beschaffungslose mehrerer Verkehrsunternehmen.
  - *Ergänzende Dienstleistungen:* Leasing-Gesellschaften bieten rund um die reine Finanzierungsfunktion ergänzende Dienstleistungen an. Leasing-Nehmern bietet sich damit die Chance, durch gezielte Outsourcing betrieblicher Funktionen Effizienzgewinne zu erzielen.

10.3.4.5 Lebenszyklusmodelle

Bei allen zuvor dargestellten Modellen lagen die Herstellung von Fahrzeugen und die Instandhaltung in verschiedenen Händen. So wurden kaum Anreize gesetzt, die Fahrzeuge so zu konstruieren und zu bauen, beispielsweise durch hochwertiger, haltbarere Materialien, dass sie wartungsarm betrieben werden können. Wenn die Hersteller die Fahrzeuge über ihre ganze Nutzungsdauer instandhalten müssen, liegt es in ihrem Interesse, Produktion und Instandhaltung zu den geringsten Kosten anzubieten. In so genannten Lebenszyklusmodellen erfolgt eine zweigeteilte Ausschreibung:

- Zunächst werden die Fahrzeuge durch eine *Herstellerausschreibung* beschafft. Die Lieferung der Fahrzeuge wird dabei mit einer Verfügbarkeitsgarantie über den Lebenszyklus kombiniert [HLJ12]. Verfügbarkeit bedeutet dabei Wartung und Instandhaltung der Fahrzeuge. Die Betriebsausschreibung erfolgt gesondert [JNM13]. Die Verfügbarkeitsgarantie des Fahrzeugherstellers ist explizit vertraglich verankert und wird durch gezielte wirtschaftliche Anreize unterstrichen. Der Hersteller muss für die Unzuverlässigkeit und fehlende Verfügbarkeit seiner Fahrzeuge gegenüber dem Aufgabenträger einstehen. Die Kunst in der Vertragsgestaltung liegt hierbei darin „wirtschaftlich sinnvolle, gezielte Anreize an den jeweiligen Vertragspartner [zu] setzen. So darf es nicht vorkommen, dass es für den Hersteller günstiger ist, einen Zug völlig ausfallen zu lassen, als ihn mit zwei defekten Toiletten und einer fehlerhaften Klimaanlage bereitzustellen" [JNM13].
- Im Anschluss an die Herstellerausschreibung erfolgt eine Betriebsausschreibung der gewünschten Verkehrsleistung. Der Wettbewerb in der *Betriebsausschreibung* wird gesichert, da die erheblichen Investitionskosten für die Fahrzeuge durch die Aufgabenträger vorgenommen werden. „Dies bedeutet eine Öffnung des Wettbewerbs für Verkehrsunternehmen, die normalerweise ungünstige Finanzierungskonditionen erhalten" [JNM13].

Beispielhafte Vorteile dieses so genannten Lebenszyklusmodells sind:

- *Geringere Ausfallhäufigkeiten durch die Verwendung besser haltbarer Komponenten* und Materialien. Dies führt zu nachhaltigeren, wirtschaftlich besser nutzbaren Fahrzeugen [JNM13].
- *Kürzere Stillstandszeiten* durch eine möglichst wartungsfreundliche Konstruktion, beispielsweise durch gute Zugänglichkeit und schnelle Fehlerbehebung (zum Beispiel durch unkomplizierten Komponententausch) [JNM13].
- *Kontinuierliche Verbesserung der Fahrzeugkonstruktion* durch Feedback von den mit der Wartung und Instandhaltung der Fahrzeuge betrauten eigenen Mitarbeitern des Herstellers. Diese Erfahrungen können beim Entwurf neuer Fahrzeuggenerationen einfließen und so die Wartungskosten weiter gesenkt werden [JNM13].
- *Vermeidung von Schnittstellenrisiken* an der Schnittstelle zwischen Hersteller und Wartungs- und Instandhaltungsorganisation [JNM13].

- *Verhinderung unkontrollierter Kostensteigerungen* der Fahrzeuge [GH03], da diese Risiken diesem Modell folgend vom Hersteller zu tragen sind. Im Umkehrschluss kommen vom Fahrzeughersteller realisierte Kosteneinsparungen ausschließlich dem Verkehrsunternehmen zu Gute.
- *Verhinderung stark schwankender Wartungskosten* in Abhängigkeit anstehender Fristarbeiten, da die Abrechnung im Sinne eines pauschalierten Wartungs- und Instandhaltungsvertrags (LCC-Vertrag) erfolgt.

10.4 Methoden des Fahrzeugbeschaffungsmanagements

Jeder Beschaffungsvorgang beginnt mit einer systematischen Ausarbeitung eines Lastenhefts. Die methodische Grundlage hierfür ist ein stringentes Anforderungsmanagement (vgl. Abschn. 10.4.1). Frühzeitig im Beschaffungsprozess müssen die vertraglichen Aspekte der Beziehung zum Fahrzeughersteller fixiert werden. Hierfür wird mit dem Performance-based Contracting (vgl. Abschn. 10.4.2) ein Ansatz vorgestellt, welcher die Interessen von Fahrzeughersteller und Verkehrsunternehmen miteinander in Einklang bringen soll. Lebenszykluskostenanalysen stellen sicher, dass die über den gesamten Lebenszyklus gesehen die wirtschaftlichste Beschaffungsvariante umgesetzt wird (vgl. 10.4.3).

10.4.1 Anforderungsmanagement (Requirements Engineering)

Bei der Beschaffung komplexer und arbeitsteilig hergestellter Produkte und Systeme, wie beispielsweise Schienenfahrzeuge, nimmt das Anforderungsmanagement eine Schlüsselposition ein, um eine termin-, kosten-, und qualitätsgerechte Durchführung des Beschaffungsprojekts sicherzustellen. Hierzu müssen klare Regeln und Prozesse formuliert und ihre Einhaltung sichergestellt werden. Wichtig hierbei ist das stringente und möglichst medienbruchfreie Managen der Anforderungen über den gesamten Fahrzeugbeschaffungsprozess. Dies gilt von der ersten Idee der Anforderung, über deren Formulierung, deren (vertraglicher) Vereinbarung mit dem Fahrzeughersteller, bis zum Nachweis ihrer Umsetzung in der Design- und Konstruktionsphase und später am Fahrzeug [MSF13].

Nach [Poh08] ist das Requirements Engineering ein kooperativer, iterativer, inkrementeller Prozess, der aus den nachfolgend dargestellten Kernaktivitäten besteht (vgl. auch Abb. 10.9):

- *Anforderungen gewinnen:* Alle für die Fahrzeugbeschaffung relevanten Anforderungen sind bekannt und in dem erforderlichen Detaillierungsgrad verstanden. Hierfür werden existierende Anforderungen durch die Befragung von Stakeholdern sowie durch die Analyse von Dokumenten und existierenden Systemen gewonnen. Innovative Anforderungen werden in einem kooperativen, kreativen Prozess mit den Stakeholdern

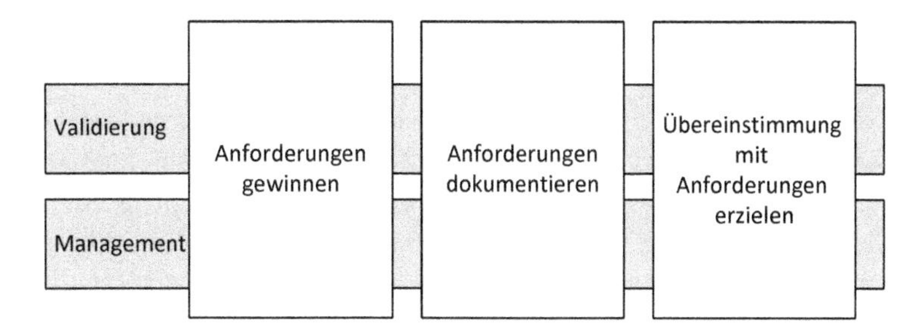

Abb. 10.9 Kernaufgaben des Anforderungsmanagements

gewonnen. Die Gewinnung innovativer Anforderungen wird durch sogenannte *Kreativitätstechniken* unterstützt [Poh08]. Idealerweise werden im Sinne eines strategischen Anforderungsmanagements aus gesellschaftlichen und technologischen Trends frühzeitig Anforderungen an Schienenfahrzeuge abgeleitet [HFF15]. Ein alternativer Ansatz zur Gewinnung von Anforderungen sind Methoden der *qualitativen Marktforschung*. Ziel von so genannten Zug- oder Buslaboren ist es, in Anlehnung an die in der Automobilindustrie erfolgreich etablierten Car Clinics, die Erwartungen und Bedürfnisse der Fahrgäste an Ausstattungsmerkmale von Fahrzeugen zu ermitteln und in der Fahrzeugbeschaffung zu berücksichtigen (vgl. [SW13b], [SG14] und [BFF14]).

- *Anforderungen dokumentieren:* Alle an die Fahrzeuge gestellten Anforderungen sollen den Dokumentationsvorschriften entsprechend dokumentiert sowie konform zu den Spezifikationsvorschriften spezifiziert sein. Anforderungen werden nach klaren Regeln formuliert. Im Zentrum steht hierbei die Dokumentation von Anforderungen. Die Anforderungen können in natürlicher Sprache oder durch Modelle dokumentiert werden. Ergänzend können auch Begründungen, Entscheidungen und weitere Informationen, die im Requirements Engineering Prozess erarbeitet werden festgehalten werden [Poh08]. Nach [HFF15] dient beispielsweise ein so genanntes Generationszielbild im strategischen Anforderungsmanagement von Schienenfahrzeugen als Kommunikationsobjekt zwischen verschiedenen Stakeholdern. Es macht Akteure in einem interdisziplinären Umfeld miteinander „diskussionsfähig".
- *Übereinstimmung mit Anforderungen erzielen:* Mit den in der Beschaffung involvierten internen Stakeholdern wird eine ausreichende Übereinstimmung über die bekannten Anforderungen an die Fahrzeuge erzielt. Hierbei sollen Konflikte über die bekannten Anforderungen möglichst frühzeitig erkannt und aufgelöst werden – sei es durch Konsensfindung oder durch begründete Entscheidungen (vgl. [Poh08] und [HFF15]). Da Fahrzeuge komplexe Produkte, bzw. Systeme sind, an deren Entwicklung arbeitsteilig gearbeitet wird, muss auch an der Schnittstelle zwischen Verkehrsunternehmen und Herstellern an einem gemeinsamen Verständnis der Anforderungen gearbeitet werden.

Zusätzlich zu den drei zuvor genannten Kernaktivitäten des Requirements Engineering gibt es zwei Aktivitäten mit Querschnittscharakter:

- *Validierung:* Eine Validierung von Anforderungsartefakten zielt darauf ab, Fehler in Anforderungen aufzudecken. Nur Anforderungsartefakte mit einer nachweislich hohen Qualität sind eine geeignete Grundlage für den Fahrzeugentwurf und die Implementierung von Testartefakten (vgl. Abschn. 11.4.2). Fehler in den Anforderungen haben weitere Fehler im Fahrzeugentwurf und in der Implementierung von Testartefakten zur Folge. Gleichzeitig beziehen sich die Validierungsaktivitäten auf die Aktivitäten des Requirements Engineerings selbst. Hierbei wird geprüft, ob alle definierten Teilaktivitäten tatsächlich und entsprechend der gültigen Prozessvorgaben durchgeführt wurden.
- *Management*: Wie bereits die Validierung beziehen sich die Managementaktivitäten sowohl auf die Anforderungsartefakte als auch auf den Prozess. Die Anforderungsartefakte müssen über den gesamten Lebenszyklus des Systems hinweg verwaltet werden. Ziel des Anforderungsmanagements ist folglich, die Anforderung von der Idee beim Verkehrsunternehmen über die technische Anforderung im Lastenheft, deren Kommentierung durch die Bieter im Angebot, deren verbindliche Vereinbarung mit dem Fahrzeughersteller, deren Umsetzung im Pflichtenheft und deren Nachweis in Design Reviews an den Komponenten und später am Fahrzeug lückenlos und medial bruchfrei nachzuverfolgen [MSF13]. Damit dies gelingt, sind Anforderungen zu archivieren, zu priorisieren sowie einem stringenten Änderungsmanagement zu unterwerfen (vgl. Abschn. 11.4.2). Das Management des Prozesses zielt auf die Planung, Steuerung und Kontrolle im Requirements Engineering ab, um eine effiziente Durchführung dieser Aktivitäten sicherzustellen. Es gilt, die im Anforderungsmanagement erzeugten und genutzten Informationen so zu organisieren, dass die Qualitätskriterien und Regeln zum Anforderungsmanagement erfüllt und nach Möglichkeit vom genutzten Werkzeug automatisch unterstützt werden.

Das Anforderungsmanagement geht im Idealfall über eine konkrete Beschaffungsmaßnahme hinaus. Eine große Bedeutung für die Realisierung von Synergieeffekten liegt darin, das technische Wissen über Module und Gewerke unabhängig von Fahrzeugausschreibungen als Basisanforderungen festzuhalten. Hier fließen Erfahrungen aus der Beschaffung, dem Betrieb, der Instandhaltung, aber auch aus Gesprächen mit den Lieferanten ein. Die Basislastenhefte werden jährlich aktualisiert. Findet eine konkrete Fahrzeugbeschaffung statt, wird aus den Basislastenheften ein beschaffungsprojektspezifisches Lastenheft erzeugt. Dies hat die Vorteile, dass zum einen aufgrund der Wiederverwendbarkeit der Anforderungen der Aufwand und der Prozess des Anforderungsmanagements in zeitlicher Hinsicht optimiert wird. Zum anderen steigt hierdurch die Qualität der Anforderungen und somit letztlich auch nach deren Umsetzung auch die des Fahrzeugs durch den strukturierten Erfahrungsrückfluss [MSF13].

10.4.2 Performance-based Contracting

Aus der Idee heraus, die Interessen von Anbietern und Abnehmern von Produkten und Dienstleistungen stärker miteinander in Einklang zu bringen, wurden Vertragskonzepte entwickelt, welche stärker an einem transaktionsübergreifenden, langfristigen Leistungsergebnis ausgerichtet sind und die Anbietervergütung hieran knüpfen. In diesem Fall wird beispielsweise ein Fahrzeughersteller vom Verkehrsunternehmen nicht mehr separat für das beschaffte Fahrzeug sowie im Bedarfsfall entlang des Lebenszyklus für erbrachte produktbegleitende Leistungen vergütet. Vielmehr werden Erstbeschaffung sowie betriebsbedingte und ggf. unterstützende Leistungen vom Fahrzeughersteller als Leistungsbündel erbracht und vom Verkehrsunternehmen entsprechend vergütet (vgl. [Gla12] und [GT09]). Statt die Systembeschaffung (eines Gutes) und dessen Erhalt durch Dienstleistungen entlang des Lebenszyklus zu trennen, wird das vom Verkehrsunternehmen durch den Erwerb eines Fahrzeugs erwünschte Leistungsergebnis (engl. „Performance") zum Inhalt der Verträge (engl. „Contracts bzw. „Contracting") gemacht. Abgerechnet wird nach einem erzielten Ergebnis (zum Beispiel erreichte Anlagenverfügbarkeit, Betriebsstunden, produzierte Einheiten). Ein Anbieter einer (Dienst-)Leistung hat also rechtlich gesehen lediglich dann ein Anrecht auf die vertraglich vereinbarte Vergütung, wenn er auch das im Rahmen einer Transaktion geschuldete Ergebnis leistet. Damit leitet sich auch der im Englischen häufig gebrauchte Begriff des „Performance(-based) Contracting" (PBC) für ergebnisorientierte Vertragskonzepte mit leistungsbasierter Vergütung ab. Insofern wird PBC nach [Kle14] definiert „als ein ergebnisorientiertes Vertragskonzept für komplexe Leistungsbündel, bei denen die Vergütung leistungsabhängig (‚Leistungsvergütung') erfolgt". Damit nimmt diese Definition Bezug auf drei konstitutive Merkmale, die nachfolgend erläutert werden:

- *Ergebnisorientierung:* Die Ergebnisorientierung in PBC, leitet sich aus einem angestrebten Kundennutzen ab. Hierbei kann es sich beispielsweise um die folgenden Ergebnisindikatoren handeln. Bei der Betrachtung der Verfügbarkeit wird eine prozentuale *Verfügbarkeit* eines Leistungsbündels als Schlüsselkennzahl festgelegt, deren Über- oder Unterschreiten gegebenenfalls Vertragsstrafen oder aber die Gewährung einer Anreizprämie zur Folge hat. Bei der Betrachtung der *Nutzung*, wird eine Nutzungseinheit für ein Leistungsbündel definiert, die als Basis für die Abrechnung dient. Ein Beispiel hierfür wäre die Messung der Nutzung nach den erbrachten Betriebsstunden. Bei der Betrachtung der *Ergebnisse* erfolgt eine Ausrichtung auf den Mehrwert aus der Nutzung des Leistungsbündels. Übertragen auf den Betrieb von Fahrzeugflotten wäre als hier die tatsächlich erbrachte Fahrleistung (in Fahrzeugkilometer) Grundlage für die vertragliche Vereinbarung [Kle14].
- *Leistungsvergütung:* Dieses Merkmal ist insofern wichtig, als dass auch ergebnisorientierte Verträge existieren, die nicht nach der erreichten Leistung, sondern leistungsunabhängig, zum Beispiel für bestimmte Zeitabschnitte, mit festen Sätzen vergütet werden. In PBC dagegen wird davon ausgegangen, dass zumindest Teile der Vergütung von der erreichten Leistung abhängen [Kle14]. Dahinter steht die Idee, dass der Vergütungsmechanismus die Interessen von Anbieter und Abnehmer annähert oder angleicht. Das Merkmal der Leistungsvergütung baut auf dem zuvor erläuterten Merkmal der Ergebnisorientierung auf, da ohne Ergebnisorientierung auch keine Ausrichtung der

Leistungsvergütung darauf möglich ist. Für die Vergütungsmechanismen stehen eine Reihe von Preistypen zur Verfügung, die sich allerdings an zwei Extremen eines Kontinuums festmachen lassen. *Kostenbezogene Preise* beruhen auf einer vom Auftraggeber an den Auftragnehmer zu leistenden Erstattung der Kosten zuzüglich einer Gewinnmarge. *Festpreise* decken sämtliche Kosten und auch die Gewinnmarge ab. Damit wird die Performance des Leistungsbündels entlohnt [Gla12]. Grundsätzliches Unterscheidungsmerkmal ist hier der Grad der Unsicherheit für bzw. Risikoübernahme durch den Fahrzeughersteller (oder das Verkehrsunternehmen).
- *Anwendungsfelder:* Der Vertragsinhalt, also die „Contracting"-Basis, repräsentiert ein komplexes Leistungsbündel aus Gütern und Dienstleistungen [Kle14]. PBC findet in der Regel Anwendung auf Investitionsgüter von hoher Spezifität und somit Komplexität (wie eben Fahrzeuge im Verkehrsbereich).

Die Vorteile des PBC aus Sicht des *Verkehrsunternehmens* sind:

- Das Risiko in der Beschaffung von Fahrzeugen sowie den zugehörigen Dienstleistungen wird reduziert, da das Verkehrsunternehmen nur noch für erbrachte Leistungen beziehungsweise den erzielten Mehrwert bezahlen muss [Kle14].
- Der Fahrzeughersteller richtet sich durch die Bindung seiner Vergütung an das vom Verkehrsunternehmen gewünschte Leistungsergebnis stärker am Kundennutzen aus [Kle14]

Vorteile des PBC aus Sicht des *Fahrzeugherstellers* sind:

- Der Fahrzeughersteller erhält mehr Freiheit in der Leistungserbringung: das Verkehrsunternehmen gibt ja „nur noch" ein Ergebnis vor; wie dies zu erreichen ist, ist dem Fahrzeughersteller überlassen [Kle14].
- Durch die leistungsorientierte Vergütung erhält der Fahrzeughersteller zudem die Möglichkeit, Effizienzvorteile zu erwirtschaften und diese als Ausgleich für die oben genannte Risikoübernahme zu nutzen [Kle14].

10.4.3 Lebenszykluskostenanalysen

Die Methode des Life Cycle Costing (LCC) wurde für die Wirtschaftlichkeitsberechung komplexer Großprojekte des industriellen Anlagenbaus entwickelt. Ähnliche Betrachtungen finden auch in der IT-Welt unter dem Begriff „Total Cost of Ownership" angestellt. Für die LCC-Ermittlung von Investitionsgütern in Verkehrsunternehmen (Fahrzeuge) wird jedoch in diesem Buch die Nomenklatur der Lebenszykluskosten verwendet. „Der Ausdruck ‚Life Cycle Cost' steht für die Gesamtheit aller Kosten, die ein Fahrzeug nach Festlegung von Objektstruktur, Zyklusphasen und Kostenklassen verursacht. Die Gesamtheit aller Kosten wird in einer so genannten Kostenmatrix dargestellt (vgl. Abb. 10.10). Die drei Dimensionen der Matrix sind:

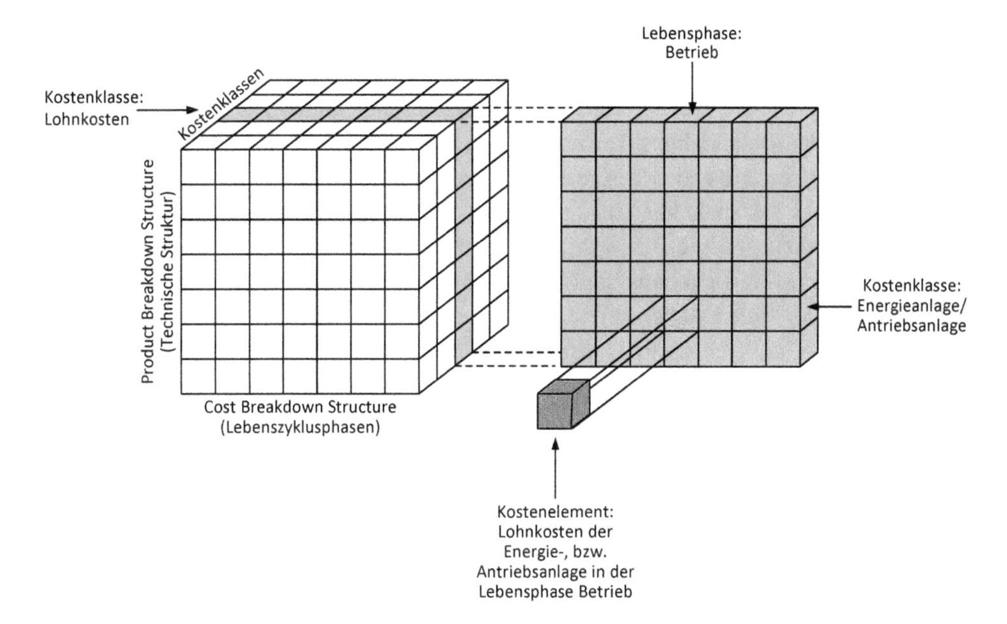

Abb. 10.10 Kostenmatrix zur Strukturierung von Lebenszykluskosten (LCC)

- *Kostengliederungsstruktur (Cost Breakdown Structure, CBS):* Beschreibt, in welcher Phase des Lebenszyklus die Kosten anfallen. Beispielsweise sind dies die Hauptphasen Beschaffung, Betrieb und Instandhaltung und Entsorgung [SR15].
- *Produkt-/Arbeitsaufbruchstruktur (Product/Work Breakdown Structure, PBS/WBS):* Beschreibt die technische Struktur des Fahrzeugs sowie unterstützende Dienstleistungen und Arbeitspakete (vgl. [DIN05a] und [DIN14]). Hier wird der betrachtete Technikumfang aufgegliedert und definiert, was für Kosten anfallen. [DIN06b] ist die Basis für die Bildung produktbezogener Strukturen für Schienenfahrzeuge. Eine gemeinsam PBS (auf Basis von [DIN06b]) schafft eine gemeinsame Kommunikationsbasis zwischen Verkehrsunternehmen, Fahrzeugherstellern und Unterlieferanten in allen Phasen der Zusammenarbeit, das heißt über den gesamten Lebenszyklus [SR15].
- *Kostenarten (Cost Categories, CC) mit Kostenelementen (Cost Elements, CE)* nennen die Bereiche, die Kosten verursachen und gliedern diese in kostenverursachende Elemente auf. Beispiel sind Materialkosten, Personalkosten, Werkzeugkosten und Entsorgungskosten.

Die Methode des Life Cycle Costings zielt darauf ab, die gesamten Kosten eines Fahrzeugs und der damit verbundenen Aktivitäten und Prozesse, die über dessen Lebenszyklus entstehen, zu optimieren“ (vgl. [VDI05a], [ME06] und [Jun14]). Die Ermittlung der Lebenszykluskosten kann prinzipiell aus der Sicht des Betreibers (Verkehrsunternehmen) oder des Fahrzeugherstellers erfolgen. Beide Sichtweisen müssen unterschieden werden:

- *Perspektive des Verkehrsunternehmens:* Verkehrsunternehmen möchten in Vergabeverfahren bei Ihnen alternativ angebotenen Fahrzeugen die durch das Fahrzeug induzierten

Kosten und Leistungen – bezogen auf den gesamten Lebenszyklus – in die Vergabeentscheidung mit einbeziehen. Das Life Cycle Costing stellt Verkehrsunternehmen einen methodischen Rahmen bereit, um Beschaffungsentscheidungen oder Entscheidungen zu alternativen Instandhaltungskonzepten – unter Annahme eines Nutzungsprofils – auf der Basis der resultierenden gesamten Lebenszykluskosten zu treffen [DIN05a]. Wo entstehen in der Instandhaltung die größten Kostenblöcke? Gibt es bessere Alternativen zu einer gegebenen Vorgehensweise? Welche Auswirkungen haben Modifikationen – beispielsweise von Inspektions- und Wartungsintervallen – auf die Kostensituation?

- *Perspektive des Fahrzeugherstellers:* Fahrzeughersteller möchten eine kundenorientierte Planung und Entwicklung von Fahrzeugkonzepten durchführen. Mit Hilfe von Life Cycle Costing sollen Entscheidungen in der Entwicklungsphase, die primär der Senkung der Anfangskosten getroffen werden, den daraus resultierenden Folgekosten späterer Phasen des Lebenszyklus gegenübergestellt werden. In diesem Fall stellt das Life Cycle Costing einen methodischen Rahmen, um innovative Fahrzeugkonfigurationen vor dem Hintergrund einer Lebenszykluskostenbetrachtung zu entwickeln (sog. *Life Cycle Engineering*). Die Methode hilft den Fahrzeugherstellern, den Einfluss wiederkehrender Kosten und Folgekosten aufzuzeigen, die beispielsweise durch instandhaltungsgerechte Konstruktionen gesenkt werden können. Dadurch können die Fahrzeughersteller den Verkehrsunternehmen trotz höherer Herstellungskosten – über die gesamte Nutzungszeit der Fahrzeuge gesehen – wirtschaftliche Alternativen anbieten.

Da in diesem Buch die Perspektive des Verkehrsunternehmens im Vordergrund steht erfolgt eine Zuordnung der Methode Life Cycle Costing in die Lebenszyklusphase des Beschaffungsmanagements. Die Integration der LCC in den Beschaffungsprozess ist in Abb. 10.11 dargestellt. Die einzelnen Schritte werden nachfolgend skizziert.

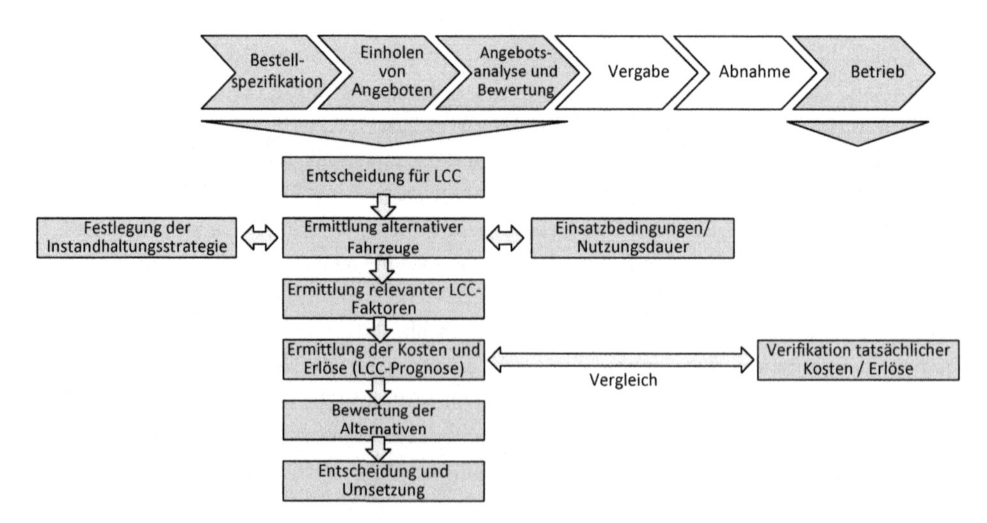

Abb. 10.11 Einbettung von LCC in den Beschaffungsprozess

- *Entscheidung zur Anwendung von LCC:* Zunächst wird der Zweck und der Rahmen der LCC-Analysen festgelegt. Die Beschaffung von Fahrzeugen ist ein klassischer Anwendungsfall von LCC. Dies hat mehrere Gründe. Die Fahrzeuge haben eine hohe geplante Nutzungsdauer. Demnach verursachen die Fahrzeuge im Verhältnis zu einmaligen Beschaffungskosten hohe wiederkehrenden Kosten und Folgekosten. Des Weiteren können Kostensenkungspotenziale durch den Einsatz von LCC identifiziert werden.
- *Ermittlung alternativer Fahrzeuge:* Die von den Fahrzeugherstellern im Zuge von Vergabeverfahren angebotenen Fahrzeuge müssen zunächst die im Pflichtenheft geforderten Anforderungen hinsichtlich Leistung und Qualität erfüllen, um für eine weitergehende Betrachtung in Frage zu kommen. Erfüllen mehrere Fahrzeugtypen alle gestellten Anforderungen, so trägt eine LCC-Betrachtung als ganzheitlicher Ansatz dazu bei, die aus Sicht des Verkehrsunternehmens wirtschaftlichste Beschaffungsalternative zu ermitteln.
- *Festlegung der Instandhaltungsstrategie:* Um eine Prognose über die zu erwartenden Instandhaltungskosten abgeben zu können, ist die Instandhaltungsstrategie gegebenenfalls in Zusammenarbeit von Fahrzeughersteller und Verkehrsunternehmen festzulegen. Die alternativen Instandhaltungsstrategien können auch selbst Gegenstand von LCC-Vergleichen sein.
- *Erfassung von Einsatzbedingungen und Nutzungsdauer:* Die spezifischen Einsatzbedingungen lassen sich durch die Nutzungshäufigkeit, die Nutzungsintensität sowie das Umfeld und die Umweltbedingungen charakterisieren. Diese Faktoren sind wesentliche Einflussfaktoren auf die Zuverlässigkeit technischer Systeme und haben somit direkte Auswirkungen auf die notwendigen Instandhaltungsmaßnahmen und damit auch auf die Instandhaltungskosten. Maßgeblich für die Festlegung der Nutzungsdauer sind unter anderem Markprognosen, technologische Weiterentwicklungen und strategische Entscheidungen. Von der Nutzungsdauer hängt im Wesentlichen ab, wie sich das Verhältnis von Anschaffungspreis und später folgenden Betriebs-, Instandhaltungs- und Entsorgungskosten darstellt.
- *Festlegung relevanter Kosten und Faktoren:* Für den jeweiligen Beschaffungsfall ist individuell zu entscheiden, welche Kosten und welche auch nicht unmittelbar monetär quantifizierbaren Faktoren bei Bewertung der Alternativen berücksichtigt werden sollen. Die relevanten Kosten und Faktoren sollen gemeinsam von den am Beschaffungsprozess beteiligten kaufmännischen und technischen Beteiligten festgelegt werden.
- *Erhebung relevanter Kosten und Erlöse:* Auf der Grundlage eindeutig für alle Beteiligten getroffenen Definitionen der Kosten und Faktoren liefern die Fahrzeughersteller verifizierte Angaben oder Prognosen über die zu erwartenden Kosten.
- *Bewertung der Alternativen:* Die Alternativen werden im Sinne einer qualitativen Bewertung (bspw. in Form einer Nutzwertanalyse) bewertet. Quantitative Bewertungen greifen auf traditionelle Verfahren der Investitionsrechnung zurück [HBO97]. Bei statischen Verfahren der Investitionsrechnung finden Zins- und Liquiditätswirkungen späterer Ein- und Auszahlungen keine Beachtung, da diese Verfahren den Zeitfaktor

nicht berücksichtigen. Bei dynamischen Verfahren wird der unterschiedliche Anfall von Kosten und Erlösen berücksichtigt. Kennzeichnend für die dynamischen Verfahren ist die Erfassung der Ein- und Auszahlungen während der Nutzungszeit. Der zeitliche unterschiedliche Anfall der Ein- und Auszahlungen wird zum Beispiel durch Auf- und Abzinsung der Zahlungsströme berücksichtigt [HBO97].

- *Entscheidung und Umsetzung:* Die Bewertungen der Lebenszykluskosten sind eine zuverlässige Basis für die Entscheidung der wirtschaftlich zielführenden Alternative bei der Fahrzeugbeschaffung.
- *Verifikation der Prognoseergebnisse durch eine Analyse:* LCC stellen zugesicherte Eigenschaften eines Objekts dar. Diese Eigenschaften sind überprüfbar und deshalb auch hinsichtlich der Erfüllung der Vorgaben bewertbar. Eine Nichterfüllung kann pönalisiert oder aber ein Übertreffen der Vorgaben honoriert werden. Zu einem frühen Zeitpunkt in der Beschaffung kann oftmals allerdings bloß ein Versuch einer Vorhersage der Höhe der Instandhaltungskosten auf Basis gegebener Randbedingungen eines Betreibers und Erfahrungen mit ähnlichen Objekten des Herstellers erfolgen (LCC-Prognose). Diese Prognose wird gegen eine Analyse der tatsächlichen Instandhaltungskosten am im Betrieb befindlichen Objekt gespiegelt. Die für einen LCC-Vertrag wesentlichste Komponente ist das Verifikationsverfahren [OE08]. Zum einen müssen die gesammelten Informationen so detailliert sein, dass eine exakte Nachvollziehbarkeit gegeben ist. Zum anderen sollte der Aufwand zur Datenerfassung einen bestimmten Aufwand nicht überschreiten (vgl. [DT98] und [Que00]). Für eine wirksame LCC-Verifikation muss eine entsprechende Datenerfassung im Verkehrsunternehmen realisiert werden. Dies erfordert frühzeitig eine verbindliche Festlegung über zu erfassende Daten, die geltenden Randbedingungen, Messverfahren, Messzeitpunkte, die Berechnung und Bewertung der Ergebnisse sowie Modalitäten zur Verwaltung von Gutschriften und Pönalen.

Literatur

[AGM05] Ahne, Gerd, Rüdiger Gill, und Stefan Mittler. 2005. Projekt „Modernisierung der IC/EC-Reisezugwagen. *Eisenbahntechnische Rundschau* 54 (9): 505–510.

[Alt14] Altmann, Stefan. 2014. Chancen und Herausforderungen beim Einsatz von Gebrauchtfahrzeugen in SPNV-Netzen. *Eisenbahntechnische Rundschau* 63 (9): 80–84.

[Ane12] Anemüller, Stephan. 2012. Erster 2400er der KVB wird aufgegleist – Kölner Verkehrs Betriebe transformieren Serie 2100 in neue 2400er Stadtbahnen. *Verkehr und Technik* 55 (12): 464–466.

[Ane15] Anemüller, Stephan. 2015. Innovative Qualitätssicherung: Umbau von Stadtbahnen zur Serie 2400. *Eisenbahningenieur* 66 (4): 61–65.

[BFF14] Berkensträter, Klaus, Mireille Frankenbach, Hans-Jürgen Frieß, und Peter Zimmer. 2014. Fahrzeugdesign aus dem Buslabor. *Der Nahverkehr* 32 (4): 19–21.

[BMI15] Beschaffungsamt des Bundesministeriums des Innern. 2015. *Unterlage für Ausschreibung und Bewertung von IT-Leistungen (UfAB VI – Version 1.0).* Bonn: BMI.

[BMV11] Bundesministerium für Verkehr, Bau und Stadtentwicklung. 2012. *Handbuch Eisenbahnfahrzeuge – Leitfaden für Herstellung und Zulassung*. Berlin: BMVBS.

[BR15] Becker, Tim, und Andrej Ryndin. 2015. Organisationsmodelle für SPNV-Leistungserstellung. *Der Nahverkehr* 33 (11): 47–53.

[BvE12] Becker, Roman, und Esther van Engelshofen. 2012. Fahrzeug-Finanzierungsmodelle für attraktive SPNV-Ausschreibungen. *Der Nahverkehr* 30 (3): 7–9.

[DIN02] Deutsches Institut für Normung. 2002. *DIN EN 13816: Transport – Logistik und Dienstleistungen – Öffentlicher Personenverkehr; Definition, Festlegung von Leistungszielen und Messung der Servicequalität; Deutsche Fassung EN 13816:2002*. Berlin: Beuth Verlag.

[DIN05a] DeutschesInstitutfürNormung.2005.*DINEN60300-3-3:Zuverlässigkeitsmanagement–Teil 3-3: Anwendungsleitfaden – Lebenszykluskosten (IEC 60300-3-3:2004); Deutsche Fassung EN 60300-3-3:2004*. Berlin: Beuth Verlag.

[DIN06b] Deutsches Institut für Normung. 2006. *DIN EN 15380-2: Bahnanwendungen – Kennzeichnungssystematik für Schienenfahrzeuge – Teil 2: Produktgruppen; Deutsche Fassung EN 15380-2:2006*. Berlin: Beuth Verlag.

[DIN14] Deutsches Institut für Normung. 2014. *DIN EN 600300-3-3: Zuverlässigkeitsmanagement – Teil 3-3: Anwendungsleitfaden – Lebenszykluskosten (IEC 56/1549/CD:2014)*. Berlin: Beuth Verlag.

[DT98] Driver, John, und Christian Trescher. 1998. Die Lebenszykluskosten auf dem Prüfstand – Ansätze zur Verifikation von LCC/RAMS im Beschaffungsprozess. *Der Nahverkehr* 16: 62–64.

[EU07] Europäische Union. 2007. *Verordnung (EG) 1370/2007 des Europäischen Parlaments und des Rates vom 23. Oktober 2007 über öffentliche Personenverkehrsdienste auf Schiene und Straße und zur Aufhebung der Verordnungen (EWG) Nr. 1191/69 und (EWG) 1107/70 des Rates*. Amtsblatt der Europäischen Union, L315/1 vom 03.12.2017

[FHO14] Falk, Gorden, Dirk Holfoth, und Reinhard Otto. 2014. Anwendung von Methoden des Quality Engineerings in der Entwicklung von Schienenfahrzeugen. *ZEV-Rail* 138 TB SFT: 154–161.

[FM14] Falk, Gorden, und Andreas Müller. 2014. Qualitätspartnerschaft in der Schienenfahrzeugentwicklung. *ZEV-Rail* 138 (6–7): 212–223.

[Fuc13] Fuchs, Kurt. 2013. Fahrzeugfinanzierung im SPNV. *Der Nahverkehr* 31 (6): 37–39.

[GH03] Gorka, Wolf, und Ralf Hoopmann. 2003. Fahrzeugpool in Niedersachsen – Organisation eines öffentlichen Pools am Beispiel der LNVG. *Der Nahverkehr* 20 (6): 6–9.

[Gla12] Glaser, Andreas H.. 2012. *Public Performance-based Contracting – Ergebnisorientierte Beschaffung und leistungsabhängige Preise im öffentlichen Sektor*. Dissertation Universität der Bundeswehr München.

[GT09] Geuckler, Michael, und Henning Tegner. 2009. Finanzierung von SPNV-Fahrzeugen im Sog der Finanzkrise. *Der Nahverkehr* 27 (12): 42–46.

[GW09] Gregorc, Walter, und Karl-Ludwig Weiner. 2009. *Claim Management – Ein Leitfaden für Projektmanager und Projektteam*. 2. Aufl. Erlangen: Publicis Verlag.

[Hah16] Hahn, Jürgen. 2016. Claim & Contract Management in Projekten des Schienenfahrzeugbaus. *EI – Eisenbahningenieur* 67 (7): 37–39.

[HB12] Homann, Oliver. 2012. Büdenbender, Martin: Energieeffizienz als vergaberechtliche Herausforderung. *Der Nahverkehr* 30 (9): 72–75.

[HBO97] Huch, Burkhard, Wolfgang Behme, und Thomas Ohlendorf. 1997. *Rechnungswesenorientiertes Controlling*. Heidelberg: Physica-Verlag.

[HFF15] Heerdegen, Björn, Konrad Fonfara, und Frank Fürstenau. 2015. Strategisches Anforderungsmanagement bei Schienenfahrzeugen als Sektoraufgabe. *Eisenbahntechnische Rundschau* 64 (11): 49–53.

[Hil14] Hille, Jürgen. 2014. Bus Store – die neue Qualitätsmarke für gebrauchte Omnibusse von Mercedes-Benz und Setra in Europa. *Verkehr und Technik* 57 (4): 154–156.

[HJN11] Husmann, Martin, Ute Jasper, Kristina Neven-Daroussis, und Peter Langenberg. 2011. VRR schreibt Linie mit innovativer Fahrzeugfinanzierung aus. *Der Nahverkehr* 29 (3): 18–20.

[HLJ12] Husmann, Martin, Peter Langenberg, Ute Jasper, und Kristina Neven-Daroussis. 2012. Neue Wege in der Finanzierung von SPNV-Fahrzeugen. *Der Nahverkehr* 30 (7–8): 28–31.

[HR11] Hüper, Axel-Björn, und Stefan Reitzel. 2011. Hohe Fertigungsqualität als Garant für Nachhaltigkeit in der Ergebnisentwicklung von Baubetrieben – Quality Gates als Baustein für operative Exzellenz. *ZEV-Rail* 135 (10): 404–409.

[JNM13] Jasper, Ute, Kristina Neven-Daroussis, und Christopher Marx. 2013. Dauerbrenner Fahrzeugfinanzierung. *Der Nahverkehr* 31 (6): 34–36.

[Jun14] Jung, Harald. 2014. RAMS/LCC-Systemanalyse für Schienenfahrzeugtechnik – Methoden, Potenziale und Praxisbeispiele. *Eisenbahntechnische Rundschau* 63 (6): 46–49.

[Kle14] Kleemann, Florian. 2014. *Supplier Relationship Management im Performance-based Contracting – Anbieter-Lieferanten-Beziehungen in komplexen Leistungsbündeln*. Dissertation, Universität der Bundeswehr (München). Wiesbaden: Springer.

[KNS02] Kähler, Steffen, Hubert Nawa, und Georg Schwinning. 2002. Verkauf von Üstra-Stadtbahnwagen. *Der Nahverkehr* 20 (12): 64–67.

[Kos14a] Kossow, Carsten. 2014. Aus alt mach neu – Maßgeschneiderte Modernisierungslösung für Bonner Stadtbahn. *Der Nahverkehr* 32 (9): 16–18.

[Kos14b] Kossow, Carsten. 2014. Die Ertüchtigung der U-Bahn-Triebwagen F 74/76/79der Berliner Verkehrsbetriebe. *Verkehr und Technik* 57 (4): 134–136.

[LHW12] Leenen, Maria, Alexander Herbermann, und Andreas Wolf. 2012. Fahrzeug- Finanzierungsprobleme: Lösungen und Scheinlösungen. *Der Nahverkehr* 30 (11): 18–22.

[LNW13] Lutzenberger, Stefan, Stefan Nikisch, und Phillipp Wloka. 2013. Strategische Wartung von Schienenfahrzeugen mit Monitoring. *Der Nahverkehr* 09: 10–17.

[Lud02] Ludwig, Dieter. 2002. Fahrzeugpools für den SPNV – Segen oder Fluch. *Der Nahverkehr* 19 (10): 6–7.

[Mar12] Marquordt, Christian. 2012. Zweites Leben für die ersten Stadtbahnwagen der Stadtwerke Bonn. *Verkehr und Technik* 55 (10): 381–385.

[ME06] Matschke, Gerd, und Jens Engelmann. 2006. Lebenszyklusmanagement von Schienenfahrzeugen. *Eisenbahningenieur* 56 (10): 32–39.

[MSF13] Müller, Helmut, Kerstin Schuler, Konrad Fonfara, und Peter Lankes. 2013. Anforderungsmanagement bei der Deutschen Bahn AG – der Schlüssel zur nachhaltigen Beschaffung von Schienenfahrzeugen. *ZEV-Rail* 137 TB SFT: 116–123.

[MST11] Moser, Thomas, Klaus Schweizer, und Tomasek, Robert. 2011. Generalüberholung von Stadtbahnwagen – eine wirkliche Alternative. *Der Nahverkehr* 29 (12): 38–44.

[MW14] Müller-Wrede, Malte. Hrsg. 2014. *Vergabe- und Vertragsordnung für Leistungen VOL/A – Kommentar*. 4. Aufl. Köln: Bundesanzeiger Verlag.

[Noc12] Nock, Marco. 2012. Modernisierungen von Schienenfahrzeugen – Lösungen aus Spezialistenhand. *Eisenbahntechnische Rundschau* 11: 16–21.

[OE08] Ondrejkovics, Alexander, und Christoph Eigenberger. 2008. LCC-Verifizierung TALENT ÖBB-ARGE. *Eisenbahntechnische Rundschau* 57 (6): 390–394.

[Ped07] Pedall, Günter. 2007. Obsolescence und Software – Zeitbomben für die Instandhaltung. *ZEV-Rail* 131 (6–7): 268–274.

[PH11] Poppendiek, Jan, und Andreas Hausmann. 2011. Das ICE2 Redesign. *Eisenbahntechnische Rundschau* 4: 39–43.

[Poh08] Pohl, Klaus. 2008. *Requirements Engineering – Grundlagen, Prinzipien, Techniken*. Heidelberg: Dpunkt Verlag.

[PWA10] Pamminger, Rainer, Wolfgang Wimmer, und Helmut Adamek. 2010. Integration von Umweltaspekten in den Produktentwicklungsprozess von Straßenbahnen. *ZEV-Rail* 134 SFT: 150–155.

[Que00] Quernheim, Thomas. 2000. LCC bei der Omnibusbeschaffung – Praktische Erfahrungen mit der Berücksichtigung von Lebenszykluskosten. *Der Nahverkehr* 18 (5): 53–57.

[Sch15b] Schmidt, Thomas. 2015. Operating Lease: Ein Finanzierungsmodell für Fahrzeuge im SPNV. *EI-Eisenbahningenieur* 11: 48–50.

[Sch15c] Schnieder, Lars. 2015. *Betriebsplanung im öffentlichen Personennahverkehr – Ziele, Methoden, Konzepte*. Berlin: Springer.

[SG14] Scholz, Anatol, und Stefan Gierisch. 2014. Was Fahrgäste wirklich wünschen. *Der Nahverkehr* 32 (1–2): 56–57.

[SLB15] Schenkendorf, René, Christian Linder, und Thomas, Böhm. 2015. *Potenziale, Techniken und Algorithmen für die Zustandsdiagnose und -prognose bei LST-Elementen*. In Eisenbahningenieurkalender 2015. Hamburg: DVV Media Verlag.

[SR15] Saric, Mario und Uwe Röthig. 2015. Serviceability und Life Cycle Costs in der Leit- und Sicherungstechnik. *Signal + Draht* 107 (1+2): 33–36.

[SS09] Schrameyer, Erhard, und Guido Schwartz. 2009. Fahrzeugbeschaffung nach der neuen Sektorenverordnung 2009. *Der Nahverkehr* 27 (10): 16–19.

[Sta15] Stalloch, Gerd. 2015. IT-Systeme für Asset-Management im Eisenbahnverkehr. *Der Nahverkehr* 33 (3): 59–64.

[SW13b] Schaffer, Thomas, und Roland Walther. 2013. DB-Regio Zuglabor: was Fahrgäste im Regionalverkehr wollen. *Der Nahverkehr* 31 (5): 55–59.

[Tho13] Thomasch Andreas. 2013. Zulassungsverfahren für Eisenbahnfahrzeuge in Deutschland. *Eisenbahntechnische Rundschau* 62: 24–31.

[TK15] Theißen, Rolf, und Robert Kosmider. 2015. „Clean Vehicle Directive" und deutsches Vergaberecht. *Verkehr und Technik* 58 (2): 63–66.

[Uhl15] Uhlenhut, Achim. 2015. Vossloh Kiepe und IFTEC übergaben erste ertüchtigte F76-Einheiten an die BVG. *Verkehr und Technik* 58 (2): 71–74.

[VDI02] Verein Deutscher Ingenieure. 2002. *VDI 2243 – Recyclingorientierte Produktentwicklung*. Düsseldorf: VDI.

[VDI05a] Verein Deutscher Ingenieure. 2005. *VDI 2884 – Beschaffung, Betrieb und Instandhaltung von Produktionsmitteln unter Anwendung von Life Cycle Costing (LCC)*. Düsseldorf: VDI.

[VDI08] Verein Deutscher Ingenieure. 2008. *VDI 2891 – Instandhaltungskriterien bei der Beschaffung von Investitionsgütern*. Düsseldorf: VDI.

[VDV00] Verband Deutscher Verkehrsunternehmen. 2010. *Praktisches Vorgehen zur Entwicklung von Vorgaben bezüglich Life Cycle Cost (LCC) in Lastenheften für Nahverkehrs-Schienenfahrzeuge*. VDV-Mitteilung. Köln: VDV.

[VDV06] Verband Deutscher Verkehrsunternehmen. 2006. *Das Fachwort im Verkehr*. Düsseldorf: Alba Fachverlag.

[VDV07] Verband Deutscher Verkehrsunternehmen. 2007. *VDV-Mitteilung 8802 – Instandhaltungssysteme in Omnibusbetrieben des ÖPNV*. Köln: Verband Deutscher Verkehrsunternehmen.

[VDV10] Verband Deutscher Verkehrsunternehmen. 2010. *VDV-Mitteilung 2315 – Life Cycle Cost (LCC) bei Linienbussen – Bewertungskriterien bei Ausschreibungen*. Köln: Verband Deutscher Verkehrsunternehmen.

[VDV14a] Verband Deutscher Verkehrsunternehmen. 2014. *Stadtbahnsysteme – Grundlagen – Technik – Betrieb – Finanzierung*. Hamburg: DVV Media Group GmbH.

[VDV98a] Verband Deutscher Verkehrsunternehmen. 1998. *VDV-Schrift 801 – Fahrzeugreserve in Verkehrsunternehmen*. Köln: Verband Deutscher Verkehrsunternehmen.

[VDV99] Verband Deutscher Verkehrsunternehmen. Hrsg. 1999. *Linienbusse: fahrgastfreundlich – wirtschaftlich – schadstoffarm*. Düsseldorf: Alba Fachverlag.

[Win10] Winter, Jens. 2010. *Leasing aus institutionenökonomischer Sicht*. Dissertation, Universität Köln.

[Zec06] Zechel, Torsten. 2006. Redesign für S-Bahnzug 420. *EI – Eisenbahningenieur* 57 (1): 19–21.

Fahrzeugzulassungsmanagement 11

Die Fahrzeugzulassung wird bei Eisenbahnfahrzeugen auch als Abnahme (§32 EBO) und bei Stadtbahnfahrzeugen auch als Inbetriebnahmegenehmigung (§62 BOStrab) bezeichnet. Die Fahrzeugzulassung ist die öffentlich-rechtliche Voraussetzung für die Inbetriebnahme von Fahrzeugen. Sie ist eine technische Prüfung und dient der behördlichen Feststellung und Bestätigung, dass die abgenommenen Fahrzeuge den gesetzlichen Bestimmungen (Betriebsordnungen EBO, BOStrab, BOKraft) und den gesamten übrigen öffentlich-rechtlichen Regeln, welche die öffentliche Sicherheit und Ordnung im Bereich des Verkehrswesens beschreiben, genügen. Die Abnahme umfasst eine Prüfung der Bauart, der Werkstoffe sowie der entwurfsgerechten Ausführung [PWH01]. In diesem Kapitel werden die Ziele (vgl. Abschn. 11.1), die Aufgaben (vgl. Abschn. 11.3) und Methoden (vgl. Abschn. 11.4) des Fahrzeugzulassungsmanagements vorgestellt.

11.1 Teilbegriffsbestimmung „Zulassung"

Der Begriff der *Zulassung* bezeichnet allgemein eine behördlich erteilte Erlaubnis, die ein Produkt zu einem Markt zulässt. Die Prozesse zur Erteilung aber auch zum Widerruf einer erteilten Zulassung von Fahrzeugen für den Straßen- und Schienenverkehr sind gesetzlich geregelt. Die Zulassung ist als Hoheitsakt ein behördliches Genehmigungsverfahren. So müssen beispielsweise in Deutschland Straßen- und Schienenfahrzeuge, die auf öffentlichen Straßen- oder Schienenverkehrsinfrastrukturen in Betrieb gesetzt werden sollen, von der zuständigen Behörde zum Verkehr zugelassen sein.

Voraussetzung für die Zulassung ist in der Regel eine *Typgenehmigung* des betreffenden Fahrzeugs. Die Typgenehmigung (Bauartzulassung) erfolgt aufgrund der bei der Aufsichtsbehörde eingereichten Fahrzeugunterlagen, nach Beurteilung der Gutachten von Prüfstellen und nach Auswertung der Ergebnisse von Prüffahrten (insbesondere im

L. Schnieder, *Strategisches Management von Fahrzeugflotten im öffentlichen Personenverkehr*, VDI-Buch, https://doi.org/10.1007/978-3-662-56608-4_11

Schienenverkehr) [HSB02]. Die Typgenehmigung wird von der zuständigen Aufsichtsbehörde (Kraftfahrt-Bundesamt, Eisenbahn-Bundesamt, Technische Aufsichtsbehörde) erteilt. Die Typgenehmigung ist die Bestätigung, dass der zur Prüfung vorgestellte Typ eines Fahrzeugs die einschlägigen technischen Vorschriften und technischen Anforderungen erfüllt.

Für Nachbauten eines Fahrzeugtyps ist ein *Konformitätsnachweis* erforderlich. Fahrzeuge dürfen demnach erst in Betrieb genommen werden, erfolgreich dargelegt wurde, dass ein Fahrzeug zum Zeitpunkt seiner Herstellung einem bereits genehmigten Typ entspricht. Fahrzeuge dürfen auf öffentlichen Straßen nur in Betrieb gesetzt werden, wenn sie zum Verkehr zugelassen sind. Die Zulassung wird auf Antrag erteilt, wenn das Fahrzeug einem genehmigten Typ entspricht und beispielsweise der Halter eines Straßenfahrzeugs einen einen ausreichenden Haftpflichtversicherungsschutz nachweist. Die Zulassung erfolgt im Straßenverkehr durch die Zuteilung eines Kennzeichens.

Grundsätzlich muss für jedes aus Sicht der Zulassungsbehörde „neue" Fahrzeug ein Zulassungsverfahren durchlaufen werden. Hierbei ist darauf abzuheben, was genau unter dem Begriff der Neuheit zu subsummieren ist. Im Eisenbahnverkehr gelten als neu:

- *Gebrauchte Fahrzeuge*, die beispielsweise im Geltungsbereich der EBO noch nicht zum Einsatz gekommen sind. Hierbei handelt es sich auch um gebrauchte Fahrzeuge, die jedoch erstmals in Deutschland zum Einsatz kommen.
- *Umfassend umgebaute Fahrzeuge*: „Generell wird bei Veränderungen an einem bereits abgenommenen Fahrzeug darauf abzustellen sein, ob die Veränderungen und Umbauten sicherheitsrelevante und damit abnahmerelevante Teile betreffen" [HSB02]. In diesem Fall dürfte eine erneute Abnahme durch die Sicherheitsbehörde erforderlich sein, weil das umgebaute Fahrzeug in sicherheitstechnischer Hinsicht ein anderes Fahrzeug darstellt, für das noch keine Abnahme erfolgt ist.

11.2 Ziele des Fahrzeugzulassungsmanagements

Vor Betriebsaufnahme neuer Fahrzeuge muss der Nachweis der Einhaltung der Sicherheitsanforderungen geführt werden. Ein Zulassungsmanagement hat die folgenden Ziele:

- *Möglichst kurzfristige Fahrzeugverfügbarkeit:* Die lange Dauer von Zulassungsverfahren soll nach Möglichkeit verkürzt werden, damit die Fahrzeuge möglichst zeitnah den Betrieb aufnehmen können [Fuc11].
- *Planungssicherheit des Zulassungsverfahrens:* Die Verfahrensdauer von Zulassungsverfahren sowie die damit verbundenen Aufwände sollen darüber hinaus kalkulierbar sein, so dass sich keine Verzögerungen der Genehmigung des Fahrzeugeinsatzes im Vergleich zur ursprünglichen Planung ergeben [Tho13a].

- Die *Rechtssicherheit im Zulassungsverfahren* umfasst mehrere Aspekte:
  - *Rechtsklarheit:* Zulassungsbezogene rechtliche Regelungen müssen unmissverständlich und für den Anwender klar verständlich sein. Der Regelungsinhalt zulassungsrelevanter Rechtsnormen muss widerspruchsfrei und eindeutig sein.
  - *Publizität:* Staatliche Akte müssen öffentlich kundgetan werden. Auch die Aufhebung zulassungsrelevanter Rechtsnormen ist zu publizieren. Gleiches gilt für den Erlass zulassungsbezogener Verwaltungsvorschriften. Vor dem Hintergrund des reibungslosen Funktionierens des Europäischen Binnenmarktes sind auch für die Zulassung relevante Normen und technische Richtlinien europaweit zu notifizieren (das heißt europaweit bekannt zu machen). Die Mitgliedsstaaten und die Kommission der Europäischen Union sind hierbei über zu berücksichtigende technische Vorschriften, die beispielsweise Anwendungen im Eisenbahnverkehr betreffen, zu informieren bevor sie im nationalen Recht Geltung entfalten.
  - *Beständigkeit:* Als weiteres Kriterium der Rechtssicherheit müssen zulassungsbezogene Regelungen beständig sein. Beispielsweise sollte das für einen konkreten Zulassungsprozess zugrundeliegende Regelwerk sowie der Prüfumfang und die Prüftiefe frühzeitig und verbindlich mit der Zulassungsbehörde festgelegt werden (dies wird in den zulassungsbezogenen Verwaltungsvorschriften auch als Zusicherung bezeichnet, vgl. [Tho02]). Grundsätzlich dürfen rechtliche Regelungen nicht rückwirkend zum Nachteil des Betroffenen geändert werden.
  - *Klarheit des Rechtsbehelfs:* Behördliche oder gerichtliche Entscheidungen können angefochten werden, damit diese aufgehoben oder geändert werden. Hierbei kann es sich um einen Einspruch, das heißt einen Rechtsbehelf zur verwaltungsinternen Überprüfung auf Rechtmäßigkeit handeln. Rechtsmittel hingegen sollen die Rechtskraft einer gerichtlichen Entscheidung hemmen und zum anderen den Rechtsstreit vor das höhere Gericht bringen (beispielsweise in Form einer gegen ein Gerichtsurteil angestrengte Berufung oder Revision).
- *Uneingeschränkter Fahrzeugeinsatz:* Eine Genehmigung wird möglicherweise nur mit Auflagen oder Nebenbestimmungen erteilt. Das Fahrzeug ist demnach nur mit Einschränkungen im Betrieb einsetzbar. Beispiele für solche Einschränkungen sind reduzierte Belastungen oder Beladungen sowie verringerte Geschwindigkeiten und Laufleistungen der Fahrzeuge [Tho13a]. Es wird daher eine Zulassung ohne oder aber zumindest mit möglichst geringen Einschränkungen für den Betrieb angestrebt.
- *Vermeidung wirtschaftlicher Mehraufwände* durch unkalkulierbare Zulassungsverfahren. Späte (kosten- und zeitaufwändige) Änderungen am Fahrzeugkonzept sollen durch eine frühzeitige Abstimmung mit der Zulassungsbehörde vermieden werden. Darüber hinaus sollen die Prüfverfahren abgestimmt und optimiert werden, so dass überflüssige Mehrfachprüfungen entfallen können. Dies ist insbesondere im Kontext einer europaweiten (grenzüberschreitenden) Fahrzeugverwendung relevant.

Gelingt es dem Verkehrsunternehmen nicht, durch ein stringentes Zulassungsmanagement die zuvor genannten Ziele zu erreichen, erwachsen hieraus erhebliche betriebliche und in der Folge auch wirtschaftliche Nachteile (kosten- und erlösseitig). Möglicherweise können vertraglich geschuldete Verkehrsleistungen gar nicht, verspätet oder nur eingeschränkt erbracht werden. Dies schmälert die Erlöse der Verkehrsunternehmen durch ausbleibende Einnahmen aus dem Verkehrsvertrag. Schlimmstenfalls wird das Verkehrsunternehmen mit zusätzlichen Kosten in Form von an den Aufgabenträger zu zahlenden Vertragsstrafen belastet. Gleichzeitig führen gar nicht oder nur mit Auflagen und Nebenbestimmungen verfügbare Fahrzeuge zu weiteren zusätzlichen Kosten. In diesem Fall sind die Verkehrsunternehmen entweder auf die Zusammenarbeit mit einem anderen Verkehrsunternehmen angewiesen, oder sie müssen ihre Fahrgäste bis zur Zulassung der Fahrzeuge mit einem Ersatzverkehr (Bussen) transportieren, was meist auch erhebliche Verluste bei den Fahrgastzahlen durch Komforteinbußen zur Folge hat [Fuc11].

11.3 Aufgaben des Fahrzeugzulassungsmanagements

Fahrzeuge müssen zum Zeitpunkt ihrer Inbetriebnahme den Anforderungen der öffentlichen Sicherheit an den Bau von Fahrzeugen entsprechen. Gleiches gilt jedoch auch für den Fall von Erneuerungen und Umrüstungen bestehender Fahrzeuge. Im Verfahren der Inbetriebnahmegenehmigung ist der Sicherheitsbehörde nachzuweisen, dass die Sicherheitsanforderungen eingehalten werden (bestimmt durch europäische und nationale Rechtsvorschriften und Normen) [Tho13a]. Hierbei müssen verschiedene Teilaufgaben bearbeitet werden.

11.3.1 Planung der Nachweisführung

Die gesetzlichen Regelungen in den verkehrsträgerspezifischen Gesetzen und Rechtsverordnungen stellen keine abschließenden technischen Regeln zur Erreichung der Betriebssicherheit in den betrachteten Verkehrssystemen dar. Dies wäre – abgesehen von der praktischen Durchführbarkeit – auch nicht zweckmäßig, da es die Verbesserung der Sicherheit aufgrund neuer Erkenntnisse und Möglichkeiten verhindern oder zumindest erschweren würde. Zur Erfüllung der Anforderungen an die Sicherheit und Ordnung müssen die Fahrzeuge den Vorschriften der relevanten Verordnungen (EBO, BOStrab) genügen, sowie den anerkannten Regeln der Technik (vgl. Abschn. 4.2.3) entsprechen. Anerkannte Regeln der Technik sind nicht lediglich als unverbindliche Richtschnur zu betrachten, sondern zwingend zu berücksichtigen. Allerdings handelt es sich beim Begriff der anerkannten Regeln der Technik um einen unbestimmten Rechtsbegriff, dessen Ausfüllung im Einzelfall durch die zuständige Behörde zu erfolgen hat [PWH01]. In dieser Unschärfe liegt aus Sicht der Verkehrsunternehmen und Fahrzeughersteller das zentrale Problem. Hieraus resultiert das Erfordernis einer vertieften Betrachtung der folgenden Aspekte:

- *Abstimmung einer Bezugskonfiguration (= Baseline) mit der Zulassungsbehörde:* Damit es im Verlauf des Zulassungsverfahrens keine Probleme gibt, ist frühzeitig eine Bezugskonfiguration mit der Zulassungsbehörde zu vereinbaren (so genannte Zusicherung). Diese Baseline umfasst eine für die Zulassung maßgebliche Version einer Anforderungsliste mit anzuwendenden Regelwerken (anerkannte Regeln der Technik inklusive des gültigen Ausgabestand) sowie anzuwendende Nachweisverfahren [Fuc11]. Die grundsätzlichen Anforderungen für die Zulassung sollten spätestens zum Zeitpunkt zu dem der Zulassungsantrag gestellt wird festgelegt sein. Wäre der Stand der Anforderungen zum Zeitpunkt der Zulassung maßgeblich, könnten im Laufe des Zulassungsprozesses stets neue Anforderungen hinzukommen, die immer neue Änderungen am Fahrzeug erfordern, so dass es zu erheblichen Terminverzögerungen und Mehraufwänden durch Änderungen am Fahrzeugkonzept kommt [Fuc11]. Damit eine solche frühzeitig vereinbarte Baseline ihre volle Wirkung entfalten kann, muss diese jedoch vollständig sein. Regelungslücken sind zu identifizieren und für etwaige Unklarheiten mit der Zulassungsbehörde einvernehmliche Regelungen abzustimmen.
- *Festlegung der Prüftiefe:* Des Weiteren ist eine Festlegung der Prüftiefe erforderlich [Tho02]. Hierbei findet Berücksichtigung, ob es sich um die Abnahme eines erstmals gebauten Fahrzeugs oder um die nach denselben Plänen und mit den gleichen Materialien hergestellten Nachbauten handelt. Diese Praxis berücksichtigt die durch industrielle Fertigung erzielte Produktgleichheit der Serie [PWH01].
- *Festlegung des Nachweisverfahrens:* Ist ein System bereits im Betrieb, ist zu bewerten, ob eine erneute Sicherheitsnachweisführung erforderlich ist. Hierfür muss untersucht werden, ob die vorgenommenen Änderungen sicherheitsrelevant und für die Erbringung der Schutzfunktionen wesentlich (das heißt signifikant) sind. Für alle identifizierten signifikanten Änderungen ist ein Risikomanagement auf der Grundlage europäischer Rechtsverordnungen [EU13] durchzuführen. Hierbei gibt es verschiedene Nachweisverfahren.
  - *Nachweis auf Basis etablierter Regelwerke:* Es liegen eindeutig definierte und verbindlich verabschiedete (notifizierte) Anforderungslisten vor. Alle Risiken sind in den einschlägigen Regelwerken berücksichtigt. Die Rede ist hier auch von einem regelwerksbasierten Nachweisverfahren (so genannter Code of practice) [Tho13b].
  - *Nachweis funktionaler Sicherheit (risikoorientierter Nachweispfad):* Bei der Anwendung einer quantifizierten risikobasierten Nachweisführung sind Risikoakzeptanzkriterien für Sicherheitsfunktionen und Komponenten festzulegen [Tho13b].
  - *Nachweis auf Basis eines Referenzsystems:* Ein Nachweis gleicher Sicherheit ist möglich, wenn ein neues System an einem betriebsbewährten bekannten System gespiegelt wird. Dafür muss das Referenzsystem natürlich einer Sicherheitsbewertung unterzogen werden und muss nach dem aktuell geltenden Regelwerk zulassungsfähig sein [Tho13b].

11.3.2 Erstellung der Nachweise

Prüfberichte und technische Dokumentation haben das Ziel nachzuweisen, dass das betrachtete System für den vorgesehenen Einsatzzweck geeignet und ausreichend sicher ist. Der Nachweis der Sicherheitsanforderungen erfolgt in einem einheitlich gegliederten Dokument (Sicherheitsnachweis). Der Sicherheitsnachweis bildet einen Teil der gesamten Dokumentation, die der zuständigen Aufsichtsbehörde vorgelegt wird, um die Zulassung zu erhalten. Sicherheitsnachweise verfolgen den Zweck, nachvollziehbar und begründet darzulegen, dass das System für den vorgesehenen Einsatzzweck ausreichend sicher ist. Aus diesem Grund ist ein Sicherheitsnachweis logisch zu unterteilen. Die *Sicherheitsargumentation* stellt den roten Faden der Nachweisführung dar und gewährleistet, dass der Sicherheitsnachweis nachvollziehbar ist und nicht nur aus einer Sammlung bloßer Fakten besteht [Bra07]. Die *unterstützenden Fakten* (zum Beispiel in Form von Analyse- und Testergebnissen) untermauern die zuvor skizzierte Sicherheitsargumentation. Ein Sicherheitsnachweis ohne Fakten wäre unbegründet [Bra07]. Die folgenden Aspekte sind im Sicherheitsnachweis zu zeigen:

- Systematische Identifikation aller möglichen Gefährdungen mit ihrer Zuordnung zu betreffenden Funktionen.
- Bewertung der Funktionen/Gefährdungen hinsichtlich ihrer Sicherheitsanforderungen.
- Vorhandensein geeigneter Sicherheitsarchitekturen für die geforderten Funktionen und zur Beherrschung der identifizierten Gefährdungen.
- Nachweis, dass die Sicherheitsarchitekturen die gemäß zuvor identifizierter Sicherheitsanforderungen erforderlichen Maßnahmen gegen systematische und zufällige Fehler aufweisen.
- Nachweis, dass die Funktionserfüllung und die sicherheitsgerichtete Ausfallreaktion unter allen zu erwartenden Betriebs- und Umgebungseinflüssen gewährleistet ist.

Zur Durchführung einer solchen logischen Strukturierung bietet sich – wie in Abb. 11.1 dargestellt – eine einfache Methode wie die Goal Structuring Notation (GSN) an. Hierfür wird das komplexe Gesamtziel („Steuerungssoftware ist akzeptabel sicher") in handhabbarere Teile heruntergebrochen. Im Beispielfall wird eine Nachweisstrategie über die Anwendung formaler Methoden in der Systementwicklung verfolgt. Hierbei werden grundlegende Randbedingungen und Annahmen ausgewiesen. Im vorliegenden Beispiel sind dies die Definition der Systemumgebung und der gültige normative Rahmen. Teilziele werden so lange heruntergebrochen, bis man zu überschaubaren Einheiten kommt, für die man unmittelbar den Nachweis durch Fakten (Analysen oder Tests) erbringen kann [Bra07]. Im Beispiel resultieren aus der Dekomposition vier Teilnachweisziele. Jedem dieser drei Teilnachweisziele wird ein konkreter Nachweis zugeordnet. Diese Nachweise sind in der Regel in Dokumenten fixiert, auf die später im Sicherheitsnachweis referenziert wird.

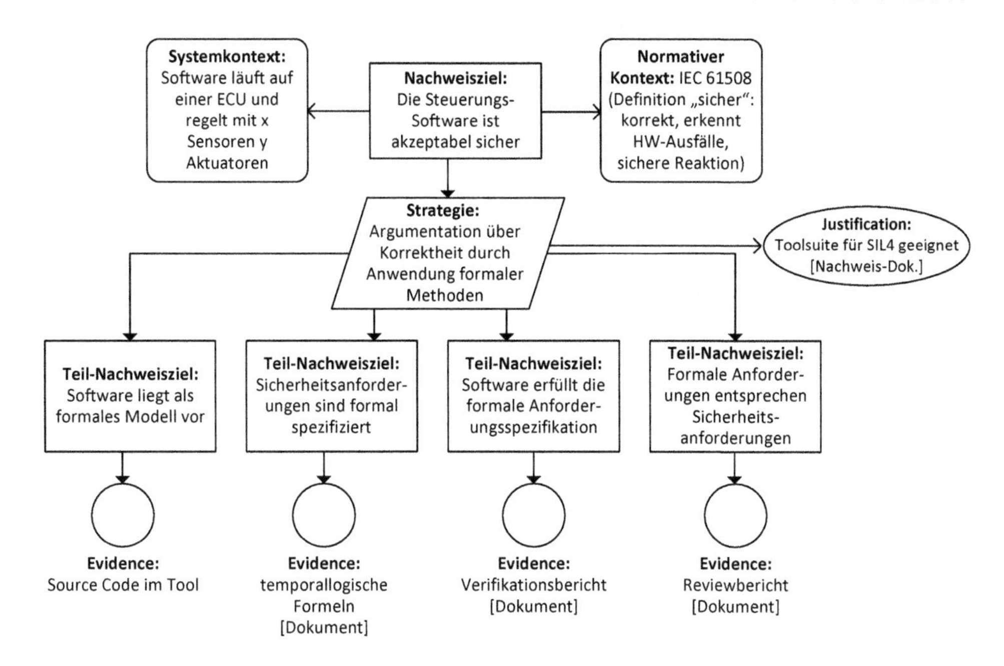

Abb. 11.1 Sicherheitsargumentation mit der Goal Structuring Notation [Zec14]

11.3.3 Prüfung und Begutachtung der Nachweise

„Begutachtung ist ein Prozess zur Feststellung, ob Entwurfsinstanz und Validierer ein Projekt zustande gebracht haben, das die spezifischen Anforderungen erfüllt und um zu beurteilen, ob das Produkt für seinen gedachten Anwendungszweck geeignet ist" [Bra07]. Das Zusammenwirken von Verifikation, Validierung und Begutachtung ist exemplarisch in Abb. 11.2 dargestellt.

Der Gutachter ist in der Erfüllung seiner Aufgaben unabhängig, unparteiisch, weisungsfrei und gewissenhaft. Er unterstützt mit seiner Tätigkeit die Zulassungsbehörde. Bevor Sachverständige diese Tätigkeiten durchführen, müssen diese gegenüber der Zulassungsbehörde ihre Qualifikation, Sachkunde und persönliche Integrität nachweisen (vgl. [EBA12] und [VDV16]). Gutachter erfüllen in ihrer Tätigkeit die folgenden Merkmale:

- *Unabhängigkeit*: Aufgrund der Sicherheitsrelevanz der Produkte werden in den anerkannten Regeln der Technik konkrete Anforderungen an die Unabhängigkeit der Prüfschritte gestellt. Dabei werden sowohl Anforderungen bezüglich der Zuordnung von Personen zu Rollen als auch bezüglich der disziplinarischen Unterstellung gestellt. Der Gutachter muss hierbei in jedem Fall unabhängig vom Projekt und nicht an disziplinarische Weisungen gebunden sein, muss aber nicht notwendigerweise einer externen Organisation angehören [Bra07].

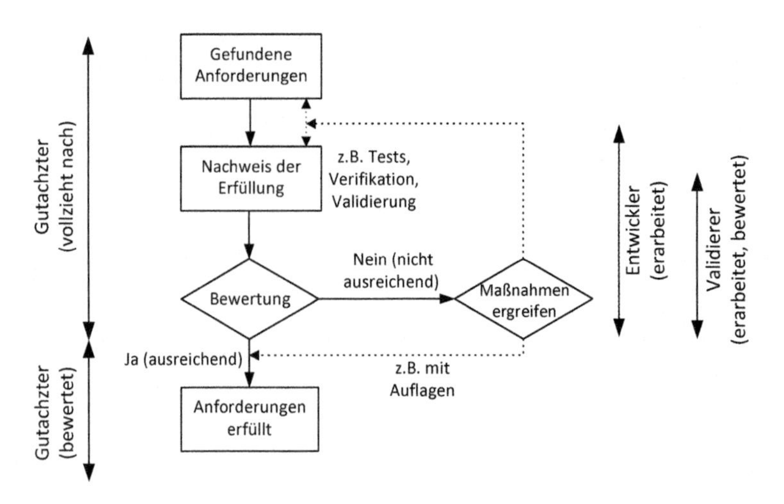

Abb. 11.2 Prüfung und Begutachtung von Nachweisen [STS02]

- *Unparteilichkeit*: Der Gutachter strebt eine objektive und wertfreie Beobachtung und Interpretation des Begutachtungsobjektes an. Der Gutachter ist nicht der Wahrung fremder Interessen verpflichtet.
- *Kompetenz*: Der Einsatz in aufsichtsrechtlichen Verfahren stellt hohe Anforderungen an die fachtechnischen Voraussetzungen von Gutachtern und Prüfern. Für die Anerkennung ist der Zulassungsbehörde in der Regel die Erfüllung umfangreicher Anerkennungsvoraussetzungen nachzuweisen (vgl. [EBA12]).

Alternativ zu dieser personengebundenen Anerkennung können auch akkreditierte Konformitätsbewertungsstellen Konformitätsbewertungen durchführen. Die Kompetenz der Konformitätsbewertungsstellen Inspektionen, Prüfungen oder Zertifizierungen durchzuführen, wird im Zuge der Akkreditierung durch eine unabhängige dritte Stelle (Akkreditierungsstelle) nachgewiesen. Bei einer Akkreditierung werden nicht nur Kenntnisse über die Strukturqualität, sondern auch die Fachkompetenz geprüft. Der besondere Wert der Akkreditierung liegt in der Tatsache begründet, dass sie eine offizielle Bestätigung der fachlichen Kompetenz (Fachwissen, einschlägige Erfahrung, Fähigkeit zur Ausführung von Bewertungen) von Stellen darstellt, deren Aufgabe es ist, sicherzustellen, dass die geltenden Anforderungen der verkehrsträgerspezifischen Regelwerke in den Fahrzeugen erfüllt sind (vgl. [DiF95], [ESB07], [Roe00] und [Sch17a]). Eine Konformitätsbewertungsstelle muss die folgenden Anforderungen erfüllen (vgl. Abb. 11.3).

- *Allgemeine Anforderungen*: Eine entscheidende Voraussetzung für die Anerkennung sachkundiger Stellen ist deren Unabhängigkeit von fremden Interessen, insbesondere von Herstellern und anderen am Ausgang der Überprüfung Interessierten. Die Finanzierung der Konformitätsbewertung darf nicht von ihrem Ergebnis abhängen. Gleichermaßen müssen sachkundige Stellen unparteilich sein. Sie dürfen nicht selber oder über andere Organisationen eigene Interessen verfolgen, die die Neutralität der Konformitätsbewertung beeinträchtigen. Insofern weist die Akkreditierung die Forderung nach rechtlicher und wirtschaftlicher Unabhängigkeit der sachkundigen Stelle nach.

- *Strukturelle Anforderungen:* Die strukturellen Anforderungen beschreiben Haftungsaspekte im Zusammenhang mit der Tätigkeit der sachkundigen Stelle sowie die Schaffung einer angemessenen Aufbau- und Ablauforganisation. Die sachkundige Stelle muss eine juristische Person oder ein festgelegter Teil einer juristischen Person sein, so dass sie für alle ihre Inspektionstätigkeiten rechtlich verantwortlich gemacht werden kann. Die sachkundige Stelle muss über angemessene Vorkehrungen verfügen (beispielsweise Versicherungen), um Verbindlichkeiten, die aus ihren Vorgängen entstehen, abzudecken. Über diese Haftungsaspekte hinaus ist durch das Management der Konformitätsbewertung sicherzustellen, dass Verantwortung an geeignete (kompetente, unparteiliche) Mitarbeiter delegiert wird. Ferner müssen Arbeitsanweisungen vorhanden sind und vollständig sind und durch Kontrollen sichergestellt ist, dass die sachkundige Stelle ihre Fähigkeit aufrechterhält, Konformitätsbewertungen durchführen zu können.
- *Anforderungen an Ressourcen:* Akkreditierung ist eine offizielle Bestätigung der fachlichen Kompetenz sachkundiger Stellen. Hierzu müssen die Anforderungen an die Kompetenz für alle Beschäftigten, die in die Konformitätsbewertungstätigkeiten eingebunden sind, festgelegt und dokumentiert werden (dies erfüllt die zweite Anforderung an sachkundige Stellen nach [4]). Das für die Konformitätsbewertung verantwortliche Personal muss über angemessene Qualifikation, Schulung, Erfahrung und ausreichende Kenntnisse der Anforderungen verfügen. Es müssen dokumentierte Verfahren zur Auswahl, Schulung, formellen Bevollmächtigung und Überwachung des in die Konformitätsbewertungstätigkeiten einbezogenen Personals verfügen. Dokumentierte Schulungsverfahren gehen in der Regel mehrstufig vor a.) Einführungszeit eines Mitarbeites zum grundlegenden Kompetenzaufbau, b) eine Zeit der Arbeit mit erfahrenen Gutachtern unter deren Aufsicht, c.) schließlich die verantwortliche Übernahme eigener Begutachtungsmandate flankiert durch fortlaufende Schulungen entsprechend der fortschreitenden Entwicklung von Technik und Konformitätsbewertungsverfahren.
- *Anforderungen an Prozesse:* Die sachkundige Stelle muss über geeignete dokumentierte Anleitungen zur Planung und Durchführung der Konformitätsbewertungsverfahren verfügen und diese Anleitungen anwenden. Alle Anleitungen, Normen oder schriftlichen Anweisungen, Merkblätter, Checklisten und Referenzdaten, die die Tätigkeit der sachkundigen Stelle betreffen, müssen auf dem neuesten Stand gehalten und für die Beschäftigten leicht verfügbar sein. Die sachkundige Stelle muss über ein dokumentiertes Verfahren verfügen, um Beschwerden und Einsprüche zu erhalten, zu beurteilen und Entscheidungen über diese zu treffen. Hierbei ist gegenüber dem Beschwerde-, bzw. Einspruchsführer eine Transparenz im Vorgehen zu etablieren. Er soll über den Eingang der Beschwerde, bzw. des Einspruchs informiert werden, Fortschrittsberichte erhalten und das Ergebnis der Behandlung seiner Beschwerde, bzw. seines Einspruchs zur Verfügung gestellt bekommen.

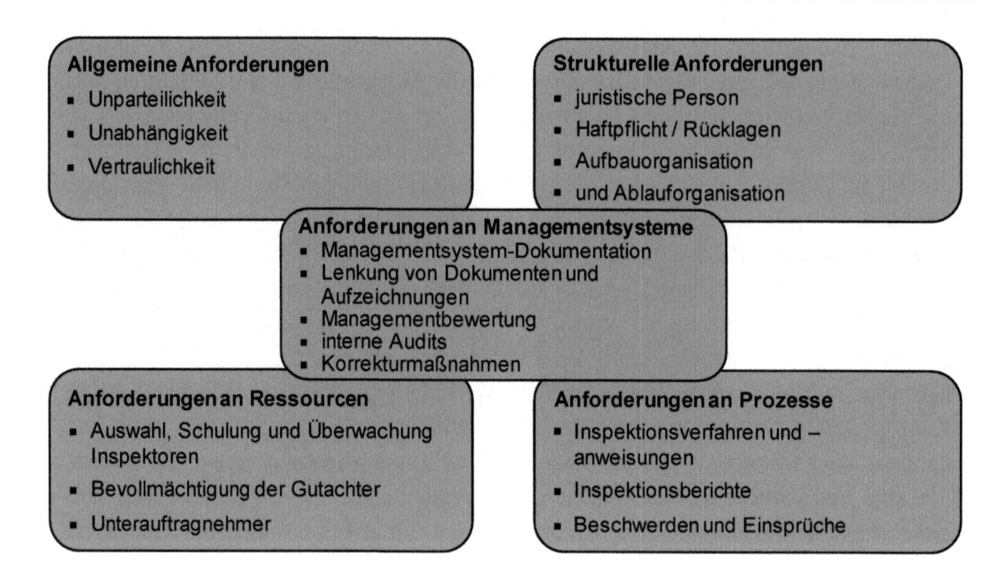

Abb. 11.3 Nachzuweisende Anforderungen von Konformitätsbewertungsstellen nach [Sch17a]

- *Anforderungen an das Managementsystem:* Die sachkundige Stelle muss ein Managementsystem aufbauen und aufrechterhalten, das die Fähigkeit besitzt, welches die Anforderungen der Normenreihe DIN EN ISO/IEC 170xx erfüllt. Idealerweise hat die sachkundige Stelle bereits ein Managementsystem nach ISO 9001 eingeführt und erhält dieses aufrecht. Andernfalls sind zusätzliche Anforderungen zur Managementsystem-Dokumentation, zur Lenkung von Dokumenten, Lenkung von Aufzeichnungen, zur Managementbewertung, zu internen Audits, zur Korrekturmaßnahmen und zu vorbeugenden Maßnahmen umzusetzen und in einem Audit darzulegen.

11.4 Methoden des Fahrzeugzulassungsmanagements

Das Fahrzeugzulassungsmanagement stützt sich auf mehrere Methoden, von denen exemplarisch zwei nachfolgend dargestellt werden. dies ist aus Sicht des Kosten- und Assetmanagements das Konfigurationsmanagement (vgl. Abschn. 11.4.1). Aus Sicht des Sicherheits- und Qualitätsmanagements wird auf das Testmanagement (vgl. Abschn. 11.4.2) und die prozessorientierte Überwachung eingegangen (vgl. Abschn. 11.4.3).

11.4.1 Konfigurationsmanagement

Konfigurationsmanagement eine Zusammenstellung dokumentierter Verfahrensweisen, die auf eine konsistente und nachvollziehbare Dokumentation technischer Systeme zielt [DIN04]. Ziel ist eine Reproduzierbarkeit von Prozessen und Ergebnissen. Konfigurationsmanagement schließt Dokumentation, Systeme zur technischen Unterstützung der Nachverfolgbarkeit (Tracking Systems) sowie definierte Genehmigungsinstanzen für die Freigabe und Bestätigung von Änderungen mit ein (Change Control).

- *Konfigurationsidentifizierung*: Identifikation und Dokumentation der funktionalen und physischen Eigenschaften eines Produkts. Eine solche freigegebene Version eines Arbeitsergebnisses wird auch als Baseline bezeichnet. Bei der Baseline handelt es sich um genehmigte Produktkonfigurationsangaben, die die Merkmale eines Produktes zu einem festgelegten Zeitpunkt darstellen (zum Beispiel As-Designed-, As-Built- und As-Maintained) und als Grundlage für Tätigkeiten während des gesamten Produktlebenszyklus dienen. Eine solche Baseline kann nur durch formale Prozesse geändert werden. Die Baseline gibt eine eindeutige Referenz und stellt eine Basis für Vergleiche dar.
- *Konfigurationsüberwachung (Änderungslenkung):* Nachverfolgung aller Änderungen der zuvor genannten Eigenschaften des Produkts. Änderungen werden hierbei in einem strukturierten Prozess bearbeitet (vgl. Abb. 11.4). Die gewünschte Änderung wird dokumentiert, die möglichen Auswirkungen der Änderungen werden analysiert und bewertet. Hierauf aufbauend erfolgt die Entscheidung. Die Genehmigungsinstanz kann ein Change Control Board sein. Hierbei handelt es sich um eine formal in der Organisation verankerte Gruppe die Änderungen prüft, bewertet, genehmigt, zeitlich verschiebt oder ablehnt und ihre Entscheidungen dokumentiert und in der Organisation kommuniziert [PMI13]. Anschließend wird die Implementierung der Änderungen geplant, die Änderungen werden erarbeitet und getestet. Liegen alle Nachweise vor, wird die Umsetzung der Änderung abgeschlossen und diese für den Betrieb freigegeben.
- *Konfigurationsbuchführung*: Aufzeichnung und Berichten aller Änderungen mit ihrem jeweiligen Umsetzungsstand. Für Schienenfahrzeuge bildet die Gesamtheit der für den gesetzeskonformen Betrieb eines Fahrzeugs notwendigen Dokumente und Unterlagen die so genannte Fahrzeugakte. In der Praxis sind auch das Instandhaltungsprogramm (vgl. Abschn. 13.3.2.1), die durchzuführende Instandhaltungsdokumentation oder behördliche Einschränkungen in den Zulassungsentscheidungen Inhalte der Fahrzeugakte. Potenzielle Veränderungen der Fahrzeuge, etwa nicht inbetriebnahmegenehmigungspflichtige Umrüstungen sind von den Verkehrsunternehmen zu dokumentieren [MK16].
- *Konfigurationsaudit*: Unterstützung der Auditierung der Produkte, Resultate oder Komponenten, um deren Entsprechung mit den Anforderungen nachzuweisen.

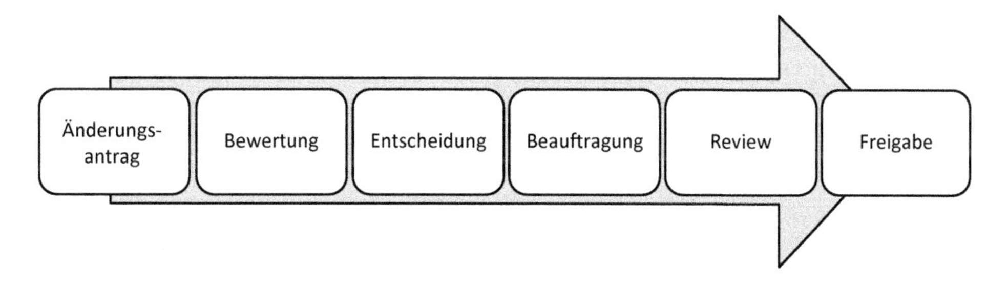

Abb. 11.4 Ablauf der Konfigurationsüberwachung (Änderungslenkung)

11.4.2 Testmanagement

Tests dienen dem Nachweis, dass ein Produkt (das Fahrzeug) die geforderten Eigenschaften erfüllt. Das Testen hat zum Ziel, Fehlerwirkungen aufzudecken und Fehlerzustände zu beheben. Fehlerzustände, die nicht entdeckt werden, verursachen zu späteren Zeitpunkten (schlimmstenfalls im Betrieb) erheblich höhere Kosten. Dem Testmanagement obliegt die Verwaltung des Testprozesses, der Testinfrastruktur und der Testmittel. Der grundlegende Testprozess ist nachfolgend dargestellt:

- *Testplanung*: Der Test ist eine umfangreiche Aufgabe, die möglichst frühzeitig im Entwicklungsprozess zu planen ist. Hierzu müssen Aufgaben und Zielsetzung des Tests sowie die hierfür erforderlichen Ressourcen (Mitarbeiter, Zeitaufwand, Hilfsmittel und Werkzeuge) festgelegt werden. Insbesondere in der Planung des zeitlichen Ablaufs sind Korrektur- und Testzyklen einzuplanen. Da sich die Aufwände für Testzyklen nur schwer vorhersagen lassen, sollte idealerweise auf Vergleichsdaten aus vorherigen Projekten zurückgegriffen werden. Für die Tests müssen geeignete Testrahmen (engl. test beds) zur Verfügung stehen, in denen die Fahrzeuge, bzw. Systemteile erprobt werden können (bis hin zu Testfahrten auf der Zielinfrastruktur) dies ist frühzeitig zu planen und mit dem (Infrastruktur)Betreiber abzustimmen, damit alle sachlichen Voraussetzungen für die Testdurchführung termingerecht erfüllt sind [SRW06]. Im Schienenverkehr ist die Bereitstellung der sachlichen Voraussetzungen für Tests sehr aufwendig (vgl. [Erp14]) und braucht einen entsprechenden zeitlichen Vorlauf (beispielsweise für Antragsverfahren für Prüffahrten bei der Zulassungsbehörde, die Disposition von Triebfahrzeugführern sowie entsprechende Fahrplananträge).
- *Teststeuerung:* Als Teststeuerung bezeichnet man die Managementaufgabe zur Entwicklung und Anwendung von Korrekturmaßnahmen, um in einem Testprojekt eine Abweichung vom geplanten Vorgehen zu beherrschen. Dies setzt regelmäßige Kontrollen, ob Testplanung und Ablauf der Testaktivitäten übereinstimmen, voraus. Möglicherweise sind Aktualisierungen und Anpassungen der Planungsvorgaben abzuleiten, um steuernd auf den Testprozess einzuwirken.
- *Testanalyse und –entwurf:* In der Testanalyse wird geprüft, ob die zu verwendenden Dokumente detailliert und präzise genug sind, um daraus Testfälle abzuleiten. Gegebenenfalls sind die zu verwendenden Dokumente (die Testbasis) zu überarbeiten, um Tests zu spezifizieren. Im Testentwurf werden allgemeine Testziele in handfeste Testbedingungen und Testfälle überführt. Hierbei werden Testfälle festgelegt und in der Testspezifikation dokumentiert. Jeder spezifizierte Testfall beschreibt die jeweiligen Ausgangssituationen für jeden Testfall (Vorbedingungen), die jeweils geltenden und einzuhaltenden Randbedingungen für die Tests sowie die erwarteten Ergebnisse, bzw. das erwartete Verhalten (Nachbedingung) [SRW06].
- *Testrealisierung und –durchführung*: Die Testfälle werden konkretisiert, das hießt die tatsächlichen Eingabe- und Ausgabewerte werden festgelegt. Die Durchführung der Tests ist exakt und vollständig zu protokollieren, so dass die Testdurchführung

nachvollziehbar ist und plausibel dargestellt werden kann, dass der Testplan tatsächlich realisiert wurde. Das Protokoll enthält auch Angaben darüber, welche Teile wann, von wem, wie intensiv und mit welchem Ergebnis getestet wurden (Stichwort: revisionssichere Dokumentation) [SRW06].

- *Testauswertung und* –bericht: Es ist zu kontrollieren, ob die in der Planung festgelegten Testendekriterien erreicht sind. Möglicherweise sind zusätzliche Testfälle erforderlich oder aber erneut durchzuführen, da sich aus beobachteten Fehlerwirkungen und ihrer Beseitigung die Erfordernis erneut notwendiger Tests ergibt (Testzyklus). Am Ende der Testauswertung wird ein zusammenhängender Bericht für die Entscheidungsträger (Testmanager, Projektmanager, Kunde, Gutachter, Zulassungsbehörde) erstellt [SRW06].
- *Abschluss der Testaktivitäten:* Am Ende des Testprozesses werden Unterschiede zwischen der Planung und Umsetzung des Testprozesses analysiert, um hieraus für zukünftige Projekte zu lernen. Werden die Erkenntnisse genutzt und in nachfolgende Projekte eingebracht, resultiert hieraus eine kontinuierliche Verbesserung des Testprozesses. Darüber hinaus sind die Testmittel zu archivieren. Dies ist insofern erforderlich, als dass sich Probleme im Feld zeigen können, oder das Fahrzeug nach erfolgter Abnahme durch Kundenwünsche geändert werden muss. Stehen die Testmittel (Testfälle, Testprotokolle, Testinfrastruktur und eingesetzte Werkzeuge) weiterhin zur Verfügung, verringern sich die Aufwände für zukünftig zu durchlaufende Testzyklen signifikant [SRW06].
- *Testabschluss:* Alle Testdaten aus der gesamten Projektlaufzeit werden an einem zentralen Ort abgelegt. Über eine Versionsverwaltung ist sicherzustellen, dass jederzeit ein Nachweis über durchgeführte Tests erbracht werden kann. Hierbei sind Testvorschriften und Testergebnisse aus allen Versionen und Releasezyklen des getesteten Systems revisionssicher und verfügbar und einsehbar.

11.4.3 Prozessorientierte Überwachung

Insbesondere im Schienenverkehr haben sich in den letzten Jahren die vormals von den Verkehrsunternehmen „aus einer Hand" wahrgenommenen Leistungen zunehmend auf mehrere Schultern verteilt. Der Aufrechterhaltung der Systemsicherheit kommt hier infolge der mit diesen organisationspolitischen Maßnahmen verbundenen Diversifizierung von Zuständigkeiten und Verantwortung eine große Bedeutung zu [Tho13b]. Aus diesem Grunde wurde in der Rechtsetzung ein prozessorientiertes Überwachungskonzept realisiert.

Mit einer *Sicherheitsbescheinigung* weisen die Eisenbahnverkehrsunternehmen nach, dass sie ein Sicherheitsmanagementsystem (vgl. Kap. 6) eingeführt haben und in der Lage sind, die einschlägigen Sicherheitsnormen und –vorschriften einzuhalten [EU04]. Damit ist das Eisenbahnverkehrsunternehmen in der Lage, Risiken zu kontrollieren und einen sicheren Verkehrsbetrieb auf dem Schienenverkehrsnetz durchzuführen. Der

Sicherheitsbescheinigung für Eisenbahnverkehrsunternehmen entspricht die Sicherheitsgenehmigung für Eisenbahninfrastrukturunternehmen.

Im Rahmen des Sicherheitmanagementsystems führen Eisenbahnverkehrsunternehmen *interne Kontrolle von Betrieb und Instandhaltung* durch. Eisenbahnunternehmen, Fahrwegbetreiber oder die für die Instandhaltung zuständigen Stellen treffen Vorkehrungen für die Überprüfung der korrekten Anwendung und Effektivität ihres Managementsystems (vgl. [EU12b]).

Über die internen Kontrollen des Verkehrsunternehmens hinaus findet eine *externe Überwachung von Betrieb und Instandhaltung statt.* Nach Erteilung einer Sicherheitsbescheinigung an das Eisenbahnverkehrsunternehmen haben die nationalen Sicherheitsbehörden Regelungen eingeführt, anhand derer geprüft werden kann, ob die im Antrag auf Erteilung einer Sicherheitsbescheinigung genannten Sicherheitsziele im Betrieb tatsächlich erreicht werden und ob alle geltenden Anforderungen zu jedem Zeitpunkt erfüllt werden [EU12a]. Die nationale Sicherheitsbehörde trifft Vorkehrungen für die Entwicklung und Anwendung einer Überwachungsstrategie und eines Überwachungsplans. Die nationale Sicherheitsbehörde gibt hierbei an, wie sie ihre Tätigkeiten ausrichtet und ihre Prioritäten bei der Überwachung der Eisenbahnverkehrsunternehmen festlegt.

Die Sicherheitsaufsichtsbehörde führt vielfältige Überwachungsaufgaben für verschiedene *Gegenstände der Sicherheitsaufsicht* durch.

- Es können beispielsweise im Rahmen von *Einzelkontrollen* konkrete Objekte des Eisenbahnverkehrs auf regelkonformen Zustand kontrolliert werden (beispielsweise Fahrzeuge und Anlagen).
- Im Rahmen von *Systemkontrollen* werden Unternehmen überprüft, die Eisenbahnverkehrsleistungen erbringen oder eine andere Rolle (wie Instandhalter, Halter) einnehmen. Das jeweilige Unternehmen wird in der Systemkontrolle hinsichtlich (a) der formalen Voraussetzungen zur Einnahme seiner Rolle, (b) der Einhaltung von Prozessen und (c) der Einhaltung von Vorschriften überprüft [EBA16].

Die Aufsichtsbehörde realisiert ihre Tätigkeit mit Hilfe von verschiedener *Instrumente der Sicherheitsaufsicht*:

- Das *Audit* als Aufsichtsinstrument ist insbesondere geeignet, ganze Prozesse oder Prozesslandschaften sowie komplette Organisationseinheiten zu überprüfen. Hierbei werden –strukturiert über Checklisten – Personen auf verschiedenen Ebenen einer Organisation befragt sowie Unterlagen und Aufzeichnungen im Zusammenhang mit dem Sicherheitsmanagementsystem untersucht (vgl. [EU12a] und [MMS07]).
- *Inspektionen und Betriebskontrollen* als Aufsichtsinstrument dienen der Bewertung der Transportleistung oder des technischen Zustands der Sicherheitstechnik [MMS07]. Inspektionen haben eine zeitliche Verbindung zum Audit, da diejenigen technischen Einrichtungen inspiziert werden, deren zugehörige Prozesse auch einem Audit unterzogen wurden.

- Eine weitere Informationsquelle der Eisenbahnaufsicht ist die *Auswertung meldepflichtiger Ereignisse* durch das Eisenbahnverkehrsunternehmen. Hierbei handelt es sich um Unfälle, aber auch andere Ereignisse, die zu einem Unfall führen können (vgl. [Bec11] und [Gra01]). Diese Meldungen müssen analysiert werden, um tatsächliche oder mögliche Sicherheitsprobleme zu erkennen und zu beheben (vgl. [EU12a] und [MMS07]).

Die Durchführung der Sicherheitsaufsicht erfolgt grundsätzlich nach dem in Abb. 11.5 dargestellten Kreislauf. Die einzelnen Elemente des Prozessablaufs werden nachfolgend kurz skizziert [EBA16].

- *Überwachen:* Das Überwachen ist die Gesamtheit aller gesetzlichen Aufträge, deren Durchführung mit den nachfolgenden Prozessschritten beschrieben wird.
- *Kontrollen Planen:* Im Prozessschritt Planen werden das Soll an Kontrollen ermittelt und die konkreten Kontrollen vorbereitet. Dieser Prozessschritt ist eine regelmäßige Aufgabe und beginnt mit der Feststellung einer Veranlassung. Zur Feststellung der Veranlassung werden die vorliegenden anlassrelevanten Informationen aus den Prozessschritten Überwachen und Auswerten analysiert und eine Dringlichkeitsliste (Auswertung) mit durchzuführenden Kontrollen (was soll von wem bis wann kontrolliert werden) erstellt. Anschließend werden die konkreten Kontrollen vorbereitet, in dem die Kontrollmöglichkeiten ermittelt werden. Dabei wird ermittelt, an welchem Kontrollort und welchem Zeitraum relevante Kontrollobjekte grundsätzlich kontrolliert werden können. Zur Vorbereitung werden vorbereitete Checklisten für konkrete Kontrollobjekte erstellt.
- *Kontrollen durchführen:* Der Prozessschritt Kontrollieren umfasst alle Aktivitäten der Kontrolleure vom Eitreffen am Kontrollort bis zum Abschluss der Kontrolle vor Ort. Dazu

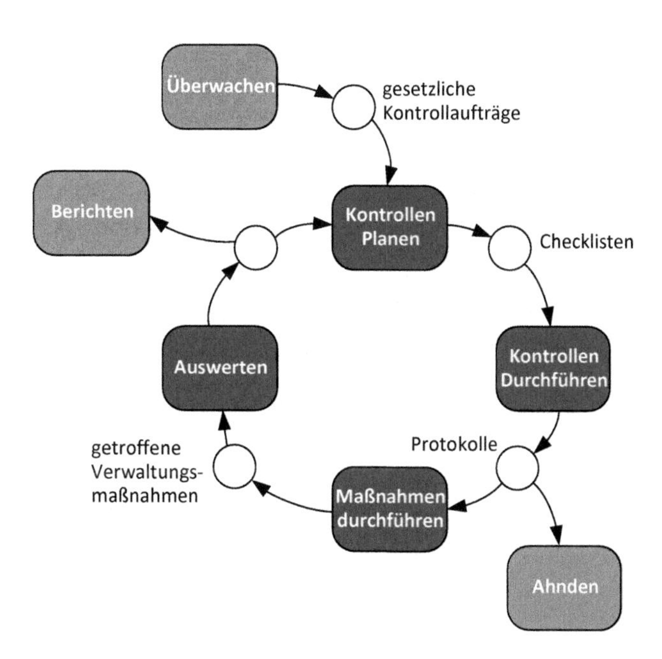

Abb. 11.5 Prozessablauf zur Durchführung der Sicherheitsaufsicht zur Überwachung von Sicherheitsmanagementsystemen nach [EBA16]

gehören insbesondere die Durchführung des Soll-Ist-Vergleichs sowie die Dokumentation. Die Durchführung der Kontrollen beginnt mit der Anmeldung vor Ort. Anschließend werden eine oder mehrere Kontrollen durchgeführt. Die Durchführung der Kontrollen endet mit der vollständigen Dokumentation der Kontrolle und ihrer Ergebnisse (Abschluss in der Regel im Büro). Das Ergebnis des Prozessschrittes Kontrollieren sind Protokolle über die Kontrolltätigkeiten und gegebenenfalls die festgestellten Mängel.

- *Maßnahmen durchführen*: Der Prozessschritt Maßnahmen durchführen wird initiiert durch das Kontrollergebnis „Mangel" und umfasst verschiedene Arten von Maßnahmen
  - *Maßnahmen der Gefahrenabwehr:* Maßnahmen zur Begegnung einer unmittelbaren Gefahr im materiellen Sinne. Leistet der Zustandsstörer dieser behördlichen Anordnung nicht Folge, kann er mit einer verwaltungsrechtlichen Maßnahme dazu verpflichtet werden.
  - *Maßnahmen des Verwaltungshandelns:* Maßnahmen mit der rechtlichen Bedeutung, dass eine behördliche Anordnung durchgesetzt wird. Damit ist ein gerichtlich überprüfbares Verwaltungsverfahren begründet. Solche Maßnahmen erfolgen beispielsweise genau dann, wenn die Behebung der Gefahr durch den Zustandsstörer nicht freiwillig erfolgt.

  Der Prozessschritt Maßnahmen durchführen endet mit der Dokumentation der durchgeführten Verwaltungsmaßnahmen, die überwiegend anhand des Schriftwechsels erfolgt, so wie der Feststellung der Mängelbeseitigung.
- *Auswerten*: Im Prozessschritt Auswerten werden die Ergebnisse der durchgeführten Kontrollen und Maßnahmen zusammengefasst und analysiert. Dabei werden Informationen zu Größen wie Zuverlässigkeit, Kontrollhäufigkeit, Kontrollquote ermittelt. Die Ergebnisse dieser Auswertungen gehen als statistische Daten an den Prozessschritt Berichten und als Informationen zur Ermittlung von Veranlassungen an den Prozessschritt Planen. Die ermittelten Daten stellen eine Möglichkeit zur Ausrichtung der Überwachungstätigkeit auf die der Überwachung unterliegenden Eisenbahnverkehrsunternehmen dar, indem die in den Unternehmen vorhandenen Risiken Berücksichtigung finden. Hierbei wird zum einen der zeitliche Umfang der Überwachung festgelegt (risikoreichere Unternehmen und Betriebsbereiche erhalten eine höhere Aufmerksamkeit in der Überwachung). Darüber hinaus erfolgt eine Fokussierung auf gegebenenfalls vertieft zu betrachtende Prozesse und/oder Unternehmensbereiche (Ableitung inhaltlicher Schwerpunkte der Aufsichtstätigkeit). Die nationale Sicherheitsbehörde bestimmt auf diese Weisen auch die Instrumente ihrer Überwachungstätigkeiten [MMS07].
- *Ahnden*: Der Prozessschritt umfasst Aufgaben zur Bewertung und gegebenenfalls Verfolgung von im Rahmen des Prozesschritts Kontrollieren festgestellten Ordnungwidrigkeiten (ordnungswidriger Tatbestand nach Fachgesetz wie zum Beispiel AEG und die gültige Rechtsverordnung EBO sowie dem Ordnungswidrigkeitengesetz). Der Prozessschritt „Ahnden" ist unabhängig vom Prozessschritt Maßnahmen durchzuführen. Je nach Art der bei der Kontrolle festgestellten Ordnungswidrigkeit sind unterschiedliche Verwaltungsbehörden für die Vollstreckung zuständig. Ordnungswidrigkeiten können mit einer Geldbuße von mehreren zehntausend Euro geahndet werden [Kun08].

- *Berichten:* Im Prozessschritt Berichten werden die erfassten und ausgewerteten Kontrolldaten semantisch und grafisch aufbereitet und in Form von wiederholt zu erstellenden Berichten an Stellen innerhalb und außerhalb der Sicherheitsaufsicht weitergeleitet.

Literatur

[Bec11] Becker, Matthias. 2011. Unabhängige Unfalluntersuchung in Deutschland. *Eisenbahningenieur* 62 (9): 68–69.

[Bra07] Braband, Jens. 2007. Funktionale Sicherheit. In *Handbuch Eisenbahninfrastruktur*, Hrsg. Lothar Fendrich. Berlin: Springer.

[DiF95] Di Fabio, Udo. 1995. *Produktharmonisierung durch Normung und Selbstüberwachung*. Köln u.a.: Carl Heymanns Verlag.

[DIN04] Deutsches Institut für Normung. 2004. *DIN ISO 10007: 2004-12: Qualitätsmanagement – Leitfaden für Konfigurationsmanagement (ISO 10007:2003)*. Berlin: Beuth Verlag.

[EBA12] Eisenbahn-Bundesamt. 2012. *Richtlinie über die fachtechnischen Voraussetzungen und die Anerkennung von Gutachtern und Prüfern für Signal-, Telekommunikations- und Elektrotechnische Anlagen*. Eisenbahn-Bundesamt: Bonn.

[EBA16] Eisenbahn-Bundesamt. *Anlage 1 zum Lastenheft der Ausschreibung zur Entwicklung einer Fachanwendung EBIS-PLUS inklusive Weiterentwicklung & Wartung*. Ausschreibung im Bundesanzeiger veröffentlicht am 18.08.2016 unter internem Aktzenzeichen 11vi/003-0127#055.

[Erp14] Erpenbeck, Thomas. 2014. Zulassungsmanagement bei der DB Systemtechnik GmbH. *Eisenbahntechnische Rundschau* 63 (3): 35–37.

[ESB07] Ernsthaler, Jürgen, Kai Strübbe, und Leonie Bock. 2007. *Zertifizierung und Akkreditierung technischer Produkte – ein Handlungsleitfaden für Unternehmen*. Berlin: Springer.

[EU04] Europäische Union. 2004. *Richtlinie 2004/49/EG des Europäischen Parlaments und des Rates vom 29. April 2004 über Eisenbahnsicherheit in der Gemeinschaft*. Amtsblatt der Europäischen Union, L160, vom 30.04.2004, 44–113).

[EU12a] Europäische Union. 2012. *Verordnung (EU) Nr. 1077/2012 der Kommission vom 16. November 2012 über eine gemeinsame Sicherheitsmethode für die Überwachung durch die nationalen Sicherheitsbehörden nach Erteilung einer Sicherheitsbescheinigung oder Sicherheitsgenehmigung*. Amtsblatt der Europäischen Union, L320, 3–7.

[EU12b] Europäische Union. 2012. *Verordnung (EU) Nr. 1078/2012 der Kommission vom 16. November 2012 über eine gemeinsame Sicherheitsmethode für die Kontrolle, die von Eisenbahnunternehmen und Fahrwegbetreibern, denen eine Sicherheitsbescheinigung beziehungsweise Sicherheitsgenehmigung erteilt wurde, sowie von den für die Instandhaltung zuständigen Stellen anzuwenden ist*. Amtsblatt der Europäischen Union, L320 vom 17.11.2012, 8–13.

[EU13] Europäische Union. 2013. *Durchführungsverordnung (EU) Nr. 402/2013 Der Kommission vom 30. April 2013 über die gemeinsame Sicherheitsmethode für die Evaluierung und Bewertung von Risiken und zur Aufhebung der Verordnung (EG) Nr. 352/2009*. Amtsblatt der Europäischen Union, L 121 vom 03.05.2013, 8–25.

[Fuc11] Fuchs, Kurt. 2011. Zulassungsverfahren ohne Ende? *Der Nahverkehr* 29 (7–8): 16–18.

[Gra01] Grauf, Hans-Heinrich. 2001. Untersuchen von gefährlichen Ereignissen – der Weg zur Sicherheit. *Eisenbahntechnische Rundschau* 50 (4): 169–176.

[HSB02] Hoppe, Werner, Detlef Schmidt, Bernhard Busch, und Bernd Schieferdecker. 2002. *Sicherheitsverantwortung im Eisenbahnwesen*. Köln u.a.: Carl Heymanns Verlag.

[Kun08] Kunz, Wolfgang. 2008. Ordnungswidrigkeiten im Eisenbahnwesen. *Eisenbahningenieur* 58 (10): 51–52.

[MK16] Metzler, Moritz, und Julian Kammin. 2016. Die Fahrzeugakte – stille Begleiterin eines Fahrzeugs von der Inbetriebnahme bis zur Abwrackung. *Eisenbahntechnische Rundschau* 65 (3): 45–47.

[MMS07] Marti, Jürg, Rolf-Martin Müller, und Hendrik Schäbe. 2007. Neue Verfahren und Werkzeuge in der staatlichen Eisenbahnaufsicht. *ZEV Rail* 131 (10): 406–409.

[PMI13] Project Management Institute. 2013. *A guide to the Project Management Body of Knowledge*. Newton Square: PMI.

[PWH01] Pätzold, Fritz, Klaus-Dieter Wittenberg, Horst-Peter Heinrichs, und Walter Mittmann. 2001. *Kommentar zur Eisenbahn- Bau- und Betriebsordnung (EBO)*. Darmstadt: Hestra-Verlag.

[Roe00] Röhl, Hans Christian. 2000. *Akkreditierung und Zertifizierung im Produktsicherheitsrecht – zur Entwicklung einer Europäischen Verwaltungsstruktur*. Berlin: Springer.

[Sch17a] Schnieder, Lars. 2017. Öffentliche Kontrolle der Qualitätssicherungskette für einen sicheren und interoperablen Schienenverkehr. *Eisenbahntechnische Rundschau* 66 (4): 38–41.

[STS02] Sauer, Carsten, Rainer Tschöpel, und Michael Stoye. 2002. Anforderungsfindung und -verfolgung bei der Begutachtung von Sicherungssystemen. *Signal und Draht: SIGNAL + DRAHT* 94 (4): 6–9.

[SRW06] Spillner, Andreas, Thomas Roßner, Mario Winter, und Tilo Linz. 2006. *Praxiswissen Softwaretest – Testmanagement*. Heidelberg: Dpunkt Verlag.

[Tho02] Thomasch, Andreas. 2002. Prüfung und Zulassung von Fahrzeugen in Deutschland und für Europa. *ZEV-Rail* 126 (6+7): 270–283.

[Tho13a] Thomasch, Andreas. 2013. Zulassungsverfahren für Eisenbahnfahrzeuge in Deutschland. *Eisenbahntechnische Rundschau* 62: 24–31.

[Tho13b] Thomasch, Andreas. 2013. Künftiger Europäischer Zulassungsprozess nach RL 2008/57. *Eisenbahntechnische Rundschau* 62 (11): 30–37.

[VDV16] Verband Deutscher Verkehrsunternehmen. 2016. *VDV-Mitteilung 3317 – Auswahl und Einsatz von Sachverständigen für Bahnanwendungen*. Köln: VDV.

[Zec14] Zechner, Axel. 2014. Strukturierte Nachweisführung beim Safety Management. *SIGNAL + DRAHT* 106 (1+2): 24–28.

Betriebsmanagement 12

Verkehrsunternehmen erbringen mit ihren für den Betrieb zugelassenen Fahrzeugen täglich ihre Verkehrsleistungen. Das Betriebsmanagement dient damit dem originären Zweck von Verkehrsunternehmen, nämlich der Beförderung von Personen und Gütern. Das Betriebsmanagement ist als Kern der unternehmerischen Tätigkeit von Verkehrsunternehmen eng mit den anderen Aktivitäten des Flottenmanagements verknüpft. Es kann daher nicht isoliert betrachtet werden. Es ergeben sich aus dem Betrieb der Fahrzeuge heraus täglich vielfältige Wechselwirkungen zu anderen Managementaktivitäten des Verkehrsunternehmens. Ausgangspunkt dieses Kapitels ist eine begriffliche Klärung des Begriff des Betriebs (vgl. Abschn. 12.1). Es schließt sich eine Darstellung der Ziele des Betriebsmanagements an (vgl. Abschn. 12.2). Nach der anschließenden Einführung in die Aufgaben des Betriebsmanagements (vgl. Abschn. 12.3) schließt dieses Kapitel mit einer Vorstellung exemplarischer Methoden des Betriebsmanagements ab (vgl. Abschn. 12.4).

12.1 Teilbegriffsbestimmung „Betrieb"

Der Ausdruck Betrieb bezeichnet die „Gesamtheit aller Maßnahmen eines Verkehrsunternehmens, die der Personen- und Güterbeförderung dienen" [VDV06]. Verkehrsunternehmen sind sowohl durch Gesetze (beispielsweise im Rahmen der *Betriebspflicht* nach §21 PBefG) als auch durch einen mit dem Aufgabenträger bestehenden Verkehrsvertrag verpflichtet, den Betrieb des Verkehrssystems während der Dauer der Genehmigung aufzunehmen. Wird der geplante Betrieb auf der Grundlage der an die Endkunden publizierten Informationen (Fahrplanpflicht nach §40 PBefG) tatsächlich realisiert, wird dies als *Regelbetrieb* bezeichnet [SW12a]. Abweichungen vom Regelbetrieb werden als *Betriebsstörung* bezeichnet. Dies ist beispielsweise dann der Fall, wenn technische Einrichtungen gestört sind, gefährliche Ereignisse eingetreten sind oder sonstige Unregelmäßigkeiten

L. Schnieder, *Strategisches Management von Fahrzeugflotten im öffentlichen Personenverkehr*, VDI-Buch, https://doi.org/10.1007/978-3-662-56608-4_12

auf den Fahrzeugen oder an den Fahrwegen bemerkt wurden. Zum anderen sind Verkehrsunternehmen gesetzlich oder durch einen Verkehrsvertrag verpflichtet, den genehmigten Betrieb während der Zeitdauer der Genehmigung aufrecht zu erhalten. Die Betreiber müssen daher einen Satz dispositiver, organisatorischer und technischer Maßnahmen zur Gewährleistung einer zumindest reduzierten Betriebsleistung während der Zeitdauer einer betrieblichen Störung vorsehen. Darüber hinaus sind Maßnahmen zu planen, durch die eine schnellstmögliche Rückkehr des Verkehrssystems in den störungsfreien Betriebszustand (Regelbetrieb) erreicht werden kann.

Für den Betrieb eines Verkehrssystems werden *Betriebsmittel* (Ressourcen) benötigt, worunter die Verkehrsmittel (Fahrzeuge), die Verkehrswegeinfrastruktur (Fahrwege) und das Personal subsummiert werden [Sch07]. Um einen Betrieb zu ermöglichen, müssen geeignete und ausreichende Ressourcen zur Verfügung stehen. Demnach wird mit dem Ausdruck Betrieb ein weitreichender Begriffsumfang assoziiert, welcher die folgenden Aspekte umfasst:

- *Verkehrsmittel* (Fahrzeuge) müssen in ausreichender Zahl und in geeigneter Form zur Verfügung gestellt werden. Dies schließt sämtliche Aktivitäten zur Aufrechterhaltung ihres betriebsfähigen Zustands mit ein (Instandhaltungsorganisation, vgl. Kap. 13). In der Durchführung des Betriebs sind die Fahrzeuge an Haltestellen abzufertigen und sicher zu führen.
- *Verkehrswegeinfrastruktur* (Fahrwege) muss in betriebssicherem Zustand vorgehalten werden. Insbesondere im Schienenverkehr sind die Fahrwege einzustellen und zu sichern. Diese Aufgabe wird im Schienenverkehr von den Eisenbahninfrastrukturunternehmen wahrgenommen.
- *Personal* muss in ausreichender Zahl und mit geeigneter Qualifikation vorgehalten werden. Dies umfasst bei Flottenbetreibern sowohl das Personal auf den Fahrzeugen (Fahrzeugführer) als auch das Personal in den Betriebsstätten (Werkstattpersonale). Hierfür sind entsprechend der verkehrsträgerspezifischen rechtlichen Regelungen Maßnahmen zur Aus-und Weiterbildung der Mitarbeiter zu planen, durchzuführen und zu dokumentieren.

Je nachdem, welches Verkehrsmittel betrachtet wird, liegen für die ersten beiden Punkte der zuvor genannten Aufzählung spezifische Benennungen vor [VDV06]. Beim Betrieb von Straßenbahnen werden diese Tätigkeiten unter der Benennung *Fahrbetrieb* subsummiert (vgl. §1 Abs. 5 BOStrab). *Fahrdienst* ist die äquivalente Benennung für den Fall der Fahrgastbeförderungen mit Bussen, Taxen und anderen Kraftfahrzeugen (vgl. §§7 ff. BOKraft). Der gleiche Gegenstandsbereich wird beim Betrieb von Eisenbahnen als *Bahnbetrieb* bezeichnet (vgl. §§34 ff. EBO).

12.2 Ziele des Betriebsmanagements

Die Verkehrsunternehmen streben im Zuge des Betriebsmanagements die folgenden übergeordneten Ziele an:

- *Wirtschaftlichkeit der Betriebsdurchführung:* Die zu erbringende Verkehrsleistung soll durch eine optimale Kombination der Betriebsmittel erreicht werden. Dies umfasst sowohl einen optimalen Einsatz der Fahrzeugflotte als auch des Betriebspersonals, mit dem Ziel, die mit ihrer Nutzung verbundenen Kosten für das Verkehrsunternehmen zu begrenzen.
- *Verlässlichkeit der Verkehrsbedienung:* Die Verkehrsunternehmen stellen ihre Verkehrsleistung am Markt zur Verfügung. Die Pünktlichkeit des Betriebs und die Sicherstellung von Anschlussbeziehungen sind zentrale von den Fahrgästen wahrgenommene Qualitätsmerkmale (vgl. [DIN02]).
- *Qualitätsgerechte Erbringung der verkehrlichen Dienstleistung:* Verkehrsunternehmen sind durch bestehende Verkehrsverträge mit den Aufgabenträgern zu einer qualitätsgerechten Erbringung der vertraglich geschuldeten Verkehrsleistung verpflichtet. Nach [DIN02] umfasst die Qualität einen breiten Satz an Merkmalen, die über die Aspekte der zuvor dargestellten Verlässlichkeit der Bedienung hinaus gehen (zum Beispiel Sauberkeit, Sicherheitsgefühl der Fahrgäste, Service).

12.3 Aufgaben des Betriebsmanagements

Im Zuge des Betriebsmananagements werden verschiedene Aufgaben verfolgt. Hierbei handelt es sich um die Betriebsplanung (vgl. Abschn. 12.3.1), die Disposition (vgl. Abschn. 12.3.2) sowie die Betriebslenkung (vgl. Abschn. 12.3.3). Diese einzelnen Aufgaben werden nachfolgend beschrieben.

12.3.1 Betriebsplanung

Noch bevor die ersten Fahrzeuge den Betriebshof verlassen, muss ihr Einsatz geplant werden. Die Aufgaben des Planers sind hierbei vielfältig. Bei der Planung geht es um abstrakte Kapazitäten, Tagesarten, Fahrzeugtypen und Personalqualifikationen. Im Zuge der Planung werden verschiedene Planungsgegenstände betrachtet.

- Die *Fahrplanung* zielt darauf ab, die gesamte Beförderungsleistung eines Verkehrsunternehmens für einen Tag festzulegen. Das Ergebnis der Fahrplanung ist der für den Fahrgast veröffentlichte Fahrplan. Die Planung des Verkehrsangebots umfasst Festlegungen zur *räumlichen Erschließung* (Verortung von Haltestellen und Linienwegen) sowie zur *zeitlichen Erschließung* (Taktzeiten und Betriebszeiten). Die Planung des Verkehrsangebotes beruht auf statistischen Annahmen über die voraussichtliche Nachfrage im betrachteten Bedienungsgebiet [Kir02]. Zudem sind Fahrzeiten zu ermitteln, die stets den aktuellen Stand reflektieren. Dabei spielen Qualitätsvorgaben eine wichtige Rolle beispielsweise bei der Sicherung von Anschlüssen.

- Daneben bildet der Fahrplan den Grundstein für die *innerbetriebliche Ressourcenplanung* der Verkehrsunternehmen. Durch die Definition von Wendezeiten oder signifikant verlängerter Haltezeiten legt der Fahrplan unmittelbar die im Netz mindestens unvermeidbaren Verlustzeiten von Fahrzeugen und Personalen fest. Der Fahrplan besitzt somit einen Einfluss auf die vom Verkehrsunternehmen erzielbare Effizienz und markiert den Ausgangspunkt für die erweiterte Produktionsplanung der Verkehrsunternehmen (vgl. [Lie17]):
  - Der Einsatz von Fahrzeugen ist möglich kostensparend zu planen. Die *Fahrzeugumlaufplanung* ordnet die einzelnen Fahrten so hintereinander an, dass sie von einzelnen gedachten Fahrzeugen eines Typs unmittelbar nacheinander erledigt werden können. Fahrten, die zu einem Umlauf verkettet werden, müssen räumlich zusammenpassen und am Ende müssen alle Fahrten eines Tages verplant sein. Maßgeblich ist hierbei die Effizienz des gesamten Umlaufplans und weniger die Perfektion eines einzelnen Umlaufs [Sch12].
  - Die *Dienstplanung* betrachtet die menschlichen Anteile am Beförderungsprozess. Hierfür wird jedem Fahrzeug für die Dauer seines Einsatzes eine Besatzung zugeordnet. Hierbei sind Dienste zu planen, die von ihrem Umfang und ihrer zeitlichen Struktur her zum Leistungsvermögen eines Mitarbeiters an einem Arbeitstag passen [Sch12], sowie die einschlägigen rechtlichen Regelungen zur Gestaltung der Arbeitszeiten (zum Beispiel Pausenregelungen sowie tarifliche und betriebliche Rahmenbedingungen) berücksichtigen [Sch15c].

12.3.2 Disposition

Bei der Disposition geht es um den Einsatz konkreter Ressourcen, das heißt um namentlich bekannte Mitarbeiter (*Personaldisposition*) oder konkrete Fahrzeuge (*Fahrzeugdisposition*). Der Schwerpunkt der Disposition liegt nahe am Einsatztag, da dann die Informationen darüber, ob vorgesehene Ressourcen auch wirklich verfügbar sein werden, sich konkretisieren [Sch12]. Konkret umfasst die Disposition die folgenden Aspekte:

- *Personaldisposition*: Der Personaldisponent kennt Ausbildungspläne der Mitarbeiter. Er sorgt dafür, dass Personalqualifikationen erhalten werden. Er reagiert auf kurzfristige Personalausfälle, beispielsweise durch Erkrankungen. Um kurzfristige Personalausfälle zu kompensieren wird in der Regel mit einer Personalreserve geplant. Aus wirtschaftlichen Gründen ist diese jedoch möglichst gering zu bemessen.
- *Fahrzeugdisposition:* Der Fahrzeugdisponent kennt Wartungsfristen der Fahrzeuge und überwacht, wann bestimmte Maßnahmen fällig werden. Er sorgt dafür dass Fahrzeuge im richtigen Moment inspiziert, gereinigt und gewartet werden (vgl. Instandhaltungsmanagement, Kap. 13). Für jedes Verkehrsunternehmen ist eine ausreichende Fahrzeugreserve zur Einhaltung des planmäßigen Fahrbetriebs wichtig. Die Bemessung der Fahrzeugreserve unterliegt aber zunehmend dem wirtschaftlichen Druck knapper finanzieller Mittel, denn gerade mit einer Reduzierung der Fahrzeuganzahl lassen sich Fuhrparkkosten in erheblichem Umfang einsparen [VDV98a].

12.3.3 Betriebslenkung

Der Begriff Betriebslenkung bezeichnet die Überwachung und Beeinflussung des Beförderungsprozesses als solchem. Die zentrale Aufgabe der Betriebslenkung besteht darin, den Fahrbetrieb so nahe am Plan zu halten wie möglich. Dies greift die Struktur des kybernetischen Grundmodells (vgl. Abschn. 3.2.1) auf. Plan- und Istwerte werden verglichen, um aus der Abweichung eine geeignete Aktion abzuleiten. Über ein Stellglied entsteht eine Wirkung, durch die sich Ist und Soll annähern. Die Betriebslenkung kann durch ein System kaskadierter Regelkreise verdeutlicht werden [Sch12].

- Im *inneren Regelkreis* werden dem Fahrer Abweichungen vom Soll-Fahrplan unmittelbar angezeigt. Er kann in der Regel bis zu einem gewissen Grad selbst daran arbeiten, wieder in den Planzustand zurückzufinden. Dies geschieht beispielsweise durch das Aufzehren der in den Fahrplan eingebauten Pufferzeiten (vgl. [Pac02] und [Kir02]).
- Im *zweiten (übergeordneten) Regelkreis* werden Aspekte behandelt, die auf der Ebene eines einzelnen Fahrzeugs nicht betrachtet werden können. Dieser Regelkreis (in der Regel die Leitstelle) wird dann aktiv, wenn übergeordnete Aspekte ins Spiel kommen. Der Ablauf der Störungsbehandlung wird anhand eines generischen Störungsablaufs beschrieben. Ausgangsbasis ist der *Regelbetrieb*, das heißt der geplante Fahrbetrieb auf Grundlage der an den Endkunden publizierten Informationen. Maßgeblich hierfür ist die aktuelle Unterfahrplanperiode, beispielsweise ein Baustellenfahrplan. Störungen im Betrieb lassen sich nicht gänzlich vermeiden. Störereignisse können sowohl von außen (Witterung, erkrankter Fahrgast, Rettungseinsatz, Falschparker auf dem Linienweg der Stadtbahn, vgl. [AJ13]) als externe Einflüsse auf das Verkehrssystem als auch verkehrssystemimmanent auftreten (technische Störung wie beispielsweise Fahrzeugstörungen oder –ausfälle im Betrieb). *Technische Störungen* (bestimmt durch die Zuverlässigkeit und Verfügbarkeit der Konstituenten des Verkehrssystems, d. h. im vorliegenden Buch der Fahrzeuge) und *betriebliche Störungen* weisen einen Zusammenhang auf. Technische Störfälle werden oftmals über ihre betriebliche Wirkung offenbart. In welchem Ausmaß sich eine technische Störung im konkreten Fall im Betrieb im Sinne einer spürbaren Fahrplanabweichung bemerkbar macht ist von zahlreichen Faktoren wie dem Betriebsprogramm oder dem Netzlayout abhängig [SW12b]. Auf die Feststellung einer Fahrplanabweichung folgt die Diagnose der (technischen) Störungsart und eine Prognose des damit korrespondierenden (betrieblichen) Störungsausmaßes [SW13a]. Auf dieser Grundlage erfolgt eine *Intervention* mit dem Ziel der Rückführung des Verkehrssystems in den Regelbetrieb. Hierbei handelt es sich um einen um eine *technische Intervention* bspw. durch Aufbietung geeigneter Fachkräfte nebst zugehöriger Ausrüstung. Die *betriebliche Intervention* besteht in der Aktivierung idealerweise vorab definierter betrieblicher Notfallkonzepte. Ziel ist es hierbei, Störungen in ihrer räumlichen und zeitlichen Auswirkung zu begrenzen und das Verkehrssystem möglichst zügig wieder in den Regelbetrieb zu überführen. Bei den Notfallkonzepten handelt es sich um die Etablierung eines Notbetriebs als Zwischenziel. Mit ein wenig Zeitversatz zum Beheben der technischen Störung klingen die betrieblichen Störungen

(Differenzen zum ursprünglichen Planzustand) sukzessive ab. Das Verkehrssystem geht wieder in den Regelbetrieb über. Neben diesen Maßnahmen ist eine Endkundeninformation essentiell. Fahrgäste sind rechtzeitig, zuverlässig und ausreichend zu informieren (bspw. über Anschlüsse entlang ihrer Reisekette). Dies umfasst Angaben zu Art und zum Umfang der Störung, ihrer voraussichtlichen Dauer und im besten Fall auch über alternative Fahrtmöglichkeiten [Alb14].

- Im *dritten Regelkreis* werden systematische Störungen aufgedeckt. Ein solches Störungsmonitoring liefert aus den Daten der Betriebsführung, und aus der Überwachung der technischen Systeme jene Störungsklassen, welche in Häufigkeit und/oder Ausmaß auffällig sind und somit einer weiteren Analyse zu unterziehen sind [SW13a]. Gelingt es, solche systematischen Störungen aufzudecken, kann entsprechend gegengewirkt werden. Auf dieser Betrachtungsebene ist nicht mehr die einzelne Abweichung der Auslöser, sondern ihre statistische Häufung. Die Regulierung erfolgt in der Betriebsplanung (vgl. Abschn. 12.3.1), also außerhalb der Leitstelle. Diese Maßnahmen weisen dementsprechend einen längeren Zeithorizont auf.

12.4 Methoden des Betriebsmanagements

Im Rahmen des Betriebsmanagements werden verschiedene Methoden angewendet. Diese werden nachfolgend dargestellt. Hinsichtlich des Qualitäts- und Sicherheitsmanagements wird auf den so genannten FRACAS-Prozess (failure reporting, analysis and corrective action system, vgl. Abschn. 12.4.1) eingegangen. Hinsichtlich des Kosten- und Assetmanagements ist hier die prozessorientierte Kosten- und Leistungsrechnung zu nennen (vgl. Abschn. 12.4.2).

12.4.1 Systeme zur Fehlererfassung, -registrierung und -meldung (FRACAS)

Im Betrieb von Fahrzeugen treten im Betrieb Fehler auf, die sich insgesamt hemmend auf den Betriebsablauf auswirken können. Als *Fehler* wird hierbei ein Zustand bezeichnet, der eine oder mehrere Funktionen eines Bauteils oder einer Funktionseinheit zeitweilig oder dauerhaft beeinträchtigt oder gefährdet [VDV95].

Die disziplinierte Umsetzung eines geschlossenen Regelkreises aus Fehlerberichten, -analysen und korrektiven Maßnahmen ist ein Schlüssel für ein frühes und nachhaltiges Erreichen der gewünschten Sicherheits- und Verfügbarkeitseigenschaften technischer Systeme [USD95]. Ein System zur Fehlererfassung, -registrierung und –meldung (FRACAS, failure reporting, analysis and corrective action system) liefert dabei die erforderliche Grundlage: Daten, die zur Analyse und Verbesserung des Systems dienen sollen, werden direkt während der Test- Inbetriebnahme und frühen Betriebsphase der Fahrzeuge erhoben und analysiert [WK01]. Ergebnisse fließen direkt in eine Optimierung des

Fahrzeugs sowie in Folgeprojekte ein. Der Ansatz eines solchen so genannten FRACAS hat zum Ziel, eine Vielzahl an Fehlerberichten zu verwalten und eine auswertbare Historie von Fehlern und Fehlerkorrekturen vorzuhalten. Hierfür werden die mit einem Produkt zusammenhängenden Probleme und deren Ursachen im FRACAS dokumentiert, um korrektive Maßnahmen zu planen und umzusetzen. Beispielsweise erfasst FRACAS Informationen zur genauen Identifizierung und Beseitigung von Designfehlern, Problemen mit Komponenten und Schnittstellen, Montagefehlern, falsch durchgeführter Instandhaltung sowie nicht sachgerechter Nutzung der Fahrzeuge [WK01].

Für den Betreiber liegt der Nutzen eines FRACAS in der nachhaltigen Beseitigung von Störungen und damit einer Erhöhung der *Verfügbarkeit* durch die Beeinflussung beider Stellhebel:

- positiver Einfluss auf die *Zuverlässigkeit* des betrachteten technischen Systems: das Wiederauftreten eines erkannten Fehlers wird durch seine strukturierte Nachverfolgung zukünftig vermieden.
- positiver Einfluss auf die *Instandhaltbarkeit* des betrachteten technischen Systems: Instandhaltungsaktivitäten werden langfristig reduziert oder vereinfacht.

Über diese positive Wirkung auf die Verfügbarkeit hinaus, hilft ein FRACAS dem Verkehrsunternehmen, Kosten zu sparen und somit die Wirtschaftlichkeit zu erhöhen. Gleichzeitig können Vorgaben für die Verfügbarkeit und die Lebenszyskluskosten der in den Fahrzeugen eingesetzten Produkte und Komponenten oder des Gesamtsystems „Fahrzeug" im Betrieb überprüft werden (vgl. [OE08] zur Verifikation von Lebenszykluskosten, LCC). Aus Sicht des Herstellers ermöglicht eine kontinuierliche Rückmeldung aus dem Betriebsalltag eine zielgerichtete Verbesserung der Fahrzeuge für den jeweiligen Kunden [WK01].

Die Regelstrecke dieses kybernetischen Ansatzes ist der Entwurfs-, Herstellungs- und Testprozess (vgl. Abb. 12.1). Das Vorgehensmodell (vgl. [USD95]) hinter einem FRACAS ist nachfolgend beschrieben:

- Auslöser des FRACAS-Prozesses ist das Auftreten einer Störung (Ausfall). Dies kann in der Entwicklung ein nicht bestandener Testfall sein. Hierbei kann es sich aber auch um eine gestörte Komponente im Betrieb handeln.
- *Erstellung von Fehlerberichten auf der Grundlage standardisierter Vorlagen.* Der Fehlerbericht enthält Angaben zu Zeitpunkt und Art der Fehlermeldung und dem Ort des Fehlers, die der Identifikation der gestörten Einheit dienen. Darüber hinaus wird eine Beschreibung der beobachteten Systeme, Test- und Betriebsbedingungen (z. B. Geschwindigkeit, Betriebszustand, ...) sowie die Betriebsdauer der Betrachtungseinheit zum Zeitpunkt des Fehlers erfasst. Die eingegangenen Fehlerberichte werden auf eine präzise und vollständige Darstellung des Fehlerbildes geprüft.
- *Bewertung des Fehlers*: Jeder erfasste Fehler ist im FRACAS zu bewerten und einer Kategorie zuzuordnen. Die Zuordnung der Fehler ist möglicherweise abhängig vom

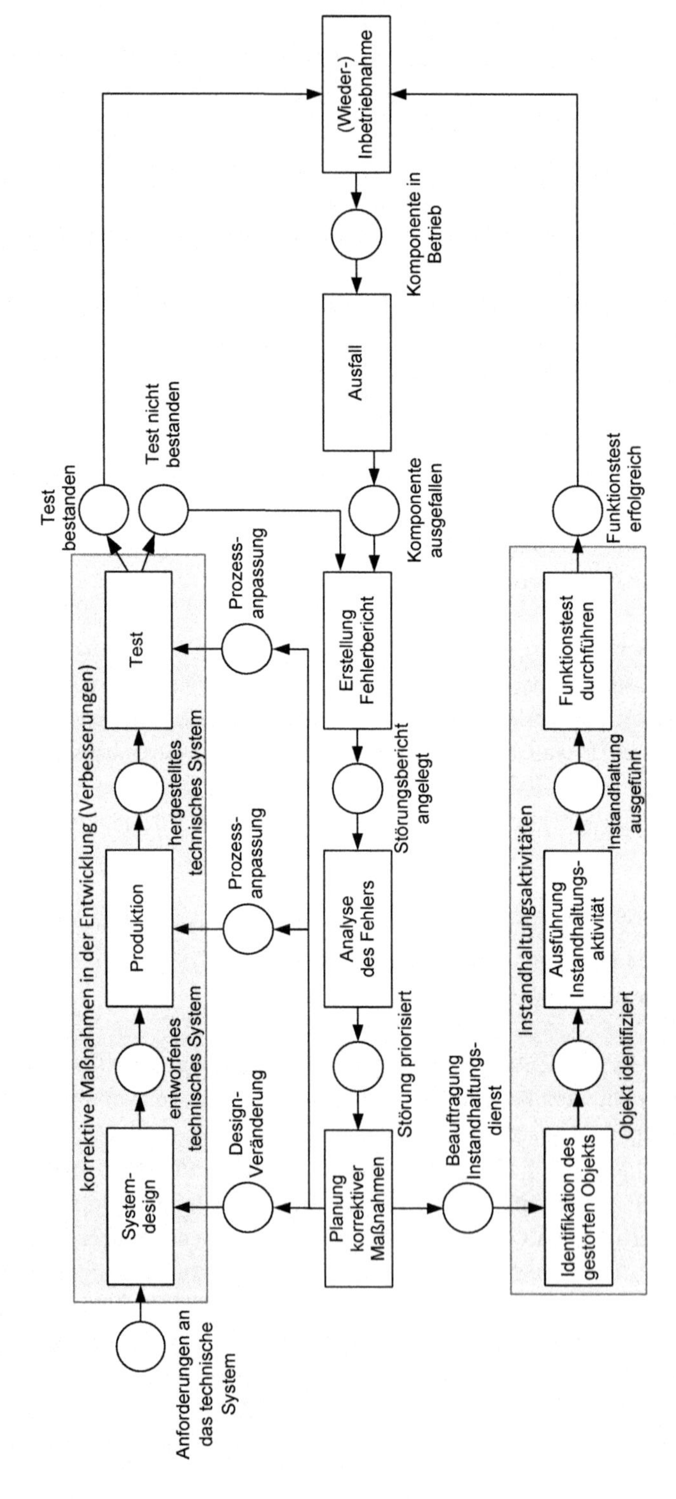

Abb. 12.1 geschlossener Wirkungsablauf eines Systems zur Fehlererfassung, -registrierung und –meldung (FRACAS)

betrieblichen Kontext, das heißt im Schienenverkehr abhängig von der Art der Zugbildung (ein Fahrzeug oder mehrere Fahrzeuge im Zugverband) und der Anzahl redundanter Einrichtungen. Ändert sich eine dieser Bedingungen, ist der Fehler neu zu bewerten und gegebenenfalls in eine höhere oder niedrigere Kategorie einzuordnen. Treten weitere Fehler auf, dann kann die Gesamtbewertung der Fehler eine Verschiebung in eine höhere Kategorie erforderlich machen [VDV95]. Beispielsweise können Fehler wie folgt kategorisiert werden.

- Bei Fehlern der *Kategorie A* ist die Betriebsfähigkeit des Fahrzeugs nicht mehr gewährleistet. Das Fahrzeug oder die ausgefallenen Teile sind sofort außer Betrieb zu nehmen. Ein Beispiel für einen Fehler dieser Kategorie ist die Feststellbremse, die sich wegen einer Leckage im System nicht lösen lässt.
- Bei Fehlern der *Kategorie B* ist die Betriebsfähigkeit des Fahrzeugs nur noch eingeschränkt gewährleistet. Eine Weiterfahrt bis zu einem strategisch günstigen Punkt (z. B. Kehr- oder Abstellanlage) ist unter eingeschränkten Bedingungen (z. B. Begrenzung der zulässigen Höchstgeschwindigkeit oder der Einsatzzeit möglich). Ein Beispiel für einen Fehler dieser Kategorie ist der Ausfall eines von mehreren Antrieben.
- Bei Fehlern der *Kategorie C* ist die Betriebsfähigkeit eines Fahrzeugs nur gering beeinträchtigt. Eine Weiterfahrt ist zunächst ohne Einschränkungen bis zur Endhaltestelle oder bis zur nächsten Einrückstelle möglich, weil beispielsweise aufgrund redundanter Ausführung von Komponenten die geforderte Funktion teilweise weiter erfüllt wird. Ein Beispiel hierfür ist der Ausfall eines Kreises der Fahrzeugheizung.
- Bei Fehlern der *Kategorie D* ist die Betriebsfähigkeit des Fahrzeugs nicht beeinträchtigt. Eine Weiterfahrt ist ohne Einschränkungen möglich, weil beispielsweise aufgrund redundanter Ausführung der Komponenten die geforderte Funktion weiterhin voll erfüllt ist. Der Fehler ist in der Werkstätte zu melden. Ein Beispiel eines Fehlers dieser Kategorie ist der Ausfall einer Spurkranzschmieranlage bei Schienenfahrzeugen.

- *Durchführung von Analysen zur Offenbarung der Fehlerursache:* Vor Beginn einer vertieften Analyse wird geprüft, ob der erkannte Fehler reproduzierbar ist, das heißt unter gleichen Randbedingungen erneut auftritt. Anschließend erfolgen Tests, oder falls erforderlich auch die Anwendung weitergehender zerstörender Prüfungen (beispielsweise durch Zerlegung) oder zerstörungsfreier Prüfungen im Labor (beispielsweise Röntgenuntersuchungen). Die Ergebnisse der Analyse sowie die hierauf basierenden Schlussfolgerungen werden in geeigneter Weise dokumentiert.
- *Identifikation korrektiver Maßnahmen*, um ein wiederholtes Auftreten des Fehlers zu vermeiden. Die Entscheidungen zu Korrekturmaßnahmen werden angemessen dokumentiert. Korrekturmaßnahmen umfassen entweder die unmittelbare Wiederherstellung der Funktionsfähigkeit durch Instandhaltungsmaßnahmen. Können die Probleme nicht direkt durch die Instandhaltungsorganisation gelöst werden, werden diese an den Hersteller eskaliert (beispielsweise im Sinne eines Third-Level-Supports). Treten

Störungsbilder gehäuft auf, werden mit dem Hersteller Maßnahmen zur Verbesserung des Designs abgestimmt.
- *Umsetzung von Korrekturmaßnahmen*: Diese können in einer Anpassung des Designs in Struktur und/oder Auswahl der Komponenten münden, in der Einführung zusätzlicher Kontrollen im Fertigungsablauf resultieren, in einer Veranlassung von Instandhaltungsaktivitäten bestehen oder aber die Gestaltung der Testphase selbst berühren (vgl. Abb. 12.1). Müssen Fahrzeuge modifiziert werden, ist nach erfolgter Korrektur des Fehlers zu ermitteln, welche Fahrzeuge von der Änderung betroffen sind. Es ist eine zielgerichtete Tauschaktion an ausgewählten Fahrzeugen zu starten [MW02].
- *Wirksamkeitsüberprüfung der ergriffenen Maßnahmen*, das heißt es wird verifiziert, ob der Fehler mit der ergriffenen Korrekturmaßnahme tatsächlich behoben wurde.

Eine revisionssichere Dokumentation ist für ein FRACAS zentral. Alle mit der Bearbeitung eines Fehlers zusammenhängenden Daten müssen vorhanden und einem Fehler eindeutig zugeordnet werden, um zu jeder Zeit eine vollständige Nachvollziehbarkeit des aktuellen Status der Fehlerbehebung zu haben [USD95]. Beispielsweise lässt sich aus den Daten der zeitliche Ablauf der Störungsbehebung rekonstruieren, so dass hier justiziable Daten vorliegen, welche Vertragsbestandteil sein können [OE08]. Aus den Daten werden Metriken errechnet, welche die im Betrieb erreichte Zuverlässigkeit, Instandhaltbarkeit, bzw. daraus abgeleitet die tatsächlich erreichte Verfügbarkeit beschreiben. Daher liegen Daten zum Zeitpunkt der Fehlermeldung, zum Zeitpunkt der Beauftragung des Instandhaltungsdienstes, Zeitdauern und Zeitpunkte der Entstörung am Objekt, Zeitpunkt der Wiederinbetriebsetzung, Zeitpunkt der Auftragsrückmeldung, sowie dem Zeitpunkt der Aufnahme des Betriebs vor. Darüber hinaus werden auch weitere Kontextinformationen (beispielsweise Wetter) und Kosten erfasst.

Abb. 12.1 zeigt, dass ein FRACAS „klassische“ Methoden des Reliability Engineering ergänzt. Die FMECA (failure mode, effects and criticality analysis) wird als induktive Analysemethode eingesetzt, um Auswirkungen zu untersuchen, die das Versagen einzelner Komponenten auf ein Gesamtsystem haben. Ziel ist es hierbei, im Entwurf das Systemdesign zu beeinflussen. FRACAS hingegen liefert aktuelle Daten zu Fehlern und Folgen aus dem Feld. FRACAS bestätigt die Genauigkeit und Vollständigkeit der zuvor im initialen Entwurf durchgeführten FMECA.

12.4.2 Prozessorientierte Kosten- und Leistungsrechnung

Das Hauptziel des Kostenmanagements liegt in der Optimierung des Kosten/Nutzenverhältnisses im Verkehrsunternehmen. Entsprechend dieser Zielsetzung sind natürlich auch Kostenerhöhungen möglich, sofern diese durch überproportionale Leistungssteigerungen kompensiert werden. Kostenmanagement ist somit zwingend auch mit einem Leistungsmanagement verbunden [Sti09]. Genau dieser Zusammenhang wird in Verkehrsunternehmen durch die so genannte Linienleistungs- und –erfolgsrechnung (LLE) adressiert [VDV98b].

Zur Ermittlung linienspezifischer Kosten und Erlöse müssen zunächst die Daten der *Linienleistungsrechnung* unter anderem bezüglich betrieblicher Leistungsmengen und -größen sowie Kapazitäten erfasst werden. Hierfür müssen sowohl gesamtbetriebliche als auch linienbezogene Angaben zur Verfügung stehen. Zur Verrechnung der Kosten müssen die betrieblichen Daten über die erbrachte Verkehrsleistung aufgezeichnet werden (unter anderem Wagenkilometer, Anzahl eingesetzter Fahrzeuge). Für die Aufteilung der Erträge sind Angaben über die Fahrgastzahlen erforderlich. Gegebenenfalls sind zusätzliche Fahrgastbefragungen erforderlich, um Angaben über die Art der verwendeten Fahrscheine zu erhalten [VDV98b].

In einer *Linienkostenrechnung* werden die im Rechnungswesen des Verkehrsunternehmens erfassten Kosten der Infrastruktur und des Betriebs gemäß des Verursachungsprinzips den jeweiligen Linien zugeordnet. Sollte eine direkte Zuscheidung der in den Kostenstellen anfallenden Beträge nicht möglich sein, müssen diese mit Verrechnungsschlüsseln verteilt werden. Die Daten der Linienleistungsrechnung stellen hierbei die Grundlage für die Kostenzurechnung dar.

In der *Linienerlösrechnung* erfolgt eine Zuscheidung der Erlöse auf die Linien. Nur so wird eine Erfolgsbilanz einzelner Linien möglich. Die Linienerlösrechnung ist in hohem Maße davon abhängig von den individuellen Erlösstrukturen und insbesondere auch vom lokalen Tarifsystem, nach dem sich die Höhe der Fahrgeldeinnahmen des

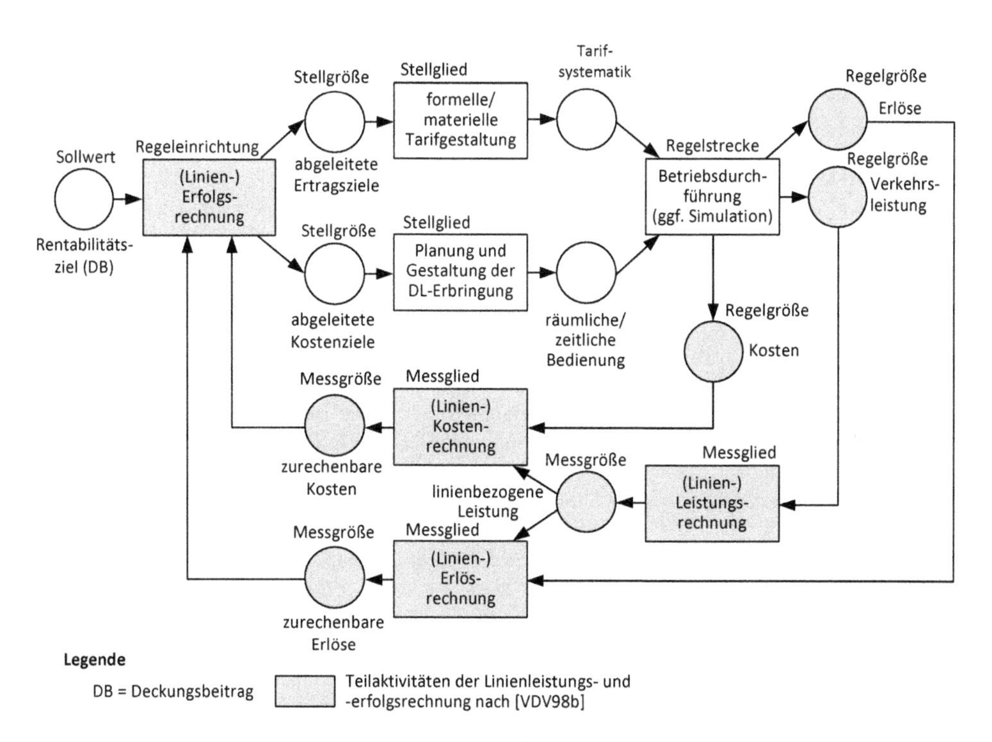

Abb. 12.2 Grundsätzliche Systematik der Linienleistungs- und Erfolgsrechnung (LLE)

Verkehrsunternehmens richtet. Insbesondere in Ballungsräumen ergeben sich hier erhebliche Zurechnungsprobleme (vgl. hierzu auch [WM09] und [Spi13]).

Die Ergebnisse der *Linienerfolgsrechnung* erhält man aus der Verknüpfung der den Linien zugerechneten Kosten (Ergebnis der Linienkostenrechnung) und Erlöse (Ergebnis der Linienerlösrechnung). Die Ergebnisse werden in Form einer mehrstufigen Deckungsbeitragsrechnung dargestellt. Dabei werden die Kosten nach dem Grad ihrer Beeinflussbarkeit in kurzfristige (z. B. fahrleistungsbezogene Kosten wie Treibstoffe), mittelfristige (Betriebshofdienst, Fahrdienst, Abschreibungen und Zinsen auf den Fuhrpark) und langfristige Kosten (Vertrieb und Verwaltung sowie Kosten für Abschreibungen und Zinsen für langfristig finanzierte Anlagegüter) unterschieden.

Es erfolgt im Sinne einer bereichsbezogenen Deckungsbeitragsrechnung als Fixkostendeckungs-rechung (vgl. [Pli00]) die Betrachtung, inwieweit die anfallenden Erträge die zuvor genannten „Fixkostenschichten" decken können. Idealerweise werden aus dem Betrieb einer betriebenen Linie positive Deckungsbeiträge für die langfristigen Kosten des Verkehrsunternehmens erwirtschaftet.

Der Zusammenhang der einzelnen Teilschritte der Linienleistungs- und erfolgsrechnung ist in Abb. 12.2 dargestellt.

Literatur

[AJ13] Anemüller, Stephan, und Peter Jacobs. 2013. Extern verursachte Störungen kundenorientiert managen. *Verkehr und Technik* 56 (6): 209–216.

[Alb14] Albrecht, Thomas. 2014. Projekt On-time: Ansätze für ein modularisiertes Verkehrsmanagement bei Eisenbahnen. *EIK* 2014: 279–288.

[DIN02] Deutsches Institut für Normung. 2002. *DIN EN 13816: Transport – Logistik und Dienstleistungen – Öffentlicher Personenverkehr; Definition, Festlegung von Leistungszielen und Messung der Servicequalität; Deutsche Fassung EN 13816:2002*. Berlin: Beuth Verlag.

[Kir02] Kirchhoff, Peter. 2002. *Städtische Verkehrsplanung: Konzepte, Verfahren, Maßnahmen*. Stuttgart: Teubner.

[Lie17] Liebchen, Christian. 2017. Quo Vadis Taktfahrplanoptimierung im Eisenbahnbetrieb. *Eisenbahntechnische Rundschau* 66 (1–2): 31–35.

[MW02] Merz, Wolfgang, und Andreas Wegmüller. 2002. Die Bedeutung des Fahrzeug- und Anlagenmanagements für die Optimierung der Transportleistung. *ZEV-Rail* 126 (5): 200–215.

[OE08] Ondrejkovics, Alexander, und Christoph Eigenberger. 2008. LCC-Verifizierung TALENT ÖBB-ARGE. *Eisenbahntechnische Rundschau* 57 (6): 390–394.

[Pac02] Pachl, Jörn. 2002. *Systemtechnik des Schienenverkehrs*. Stuttgart: Teubner.

[Pli00] Plinke, Wulff. 2000. *Industrielle Kostenrechung – Eine Einführung*. Berlin u.a.: Springer.

[Sch07] Schnieder, Eckehard. Hrsg. 2007. *Verkehrsleittechnik – Automatisierung des Straßen- und Schienenverkehrs*. Berlin: Springer.

[Sch12] Scholz, Gero. 2012. *IT-Systeme für Verkehrsunternehmen – Informationstechnik im öffentlichen Personenverkehr*. Heidelberg: dpunkt.verlag.

[Schl5c] Schnieder, Lars. 2015. *Betriebsplanung im öffentlichen Personennahverkehr – Ziele, Methoden, Konzepte*. Berlin: Springer.

[Spi13] Spichal, Meinolf. 2013. Linienerlösrechnung und Einnahmenaufteilung auf Basis relationsbezogener Verkaufsdaten. In *Unternehmenssteuerung und Controlling im ÖPNV – Instrumente und Praxisbeispiele*, Hrsg. Christian Schneider, 174–182. Hamburg: DVV Verlag.

[Sti09] Stibbe, Rosemarie. 2009. *Kostenmanagement – Methoden und Instrumente*. München: Oldenbourg Verlag.

[SW12a] Schranil, Steffen, und Ulrich Weidmann. 2012. Betrieblicher Umgang mit Störereignissen in der Bahnproduktion. *EI – Eisenbahningenieur* 07: 44–48.

[SW12b] Schranil, Steffen, und Ulrich Weidmann. 2012. Monitoring des Störungsgeschehens in Bahnsystemen. *Verkehr und Technik* 55 (3): 83–87.

[SW13a] Schranil, Steffen, und Ulrich Weidmann. 2013. Störungsprognosen in der Bahnproduktion. *Verkehr und Technik* 56 (6): 2014–2208.

[USD95] United States Department of Defense. 1995. *MIL-HDBK-2155: Failure Reporting, Analysis and Corrective Action System*. Washington D.C.

[VDV06] Verband Deutscher Verkehrsunternehmen. 2006. *Das Fachwort im Verkehr*. Düsseldorf: Alba Fachverlag.

[VDV95] Verband Deutscher Verkehrsunternehmen. 1995. *VDV-Schrift 164 – System zur Fehlererfassung, -registrierung und –meldung (FERM) auf schienengebundenen Fahrzeugen des ÖPNV*. Köln: Verband Deutscher Verkehrsunternehmen.

[VDV98a] Verband Deutscher Verkehrsunternehmen. 1998. *VDV-Schrift 801 – Fahrzeugreserve in Verkehrsunternehmen*. Köln: Verband Deutscher Verkehrsunternehmen.

[VDV98b] Verband Deutscher Verkehrsunternehmen. 1998. *Linienleistungs- und Erfolgsrechnung im ÖPNV*. Köln: VDV.

[WK01] Wolberg, Jörg, und Jörg Kiefer. 2001. Der FRACAS-Prozess – Felddatenerfassung und Verfügbarkeitsoptimierung. *Signal + Draht* 93 (10): 25–29.

[WM09] Weißkopf, Willi, und Andreas Mäder. 2009. Regelungen und Probleme bei der Aufteilung von Tarifeinnahmen im Spannungsfeld unterschiedlicher Interessen. In *Verkehrsverbünde – Durch Kooperation und Integration zu mehr Attraktivität und Effizienz im ÖPNV*, Hrsg. Verband Deutscher Verkehrsunternehmen, 104–121. Köln: VDV.

Fahrzeuginstandhaltungsmanagement 13

Fahrzeuge haben eine lange Lebensdauer. Dies trifft insbesondere für Schienenfahrzeuge zu, deren die Lebensdauer 30 Jahre oder mehr beträgt. Während dieser Zeit werden Komponenten und Teilsysteme wenn nötig wieder instand gesetzt, zwischendurch immer wieder überholt und gegebenenfalls mehrfach erneuert. Eine Herausforderung stellen hierbei die immer komplexer werdenden elektronischen Fahrzeugkomponenten dar. Das Fahrzeuginstandhaltungsmanagement adressiert alle hierfür erforderlichen Prozesse. Das Instandhaltungsmanagement definiert sich als die Gesamtheit aller Maßnahmen, zur Gestaltung, Lenkung und Entwicklung der Instandhaltung. In diesem Kapitel werden die Grundbegriffe der Instandhaltung (vgl. Abschn. 13.1), die Ziele (vgl. Abschn. 13.2), Aufgaben (vgl. Abschn. 13.3) und Methoden (vgl. Abschn. 13.4) des Fahrzeuginstandhaltungsmanagements betrachtet.

13.1 Teilbegriffsbestimmung „Instandhaltung"

Die *Instandhaltung* bezeichnet die Gesamtheit aller technischen und administrativen Maßnahmen zur Bewahrung und Wiederherstellung des funktionsfähigen Zustands sowie zur Feststellung und Beurteilung des Istzustands von Fahrzeugkomponenten [Sch12]. *Instandhaltungsmanagement* umfasst die folgenden Tätigkeiten des Managements:

- Bestimmen von Zielen, Strategien und Verantwortlichkeiten für die Durchführung der Instandhaltung [DIN10].
- Bestimmen von Maßnahmen wie Instandhaltungsplanung und –steuerung zur Erreichung zuvor definierter Ziele [DIN10].
- Verwirklichung von Maßnahmen zur Verbesserung der Instandhaltungstätigkeiten und deren Wirtschaftlichkeit [DIN10].

L. Schnieder, *Strategisches Management von Fahrzeugflotten im öffentlichen Personenverkehr*, VDI-Buch, https://doi.org/10.1007/978-3-662-56608-4_13

Die einzelnen unter den Begriff Instandhaltung fallenden Maßnahmen werden in den folgenden Abschnitten eingeführt.

13.1.1 Inspektionen (Intervalle und Maßnahmen)

Inspektion bezeichnet das Feststellen und Beurteilen des Ist-Zustands einer Betrachtungseinheit einschließlich der Bestimmung der Ursachen der Abnutzung. Aus dem Ergebnis der Inspektion können anschließend die notwendigen Instandhaltungskonsequenzen abgeleitet werden, die eine weitere Nutzung des Betriebsmittels ermöglichen [BS11]. Die Festlegung von Inspektionsverfahren und Inspektionsintervallen ist für einen sicheren Betrieb unerlässlich [Tho13a].

Für die Durchführung von Inspektionen kommen verschiedene *Inspektionsverfahren* zum Einsatz:

- *Sichtkontrolle:* Bewertung des Zustands des Betriebsmittels mit den menschlichen Sinnesorganen. In diesen Fällen werden charakteristische Größen zur Beschreibung des Zustands protokolliert, so dass offensichtliche Mängel (Verschmutzung, Verschleißspuren) erfasst werden können [BS11].
- *Funktionskontrolle (Funktionsprüfung):* Die Funktionskontrolle eines Betriebsmittels stellt sicher, dass die geforderte Hauptfunktion erfüllt wird.
- *Zustandsermittlung:* Eine tiefere Beurteilung des Ist-Zustands ergibt sich aus der Zustandsermittlung. Im Allgemeinen erfolgt dies über eine Messung, die mit den Ergebnissen früherer Messungen verglichen wird [BS11].

Bezüglich der *Inspektionsintervalle* ist zwischen einer kontinuierlichen und diskontinuierlichen Inspektionsdurchführung zu unterscheiden.

- Zum Zwecke einer *kontinuierlichen Zustandserfassung* sind Inspektionsgeräte an der Betrachtungseinheit fest installiert und signalisieren den Zustand des ausgewählten Zustandsmerkmals während des Betriebs [BSS15]. Durch die Verbindung eines Inspektionsgeräts mit einem Diagnosesystem können bei eintretenden unzulässigen Zustandsveränderungen unmittelbar entsprechende Reaktionen ausgeführt werden [VDI99].
- Bei der *diskontinuierlichen Zustandserfassung* werden die Inspektionsmaßnahmen nach festgelegten Intervallen oder Laufleistungen durchgeführt. Die Betrachtungseinheit ist hierbei aus dem Produktionsprozess (das heißt dem Betrieb) ausgegliedert. Bei Verkehrsunternehmen bedeutet dies beispielsweise eine Durchführung der Inspektionen in den Werkstätten. Die diskontinuierliche Zustandserfassung zeichnet sich durch einen geringen Bedarf an Inspektionsgeräten bei gleichzeitig hohem Personaleinsatz gegenüber der kontinuierlichen Zustandserfassung aus [VDI99].

13.1.2 Wartung

Die Wartung zielt auf die Verzögerung des Abbaus des vorhandenen Abnutzungsvorrats einer Betrachtungseinheit. Sie ist somit eine Maßnahme zur Bewahrung des Soll-Zustands einer Betrachtungseinheit. Die Wartung wird nach technischen Regeln oder einer Herstellervorschrift durchgeführt (zum Beispiel nach einer bestimmten Laufleistung oder Zeitdauer, dem Wartungsintervall). Die Wartung wird im Allgemeinen in regelmäßigen Abständen und häufig von ausgebildetem Fachpersonal durchgeführt. So können eine möglichst lange Lebensdauer und ein geringer Verschleiß der gewarteten Objekte gewährleistet werden. Fachgerechte Wartung ist oft auch Voraussetzung für den Erhalt der Gewährleistung von Lieferanten und Fahrzeugherstellern. Unter dem Begriff der Wartung werden die folgenden Teilmaßnahmen subsummiert:

- *Nachfüllen, Ergänzen oder Ersetzen von Betriebsstoffen* oder Verbrauchsmitteln (Schmierstoffe oder Wasser)
- *Planmäßiges Austauschen von Verschleißteilen* (beispielsweise Filter oder Dichtungen), wenn deren noch zu erwartende Lebensdauer offensichtlich oder nach Herstellerangaben kürzer ist als das nächste Wartungsintervall.
- *Reinigen* umfasst das Entfernen von Fremd- und Hilfsstoffen (zum Beispiel durch Saugen, Scheuern, Anwenden von Lösungsmitteln).

Die Wartung ist die planmäßige Arbeit, da sie nach festgelegten Arbeitsinhalten zu definierten Terminen und mit festgelegtem Materialbedarf durchgeführt wird [Hun08b].

13.1.3 Instandsetzung

Instandsetzung bezeichnet die Rückführung einer Betrachtungseinheit in den funktionsfähigen Zustand. Die Instandsetzung wird im Rahmen einer Inspektion beauftragt und ist aus diesem Grund nicht vorhersehbar, also außerplanmäßig [Hun08b]. Durch die Instandsetzung werden Schäden an den Fahrzeugen behoben, die deren Nutzung beeinträchtigen können. Leichte Schäden werden im Rahmen der betriebsnahen Instandhaltung durch den Tausch oder die Erneuerung von beschädigten Bauteilen und Baugruppen instandgesetzt.

Bei größeren Schäden beispielsweise an der tragenden Konstruktion der Fahrzeuge ist eine *Unfallinstandsetzung* erforderlich. Ziel der Unfallinstandsetzung ist es, das Fahrzeug in einen funktionsfähigen und betriebssicheren Zustand zurück zu versetzen. Der dem Zustand vor dem Unfall nahe kommt. Die Unfallinstandsetzung beginnt mit der Zuführung und Eingangsuntersuchung des beschädigten Fahrzeugs. Es schließen sich Befundungen und Prüfungen gemäß Eingangscheckliste an. Anschließend wird die eigentliche Fahrzeuginstandsetzung durchgeführt und dokumentiert, ehe der Prozess mit einer Fahrzeugabnahme und Übergabe an den Fahrzeughalter endet [Sei13].

13.1.4 Verbesserungen und Beseitigung von Schwachstellen

Verbesserung bezeichnet die Kombination aller technischen und administrativen Maßnahmen sowie Maßnahmen des Managements zur Steigerung der Funktionsfähigkeit, ohne die von ihr geforderte Funktion zu ändern. Verbesserungen gewährleisten eine Erhöhung der Funktionsfähigkeit des betrachteten Systems. So können beispielsweise durch eine gezielte Untersuchung von Schwachstellen Verbesserungspotenziale identifiziert und adressiert werden. Kann beispielsweise ein Schaden eindeutig auf eine verdächtige Stelle zurückgeführt werden, können hieraus resultierende Verbesserungen umgesetzt werden, sofern sie technisch realisierbar und wirtschaftlich vertretbar sind. Ein Beispiel einer Verbesserung ist der Austausch eines Bauteils gegen eines mit höherer Festigkeit, um den Verschleiß zu verringern und dadurch die Standzeit im Betrieb zu erhöhen.

13.1.5 Fahrfertigmachen

Für einen hohen Qualitätsstandard im Betrieb sind weitere Prozesse von der Instandhaltungsorganisation zu erbringen, um sicherzustellen, dass die Fahrzeuge am nächsten Betriebstag den Betriebshof für den nächsten Betriebstag vorbereitet verlassen. Diese vorbereitenden Tätigkeiten umfassen das Betanken, das Auffüllen von Betriebsstoffen, das Enteisen im Winter oder die Reinigung der Fahrzeuge.

Fahrzeuge des öffentlichen Verkehrs müssen auch optisch sauber sein, damit sie auf ihre Kunden, die Fahrgäste, einen guten und vertrauenswürdigen Eindruck machen [Zac14]. Hierbei ist in gewissen Zyklen eine *Außenreinigung* (differenziert in eine *Unterhaltsreinigung* zur Entfernung des Alltagsschmutzes und eine *Grundreinigung* zur Beseitigung der Schmutzspuren, denen bei der Unterhaltsreinigung nicht beizukommen war) und eine *Innenreinigung* erforderlich. Idealerweise werden die verschiedenen Reinigungszyklen miteinander kombiniert oder in andere Arbeitsabläufe integriert. Möglicherweise können Innenreinigungsmaßnahmen bereits im Fahrgastbetrieb in Form einer so genannten „In-Transit-Reinigung" durchgeführt werden. Um die Abläufe optimal planen zu können, liegen für jeden der Arbeitsschritte Ergebnisse von Zeitstudien vor [Wun15].

13.2 Ziele des Fahrzeuginstandhaltungsmanagements

Das operative Instandhaltungsmanagement beschäftigt sich mit der Umsetzung der durch die Ziele der Instandhaltung gesetzten Vorgaben [Sta15]. Das Instandhaltungsprogramm der Verkehrsunternehmen muss so gestaltet werden, dass die nachfolgend aufgeführten Ziele zu jedem Zeitpunkt garantiert werden können:

- *Gewährleistung der Betriebssicherheit:* Die sicherheitsbezogene Zielsetzung der Instandhaltung von Schienenfahrzeugenleitet sich aus den gemeinsamen Sicherheitszielen der Europäischen Union im Verkehrssystem Eisenbahn (Common Safety Targets,

CST) ab. Nach der europäischen Richtlinie über die Eisenbahnsicherheit („Sicherheitsdirektive"), muss die Instandhaltung zu jedem Zeitpunkt, an dem sich das Fahrzeug im Betrieb befindet sicherstellen, dass es sich im Soll-Zustand nach dem einschlägigen Regelwerk und den anerkannten Regeln der Technik befindet sowie von seinem Ist-Zustand keine Gefährdungen ausgehen oder Risiken bestehen, die über das gesellschaftlich akzeptierte Maß hinausgehen. Daraus leiten sich die folgenden Teilziele für die Instandhaltung ab (vgl. [Roe14]):

- *Erhaltung und Wiederherstellung des Soll-Zustands der Fahrzeuge*: Da eine Quantifizierung der gesellschaftlich akzeptierten Risiken schwierig ist, geht man gemeinhin davon aus, dass sich bei Einhaltung der Vorgaben des den Soll-Zustand der Fahrzeuge betreffenden Regelwerks und der anerkannten Regeln der Technik keine inakzeptablen Risiken für den Betrieb der Fahrzeuge ergeben.
- *Ständige Kenntnis des Ist-Zustands und seiner Veränderungen*: Eine zentrale Voraussetzung zur effektiven Bestimmung und Durchführung von Maßnahmen zur Erhaltung oder Wiederherstellung des Soll-Zustands der Fahrzeuge ist eine ständige Kenntnis des Ist-Zustands und seiner Veränderungen. Deshalb ist der Ist-Zustand der Fahrzeuge regelmäßig durch Inspektionsmaßnahmen festzustellen. Durch ein solches Monitoring kann bei plötzlich auftretenden Schäden der Schaden schnell detektiert und behoben werden. Durch ein unverzügliches Handeln können Folgeschäden vermieden werden. Bei sich kontinuierlich entwickelnden Verschleißerscheinungen kann das Schadenswachstum überwacht und die weitere Entwicklung prognostiziert werden. Der Schaden wird bei Erreichen eines Schwellwertes behoben. Darüber hinaus liefern die Messwerte und deren Analyse wichtige Einblicke in die Mechanismen. Damit können gezielt Gegenmaßnahmen entwickelt und die Kosten nachhaltig gesenkt werden [LNW13].
- *Beseitigung erkannter Schwachstellen*: Die Beseitigung erkannter Schwachstellen, insbesondere, wenn sie sicherheitsrelevante Auswirkungen haben können, gehört zur Instandhaltung. In diesem Falle sind in Anwendung der Common Safety Methods (CSM) gemäß europäischer Vorgaben [EU13] die Maßnahmen zur Schwachstellenbeseitigung bezüglich ihrer Auswirkungen unter Risikogesichtspunkten zu bewerten.

• *Erhöhung der Wirtschaftlichkeit:* Die Instandhaltung generiert einen wesentlichen Kostenanteil an den Lebenszykluskosten (Life Cycle Costs, LCC) der (Schienen)Fahrzeuge. Er kann bis zu 20 % der gesamten LCC betragen [Roe14]. Damit ist die Instandhaltung eine wesentliche Stellgröße für die Wettbewerbsfähigkeit öffentlicher Verkehrssysteme im intermodalen (das heißt verkehrsträgerübergreifenden) Wettbewerb. Die Wirtschaftlichkeit der Instandhaltung ist aber im intramodalen Wettbewerb ein wichtiger Faktor. Da andere wesentliche Kostenarten wie zum Beispiel Trassennutzungskosten oder Energiekosten im Sinne eines diskriminierungsfreien Zugangs zum Schienennetz der Regulierung unterliegen und damit für alle Verkehrsunternehmen in etwa gleich sind und auch die Fahrzeugerwerbs- und Leasingkosten sich nicht wesentlich unterscheiden, bilden die Instandhaltungskosten der Fahrzeuge eine entscheidende Stellschraube für das wirtschaftliche Ergebnis eines Verkehrsunternehmens. Die Betrachtung wirtschaftlicher Aspekte umfasst hierbei:

- *Reduktion der Instandhaltungskosten:* Hierbei steht die Erschließung technischer und wirtschaftlicher Reserven im Vordergrund. Die Fahrzeuginstandhaltungskosten setzen sich aus den Instandhaltungs*materialkosten* für die Fahrzeuge, den *Personalkosten* für das Instandhaltungspersonal, die Kosten für in Anspruch genommene *Fremdleistung* sowie den *Vorhaltekosten* (beispielsweise Kosten für die Vorhaltung sowie die Instandhaltung und den Betrieb der Werkstatt und der Werkstattausrüstung) zusammen [GV10].
  - Für eine Optimierung der *Materialkosten* sollte nach Möglichkeit die zulässige Lebensdauer der in den Fahrzeugen eingesetzten Komponenten optimal ausgenutzt werden. Der Materialeinsatz wird damit effizienter und in Summe die Instandhaltung der Fahrzeuge bei gleich hohem Sicherheits- und Qualitätsstandard wirtschaftlicher. Die Wartungsintervalle können aufgrund eigener Erfahrungen des Verkehrsunternehmens und in Abstimmung mit den Herstellern ausgedehnt werden. Einkaufsgemeinschaften haben in der Vergangenheit ebenfalls zu positiven Effekten bei den Materialkosten geführt.
  - Die *Personalkosten* können zum Beispiel durch eine Verringerung unproduktiver Zeiten beim Instandhaltungspersonal positiv beeinflusst werden. Dies erfolgt beispielsweise durch eine optimale Anpassung von Schichtregime und Schichtstärke des Instandhaltungspersonals an die Verfügbarkeit von Fahrzeugen. Weiteres Potenzial zur Steigerung der Personalproduktivität besteht in der Ausstattung und Gestaltung der Arbeitsstände sowie der Ablauforganisation. Potenziale bestehen in kurzen Wegen zum Materiallager und der Werkzeugausgabe, der Versorgung mit Betriebsstoffen am Arbeitsstand sowie kurzen Zeiten für die Ersatzbereitstellung (sog. Kanban-Lager, vgl. [Hun08b]).
- *Reduktion der Fahrzeugausfallkosten:* Ein Ausfall der Fahrzeuge für die ihnen in der Fahrzeugumlaufplanung (vgl. Abschn. 12.3) zugedachte Betriebsleistung soll vermieden werden. Die kosten- und zeitaufwändige Disposition von Ersatzverkehren sowie etwaige im Verkehrsvertrag verankerte Pönalen sollen vermieden werden. Gleiches gilt für die Vermeidung negativer Reputation des Verkehrsunternehmens, welche sich mittelbar über eine geringere Verkehrsnachfrage in sinkenden Erlösen niederschlägt.
- *Reduktion der Kapitalkosten:* Abschreibungen reduzieren als Aufwände den Gewinn. Gleichzeitig können Investitionen umgelenkt werden. Gegebenenfalls stiftet eine wegen nicht verfügbarer Investitionsmittel nicht verfolgte Handlungsalternative einen größeren unternehmerischen Nutzen (sog. Opportunitätskosten). Hierbei wirkt sich die Instandhaltung auf mehrerlei Art und Weise aus:
  - *Verringerung der Fahrzeugreserve*: Durch eine optimierte Instandhaltung kann die Fahrzeugreserve (vgl. [VDV98a]) insbesondere die Betriebsreserve von Fahrzeugen verringert werden. Hierdurch werden die Kapitalkosten und die Kosten für die Vorhaltung instandhaltungsbezogener Ressourcen (unter anderem Personal und Infrastruktur) reduziert.

  - *Höhere Lebensdauer der Fahrzeuge:* Durch eine optimale Instandhaltung erhöht sich die Lebensdauer der Fahrzeuge. Verlängert sich die Nutzungsdauer, reduzieren sich die jährlichen Abschreibungsbeträge.
- *Erhöhung der betrieblichen Verfügbarkeit*: Verfügbarkeit ist die Fähigkeit einer Einheit, zu einem gegebenen Zeitpunkt oder während eines gegebenen Zeitintervalls in einem Zustand zu sein, dass sie eine geforderte Funktion unter gegebenen Bedingungen unter der Annahme erfüllen kann, dass die erforderlichen äußeren Hilfsmittel bereitgestellt sind. Übertragen auf Verkehrsunternehmen bedeutet dies, dass die Fahrzeuge stets für die ihnen zugedachte betriebliche Aufgabe zur Verfügung stehen. Ungeplante Ausfälle der Fahrzeuge im Betrieb sollen verhindert werden. Dies steht insbesondere wegen des hohen Kapitaleinsatzes für die Verkehrsunternehmen im Vordergrund. Für die Erhöhung der Verfügbarkeit der Fahrzeugflotte ergeben sich definitionsgemäß verschiedene Ansatzpunkte:
  - Auswahl möglichst *zuverlässiger Komponenten.* Hierdurch werden unvorhergesehene Ausfälle der Fahrzeuge im Betrieb vermieden. Technisch gesehen werden für das Fahrzeug Komponenten ausgewählt, die eine möglichst hohe mittlere Betriebsdauer zwischen Ausfällen (Mean Time Between Failures, MTBF) ausweisen. Auch werden Ausfallzeiten minimiert und die Fahrzeuge stehen für den betrieblichen Einsatz bereit.
  - *Senkung der Auftragsdurchlaufzeiten,* das heißt der mittleren Reparaturzeit nach einem Ausfall des Systems (Mean Time to Repair, MTTR) in der Werkstatt [Hun08b]. Hierbei sollen neben optimal gestalteten Abläufen in der eigentlichen Durchführung der erforderlichen Instandhaltungsmaßnahmen die Instandhaltungsaktivitäten möglichst unverzüglich erfolgen und nicht durch nicht verfügbares Material oder eine nicht vorhandene Kapazität der Werkstätten (inklusive der Aufstellflächen vor und nach der Fahrzeugbehandlung) verlängert werden [FN08].
  - *Bessere Planbarkeit der Instandhaltungsmaßnahmen:* Nach Möglichkeit sollen die Instandhaltungsmaßnahmein in den natürlichen Stilllagen der Fahrzeuge (das heißt nachts) durchgeführt werden. Dies stellt sicher, dass Instandhaltungsmaßnahmen möglichst geringe Auswirkungen auf die Betriebsabwicklung haben und auf diese Weise die betriebliche Fahrzeugnutzung optimiert wird.
- *Erfüllung der gesetzlichen Vorgaben:* Verkehrsunternehmen müssen nicht nur den verkehrsträgerspezifischen Regelungen zur Instandhaltung entsprechen, die auf einen sicheren und ordnungsgemäßen Betrieb ausgerichtet sind. Ein effektives Management der Instandhaltung muss auch weitere rechtliche Rahmenbedingungen beachten:
  - *Umweltrechtliche Rahmenbedingungen:* Die Instandhaltung von Fahrzeugen nutzt Verfahren und Stoffe, die schädliche Auswirkungen auf die Umwelt haben können. Dazu gehören beispielsweise Schmierstoffe, die bei einem Eindringen in den Boden das Grundwasser verunreinigen können. Deshalb sind schädliche Auswirkungen der Instandhaltungsprozesse auf die Umwelt zu identifizieren, zu bewerten und durch geeignete Verfahren und Technologien zu vermeiden. Dazu sind entsprechende europäische und nationale Regelungen zum Umweltschutz zu beachten und einzuhalten [Roe14].
  - *Arbeitssicherheitsrechtliche Bestimmungen*: Arbeitsschutzvorgaben wie beispielsweise die Betriebssicherheitsverordnung (BetrSichV), regeln den Einsatz technischer

Arbeitsmittel und überwachungsbedürftiger Anlagen. Die Betriebssicherheitsverordnung stellt die Verbindung zwischen den staatlichen Anforderungen an Produkte, die von den Herstellern in Verkehr gebracht werden, und den staatlichen Vorschriften zu deren sicherer Verwendung im Betrieb her. Grundbausteine der Betriebssicherheitsverordnung sind Gefährdungsbeurteilungen gemäß Arbeitsschutzgesetz als Basis für die Festlegung aller Schutzmaßnahmen und Prüfungen. Hierauf aufbauend erfolgt eine Prüfung aller Arbeitsmittel gemäß dem Ermittlungsergebnis der Gefährdungsbeurteilungen. Für den Fall, dass in der Instandhaltung überwachungsbedürftige Anlagen eingesetzt werden, ist gegebenenfalls eine Prüfung durch zugelassene Überwachungsstellen notwendig.

13.3 Aufgaben des Fahrzeuginstandhaltungsmanagements

Nachfolgend werden die Aufgaben des Fahrzeuginstandhaltungsmanagements vorgestellt. Diese umfassen sowohl Aufgaben auf strategischer Ebene (vgl. Abschn. 13.3.1) als auch Aufgaben auf operativer Ebene (vgl. Abschn. 13.3.2).

13.3.1 Aufgaben des strategischen Fahrzeuginstandhaltungsmanagements

Die Aufgaben des Instandhaltungsmanagements umfassen die Definition der Instandhaltungsziele (vgl. Abschn. 13.3.1.1), die Wahl geeigneter Instandhaltungsstrategien (vgl. Abschn. 13.3.1.2), die Bestimmung des grundsätzlichen Technologie- und Qualifikationsbedarfs (vgl. Abschn. 13.3.1.3), sowie die Festlegung der Aufbau- und Ablauforganisation für die Instandhaltung (vgl. Abschn. 13.3.1.4).

13.3.1.1 Zielplanung der Fahrzeuginstandhaltung

Die Instandhaltung als Teilbereich des Gesamtunternehmens muss die Definition ihrer Ziele in den Zielbildungsprozess des Verkehrsunternehmens einbetten. Die Primärziele der Instandhaltung (beispielsweise Gewährleistung der Anlagenverfügbarkeit zu möglichst geringen Kosten) werden in Sachziele heruntergebrochen. Die Sachziele dienen der weiteren Ausgestaltung von Ressourcen und Prozessen der Instandhaltung. Die Sachziele tragen dazu bei, die Primärziele zu erreichen. Eine Operationalisierung der Instandhaltungsziele erfolgt mit geeigneten Kennzahlensystemen [VDI12]. Ein Kennzahlensystem ist eine geordnete Gesamtheit von Kennzahlen (Key Performance Indicators, KPI), die in einer Beziehung zueinanderstehen und so als Gesamtheit über einen Sachverhalt vollständig informieren. Ziel von Kennzahlensystemen ist es, der Unternehmensleitung und den Mitarbeitern den Abgleich zwischen Strategievorgaben und Zielerreichung zu ermöglichen, um kontinuierliche Verbesserungen zu erreichen [Gol14].

Die Methodik der Wahl und Anwendung von Leistungskennzahlen für die Instandhaltung umfasst

- Die Definition der Ziele, die den Instandhaltungsmanagementablauf kennzeichnen
- Auswahl geeigneter Kennzahlen
- Definition und Sammlung notwendiger grundlegender Daten
- Berechnung der Kennzahl und Auswahl der grafischen Art der Darstellung.

13.3.1.2 Planung der Fahrzeuginstandhaltungsstrategie

Eine Instandhaltungsstrategie gibt an, welche Instandhaltungsmaßnahmen an welchen Instandhaltungsobjekten zu welchen Zeitpunkten durchzuführen sind [VDI12]. Zur Sicherstellung der Verfügbarkeit und der Zuverlässigkeit der Fahrzeuge müssen defekte Teile und Baugruppen ausgetauscht oder repariert und entsprechende Wartungsarbeiten durchgeführt werden. Hier bestimmt die Instandhaltungsstrategie wesentlich den Materialverbrauch, welcher einen erheblichen Kostenblock in der Fahrzeuginstandhaltung ausmacht [GV10]. Die folgenden grundlegenden Strategieansätze können unterschieden werden:

- *Korrektive Instandhaltung (ereignisbasierte Instandhaltung, ausfallbedingte Instandhaltung):* Bauteile werden erst getauscht, wenn sie im Betrieb ausgefallen sind (vgl. Abbildung Abb. 13.1). Deshalb wird diese Strategie auch als ausfallbedingte Strategie bezeichnet [GV10]. Hierbei wird zwar der Abnutzungsvorrat der Komponenten maximal (nämlich bis zum Bauteilversagen) ausgeschöpft, allerdings wird dieser Vorteil durch einen zufälligen Ausfall der Fahrzeuge im Betrieb erkauft [Ros15]. Daher ist in diesem Fall auch die Instandhaltungskapazität nicht gut planbar. Diese Strategie kann dort angewandt werden, wo Anlagen nur wenig genutzt werden, wo

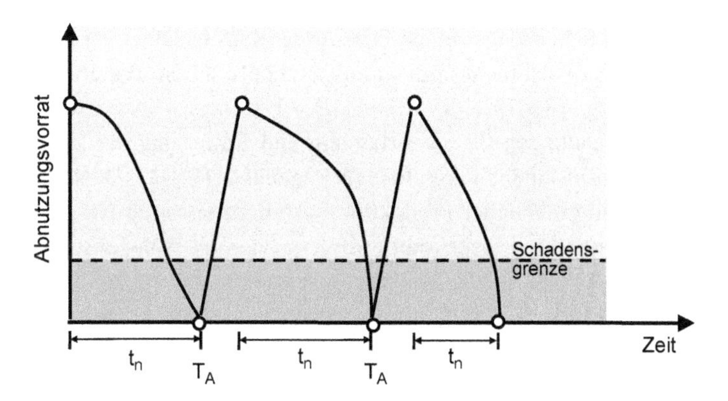

Abb. 13.1 Korrektive Instandhaltungsstrategie nach [VDV07]

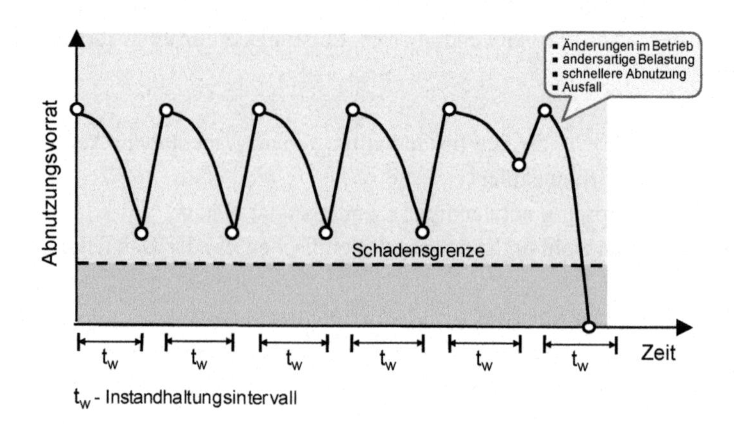

Abb. 13.2 Präventive Instandhaltungsstrategie nach [VDV07]

Produktionsunterbrechungen zu keinen Lieferschwierigkeiten führen, wo redundante Systeme und ein hoher Ersatzteilbestand vorhanden sind oder keine Sicherheitsanforderungen berührt sind [VDI12]. Wenn die Investitionskosten eines Betriebsmittels gering und auch die Folgekosten einer Störung zu vernachlässigen sind und auch der Aufwand für eine Zustandsermittlung hoch ist, führt diese Strategie zu den geringsten Instandhaltungskosten, da nur nach einem Fehlerereignis Kosten anfallen [BS11].

- *Präventive Instandhaltung (vorbeugende Instandhaltung):* Bauteile werden nach festen Zeitabständen oder nach definierten Kilometerleistungen getauscht (vgl. Abb. 13.2). Der zeitliche Zyklus wird aus den Erfahrungen der Verkehrsunternehmen und Fahrzeughersteller abgeleitet. Diese vorbeugende Instandhaltung verfolgt das Ziel einer hohen Zuverlässigkeit und Verfügbarkeit der Fahrzeuge. Grundsätzlich führt diese Instandhaltung zu größten finanziellen Aufwendungen, da in der Regel die Betriebsmittel nicht bis zum Ende ihrer Lebensdauer eingesetzt werden (das bedeutet der Abnutzungsvorrat der Komponenten wird nicht optimal ausgeschöpft, da die Baugruppen frühzeitig getauscht werden, vgl. [Ros15], [GV10] und [BS11]). Diesen Kosten stehen jedoch die vermiedenen Aufwendungen für die Erfassung und Bewertung des Zustands bei der zustandsabhängigen Instandhaltungsstrategie gegenüber [BS11]. Diese Strategie wird eingesetzt, wenn ein erheblicher Produktionsausfall zu erwarten ist, gesetzliche Vorschriften eine turnusmäßige Inspektion erfordern oder der Anlagenausfall erhebliche Gefährdungen für Personen und Einrichtungen erzeugen würde. Die Instandhaltungskapazität ist hier gut planbar, da die Instandhaltungsmaßnahme im Voraus in ihrem Umfang definiert ist. Ersatzteile müssen nur zu bestimmten Zeiten vorgehalten werden [VDI12].
- *Zustandsorientierte Instandhaltung*: Bei dieser Strategie werden Bauteile nicht mehr ersetzt, solange sie einwandfrei funktionieren und nicht auszufallen drohen (vgl. Abb. 13.3). Sie werden vielmehr in Abhängigkeit ihres technischen Zustands gewartet. In diesem Fall messen Sensoren den Verschleiß, vergleichen den Zustand mit einem früheren Zustand und prognostizieren auf diese Weise den wahrscheinlichen

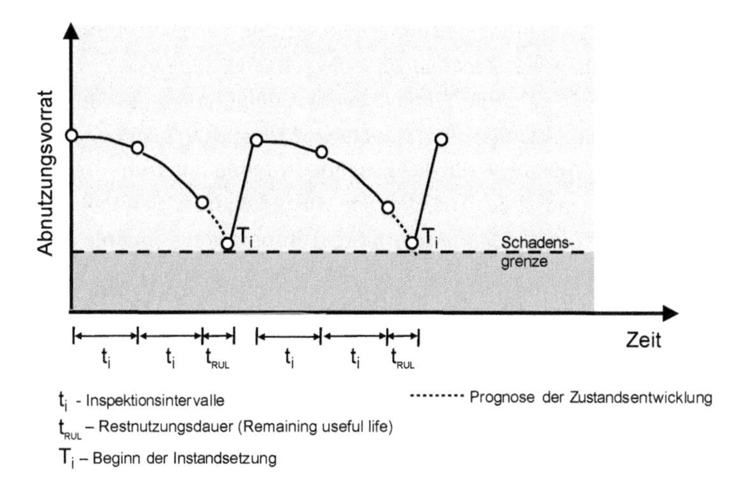

Abb. 13.3 zustandsorientierte Instandhaltungsstrategie nach [VDV07]

Ausfallzeitpunkt, so dass hieraus der optimale Zeitpunkt für den Ersatz der betrachteten Komponenten ermittelt werden kann [ISO03]. Diese Strategie resultiert in geringen Standzeiten und höheren Verfügbarkeiten der Fahrzeuge [Ros15]. Bei der Bewertung der Life-Cycle-Kosten in Bezug auf die Anwendung der zustandsorientierten Instandhaltung ist zu beachten, dass die Aufwendungen für ein Monitoringsystem zum Zeitpunkt der Investition des Betriebsmittels anfallen, während die vermiedenen Störungen zu einem späteren Zeitpunkt auftreten, so dass der wirtschaftliche Vorteil vom in den LCC zu berücksichtigenden Zinssatz für die Diskontierung der Zahlungen auf einen Bezugszeitpunkt abhängen. Diese Strategie ist vor allem bei Betriebsmitteln sinnvoll, die mit geeigneten Geräten zur Zustandsüberwachung automatisch ausgerüstet sind, oder wenn die Zustandserkennung im Rahmen einer Inspektion möglich ist. Grundsätzlich ist eine zustandsorientierte Instandhaltung für die Betriebsmittel sinnvoll, bei denen ein Alterungsprozess oder Verschleiß deutlich detektierbar ist, so dass das Ausfallrisiko vermindert werden sollte [BS11].

- *Prädiktive Instandhaltung*: Die prädiktive Instandhaltung nutzt Daten aus der Vergangenheit und des Zustandes und ermöglicht eine Vorhersage, wann welche Teile repariert werden sollten. Aufgrund des allgemeinen technischen Fortschritts, insbesondere bei den Sensoren, der Datenerfassung und Datenverarbeitung, wird diese Strategie zukünftig weiter an Bedeutung gewinnen [SB18].

13.3.1.3 Bestimmung des grundsätzlichen Technologie- und Qualifikationsbedarfs

Nach Festlegung der Instandhaltungsstrategie wird unter Beachtung der zur Verfügung stehenden Budgetmittel der grundsätzliche Technologie- und Qualifikationsbedarf zur Umsetzung der Instandhaltungsstrategie festgelegt. Je nach gewählter Strategie besteht ein unterschiedlicher Bedarf an unterstützenden Technologien und den erforderlichen

Qualifikationen des Instandhaltungspersonals. So erfordert die *ausfallbedingte Instandhaltung* besonders qualifiziertes Personal für eine schnelle und systematische Störungsdiagnose und –behebung. Geeignete Diagnosewerkzeuge können die Störungsbehebung zusätzlich beschleunigen [VDI12]. Bei einer *vorbeugenden Instandhaltungsstrategie* sollte das Instandhaltungspersonal für die geplanten Maßnahmen im Vorfeld umfassend geschult werden, um so unnötige Ausfallzeiten zu reduzieren. Schließlich müssen bei einer *zustandsabhängigen Instandhaltungsstrategie* anforderungsgerechte Mess- und Diagnosesysteme zur Anlagenüberwachung (Condition Monitoring) bestimmt und eingesetzt werden, die von entsprechend qualifiziertem Personal bedient werden müssen.

Die *Qualifikationsmatrix* ist ein Instrument, das in übersichtlicher Weise die Qualifikationsanforderungen einer instandhaltungsbezogenen Arbeitsaufgabe auf der einen Seite und die vorhandenen Qualifikationen Beschäftigter auf der anderen Seite visualisiert (vgl. Tab. 13.1). Der Vergleich der Anforderungen (Soll-Qualifikationen) mit dem Qualifikationsstand (Ist-Qualifikationen) von Beschäftigten weist dort, wo Abweichungen bestehen, den Qualifizierungsbedarf aus. Eine Aufstellung einer Qualifikationsmatrix hat den folgenden Nutzen:

- Ermittlung von *Qualifizierungsbedarf* als Grundlage bedarfsorientierter Qualifizierungsmaßnahmen anhand der Qualifikationsmatrix.
- Die Qualifikationsmatrix erlaubt eine schnelle Übersicht „auf einen Blick" über die Anforderungs- und Qualifikationsprofile
- Vorhandene Kompetenzen von Beschäftigten werden in der Qualifikationsmatrix sichtbar und damit nutzbar beispielsweise für die Personaleinsatzplanung oder die Vertretungsplanung.
- Die Qualifikationsmatrix ist eine Basis für eine sachliche Kommunikation über das Thema „Qualifikation" – auch der Beschäftigte sieht, wo er steht und was er braucht.

Tab. 13.1 Beispiel einer Qualifikationsmatrix für eine Instandhaltungsorganisation

Qualifikations-anforderungen	Müller	Maier	Bauer	Sander	Block	Huber
Bedienung Maschine 1010	1	2	3	3	2	1
Säuberung Maschine 1010	1	2	1	2	3	1
Instandhaltung Maschine 1010	1	2	2	2	1	1
Wartung Maschine 1010	1	2	3	1	1	1
Kenntnis Lagerhaltung	1	2	1	1	3	3
Teamfähigkeit	3	1	2	1	3	3

- Einsatz in Ergänzung zur Altersstrukturanalyse und –prognose (vgl. 14.4.3.3). Hinweise auf Schlüsselpositionen, für die eine Nachfolgeplanung und Wissenstransfer nötig werden.
- Die Qualifikationsmatrix dient der Identifikation von Engpässen oder Überhängen in den Qualifikationen.
- Die Qualifikationsmatrix erlaubt eine Erfolgskontrolle von Qualifizierungsmaßnahmen.

13.3.1.4 Organisationsplanung der Fahrzeuginstandhaltung (Aufbau und Ablauf)

Eine grundlegende Aufgabe des strategischen Instandhaltungsmanagements ist das Festlegen einer geeigneten Aufbau- und Ablauforganisation, um die Instandhaltungsziele und –strategien erfolgreich umzusetzen.

Die *Aufbauorganisation* bestimmt den Beziehungszusammenhang der an der Instandhaltung beteiligten Stellen. Instandhaltungsbezogene Aufgaben werden gegliedert und zuständigen Stellen zugeordnet. Hierdurch werden Aufgabenbeziehungen, Leitungsbeziehungen und Kommunikationsbeziehungen festgelegt. Dies muss zunehmend auch über die eigene Organisation hinaus gedacht werden, da neue Vertragskonstellationen (vgl. Kap. 10) in neuen oder veränderten Schnittstellen der Instandhaltungsorganisation resultieren.

Die *Ablauforganisation* regelt die Abfolge der Aufgabenerfüllung. Hierbei werden zeitliche, räumliche, mengenmäßige und logische Beziehungen konkretisiert. Ziel ist hierbei die Maximierung der Kapazitätsauslastung sowie eine Minimierung der Durchlaufzeit.

13.3.2 Aufgaben des operativen Fahrzeuginstandhaltungsmanagements

Das operative Fahrzeuginstandhaltungsmanagement beschäftigt sich mit der Umsetzung der durch die Ziele der Instandhaltung (vgl. Abschn. 13.3.1) gesetzten Vorgaben. Dazu gilt es, durch Planung (vgl. Abschn. 13.3.2.1), Steuerung (vgl. Abschn. 13.3.2.2), Durchführung (vgl. Abschn. 13.3.2.3) und Kontrolle (vgl. Abschn. 13.3.2.4) der notwendigen Maßnahmen und Ressourcen zur wirtschaftlichen Erfüllung dieser Aufgaben beizutragen [Sta15]. Nachfolgend werden die operativen Instandhaltungsaufgaben in Anlehnung an [VDI12] vorgestellt.

13.3.2.1 Instandhaltungsplanung

Die Instandhaltungsplanung bezeichnet die planmäßige Vorbereitung aller Instandhaltungsaktivitäten. Diese Aufgabe zerfällt in mehrere Teilaspekte:

- *Leistungsplanung:* Die Planung der Leistungen der Instandhaltung kann einerseits an der vergangenheitsorientierten Fortschreibung dokumentierter Ist-Daten sowie andererseits an der Prognose des kommenden Instandhaltungsbedarfs ansetzen.

- Die *Budgetplanung* dient der Begrenzung und Kontrolle der Instandhaltungskosten. Sie betrifft gleichermaßen Personal-, Material- und Betriebsmittelkosten sowie Budgets für Fremdleistungen [GV10].
- Die *Personalplanung* ermittelt die für die Durchführung der Instandhaltungsaktivitäten erforderlichen Personalkapazitäten in qualitativer und quantitativer Hinsicht. Aufgrund der vielfältigen Aufgaben der Instandhaltung können nicht alle Mitarbeiter jeden beliebigen Instandhaltungsauftrag übernehmen. Bei der Planung muss daher die Verfügbarkeit der Mitarbeiter mit entsprechender Qualifikation berücksichtigt werden. Ferner sind Urlaube, Krankheiten und Abwesenheiten zu berücksichtigen [For05]. Gegebenenfalls muss Personal für spezifische instandhaltungsbezogene Aufgaben gewonnen werden oder gezielt ausgebildet, fortgebildet oder umgeschult werden.
- Die *Betriebsmittelplanung* stellt die Betriebsmittelkapazität der Instandhaltung (Maschinen, Vorrichtungen, Werkzeuge, Transportmittel und Messmittel) sicher.
- In der *Arbeitsplanung* werden Arbeitspläne zur Durchführung von meist geplanten (Wartungs- und Inspektionspläne), aber auch ungeplanten Instandhaltungsmaßnahmen (Instandsetzungspläne) erstellt [VDI12].

Das *Instandhaltungsprogramm* enthält eine *Instandhaltungsinhalte* und der zugehörigen *Instandhaltungsintervalle*. Instandhaltungsmaßnahmen mit ihren Instandhaltungsintervallen dürfen, soweit nicht anders festgelegt, zu *Instandhaltungsstufen* zusammengefasst werden. Dabei werden Instandhaltungsmaßnahmen mit ihren Instandhaltungsintervallen aufgelistet. Bei unterschiedlichen Bemessungsgrößen ist anzustreben, diese auf eine einheitliche Bemessungsgröße (beispielsweise Laufleistungskilometer oder Zeit) umzurechnen. Anhand der Auflistung werden Instandhaltungsmaßnahmen mit vergleichbaren Instandhaltungsintervallen zu Instandhaltungsstufen gruppiert. Das sich bei dieser Gruppierung innerhalb der Gruppe ergebende kürzeste Instandhaltungsintervall bildet das Grenzintervall für die Instandhaltungsstufe. Lassen sich bei diesem vorgenannten Gruppierungsschritt einzelne Instandhaltungsmaßnahmen nicht den Instandhaltungsstufen zuordnen, ist der Grenzwert des Instandhaltungsintervalls dieser Instandhaltungsmaßnahme nochmals daraufhin zu überprüfen, ob das Intervall nicht so verändert werden kann, dass eine Zuordnung zu einer Instandhaltungsstufe möglich ist. Ein beispielhaftes Instandhaltungsprogramm ist in Abb. 13.4 dargestellt. Jeder einzelnen Instandhaltungsmaßnahmen können die einzelnen zurechenbaren Instandhaltungsmaßnahmen beispielsweise in einer tabellarischen Darstellung (vgl. [DIN06c]) zugeordnet werden.

13.3.2.2 Instandhaltungsdurchführungsplanung (Instandhaltungssteuerung)

Die Instandhaltungssteuerung veranlasst, überwacht und sichert die zur Abwicklung von Instandhaltungsmaßnahmen notwendigen Abläufe. Wesentliche Aspekte sind

- *Auftragsterminierung* zur termingerechten Durchführung und anforderungsgerechten Koordination der Instandhaltungsaktivitäten.

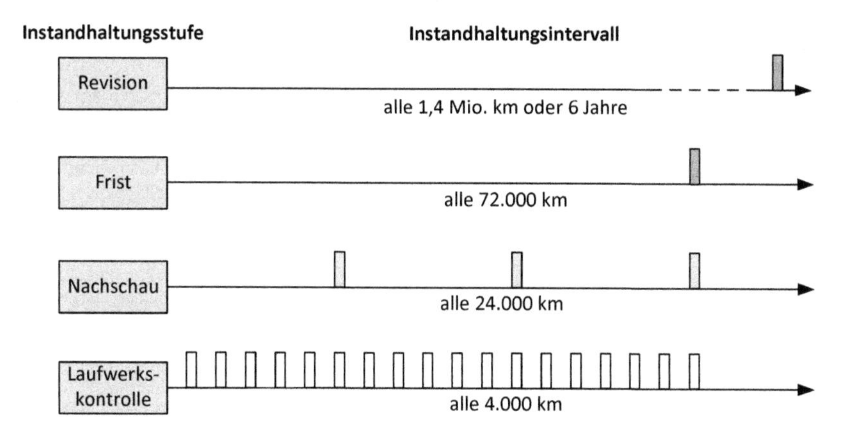

Abb. 13.4 Beispiel einer grafischen Darstellung eines Instandhaltungsprogramms in Anlehnung an [DIN06c]

- Die *Materialdisposition* zur Sicherstellung der Bereitstellung der Materialien nach Art, Menge und Termin zur Durchführung der Instandhaltungsarbeiten. Der Bedarf wird aus den geplanten Instandhaltungsaufgaben abgeleitet (vgl. [Pla07]) oder aus Vergangenheitsdaten abgeschätzt (vgl. [Pla07]). Die Ersatzteillogistik spielt hierbei eine große Rolle. Die Materialien sollten nach Möglichkeit für die planbaren Inhalte der anstehenden instandhaltungsbezogenen Tätigkeiten des Instandhaltungsprogramms vorkommissioniert bereitstehen. Oft werden benötigte Ersatzteile auch direkt in der Produktion vorgehalten, so dass der Facharbeiter direkt darauf zugreifen kann (vgl. [FN08] und [Hun08b]).
- Mit der *Auftragsveranlassung, -verfolgung und –rückmeldung* wird der Arbeitsfortschritt erfasst. Bei Auftreten von Kosten- und Terminabweichungen können unmittelbar weitere Planungs- und Steuerungsmaßnahmen ergriffen werden [VDI12].

13.3.2.3 Instandhaltungsdurchführung

Im Rahmen der Durchführung werden die konkreten Instandhaltungsaktivitäten an den instandzuhaltenden Fahrzeugen durchgeführt. Die Instandhaltungstätigkeiten umfassen dabei alle technischen und administrativen Maßnahmen und Maßnahmen des Managements, die während des Lebenszyklus einer Betrachtungseinheit zur Erhaltung oder Wiederherstellung der Funktionsfähigkeit erforderlich sind [VDI12].

13.3.2.4 Instandhaltungsananalyse

Die Instandhaltungsanalyse verfolgt rückblickend eine objekt-, bzw. maßnahmenbezogene Auswertung von Vorgängen und Sachverhalten. Hierbei finden verschiedene instandhaltungsbezogene Zielsetzungen und Kriterien Berücksichtigung. Beispielsweise werden Soll-Ist-Vergleiche (Kosten- und Zeitaufwand) für einzelne Instandhaltungsaufträge durchgeführt. Auch werden Schwachstellen analysiert, um durch gezielte Verbesserungsmaßnahmen mit technisch möglichen und wirtschaftlich vertretbaren Mitteln die Ausfallhäufigkeiten und/oder Schadensumfänge zu reduzieren [VDI12]. Im Zuge der Schwachstellenanalyse werden Prozesse oder Verfahrensabläufe untersucht, um Schwachstellen und Verfahrensfehler aufzuspüren. Ziel ist es, den Prozess oder das Verfahren stetig zu optimieren und erwartbare Fehlentwicklungen immer früher zu erkennen [HA14].

13.4 Methoden des Fahrzeuginstandhaltungsmanagements

Die Instandhaltung ist auf Grund ihres starken Einflusses auf Kosten, Kapazität und Qualität des Betriebsergebnisses unter ständigem Optimierungsdruck. Die vielfältigen Optimierungsmöglichkeiten und Chancen einerseits und die zum Teil erheblichen kurz- und langfristigen betriebswirtschaftlichen Risiken auf der anderen Seite fordern die ständige Aufmerksamkeit der Unternehmensleitung auf die Instandhaltung. Aus diesem Grund bedarf es methodischer auf das Kosten- und Assetmanagement ausgerichteter Ansätze (unter anderem das in Abschn. 13.4.3 dargestellte Benchmarking und das in Abschn. 13.4.2 dargestellte Outsourcing), sowie systematischer Ansätze des Qualitäts- und Sicherheitsmanagements (Reliability Centered Maintenance, vgl. Abschn. 13.4.1). Diese zuvor genannten Ansätze werden in diesem Abschnitt dargestellt.

13.4.1 Reliability Centered Maintenance (RCM)

In der Regel werden für die Fahrzeuge laufleistungs- oder zeitabhängige Fristen geplant. „Für jede dieser Instandhaltungsstufen gibt es definierte Arbeitsinhalte, die mit Arbeitsanweisungen unterlegt sind und den hohen Qualitätsstandard widerspiegeln“ [FN08]. Die Summe aller planmäßigen Instandhaltungsmaßnahmen über den Lebenszyklus eines (Eisenbahn)Fahrzeugs wird auch als Instandhaltungsprogramm bezeichnet [MN07]. Die Definition des Instandhaltungsprogramms berücksichtigt

- *Vorgaben des Gesetzgebers:* In den gesetzlichen Regelungen des Betriebs des Verkehrssystems sind teilweise konkrete Vorgaben zu Instandhaltungsaktivitäten zu finden. Ein Beispiel hierfür ist die gesetzlich festgelegte Frist für die Hauptuntersuchung von Eisenbahnfahrzeugen [GH03]. Ähnliche Vorgaben finden sich auch in den verkehrsträgerspezifischen Regelungen für Fahrzeuge des Straßenverkehrs (§29 StVZO) und Straßenbahnen (§57 BOStrab).
- *Hersteller-Instandhaltungsprogramm:* Der Hersteller hat den Betreibern mit den Fahrzeugen geeignete Wartungs- und Instandhaltungsvorgaben auf Komponenten- und Fahrzeugebene zu übergeben [Tho13a]. „Neue Fahrzeuge werden mit einem

Erst-Instandhaltungsprogramm“ ausgeliefert. Diese Instandhaltungsprogramme basieren auf den bei den Fahrzeugherstellern vorliegenden Erkenntnissen und Erfahrungen über das Verschleißverhalten einzelner Baugruppen und Komponenten sowie fahrzeug- und herstellerspezifische Instandhaltungsvorgaben. Diese sind sowohl bezüglich der Arbeitsinhalte als auch hinsichtlich der Intervalle für einzelne Instandhaltungsmaßnahmen konservativ aufgebaut. Damit werden die bei Inbetriebnahme neuer Fahrzeuge oder Fahrzeuggenerationen noch nicht vorliegenden Erfahrungen über das detaillierte Verschleißverhalten oder das Zusammenwirken einzelner Komponenten im Sinne einer mindestens gleichwertig hohen Betriebssicherheit kompensiert [MN07]“. Oftmals handelt es sich hierbei um laufleistungsabhängige oder kalendarisch bestimmte Fristenarbeiten [GH03].
- *Betreiber-Instandhaltungsprogramm:* Der Betreiber passt das Instandhaltungsprogramm an seine spezifischen Betriebsbedingungen an. Aus den tatsächlichen Beanspruchungsparametern des Betriebs und den Auslegungsparametern des Fahrzeugs lassen sich die maßgebenden Verschleiß-, Alterungs-, und Ausfallparameter ableiten. Es besteht somit die Möglichkeit, die Instandhaltung zielgenau auf den tatsächlichen Verschleiß, die Alterung und den Ausfall der Komponenten auszurichten. Hierbei gilt es zu überprüfen, inwieweit die im Hersteller-Instandhaltungsprogramm angenommenen Korrelationen die für den Betreiber geltenden realen Verhältnisse abbilden [Roe08].

Eine Optimierung der Instandhaltung ist immer eine gemeinsame Aufgabe von Produzent und Betreiber. Die RCM-Methodik (Reliability-Centered-Maintenance) wird allerdings aktuell von Technikherstellern noch nicht durchgängig zur Erarbeitung von Instandhaltungsempfehlungen angewendet. Instandhaltungsvorgaben werden oft noch vom Standpunkt der Minimierung des Risikos für den Hersteller und weniger aus Sicht der Kosten für den Betreiber erarbeitet. Mittlerweile gibt es aber bereits signifikante Bestrebungen von Technikbetreibern, RCM für sich als Faktor der Risikominimierung und zur Steigerung der Kundenzufriedenheit zu nutzen. Den prinzipiellen Entscheidungsbaum dieser Expertenmethodik zeigt Abb. 13.5 (vgl. [Jun14]). Hierbei wird der Hersteller gezielt zu verfügbarkeitssteigernden Konstruktionsänderungen mit herangezogen.

Die Hersteller und die Verkehrsunternehmen „setzen Systeme der Datenerfassung und Datenübertragung ein, die eine Optimierung der präventiven und der korrektiven Instandhaltung ermöglichen. Sie bauen technische Systeme zur kontinuierlichen Diagnose des Fahrzeugzustands ein, damit auf diese Weise eine vorausschauende, zeitgerechte und effiziente Instandhaltung, Wartungsplanung und Wartung gewährleistet wird“ [JNM13]. Auf der Grundlage der mit diesen Systemen gesammelten Daten können Grenzwerte für Revisionen geändert werden. Der Ablauf der Optimierung des Instandhaltungsprogramms ist in Abb. 13.6 dargestellt.

Für jede Änderung im Instandhaltungsprogramm „muss für jedes Bauteil und für jede Komponente der Nachweis gleicher Sicherheit erbracht werden. Dafür muss der *Zustand*

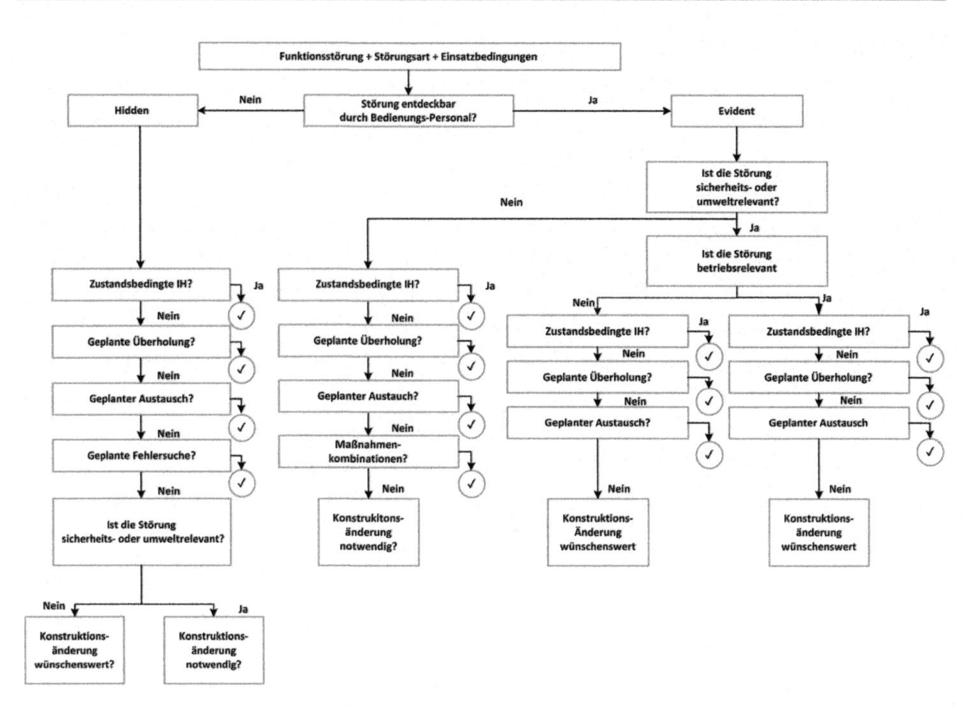

Abb. 13.5 RCM-Entscheidungsdiagramm nach Moubray. (Vgl. [Mou96])

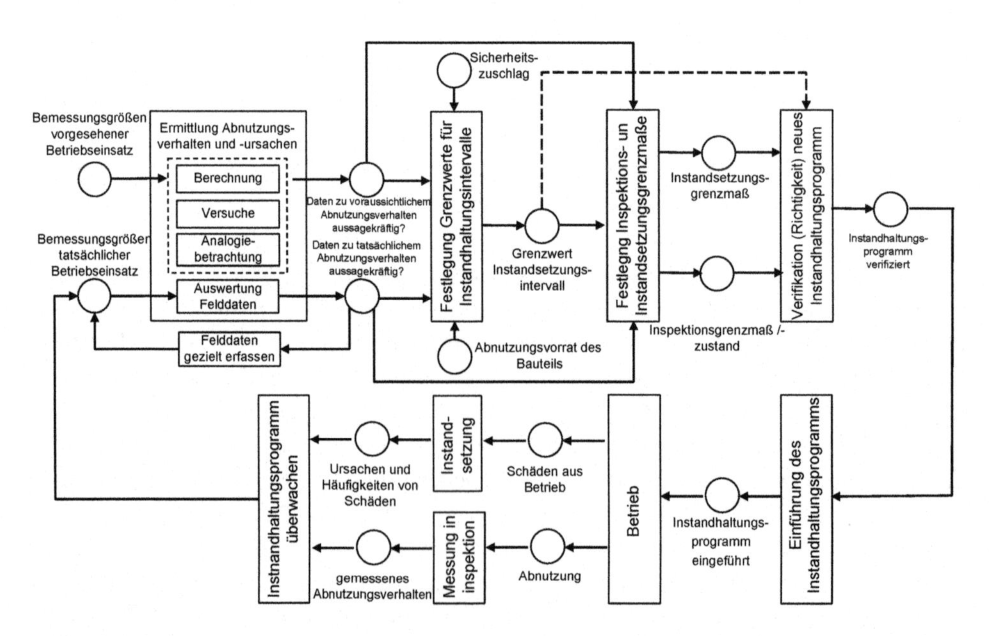

Abb. 13.6 Optimierung des Instandhaltungsprogramms bei Auswertung betrieblicher Erfahrungen [DIN06c]

des Bauteils bei Erreichen des bisherigen Grenzwerts bekannt sein. Basierend auf dem ermittelten Zustand des Bauteils gibt es verschiedene Handlungsoptionen:

- Der *Bauteilzustand ermöglicht ein verlängertes Laufleistungsintervall* zwischen den Revisionen des Fahrzeugs. In diesem Fall wird die Ergebnisdokumentation mit den Untersuchungen und Stellungnahmen zur sicherheitstechnischen Unbedenklichkeit verifiziert und entsprechende Hinweise an den Fahrzeughersteller zum geänderten Instandhaltungsprogramm gegeben.
- Der Bauteilzustand ermöglicht *kein verlängertes Laufleistungsintervall* zwischen den Revisionen. In diesem Fall kann eine Ertüchtigung dieser Komponenten auf eine höhere Laufleistung geprüft werden [MN07]. Durch Abstimmungen mit den Baugruppen-Lieferanten, durch neue, standfestere Produkte und durch gezielte Bauteiluntersuchungen wird eine schrittweise Anhebung der Instandhaltungszyklen dieser Komponenten und Systeme angestrebt. Für den Fall, dass eine Ertüchtigung nicht möglich sein sollte, werden die betreffenden Bauteile zukünftig entweder im alten Zyklus, möglicherweise sogar in einem verkürzten Intervall getauscht oder instandgesetzt [MN07].

Die neuen Grenzwerte sind im Rahmen einer *Betriebserprobung* zu prüfen. Da eine Grenzwertänderung nicht für alle Bauteile ohne technische Veränderungen möglich oder eine länger dauernde betriebliche Erprobung nötig ist, müssen einige Komponenten asynchron zur Fahrzeugrevision getauscht werden. Diese heißen ‚entkoppelte Komponenten' [FN08]. Jede dieser entkoppelten Komponenten erhält „eine eigene Überwachung, zum Beispiel auf Basis der gefahrenen Kilometer seit ihrem Einbau. Dies ermöglicht einen gezielten Tausch der einzelnen Komponenten, wenn der entsprechende Grenzwert und damit die zulässige Lebensdauer erreicht werden" [FN08]. Ergänzend zu dieser sicherheitstechnischen Betrachtung ist auch eine betriebswirtschaftliche Betrachtung erforderlich. „Der Tausch einer Komponente im Rahmen einer Revision ist häufig weniger aufwendig als ein betriebsnaher Tausch, da viele Vorarbeiten unabhängig vom Tausch auszuführen sind. Daher ist eine Break-even-Kalkulation, zur Ermittlung des kostenoptimalen Tauschzeitpunktes in Abhängigkeit von der Restlebensdauer einer Komponente notwendig, die den Instandhalter bei der Abwicklung der Revision unterstützt" [FN08].

13.4.2 Outsourcing (Entscheidung Eigen- oder Fremdleistung)

Das Outsourcing von Instandhaltungsleistungen beschreibt den Vorgang, Leistungen oder Funktionen außerbetrieblich von einem oder mehreren Anbietern am Markt zu beziehen. Im Folgenden Abschnitt wird der Begriff Outsourcing definiert, sowie damit verbundene Chancen und Risiken betrachtet. Es schließt sich die Darstellung einer methodischen Vorgehensweise zur Entscheidungsfindung an, ob eine Tätigkeit vom Verkehrsunternehmen selbst erbracht werden soll. Am Ende dieses Abschnitts wird ein Beispiel einer extern für das Verkehrsunternehmen erbrachten Dienstleistung zur Anwendung der Methode vorgestellt.

13.4.2.1 Definition des Outsourcings

Der Begriff Outsourcing stammt aus dem angelsächsischen Sprachraum. Er ist eine Zusammenfassung der Wörter „Outside Resource Using". Outsourcing beschreibt dementsprechend die Nutzung externer Ressourcen zur Durchführung betrieblicher Aufgaben. Outsourcing bezeichnet die Auslagerung bisher intern erbrachter Aktivitäten durch ein Verkehrsunternehmen an einen externen Anbieter. Dies umfasst sowohl die Auslagerung von Dienstleistungen als auch von Produktionsaufgaben. Bisher intern erbrachte Leistungen werden nunmehr extern beschafft [Kle14]. Die Auslagerung von bislang intern erbrachten Leistungen durch das Verkehrsunternehmen geschieht beispielsweise durch Unterauftragnehmer. In Bezug auf die Auslagerung von Dienstleistungen und Produktionsaufgaben nimmt das Outsourcing Bezug auf die *Wertschöpfungstiefe*. Der Begriff der Wertschöpfungstiefe bezeichnet in der Wertschöpfungskette den Anteil der Eigenfertigung.

13.4.2.2 Chancen und Risiken des Outsourcings

Die Entscheidung für oder gegen das Outsourcing ist für die Verkehrsunternehmen von erheblicher strategischer Reichweite. Aus diesem Grund müssen im Zuge der Entscheidungsfindung die hiermit korrespondierenden Chancen und Risiken sorgfältig abgewogen sein. Die Chancen und Risiken bestehen insbesondere in den folgenden Punkten:

- *Wirtschaftliche Gründe:* ÖPNV-Unternehmen unterliegen einem zunehmenden Wettbewerbsdruck. Im Rahmen der Restrukturierung in Verkehrsunternehmen kann es unter wirtschaftlichen Gesichtspunkten eine Chance sein, einzelne Arbeitsbereiche oder Produktionszweige (beispielsweise einer ÖPNV-Werkstatt) nicht mehr in Eigenleistung zu erbringen, sondern von externen Anbietern als Teil- oder Gesamtleistung einzukaufen [VDV04]. Das Ziel eines solchen Outsourcings ist die *Senkung des Kostenniveaus,* indem es durch das Verkehrsunternehmen ineffizient oder teuer ausgeführte Aufgaben von spezialisierten Dienstleistern erledigen lässt. Diese sind durch die Nutzung von Größeneffekten und/oder Spezialisierung günstiger oder besser als das Verkehrsunternehmen. Vorhandene Werkstattkapazitäten können oftmals nicht optimal ausgelastet werden und hauseigene Werkstattbereiche haben keine optimale Größe für einen effizienten Betrieb. Sie sind meist zu klein und deshalb nicht in der Lage, innovative Lösungen oder modernste Werkzeuge für die Instandhaltung und Modernisierung zu finanzieren [RS02]. Ein weiterer Effekt liegt in der *Beeinflussung von Kostenstrukturen* dadurch, dass im Zuge der Externalisierung die mit einer Eigenfertigung verbundenen Fixkosten in bedarfsgerechte variable Kosten überführt werden. Kosten fallen nur bei effektiver Inanspruchnahme der Leistungen an. Ein weiterer Vorteil des Outsourcings liegt in der *Planungssicherheit der Kosten* dadurch, dass aus einer regelmäßigen Leistungsabrechnung mit dem Dienstleister eine erhöhte Transparenz und Planbarkeit resultiert. Auch werden mit dem Outsourcing im Sinne einer Teil- oder Komplettvergabe von Serviceleistungen unternehmerische Risiken an Dritte übertragen. Allerdings stehen diesen Chancen auch Risiken gegenüber. Die Kostenvorteile werden möglicherweise durch *höhere Transaktions- und Abstimmungskosten* wieder aufgezehrt, die aus

der Zusammenarbeit mit dem Dienstleister entstehen. Möglicherweise sind die etwaigen Kostenvorteile und Einsparungseffekte geringer als die neu entstehenden Transaktionskosten. Ein Beispiel hierfür ist die Ausgestaltung einer Fremdvergabe in der Instandhaltung. Hier wird möglicherweise die Verantwortung für die Wartung und Instandhaltung der Fahrzeuge zwischen mehreren Beteiligten (zum Beispiel Eisenbahnverkehrsunternehmen oder Fahrzeugpool) aufgeteilt [BR15]. Hierbei müssen die Pflichten beider Parteien vertraglich sauber voneinander abgegrenzt werden. „Dies kann zum Beispiel anhand der Wartungsanleitungen der Fahrzeughersteller geschehen. Darüber hinaus muss für den Fall, dass die Wartung nicht vollständig auf das Eisenbahnverkehrsunternehmen übertragen wird, die Frage der Fahrzeugverfügbarkeit vertraglich geregelt werden. Damit unmittelbar zusammen hängt auch die Frage der Verantwortlichkeit für fahrzeugbedingte Zugausfälle und Verspätungen" [Fuc13]. Gegebenenfalls treten – je nach Art und Umfang der fremd vergebenen Teilleistungen – auch Aufwendungen für die Zuführung der Fahrzeuge zur Fremdwerkstatt auf [GV10].
- *Fokussierung:* Für das auslagernde Unternehmen ist es eine Chance, dass es durch eine Auslagerung von Tätigkeiten zu einer Entlastung des Unternehmens kommt. Dieses kann sich fortan auf seine Kernkompetenzen konzentrieren. Durch die Konzentration auf das Wesentliche lassen sich Wettbewerbsvorteile weiter ausbauen [Sti09] und das Management wird entlastet. Auch diesen Chancen stehen Risiken gegenüber. Möglicherweise entstehen Schnittstellenprobleme zwischen eigenerstellter und fremdbezogener Leistung, die eine zusätzliche Belastung für das Management darstellen. Auch kann dem outsourcenden Unternehmen ein Verlust unternehmensspezifischer Kompetenz wiederfahren, insbesondere wenn der Dienstleister das Wissen für eigene Zwecke verwendet oder an Konkurrenzunternehmen weitergibt. Auch gilt es zu bedenken, dass die Unternehmen des öffentlichen Verkehrs die Zuverlässigkeit des Betriebs gegebenenfalls auch durch eine Eigenbestimmtheit durch eine Eigenerbringung der Leistung absichern möchten. Beispielsweise möchten sie in der Fahrzeugverfügbarkeit nicht von der Verfügbarkeit, den Interessen und Kosten industrieller Drittunternehmen abhängig werden [Ane15].

13.4.2.3 Entscheidungsfindung zur Fremdvergabe

Outsourcing ist eine tiefgreifende Reorganisation des Unternehmens. Die Planung und Realisierung eines Outsourcing-Vorhabens durchläuft mehrere Phasen, die auch als Outsourcing-Lebenszyklus bezeichnet werden. In Anlehnung an [Wei08] kann ein solcher Lebenszyklus durch die Phasen „Assessment" (Bewertung), „Transition" (Übergabe) und „Operations" (Betrieb) bezeichnet werden.

Die Entscheidung für die Durchführung von Instandhaltungsmaßnahmen durch eigene Mitarbeiter oder fremde Bearbeitungskapazitäten erfordert ein transparentes Entscheidungsverfahren (vgl. [HK06] und [VDV04]). Hierbei müssen neben betriebswirtschaftlichen Aspekten auch nicht unmittelbar bewertbare Faktoren berücksichtigt werden [HK06]. Abb. 13.7 zeigt schematisch den Ablauf eines solchen Entscheidungsverfahrens nach [VDI96].

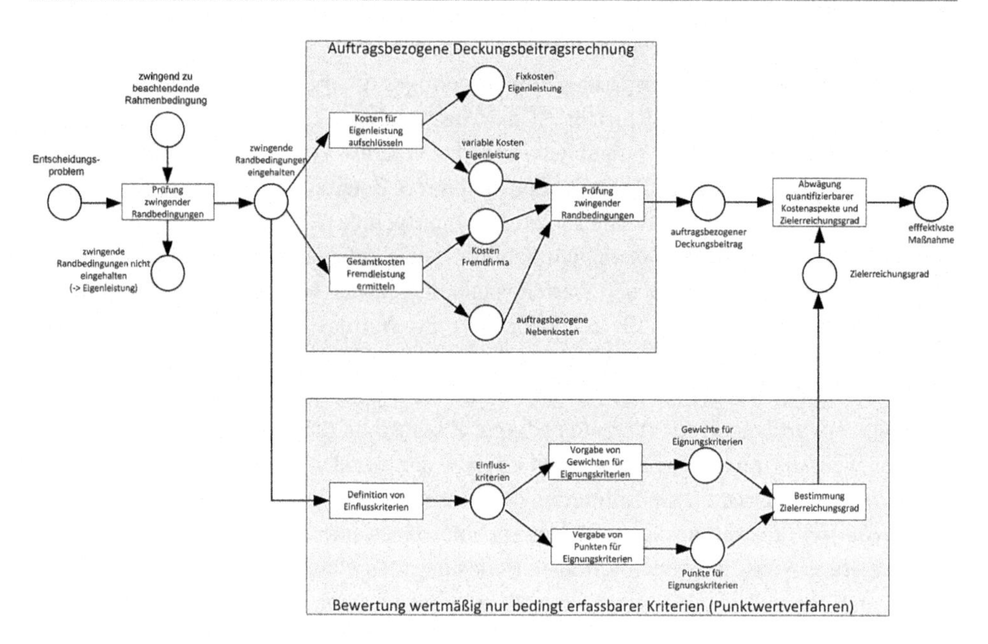

Abb. 13.7 Methodische Entscheidungsfindung zwischen Eigenerstellung oder Fremdbeschaffung

Ist ein Entscheidungsproblem erkannt, wird zunächst geprüft, ob alle formulierten zwingend zu beachtende Rahmenbedingungen für eine Fremdvergabe eingehalten sind. Beispiel hierfür sind strategische Erwägungen wie die Sicherung von Know-How im Unternehmen oder rechtliche Regelungen (Gewährleistungsanspruch, Arbeitnehmerüberlassung). Ist dieser Schritt erfolgreich, kann mit einer Bewertung monetär erfassbarer Kriterien (auftragsbezogene Deckungsbeitragsrechnung) sowie mit einer Bewertung wertmäßig nur bedingt erfassbarer Kriterien (Punktwertverfahren) fortgefahren werden.

Für die *auftragsbezogene Deckungsbeitragsrechnung* werden zunächst die Kosten für die Eigenleistung aufgeschlüsselt (variable Kosten der Eigenleistung, Fixkosten der Eigenleistung) sowie die Gesamtkosten der Fremdleistung (Kosten der Fremdfirma gemäß vorliegender Angebote sowie auftragsbezogene Nebenkosten des Unternehmens). Aus der Saldierung der Gesamtkosten der Fremdleistung und den variablen Kosten bei Eigenleistung ergibt sich der auftragsbezogene Deckungsbeitrag [HK06]. Ist dieser positiv (das heißt die Gesamtkosten der Fremdleistung sind höher als die variablen Kosten der Eigenleistung) ist der Auftrag günstiger in Eigenleistung zu erbringen, andernfalls kann der Auftrag günstiger durch Fremdleistung abgewickelt werden [VDI96].

Parallel zu dieser betriebswirtschaftlichen Betrachtung finden organisatorische Kriterien (beispielsweise Motivation und Kooperationsbereitschaft des eigenen Personals oder Freiheitsgrade in der Terminplanung) sowie technische Kriterien (beispielsweise Qualitätsgewinne durch Spezialisierungseffekte, Datenschutz oder die Erzielung von Mengenrabatten in der Ersatzteilbeschaffung) in einem *Punktwertverfahren* Berücksichtigung [HK06]. Hierfür werden Einflusskriterien definiert, Gewichte für diese vorgegeben, für die jeweilige Planungsalternative Punkte für die Einflusskriterien vergeben sowie der erreichte Zielerreichungsgrad im Sinne einer Relation zum maximal erreichbaren Punktwert gebildet.

Zur Entscheidungsfindung werden die beiden zuvor ermittelten Entscheidungsfaktoren zusammengeführt. Hierbei werden die im Kostenvergleich ermittelten quantitativen Vorteile den anhand des Punktwertverfahrens ermittelten qualitativen Kriterien gegenübergestellt. Gegebenenfalls werden hierbei vorgegebene Mindestanforderungen bezüglich der Kostensituation und/oder des Zielerreichungsgrads berücksichtigt.

Ist der Dienstleister bestimmt, wird die eigentliche Outsourcing-Lösung ausgearbeitet, das heißt es wird bestimmt, was, wann mit welchem Ergebnis ausgelagert wird. Darüber hinaus werden detaillierte *Service Level Agreements* (SLAs) ausgearbeitet. SLAs sind vollständige Leistungsbeschreibungen, die Inhalt und Umfang der vom Dienstleister zu erbringenden Leistungen, die für die Leistungserstellung notwendigen Mitwirkungs- und Beistellungspflichten des Kunden, qualitative Standards bei der Leistungserbringung (Service Levels) und ihre Messgrößen, sowie die damit zusammenhängenden Sanktionen bei Nichteinhaltung der zugesagten Standards festlegen. Danach erfolgt ein konkreter Plan zur Überführung der auszulagernden Aufgaben und Prozesse.

An die Bewertungsphase schließt sich eine Transitionsphase an. Hierbei wird die vereinbarte Outsourcing-Lösung implementiert. Aufgaben und Prozesse werden schrittweise an den Dienstleister übergeben. Gleichzeitig werden die Infrastruktur und die Organisation des Betriebsmodells der Outsourcing-Lösung aufgebaut.

In der Betriebsphase wird die vom Dienstleister erbrachte Leistung regelmäßig anhand der vereinbarten Messgrößen überwacht (vgl. Service Level Agreement). Die Operationsphase endet nach Ablauf des Outsourcing-Vertrags mit der Rückgabe der ausgelagerten Aufgaben an das outsourcende Unternehmen. Alternativ findet eine Übergabe an einen anderen Dienstleister statt.

13.4.2.4 Beispiel: Fremdvergabe der Materialbewirtschaftung

„Ein Beispiel für eine Vergabe von Komplettleistungen ist ein Vendor-Managed Inventory (VMI, auch Konsignationslager genannt). In diesem Fall bewirtschaftet der Fahrzeughersteller die Ersatzteile für „seine" Baureihen selbst, er übernimmt also die Materialplanung, die Bevorratung sowie die Bereitstellung der Ersatzteile in Eigenregie. Dem Kunden wird eine bestimmte Verfügbarkeit der benötigten Teile an den von ihm spezifizierten Standorten garantiert. Im Gegenzug verpflichtet sich der Kunde die von dem Kooperationsabkommen betroffenen Teile ausschließlich vom Hersteller des Fahrzeugs abzunehmen [Pla07]". Diese Vorgehensweise ist der „klassischen" Beschaffung in Abb. 13.8 gegenübergestellt. Die Vergabe von Komplettleistungen im Sinne eines Vendor Managed Inventories hat für das Verkehrsunternehmen die folgenden Vorteile:

- *Entfallende Kapitalbindungskosten*: „Als weiterer Kostenblock sind zunächst die Kapitalbindungskosten für den Ersatzteilvorrat zu nennen. Für die Berechnung dieser Kosten wird zunächst der Wert des durchschnittlich zur Sicherung der Betriebsfähigkeit

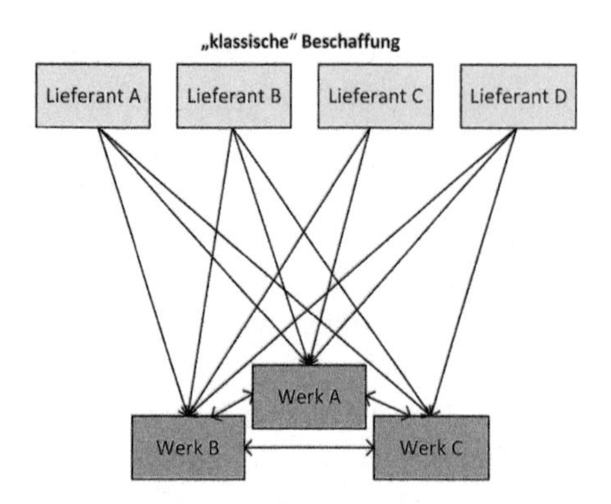

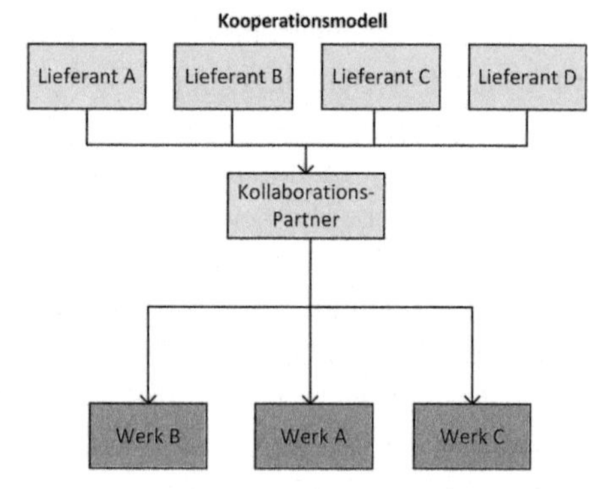

- dezentrale Lagerung in den Werken des Verkehrsunternehmens
- Verkehrsunternehmen verantwortet Materialverfügbarkeit
- individuelle Belieferung aller Werke durch alle Lieferanten
- Quertransporte zwischen den Werken zum Ausgleich von Engpässen
- Verkehrsunternehmen ist Eigentümer der gelagerten Teile

- Lagerung im Zentrallager des Kollaborationspartners
- Kollaborationspartner verantwortet Materialverfügbarkeit
- nur Tagesbestände in Werken des Verkehrsunternehmens
- regelmäßige Auffüllung der Werksläger durch den Kollaborationspartner, Expresslieferung bei Engpässen
- Kollaborationspartner ist Eigentümer der gelagerten Teile

Abb. 13.8 Fremdvergabe der Materiallogistik im Vergleich zur „klassischen" Beschaffung

der betroffenen Fahrzeuge am Lager befindlichen Vorrats an Ersatzteilen ermittelt. Das in diesen Ersatzteilen gebundene Kapital steht für andere Investitionen nicht mehr zur Verfügung. Daher muss der Wert der bevorrateten Ersatzteile mit einem kalkulatorischen Zinssatz bewertet werden, der sich an der unternehmensintern geforderten Mindestverzinsung für Investitionen orientiert. Zu beachten ist, dass diese kalkulatorischen Kosten über die gesamte Betriebsdauer der betroffenen Fahrzeuge anfallen. Wenn der Fahrzeughersteller die Bevorratung der Ersatzteile übernimmt, entfällt für den Betreiber die Notwendigkeit, den benötigten Ersatzteilvorrat zu finanzieren" [Pla07].

- *Entfall des Risikos der Materialbedarfsplanung*: Der Fahrzeugbetreiber versucht mit der Materialbedarfsplanung „eine bestimmte Materialverfügbarkeit sicherzustellen. Ob dies gelingt, hängt von der Qualität der Materialplanung des Betreibers ab. Ist diese nicht optimal, steht der Betreiber trotz hoher Ersatzteilbestände vor dem Problem von Materialengpässen und deren Folgekosten. Im günstigsten Fall hat der Betreiber bei Engpässen an einem Lagerstandort die Möglichkeit, den Engpass durch den Transfer von Beständen aus anderen Standorten auszugleichen. Dies ist allerdings mit Kosten für den Transport und den Umschlag der Materialien sowie für die buchungstechnische Bearbeitung des Vorgangs verbunden. Ist ein Materialtransfer nicht möglich, muss der Engpass durch Eilbestellungen überbrückt werden, die teurer bezahlt werden müssen als reguläre Bestellungen. Weitere Kosten entstehen in diesem Fall durch die mit dem Engpass verbundene Störung im Ablauf der Fahrzeugwartung. Hier ist vor allem an die schwächere Auslastung der Mitarbeiter zu denken, die nicht wie geplant an dem Fahrzeug weiterarbeiten können und anderweitig eingesetzt werden müssen. Falls eine Eillieferung nicht schnell genug möglich ist, muss unter Umständen auch das vom

Engpass betroffene Fahrzeug abgerüstet und aus der Wartungshalle entfernt werden, weil der von ihm blockierte Montagestand für andere Fahrzeuge gebraucht wird.

- *Verringerte Fahrzeugstillstandsreserve:* „Der Fahrzeugbetreiber kann im Zuge eines VMI-Projektes seine Fahrzeugstillstandsreserve um die Anzahl der Fahrzeuge verringern, die derzeit benötigt wird, um Schwankungen in den Materialengpass bedingten Stillstandszeiten auszugleichen. Falls eine Materialverfügbarkeit vereinbart wird, die über der bereits bestehenden liegt, ist eine weitere Reduktion der Stillstandsreserve möglich. Somit können eventuell Fahrzeuge ausgemustert oder gar nicht erst bestellt werden. Aus diesem Grund empfiehlt es sich, bereits bei der Bestellung neuer Fahrzeuge das Materialversorgungskonzept mit zu berücksichtigen" [Pla07].
- *Entfall des Obsoleszenzrisikos:* „Da der Fahrzeugbetreiber die von dem Kooperationsabkommen betroffenen Ersatzteile nicht bevorraten muss, entfällt für ihn das Risiko des Unbrauchbarwerdens dieser Teile. Klassische Haltbarkeitsprobleme sind bei Eisenbahnersatzteilen naturgemäß eher selten (Ausnahme z. B. Gummidichtungen). Allerdings besteht die Gefahr, dass Ersatzteile, die aufgrund der schwierigen Planbarkeit der Materialbedarfe in zu großen Mengen eingekauft und gelagert wurden, innerhalb der Laufzeit des zugehörigen Fahrzeugs nicht verbraucht werden können. Im günstigsten Fall gelingt es dem Fahrzeugbetreiber, diese obsoleten Bestände mit leichtem Verlust zu verkaufen oder zu entsorgen. Falls es sich jedoch um Problemmaterialien handelt, fallen für deren Entsorgung sogar zusätzliche Kosten an" [Pla07].
- *Vereinfachtes Garantiemanagement:* „Üblicherweise beginnt die Laufzeit der Garantie mit der Anlieferung des Ersatzteils beim Fahrzeugbetreiber. Häufig liegt dieses Ersatzteil jedoch bis zu seiner Verwendung zunächst einmal am Lager. Wenn es dann schließlich zur Verwendung des Ersatzteils kommt, ist die Garantiezeit bereits teilweise oder zur Gänze nutzlos verstrichen. Stellt sich dann das Ersatzteil bei seinem Einbau als defekt heraus, kann der Lieferant des Teils hierfür nicht mehr verantwortlich gemacht werden. Somit entstehen dem Betreiber des Fahrzeugs zusätzliche Kosten für die Beschaffung eines weiteren Teils sowie für die Entsorgung des defekten Teils. Beim VMI Konzept verbleibt das Eigentum an den Ersatzteilen bis zum Zeitpunkt ihrer Verwendung beim Hersteller des Fahrzeugs. Somit beginnt die Laufzeit der Garantie erst mit dem Einbau des Ersatzteils. [...] Ist ein aus dem Lager entnommenes Teil defekt, handelt es sich automatisch um einen Garantiefall [Pla07]."

13.4.3 Benchmarking in der Instandhaltung

Der Ursprung des Begriffs Benchmarking liegt im englischsprachigen Raum. Ursprünglich wurde dieser Begriff in der Vermessungstechnik verwendet und beschreibt dort einen Bezugspunkt [Kal06]. Diese ursprünglich sehr eng gefasst Bedeutung hat eine Erweiterung erfahren, so dass als Benchmark allgemein eine Bezugs- oder Richtgröße zur Leistungsbeurteilung bezeichnet wird. Benchmarking bezeichnet einen Ansatz, Prozesse, Produkte, Dienstleistungen und Verfahren (sowohl ganzheitlich als auch in einzelnen Bereichen) systematisch mit denen des härtesten Konkurrenten oder der Unternehmen zu vergleichen, die als Branchenführer anerkannt sind [DLP13]. Im Vergleich zu diesen sollen Unterschiede zum eigenen Unternehmen erkannt werden [KB05]. Dieser Vergleich hilft, bessere Methoden und Praktiken (Best Practices) als Maßstab für die Leistungsfähigkeit des eigenen Unternehmens zu identifizieren, zu verstehen, auf die eigene Situation anzupassen und in das Verkehrsunternehmen zu integrieren [Gol14]. Benchmarking ist hierbei ein kontinuierlicher Prozess mit einer ständigen Suche nach neuen Ideen, Methoden, Verfahren und Prozessen [VDI03]. Zusammenfassend ist Benchmarking eine sinnvolle Möglichkeit, die Leistungsfähigkeit und Wettbewerbsfähigkeit der eigenen Instandhaltung festzustellen, nachzuweisen und weiterzuentwickeln [VDI03].

Der Benchmarkingprozess gliedert sich in verschiedene Phasen (vgl. [Kal06]). Diese umfassen die Planung, die Datenerfassung, die Analyse, die Umsetzung von Maßnahmen sowie die Kontrolle der Wirksamkeit der ergriffenen Maßnahmen (vgl. Abb. 13.9).

Die *Planung* beginnt mit der *Auswahl des Benchmarkingobjekts*. Hierbei wird ein spezieller Teilprozess der Instandhaltung ausgewählt (Wartung, Inspektion, Instandsetzung). Die Auswahl der gewünschen Untersuchungsobjekte richtet sich nach den Zielstellungen. Es folgt die Auswahl der internen Beteiligten. Hierbei werden alle am Prozess beteiligten Personen oder Fachstellen mit einbezogen. Somit wird sichergestellt, dass das erforderliche Prozesswissen im Benchmarkingteam verfügbar ist. Des Weiteren werden *Kennzahlen und Methoden der Datenerfassung definiert*. Kennzahlen bieten die Möglichkeit, Benchmarking-Ergebnisse zu quantifizieren und erleichtern somit die Vergleichbarkeit von Prozessen. Da die Kennzahlen sowohl intern als auch durch den externen Benchmarkingpartner angewendet werden, kommt ihrer eindeutigen und klaren Definition eine große Bedeutung zu. Nur wenn hier zwischen beiden Partnern ein gleiches Verständnis herrscht, ist später eine Vergleichbarkeit der Ergebnisse gegeben. Bei der *Auswahl des Benchmarkingpartners* wird derjenige Partner gesucht, der bezüglich des gewählten Prozesses der Beste ist. Die Partnersuche erfolgt „über Branchenkenntnisse, Veröffentlichungen und/oder Kontakte, aber auch Berater und speziell zu diesem Zweck geführte Datenbanken" [VDI03].

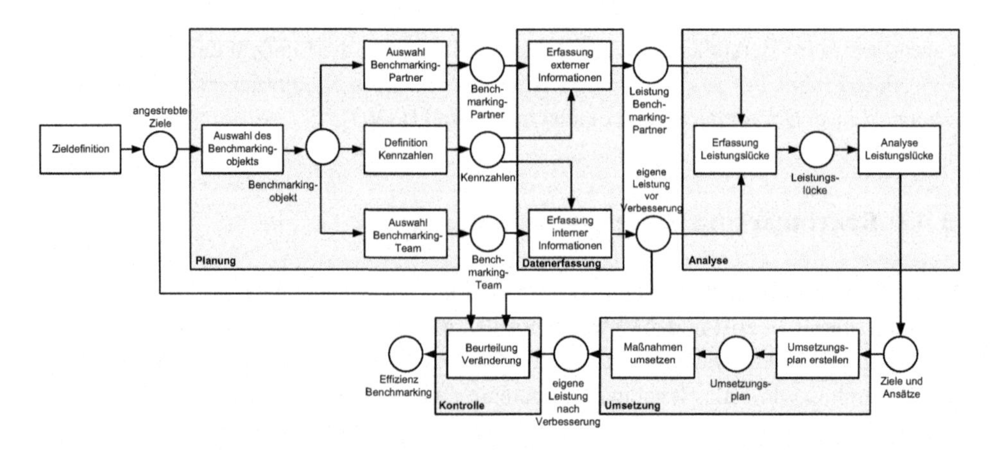

Abb. 13.9 Vorgehensmodell des Benchmarkings

Im Zuge der *Datenerfassung* werden eigene, interne Prozesse und Abläufe erfasst. Bereits die Auseinandersetzung mit den eigenen Vorgängen führt zum Aufdecken von Schwächen sowie zur Entwicklung konstruktiver Kreativität. Bereits in diesem frühen Stadium können erste Maßnahmen messbarer Verbesserung umgesetzt werden. Die Erfassung externer Informationen erfolgt über alle bekannten Quellen, beispielsweise auch über Firmenbesuche.

In der *Analyse* wird die Leistungslücke bestimmt. Die Leistungslücke bezeichnet die Differenz zwischen den eigenen Leistungen im betrachteten Prozess und den Leistungen des Benchmarkingpartners. Angestrebt wird aber nicht nur ein klares Bild der eigenen Leistung mit einer Einschätzung der Stärken und Schwächen. Zunächst müssen die Ursachen der Leistungslücken ermittelt und diese dann geschlossen werden. Weiterhin ist abzuschätzen, auf welchem Niveau sich die Leistungsstandards in Zukunft bewegen werden, um den Prozess der ständigen Verbesserung gezielt ansetzen zu können [KB05]. Aus der Analyse der Leistungslücke ergeben sich die Ansätze und Zielgrößen für die nächste Phase.

Die *Umsetzung* beginnt mit der Ausarbeitung eines Umsetzungsplans. Hierfür werden neben einer detaillierten Beschreibung der Maßnahme selbst auch verbindliche Festlegungen zu zeitlichen Vorgaben und verantwortlichen Mitarbeitern für ihre Einführung getroffen. Sind die einzelnen Maßnahmen realisiert, schließt sich die Kontrolle ihrer Wirksamkeit an [KB05].

Die *Kontrolle* als letzter Schritt im Vorgehensmodell des Benchmarkings zielt auf zwei verschiedene Ebenen. Zum einen werden die erreichten Verbesserungen im betrachteten Prozess beurteilt und dokumentiert. Hierbei ist eine periodische Messung und Überwachung des Erreichten mit Hilfe der identifizierten Kennzahlen und geeigneter Meilensteine anzustreben [KB05]. Zum anderen wird die Vorgehensweise beim Benchmarking selbst reflektiert und auf diese Weise der Prozess des Benchmarkings einer kontinuierlichen Verbesserung unterworfen.

Literatur

[Ane15] Anemüller, Stephan. 2015. Innovative Qualitätssicherung: Umbau von Stadtbahnen zur Serie 2400. *Eisenbahningenieur* 66 (4): 61–65.

[BR15] Becker, Tim, und Andrej Ryndin. 2015. Organisationsmodelle für SPNV-Leistungserstellung. *Der Nahverkehr* 33 (11): 47–53.

[BS11] Balzer, Gerd, und Christian Schorn. 2011. *Asset Management für Infrastrukturanlagen – Energie und Wasser*. Berlin: Springer.

[BSS15] Bobsien, Steffen, Edmund Schlummer, und Dirk Schlebeck. 2015. TechLOK – ein erfolgreiches Projekt zur intelligenten Nutzung von Diagnose-Daten in der Instandhaltung. *Eisenbahntechnische Rundschau* 64 (4): 16–19.

[DIN06c] Deutsches Institut für Normung. 2006. DIN 27201-1:2006-10: *Zustand der Eisenbahnfahrzeuge – Grundlagen und Fertigungstechnologien – Teil 1: Verfahrensweise zur Erstellung und Änderung von Instandhaltungsprogrammen*. Berlin: Beuth Verlag.

[DIN10] Deutsches Institut für Normung. 2010. *DIN EN 13306:2010: Instandhaltung – Begriffe der Instandhaltung*. Berlin: Beuth Verlag.

[DLP13] Drümmer, Oliver, Mathias Lahrmann, und Knut Petersen. 2013. *Benchmarking als Baustein einer ganzheitlichen Unternehmenssteuerung*. In *Unternehmenssteuerung im ÖPNV – Instrumente und Praxisbeispiele*, Hrsg. Christian Schneider, 203–2015. Hamburg: DVV-Media.

[EU13] Europäische Union. 2013. *Durchführungsverordnung (EU) Nr. 402/2013 Der Kommission vom 30. April 2013 über die gemeinsame Sicherheitsmethode für die Evaluierung und Bewertung von Risiken und zur Aufhebung der Verordnung (EG) Nr. 352/2009*. Amtsblatt der Europäischen Union, L 121 vom 03.05.2013, 8–25.

[FN08] Friedrich, Nicole, und Jörg Nikutta. 2008. Modularisierung von Instandhaltung, Chancen und Herausforderungen. *Eisenbahntechnische Rundschau* 5: 254–257.

[For05] Forstner, Anton. 2005. Softwaregestützte Instandhaltung moderner Schienenfahrzeuge. *ZEV-Rail* 129 (Tagungsband SFT Graz 2005): 22–31.

[Fuc13] Fuchs, Kurt. 2013. Fahrzeugfinanzierung im SPNV. *Der Nahverkehr* 31 (6): 37–39.

[GH03] Gorka, Wolf, und Ralf Hoopmann. 2003. Fahrzeugpool in Niedersachsen – Organisation eines öffentlichen Pools am Beispiel der LNVG. *Der Nahverkehr* 20 (6): 6–9.

[Gol14] Gollasch, Ulrike. 2014. Instandhaltung bei Bahnunternehmen mit Kennzahlensystemen steuern. *Der Nahverkehr* 32 (9): 76–78.

[GV10] Gnauk, Peter, und Martin Vibrans. 2010. Auf dem Weg zur durchschnittlich gut geführten Businstandhaltung. *Der Nahverkehr* 28 (10): 16–18.

[HA14] Hannusch, Gritt, und Bernd Albrecht. 2014. Kernaufgabe der Instandhaltung – Bedeutung der Schwachstellenanalyse für Wartung und Asset Management im Schienenverkehr. *Der Nahverkehr* 32 (7–8): 59–61.

[HK06] Homann, Rüdiger, und Dimitrios Kalaitzis. 2006. *Zielorientiertes Outsourcing von Instandhaltungsleistungen*. In *Instandhaltungscontrolling – Führungs- und Steuerungssystem erfolgreicher Instandhaltung*, Hrsg. Dimitrios Kalaitzis, 103–128. Köln: TÜV-Media.

[Hun08b] Hundenborn, Alexander. 2008. Kommissionierung – Mit fortschrittlichem Materialmanagement wettbewerbsfähig. *Eisenbahntechnische Rundschau* 5: 258–263.

[ISO03] International Organization for Standardization. 2003. *ISO 17359:2003: Condition Monitoring and Diagnostics of Machines – General Guidelines*. Genf: International Organization for Standardization.

[JNM13] Jasper, Ute, Kristina Neven-Daroussis, und Christopher Marx. 2013. Dauerbrenner Fahrzeugfinanzierung. *Der Nahverkehr* 31 (6): 34–36.

[Jun14] Jung, Harald. 2014. RAMS/LCC-Systemanalyse für Schienenfahrzeugtechnik – Methoden, Potenziale und Praxisbeispiele. *Eisenbahntechnische Rundschau* 63 (6): 46–49.

[Kal06] Kalaitzis, Dimitrios. 2006. Benchmarking in der Instandhaltung mit Kennzahlen und Kennzahlensystem. In *Instandhaltungscontrolling – Führungs- und Steuerungssystem erfolgreicher Instandhaltung*, Hrsg. Dimitrios Kalaitzis, 75–89. Köln: TÜV-Media.

[KB05] Kamiske, Gerd F., und Jörg-Peter Brauer. 2005. *Qualitätsmanagement von A-Z – Erläuterungen moderner Begriffe des Qualitätsmanagements*. München: Hanser.

[Kle14] Kleemann, Florian. 2014. *Supplier Relationship Management im Performance-based Contracting – Anbieter-Lieferanten-Beziehungen in komplexen Leistungsbündeln*. Dissertation, Universität der Bundeswehr (München). Wiesbaden: Springer.

[LNW13] Lutzenberger, Stefan, Stefan Nikisch, und Phillipp Wloka. 2013. Strategische Wartung von Schienenfahrzeugen mit Monitoring. *Der Nahverkehr* 09: 10–17.

[MN07] Müller, Thomas, und Jörg Nikutta. 2007. Sicherheitstechnische Aspekte bei der Optimierung der ICE-Instandhaltung. *EI-Eisenbahningenieur* 11: 18–22.

[Mou96] Moubray, John. 1996. *RCM – die hohe Schule der Zuverlässigkeit von Produkten und Systemen*. Landsberg: Verlag Moderne Industrie.

[Pla07] Platz, Karsten. 2007. Ersatzteilversorgung: Chance für Fahrzeughersteller und Kunden. *Eisenbahntechnische Rundschau* 56 (4): 198–201.

[Roe08] Rösch, Wolfgang. 2008. OptiRail® – eine Methode zur Anpassung der Instandhaltungsprogramme an die realen Betriebsbeanspruchungen der Fahrzeuge. *ZEV-Rail* 132 (9): 396–401.

[Roe14] Roesch, Wolfgang. 2014. Instandhaltung. In *Handbuch Schienenfahrzeuge – Entwicklung, Produktion, Instandhaltung*, Hrsg. Christian Schindler. Hamburg: DVV Media.

[Ros15] Rossberg, Roman. 2015. Schäden erkennen, bevor sie entstehen – Zustandsorientierte Instandhaltung verlängert Lok-Lebenszyklus. *Güterbahnen* 14 (2): 48–49.

[RS02] Robisch, Jürgen, und Klaus-Jürgen Stöhrer. 2002. Möglichkeiten und Chancen bei der Privatisierung der Schienenfahrzeuginstandhaltung. *ZEV-Rail* 126 (4): 132–138.

[Sch12] Scholz, Gero. 2012. *IT-Systeme für Verkehrsunternehmen – Informationstechnik im öffentlichen Personenverkehr*. Heidelberg: dpunkt.verlag.

[Sei13] Seidewitz, Sigmar. 2013. Instandsetzung von Unfallfahrzeugen. *Eisenbahntechnische Rundschau* 62 (12): 46–51.

[Sta15] Stalloch, Gerd. 2015. IT-Systeme für Asset-Management im Eisenbahnverkehr. *Der Nahverkehr* 33 (3): 59–64.

[SB18] Sauter, Jürgen und Michael Baranek. 2018. Digitalisierung im Schienenverkehr – wie datengetriebene Geschäftsmodelle den Schienengüterverkehr erobern. Signal + Draht 110 (4): 33–36.

[Sti09] Stibbe, Rosemarie. 2009. *Kostenmanagement – Methoden und Instrumente*. München: Oldenbourg Verlag.

[Tho13a] Thomasch, Andreas. 2013. Zulassungsverfahren für Eisenbahnfahrzeuge in Deutschland. *Eisenbahntechnische Rundschau* 62: 24–31.

[VDI03] Verein Deutscher Ingenieure. 2003. *VDI 2886: Benchmarking in der Instandhaltung*. Düsseldorf: VDI.

[VDI12] Verein Deutscher Ingenieure. 2012. *VDI 2895: Organisation der Instandhaltung – Instandhalten als Unternehmensaufgabe*. Düsseldorf: VDI.

[VDI96] Verein Deutscher Ingenieure. 1996. *VDI 2899 – Entscheidungsfindung für Eigenleistung oder Fremdvergabe von Instandhaltungsleistungen*. Düsseldorf: VDI.

[VDI99] Verein Deutscher Ingenieure. 1999. *Zustandsorientierte Instandhaltung*. Düsseldorf: VDI.

[VDV04] Verband Deutscher Verkehrsunternehmen. 2004. *VDV-Mitteilung 8801: Make or Buy – Leitfaden zur Entscheidungsfindung für Instandhaltungsprozesse am Beispiel des Reifenmanagements*. Köln: VDV.

[VDV07] Verband Deutscher Verkehrsunternehmen. 2007. *VDV-Mitteilung 8802 – Instandhaltungssysteme in Omnibusbetrieben des ÖPNV*. Köln: Verband Deutscher Verkehrsunternehmen.

[VDV98a] Verband Deutscher Verkehrsunternehmen. 1998. *VDV-Schrift 801 – Fahrzeugreserve in Verkehrsunternehmen*. Köln: Verband Deutscher Verkehrsunternehmen.

[Wei08] Weimer, Gero. 2008. *Service Reporting im Outsourcing Controlling – eine empirische Analyse zur Steuerung des Outsourcing-Dienstleisters*. Dissertation, Universität Kassel.

[Wun15] Wunderlich, Benny. 2015. Mehr als nur Putzen. *Der Nahverkehr* 33 (5): 63–65.

[Zac14] Zacher, Sigurt. 2014. Grundreinigung von Bahnen mit saurem Reiniger aus Bocholt. *Verkehr und Technik* 57 (2): 74–76.

Obsoleszenzmanagement 14

Seit den 70er Jahren des 20. Jahrhunderts hat die Mikroelektronik erfolgreich Einzug in Schienenfahrzeuge gehalten. Sie hat rasch verschiedene Funktionsbereiche durchdrungen und einen erheblichen Beitrag zu verbesserter Funktionalität und Wirtschaftlichkeit des Betriebs von Verkehrssystemen geleistet. Die Mikroelektronik ist heute aus den Fahrzeugen nicht mehr weg zu denken. Sie ist mittlerweile sogar als unverzichtbar zu geworden [Blu04]. Insbesondere elektronische Bauteile unterliegen einem sehr schnellen Erneuerungsprozess. Häufig müssen die Entwickler langlebiger technischer Anlagen auf Bauteile dieses zunehmend kurzlebigeren Markts zurückgreifen. Ist ein Bauelement nicht mehr am Markt verfügbar, so sind darauf basierende Geräte nicht mehr fertigbar, Ersatzteile nicht mehr lieferbar und in letzter Konsequenz Fahrzeuge nicht mehr betriebsbereit [Blu04]. Eine vermeintlich unbedeutende Bauteilabkündigung kann also – insbesondere bei Schienenfahrzeugen – zu drastischen Konsequenzen führen. Gegebenenfalls ist die Ersatzteilversorgung nicht mehr so lange gegeben, wie das Verkehrsunternehmen die Fahrzeuge im Betrieb nutzen möchte. Der Aufwand, nicht mehr am Markt verfügbare Ersatzteile zu ersetzen, führt unweigerlich zu hohen Entwicklungs- und Integrationskosten. Im schlimmsten Fall ist auch eine Neuzulassung des Systems im Verbund des Schienenfahrzeugs erforderlich. Diese birgt wiederum eigene technische Risiken, hohe Prozesskosten und führt zu langen Projektzeiten [Sch15a]. Aus diesem Grund ist das Obsoleszenzmanagement eine wesentliche Aufgabe im Management von Fahrzeugflotten.

14.1 Teilbegriffsbestimmung „Obsoleszenz"

Der Begriff *Obsoleszenz* hat sich im deutschsprachigen Raum in den letzten fünfzehn bis zwanzig Jahren zunehmend durchgesetzt. In der wörtlichen Übersetzung aus dem Englischen steht Obsolescence für „Veralterung" oder auch „Überalterung". Die sprachlichen

L. Schnieder, *Strategisches Management von Fahrzeugflotten im öffentlichen Personenverkehr*, VDI-Buch, https://doi.org/10.1007/978-3-662-56608-4_14

Wurzeln liegen im Lateinischen (von lat. Obsolescere, alt werden, aus der Mode kommen, nicht mehr gebräuchlich sein, bzw. obsoletus, was so viel wie verschlissen bedeutet [Ped07]). Obsoleszenz bedeutet, dass eine Komponente, eine komplette Baugruppe oder ganze Systeme (Prozesse, Materialien, Software, Produktionseinrichtungen) während ihrer Nutzungsdauer nicht mehr beschaffbar sind [VDI16]. Neben spezifischen technischen Komponenten können auch Wissenselemente obsolet werden. Know-How-Verlust durch ausscheidende Mitarbeiter ist ein Beispiel hierfür [LH12]. Im Folgenden steht die Betrachtung technischer Komponenten im Vordergrund.

Zu einer Obsoleszenz kann es aus unterschiedlichen Gründen kommen (vgl. [Ric16]):

- Der Originalgerätehersteller (Original Equipment Manufacturer, OEM) oder Originalteilehersteller (Original Component Manufacturer, OCM) ist nicht mehr auf dem Markt aktiv.
- Es tritt ein Wechsel von der Lieferbarkeit durch den Originalhersteller zur Nicht-Lieferbarkeit ein. Das Teil wird vom Originalhersteller nicht mehr gefertigt (end of life) [DIN08], oder wird von diesem nicht mehr unterstützt (end of service life) [Blu04].
- Es tritt ein bleibender Übergang von der Funktionsfähigkeit zur Nicht-Funktionsfähigkeit aufgrund externer Einflüsse ein. Das Teil ist beispielsweise für aktuelle Anforderungen nicht mehr geeignet [DIN08]. Dies können zum einen veränderte Anforderungen des Betreibers selbst sein (wie beispielsweise veränderte Lastannahmen eines Bauteils). Es kann sich aber auch um Veränderungen in Normenlandschaft sowie um Gesetzesänderungen (zum Beispiel Verbot der Verwendung von Asbest für den Brandschutz von Fahrzeuge sowie von Cadmium und Blei in Legierungen zum Löten) handeln, die negative Auswirkungen auf die Komponentenverfügbarkeit auf dem Beschaffungsmarkt haben.
- Alterungsvorgänge machen eingelagerte Bauteile unbrauchbar.

Abb. 14.1 stellt die relevanten Begriffe des Obsoleszenzmanagements aus den verschiedenen Perspektiven des Herstellers und des Kunden dar. Der Lebensyzklus (vgl. Abschn. 3.3.1) eines Bauteils kann in verschiedene zeitliche Phasen unterteilt werden. Zunächst erfolgt eine Darstellung der aus Sicht des Herstellers relevanten Begriffe:

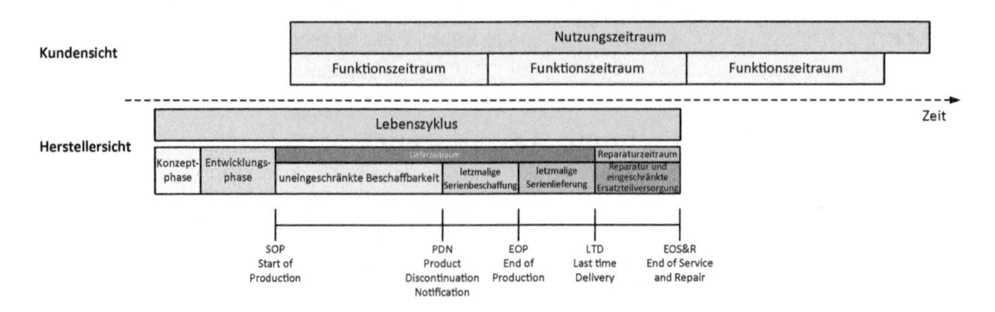

Abb. 14.1 Grundbegriffe des Obsoleszenzmanagements aus Sicht des Kunden und des Herstellers

- *Lieferzeitraum*: Dauer der Lieferfähigkeit eines Produkts von seiner Markteinführung bis zu Marktausphasung durch den Orgininalhersteller. Die Lieferfähigkeit eines Produkts wird beschränkt durch den Start of Production (SOP) und der Last Time Delivery (LTD). Der Lieferzeitraum besteht seinerseits aus drei Zeitspannen:
  - Der *Zeitraum der uneingeschränkten Beschaffbarkeit* wird begrenzt vom *Start of Production* (SOP) und der *Product Discontinuation Notification* (PDN).
  - Der *Zeitraum der letztmaligen Serienbeschaffung* wird begrenzt von der *Product Discontinuation Notification* (PDN) und dem *End of Production* (EOP).
  - Der *Zeitraum der letzmaligen Serienlieferung* wird begrenzt vom *End of Production* (EOP) und der *Last Time Delivery* (LTD)
- Der *Reparaturzeitraum* schließt sich an den Lieferzeitraum an [CNA16]. Hierunter wird der Zeitraum für Reparatur nach Ende des Lieferzeitraums und eine gegebenenfalls eingeschränkte Ersatzteilversorgung bezeichnet. Diese Zeitspanne wird begrenzt von der *Last Time Delivery* (LTD) und dem *End of Service and Repair* (EOS&R).

Dieser Sichtweise eines Komponentenherstellers muss die Sichtweise des Kunden gegenüber gestellt werden [CNA16]. Zu einem gegebenen Zeitpunkt werden die Komponenten in ein Fahrzeug integriert. Vom Zeitpunkt der Inbetriebnahme des Fahrzeugs laufen der *Funktionszeitraum* und der *Nutzungszeitraum* einer Komponente:

- *Funktionszeitraum*: Funktionsfähigkeit eines Produkts von der Auslieferung bis zum Defekt oder Ersatz.
- *Nutzungszeitraum*: Zeitraum der gewünschten Nutzung eines Produkts. Der Nutzungszeitraum kann mehrere Funktionszeiträume von ausgetauschten Bauteilen umfassen.

Aus Sicht des Obsoleszenzmanagements sind insbesondere Fälle relevant, bei denen der Nutzungszeitrum zeitlich über den Lieferzeitraum hinausgeht, da hier unweigerlich der Fall eintreten wird, bei dem eine Komponente nicht mehr am Beschaffungsmarkt verfügbar ist [CNA16].

14.2 Ziele des Obsoleszenzmanagements

Das Obosoleszenzmanagement zielt darauf ab, durch eine vorausschauende und sorgfältige Planung die Auswirkungen und Kosten einer Obsoleszenz zu minimieren [Ric16]. Das Obsoleszenzmanagement stellt sicher, dass die Entscheidung über die Erneuerung von Fahrzeugflotten nach betrieblichen und betriebswirtschaftlichen Erfordernissen getroffen werden kann und nicht durch die Nichtverfügbarkeit von Ersatzteilen getrieben wird [SU11]. Obsoleszenzmangement stellt sicher, dass Obsoleszenz als integraler Bestandteil von Entwurf, Entwicklung, Herstellung und Unterstützung im Einsatz gehandhabt wird, um Kosten und schädliche Auswirkungen über den gesamten Lebenszyklus zu vermeiden. Das Obsoleszenzmanagement umfasst alle Maßnahmen zur Vermeidung von Obsoleszenzthemen, sowie zur Abarbeitung eingetroffener Obsoleszenzthemen.

Das Obsoleszenzmanagement verfolgt die nachfolgenden Ziele:

- *Verlängerung der Lebensdauer* der in den Verkehrsunternehmen eingesetzten Fahrzeuge, das heißt die veranschlagte Lebensdauer eines Fahrzeugs darf nicht durch die Obsoleszenz eines oder mehrerer seiner Bauteile gefährdet werden.
- Gewährleistung der *Verfügbarkeit der Fahrzeugflotte*. Dies bedeutet zum einen, dass kein Fahrzeug wegen einer fehlenden Komponente aus dem Betrieb genommen werden muss oder wegen entsprechend langer Zeiten für Entwicklung, Zulassung und Freigaben außer Betrieb bleibt.
- *Aufrechterhaltung sicherheitstechnischer Nachweise* für das eingesetzte Gesamtsystem, welches von der Obsoleszenz von Komponenten betroffen ist. Das heißt, zu tauschende Bauteile sollen bezüglich ihrer Form, Passung und Funktion identisch sein.
- *Minimierung der Kosten:* Kosten entstehen für den Einkauf, gegebenenfalls die Kapitalbindung in Lagerbeständen aber auch im Rahmen weiterer Folgekosten einer Obsoleszenz (zum Beispiel für aufwendige Zulassungsprozesse). Eine optimale Kostenwirksamkeit über den gesamten Lebenszyklus eines Fahrzeugs kann nur mit einem wirksamen Obsoleszenzmanagement erreicht werden, welches idealerweise schon im Produktentwicklungsprozess selbst mit bedacht wird (Design for Obsolescence).

14.3 Aufgaben des Obsoleszenzmanagements

Das Obsoleszenzmanagement ist ein strukturierter Managementansatz, der durch aufeinander aufbauende Aufgaben gekennzeichnet ist. Die einzelnen Aufgaben werden im Folgenden näher vorgestellt.

14.3.1 Statusüberwachung und -vorhersage

Verkehrsunternehmen – idealerweise im Schulterschluss mit den Fahrzeugherstellern – müssen eine Statusüberwachung für kritische Bauteile in der von ihnen eingesetzten Fahrzeugflotte realisieren. Es ist notwendig, sich mit Lebenszyklen von Bauteilen auseinander zu setzen, damit für Fahrzeuge benötigte Bauteile keinem Versorgungsengpass unterliegen und eine weitere Fertigung oder Instandsetzung ermöglicht wird.

Hierfür ist tagesaktuell der Lieferstatus kritischer Bauelemente zu verfolgen. Dies nennt man *Health Monitoring* (Gesundheitsüberwachung). Zunächst muss sichergestellt sein, dass Informationen zum Lebensstatus überhaupt und dann auch stets aktuell vorliegen. Werden einzuleitende Maßnahmen erst zum Zeitpunkt des Vorliegens einer Abkündigung eingeleitet, muss mit erheblichen Risiken gerechnet werden. Das Health Monitoring erfolgt auf der Basis der hierarchischen Stückliste eines Gerätes. Die kompletten Stücklisten werden ausgewertet und überwacht. Setzt sich ein Gerät beispielsweise aus Baugruppen zusammen, die wiederum aus Modulen und Bausteinen bestehen, so wird für jede Komponente einer dieser Hierarchiestufen ein Status des Lebenszyklus, mögliche Beschaffungsquellen und ein Zeitpunkt angegeben, bis zu dem erwartet wird, dass das Bauteil noch auf dem Markt verfügbar ist (geplante Restlieferdauer der Serienlieferung). Eine solche Aufstellung ist beispielhaft in Tab. 14.1 dargestellt. Die Betreiber werden daraufhin frühzeitig über Abkündigungs- und Änderungsmitteilungen, die sich auf Bauteile in ihren Stücklisten beziehen informiert und können daraufhin entsprechend handeln. Dieser Prozess ist in einigen Bereichen auch auf komplexe Systeme anwendbar. Eine solche Transparenz der Life-Cycle-Situation auf allen Ebenen ist essentiell, da der kürzeste Life-Cycle einer Sub-Komponente den Zeitpunkt des ersten Obsoleszenzproblems definiert [CNA16].

Über Health Monitoring im Sinne eines kontinuierlichen Monitorings für definierte Baugruppen, ein strukturiertes Screening von Bauteilen hinsichtlich ihrer Langfristverfügbarkeit und daraus abgeleiteten Empfehlungen zu Bevorratungen und Substituten hinaus besteht das Ziel, im Sinne einer *Health Prediction* eine längerfristige Verfügbarkeitseinschätzung von Bauelementen zu erhalten. Die Vorhersage der zukünftigen Obsoleszenz bezieht sich hierbei auf einen Zeitabschnitt, in der die Wahrscheinlichkeit einer eintretenden Obsoleszenz sehr hoch ist. Eine solche Prognose gelingt durch Kontakte zu unzähligen Bauteileherstellern und der Zuhilfenahme von mathematischen Methoden und Algorithmen. Gegebenenfalls werden auch schon mögliche Alternativen ermittelt.

14.3.2 Qualitative und quantitative Änderungsauswirkungsanalyse

Trifft eine Komponentenabkündigung beim Verkehrsunternehmen ein, ist eine Änderungsauswirkungsanalyse durchzuführen:

Zunächst müssen *qualitative Aspekte* der Änderungen betrachtet werden, das heißt es steht die Frage im Raum, welche Fahrzeuge betroffen [Lei10] sind. Hierfür ist ein aktuelles Datenmodell zur physischen Fahrzeugstruktur erforderlich (vgl. Konfigurationsmanagement in Abschn. 11.4.1). Dieses erlaubt die genaue Komponentenverfolgung und ordnet den Fahrzeugen und Komponenten direkt die zugehörigen Dokumente und

Tab. 14.1 Minimum Life-Cycle Informationen in hierarchischer Produktstruktur

Komponente	SOP	PDN	EOP/EOS	LTD	EOS&R
Gerät		**12/2016**			
Baugruppe		**12/2016**			
Module		**12/2016**			
Bauteile					
A	01/2011	12/2025			
B	06/2009	**12/2016**			
C	09/2014	12/2024			

Stammdaten zu. Dieser Datenbestand ist über den gesamten Lebenszyklus des Fahrzeugs aktuell zu halten, das heißt. alle für die Fahrzeug- und Komponentenhistorie relevanten Daten werden objektbezogen und chronologisch abgelegt. In der Regel verfügen die Fahrzeuge oder Baugruppen einer Serie über den gleichen Aufbau und die gleichen Komponententypen [MW02]. Aufgrund der Fahrzeug- und Baugruppenmuster werden hierarchische Strukturen aufgebaut, welche die Einbaupositionen innerhalb der übergeordneten Objekte und Fahrzeuge aufzeigen. In diesen Strukturen werden die Individuen mit ihren Individualdaten (Seriennummer, Indienststellungsdatum, Baujahr, etc.) abgebildet. Für jede Komponente wird – abhängig von der kontinuierlich fortgeschriebenen Kilometerleistung des Fahrzeugs – ein individuell gültiger Wert der Laufleistung ab Einbaudatum ermittelt [MW02]. Ein solches Konfigurationsmanagement gibt so beim Vorliegen einer Komponentenabkündigung durch den Hersteller Auskunft darüber, welche Komponente in welchem Fahrzeug an welcher Stelle eingebaut ist und wo überall Komponenten eines bestimmten Typs oder eines bestimmten Herstellers eingebaut sind.

Darüber hinaus müssen auch die *quantitativen Aspekte* der Änderung betrachtet werden. Dies setzt ein aktuelles Wissen über alle im Betrieb befindlichen Fahrzeuge, bzw. aktuell im Zuge der Fahrzeugbeschaffung im Zulauf befindlichen Fahrzeuge voraus. Ebenso müssen alle künftigen Bedarfe für Reparaturen und Ersatzteile ermittelt werden. RAM- und LCC-Werte fließen hier ein. Ein äußerst umfangreicher Rücklauf von Felddaten ist hierfür wünschenswert [Blu04]. Hierbei muss das Verkehrsunternehmen, wenn es vom Lieferanten der Ersatzteile über die Möglichkeit eines „Last Buy" informiert worden ist, festlegen, wie lange es die Fahrzeuge noch betreiben möchte, und mit welchen Ausfallraten der einzelnen Komponenten er in der verbleibenden Nutzungszeit der Fahrzeuge es zu kalkulieren hat. Hierbei ist zu beachten, dass die Ausfallraten über die Nutzungsdauer nicht konstant sind, sondern in der Regel zum Ende der Lebensdauer leicht anwachsen. Dieser Zusammenhang der Ausfallrate über der Zeit wird in der Zuverlässigkeitstechnik auch mit der „Badewannenkurve" bildlich dargestellt. Daher sind immer zusätzliche Reservebestände einzukalkulieren [LH12].

14.3.3 Auswahl der Obsoleszenzmanagementstrategie

Basierend auf einer prädiktiven Überwachung des Produktstatus können Betreiber und Lieferant proaktiv wirtschaftlich optimale Strategien für die langfristige Erhaltung der Verfügbarkeit der Fahrzeugflotte entwickeln [Blu04]. Die verschiedenen Strategieoptionen werden nachfolgend vorgestellt:

- *Reaktives Obsoleszenzmanagement:* Beschreibt die Möglichkeit, sich erst dann mit dem Ausfall eines Systems zu beschäftigen, wenn der Fall eintritt. Dies kann dann eine sinnvolle Strategie sein, wenn der geschäftliche Erfolg eines Unternehmens nicht von der Funktion dieses Einzelsystems abhängt, oder wenn es keinerlei Sicherheitsrisiken für Mensch und Umwelt gibt. Die sogenannte „reagierende Strategie" kommt dann zum Tragen, wenn entweder ein Obsoleszenzproblem bereits eingetreten ist oder diese

Variante bewusst gewählt wird [VDI16]. Das reaktive Obsoleszenzmanagement wird in Abschn. 14.4.1 dargestellt.

- *Proaktives Obsoleszenzmanagement:* Ein proaktives Obsoleszenzmanagement ist im Grunde ein reaktives Obsoleszenzmanagement mit einer Vorlaufzeit. Diese Vorlaufzeit gewinnt man durch eine regelmäßige Life-Cycle-Status-Untersuchung der festgelegten Komponente. Für das proaktive Obsoleszenzmanagement werden vor allem Komponenten innerhalb des Systems festgelegt, deren Ausfall einen erheblichen Einfluss (Totalausfall, Teilausfall, erhebliche Einschränkung der Funktion) auf das System haben. Der Ersatz einer solchen Komponente ist fast immer mit einem erheblichen Aufwand (beispielsweise Re-Design, Re-Zertifizierung, Wiederzulassung) verbunden. Der Aufwand für die periodische Life-Cycle-Statusuntersuchung sollte in einem angemessenen Verhältnis zu einem möglichen Aufwand für das Ersetzen der Komponente stehen. Das proaktive Obsoleszenzmanagement wird in Abschn. 14.4.2 dargestellt.
- *Strategisches Obsoleszenzmanagement:* Von einem strategischen Obsoleszenzmanagement wird gefordert, dass es auf alle Lebenszyklusphasen des betrachteten Systems angewendet wird. Die Umsetzung eines strategischen Obsoleszenzmagements beginnt schon während der Entwicklungsphase, um festzulegen, welche Bauteile für den angestrebten Lebenszyklus des betrachteten Systems verwendet werden können. Das strategische Obsoleszenzmanagement wird in Abschn. 14.4.3 beschrieben.

14.3.4 Zulassung

Die Lösungen, die abhängig von der gewählten Strategie entwickelt werden, führen in vielen Fällen dazu, dass ein System, eine Komponente oder ein Bauteil geändert, erneuert oder durch einen anderen Hersteller nachgebaut wird. Sofern weiterhin für die einzelnen Anwendungsfälle Qualitäts-, Prüf- und Sicherheitsnachweise sowie Inbetriebnahmegenehmigungen erforderlich sind, führt die Obsoleszenz eines Systems, einer Komponente oder eines Bauteils zu einem hohen Zeit- und Kostenaufwand für die erneute Zulassung (bis zu 50–70% des Gesamtaufwandes).

14.4 Methoden des Obsoleszenzmanagements

In diesem Abschnitt werden die Methoden des reaktiven Obsoleszenzmanagements (vgl. Abschn. 14.4.1), des proaktiven Obsoleszenzmanagements (vgl. Abschn. 14.4.2) sowie des strategischen Obsoleszenzmanagements (vgl. Abschn. 14.4.3) vorgestellt.

14.4.1 Reaktives Obsoleszenzmanagement

Beschäftigt sich ein Verkehrsunternehmen erst mit dem Ausfall eines Systems mit dessen Ersatz, wird dies als reaktive Strategie bezeichnet [VDI16]. In diesen Abschnitt werden mit dieser Strategie korrespondierende Handlungsoptionen diskutiert.

14.4.1.1 Verwendung vorhandener Lagerbestände

Das Verwenden von vorhandenen Lagerbeständen beschreibt originale Bauteile, die trotz eingetretener Obsoleszenz noch beim Verkehrsunternehmen vorhanden sind. Es ist klar abzugrenzen, dass es ich hierbei nicht um Bauteile aus dem Bauteilanschlussmarkt (vgl. Abschn. 14.4.1.5) oder der Bauteilnachbildung (vgl. Abschn. 14.4.1.8) handelt. Um vorhandene Lagerbestände aufzudecken, muss zuerst evaluiert werden, wo sich diese Bauteile befinden könnten. Diese Suche sollte eine Auswertung der eigenen Lagerbestände des Verkehrsunternehmens sowie auch die Bestände aller möglichen Lieferanten und Versorgungslager umfassen. Die Anzahl der beschaffbaren Originalbauteile sollte hierbei ausreichend sein, um eine Versorgung während des kompletten Lebenszyklus der Fahrzeuge sicherzustellen.

14.4.1.2 Bauteilrückgewinnung aus zu verschrottenden Fahrzeugen (Kannibalisierung)

Dieser Prozess beschreibt die Variante, Teile und Baugruppen aus Altfahrzeugen zu entnehmen, um diese in anderen Fahrzeugen wieder einzusetzen (Kannibalisieren, bzw. Ausschlachten, vgl. [Blu04] und [DIN08]). Mitarbeiter können aus zu verschrottenden Fahrzeugen Ersatzteile gewinnen. Grundsätzlich sollten immer sämtliche ausgeschlachteten Bauteile auf die noch *zu erwartende Lebensdauer* und die *Zuverlässigkeit* beurteilt werden. Was noch im Betrieb benötigt wird und mit vertretbarem Aufwand in der entsprechenden Qualität aufgearbeitet werden kann, wird instandgesetzt und der Produktion wieder zugeführt. Die ausgebauten Komponenten werden hierzu an einer zentralen Stelle gesammelt und verwaltet. Im weiteren Verlauf werden diese dann – falls erforderlich - zerlegt, die verwertbaren Materialien zur Weiterverwendung aussortiert, instandgesetzt und auf ihre ordnungsgemäße Funktion überprüft. Nach der erfolgreichen Prüfung werden die Komponenten wieder dem Wertstoffkreislauf zugeführt. Alle instandgesetzten und geprüften Artikel werden mit dem Prüfer und dem Prüfdatum gekennzeichnet [SU11]. Darüber hinaus muss bei jedem Ausschlachten jedes Bauteil auf eine mögliche Notwendigkeit einer Requalifikation hin untersucht werden [VDI16].

14.4.1.3 Beschaffung und Test von Substituten (Bauteilersatz)

„Gibt es Bauteile nicht mehr, werden [...] auch qualifiziert Substitute beschafft und getestet. Um sicherzustellen, dass der Bauteilersatz auch die geforderte Spezifikation erfüllt, muss auf die Kompatibilität (Function-Form-Fit, FFF) geachtet werden [VDI16]. Falls sich das Baumaß des Bauteils bei gleichen Produktparametern verändert hat, kommen auch Adapter zum Einsatz. Dabei werden ähnliche Komponenten neuerer Bauart mittels Adapter oder Stecker fit gemacht, um das defekte Bauteil zu ersetzen und damit die Funktionsfähigkeit der gesamten Baugruppe sicherzustellen [Sch15a].“ Neben der mechanischen Kompatibilität muss jedoch auch ein funktionskompatibler Ersatz gewährleistet werden. Unter dem Stichwort *Rückwärtskompatibilität* „wird der Austausch auf Komponentenebene verstanden, in dem die defekte Komponente durch eine pinkompatible Komponente neuerer Bauart, neuerer Bauart, die die notwendigen funktionalen und schnittstellentechnischen Rahmenbedingungen der alten Komponente ohne Einschränkungen abbilden kann, verstanden“ [LH12]. Darüber hinaus muss auch darauf geachtet werden, dass Zulassungen, Genehmigungen und Zertifizierungen durch ausgetauschte Teile nicht erlöschen.

14.4.1.4 Instandsetzung/Reparatur

Oft ist eine Reparatur eines Produktes, einer Komponente oder eines Bauteils auch nach Abkündigung durch den Originalhersteller noch fachgerecht möglich. In manchen Fällen wird dieser Service auch nach Abkündigung noch über den Originalhersteller erbracht. Daneben besteht auch die Möglichkeit, die Reparatur im eigenen Unternehmen oder über Reparaturdienstleister, die sich auf abgekündigte oder obsolete Produkte spezialisiert haben, abzuwickeln. Beachtet werden sollte, dass gültige Regelwerke eingehalten werden. Bei fremd vergebenen Reparaturen sollte auf die nötigen Qualifikationen geachtet werden und der Auftragnehmer über die nötigen technischen Einrichtungen verfügen, die eine fachgerechte und nachhaltige Reparatur ermöglichen, insbesondere bei elektronischen Komponenten, sollte eine Reparatur mit einer Prüfung unter realitätsnahmen Einsatzbedingungen abgeschlossen werden. Eine Dokumentation in Form eines Reparaturberichts sollte vorliegen.

14.4.1.5 Bauteilanschlussmarkt/Aftermarket

Als Bauteilanschlussmarkt werden Lieferquellen bezeichnet, die Produktionslinien von Bauteilen aufkaufen, die durch den Originalhersteller nicht mehr gefertigt werden und somit der Obsoleszenz unterworfen wurden. Der Bauteilanschlussmarkt bietet eine Möglichkeit, nicht mehr beschaffbare Bauteile zu reproduzieren. Oft haben die Originalhersteller der Bauteile sogar Abkommen geschlossen, die eine Versorgung nach dem Einstellen der eigentlichen Produktion durch den Bauteilanschlussmarkt vertraglich regeln [VDI16].

14.4.1.6 Redesign/Neukonstruktion

Unter der Neukonstruktion (Redesign) eines Produkts wird verstanden, dass ein Bauteil, das einer Obsoleszenz unterliegt, komplett aus dem betroffenen Fahrzeug entnommen wird. Das neu eingesetzte Bauteil erfordert hierbei eine Neukonstruktion oder eine Anpasskonstruktion des betroffenen Produkts, um die geforderte Funktion weiterhin zu gewährleisten oder sogar zu verbessern oder auszuweiten. Ein Redesign kann unter Umständen Auswirkungen auf bestehende Zulassungen haben. So kann es beispielsweise für Flotten von Fahrzeugen ein sinnvoller Lösungsansatz sein, die Instandhaltung der elektronischen Komponenten in den Zyklus des Gesamtfahrzeugs zu integrieren. „Es besteht damit die Möglichkeit, bei Erreichen der Hälfte der wirtschaftlichen Nutzungszeit des Fahrzeugs eine Aufarbeitung, bzw. ein technisches Redesign der elektronischen Komponenten durchzuführen. Dabei geht es nicht um einen reinen Austausch von Bauteilen, sondern in der Regel um die komplette Erneuerung der Leittechnik sowie der Fahr- und Bremssteuerung in modernster Technik. Dabei müssen die neuen Komponenten hinsichtlich ihrer Abmessungen sowie der Lage der Anschlüsse identisch sein, um mechanische Umbauarbeiten möglichst zu verhindern (ein Beispiel für diese Erneuerung ist der Ersatz von GTO-Umrichtern durch moderne IGBT-Umrichter), und wird ein technisches Redesign nur bei einem Teil der Fahrzeugflotte (bzw. zeitlich gestaffelt) durchgeführt, können mit Hilfe der ausgebauten Teile Ersatzkomponenten für den nicht umgerüsteten Rest gewonnen werden. Damit kann für diesen Teil der Flotte eine gezielte Auslaufstrategie definiert und umgesetzt werden“ [Ped07].

14.4.1.7 Bauteilbevorratung (Last-Call und Langzeitlagerung)

Dieser Lösungsansatz wird auch als „Last Buy“ bezeichnet. Komponenten, die nun zum letzten Mal produziert wurden, werden vom Verkehrsunternehmen eingekauft und langfristig in einer speziellen Langzeitlagerungstechnik eingelagert. „Diese Langzeiteinlagerung ist sowohl wirtschaftlich als auch technisch anspruchsvoll, hat sich jedoch in der Praxis als sinnvoll gezeigt. Ein Last Call schlägt schnell mit hohen Millionensummen zu Buche, die mit Kapitalzinsen und wertberichtigend in die Bilanz einfließen. Dazu kommt, dass die Elektronik in einer bestimmten Umgebung und unter definierten Bedingungen (zum Beispiel in klimatisierten Stickstofflagern) gelagert werden muss. Um das Risiko einer Qualitätsverschlechterung der langzeitgelagerten Produkte zu vermeiden, werden sie stichprobenartig aus dem Lager entnommen, überprüft und zum Teil konditioniert und bestromt [Sch15a]“ (vgl. hierzu auch [Ped07]). Gegebenenfalls kann die zuverlässige Funktion der Baugruppe nicht mehr garantiert werden, wenn die mittlere zu erwartende Zwischenzeit in der der Baugruppe nicht „an Spannung“ liegt zu lang ist [LH12]. In Abhängigkeit der gewählten Strategie ist eine ausreichende Anzahl an Ersatzkomponenten zu bevorraten:

- *Endbevorratung* (englisch: *lifetime buy, life of type buy, life of need buy*): Beschaffung eines Vorrats von Bauteilen, der für die Unterstützung des Produkts während seines gesamten Lebenszyklus oder bis zum nächsten geplanten Technologiewechsel ausreicht [DIN08]. Dieser so genannte Life of Type Buy oder auch Life of Need Buy kann geschehen, nachdem durch den Bauteilhersteller die letzte Möglichkeit zum Kauf eines Bauteils vor dem Ende der Produktion eingeräumt wird. Auch wenn noch keine Obsoleszenz vorliegt, kann eine Bauteilbevorratung durchgeführt werden, um sich ein lebenslanges Vorratslager anzulegen.
- *Überbrückungsbevorratung* (englisch: *bridge buy*): Endbevorratung für eine gegebene Zeitspanne, beispielsweise bei der Entwicklung eines Nachfolgeprodukts [DIN08]. Der Überbrückungskauf stellt eine weitere Variante der Bauteilbevorratung dar. Dieser so genannte Bridge Buy wird angewendet, um durch das anlagen eines Vorratslagers genügend Bauteile für die laufende Produktion zur Verfügung zu stellen, während parallel beispielsweise zeitaufwendige Neukonstruktionen, eine Bauteilnachbildung oder die Suche nach einer Alternative (Substitut) durchgeführt wird. Abb. 14.2 zeigt den Zusammenhang der mit der Überbrückungsbevorratung abzudeckenden Zeitspanne und der Beschaffungsmenge.

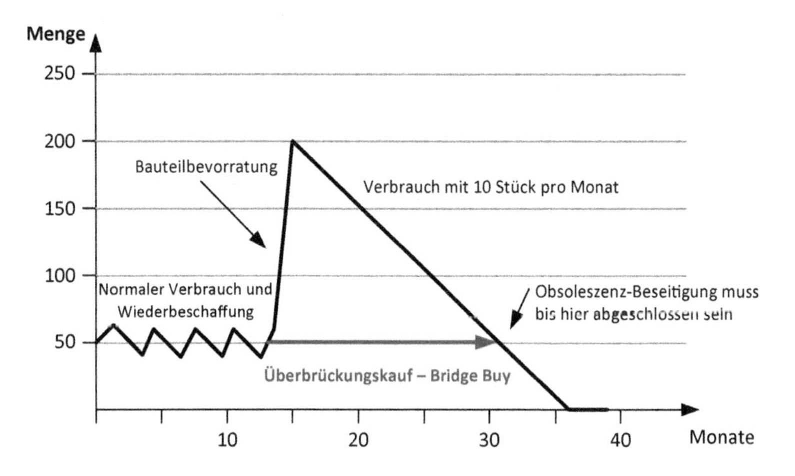

Abb. 14.2 Überbrückungskauf als Handlungsoption eines reaktiven Obsoleszenzmanagements

14.4.1.8 Reverse Engineering (Bauteilnachbildung)

Engineering ist der Prozess, Produkte und Systeme zu entwerfen, produzieren, zusammenzufügen und instandzuhalten. Es gibt zwei unterschiedliche Ansätze: *forward engineering* und *reverse engineering*.

- *Forward engineering* bezeichnet hierbei den konventionellen Ansatz, von einer abstrakten Vorstellung über spezifischere Entwürfe zur realen Implementierung eines Systems zu kommen. In einigen Fällen ist der ursprüngliche Hersteller des Systems jedoch nicht mehr am Markt präsent und kann die Originaldokumentation nicht mehr zur Verfügung gestellt werden.
- *Reverse engineering* bezeichnet den Vorgang, bei dem eine bestehende Komponente ohne vorliegende Zeichnungen, Dokumentation oder Computermodelle zu dupliziert wird [RF08]. Der Begriff reverse engineering (engl. bedeutet: umgekehrt entwickeln, rekonstruieren) wird auch als Nachkonstruktion bezeichnet. Hierbei wird angestrebt, das vorliegende Objekt weitgehend exakt nachzubilden.

Das Reverse Engineering bezieht sich sowohl auf die retrograde Ableitung von Fertigungsunterlagen für die Reproduktion mechanischer Bauteile als auch auf die Nachfertigung elektronischer Baugruppen. Bei mechanischen Bauteilen besteht die Aufgabe darin, den betrachteten Gegenstand zu scannen, die gemessene Punktwolke mit rechnergestützten Werkzeugen zu prozessieren und abschließend ein geometrisches Modell des Objekts zu entwickeln. Im Folgenden liegt der Schwerpunkt der Betrachtung auf elektronischen Leiterplatten, da diese vor dem Hintergrund der hohen Innovationsdynamik in der Halbleiterindustrie ein besonderes Obsoleszenzrisiko für die Verkehrsunternehmen darstellen. Abb. 14.3 stellt den klassischen Prozess des *forward engineering* der Vorgehensweise des

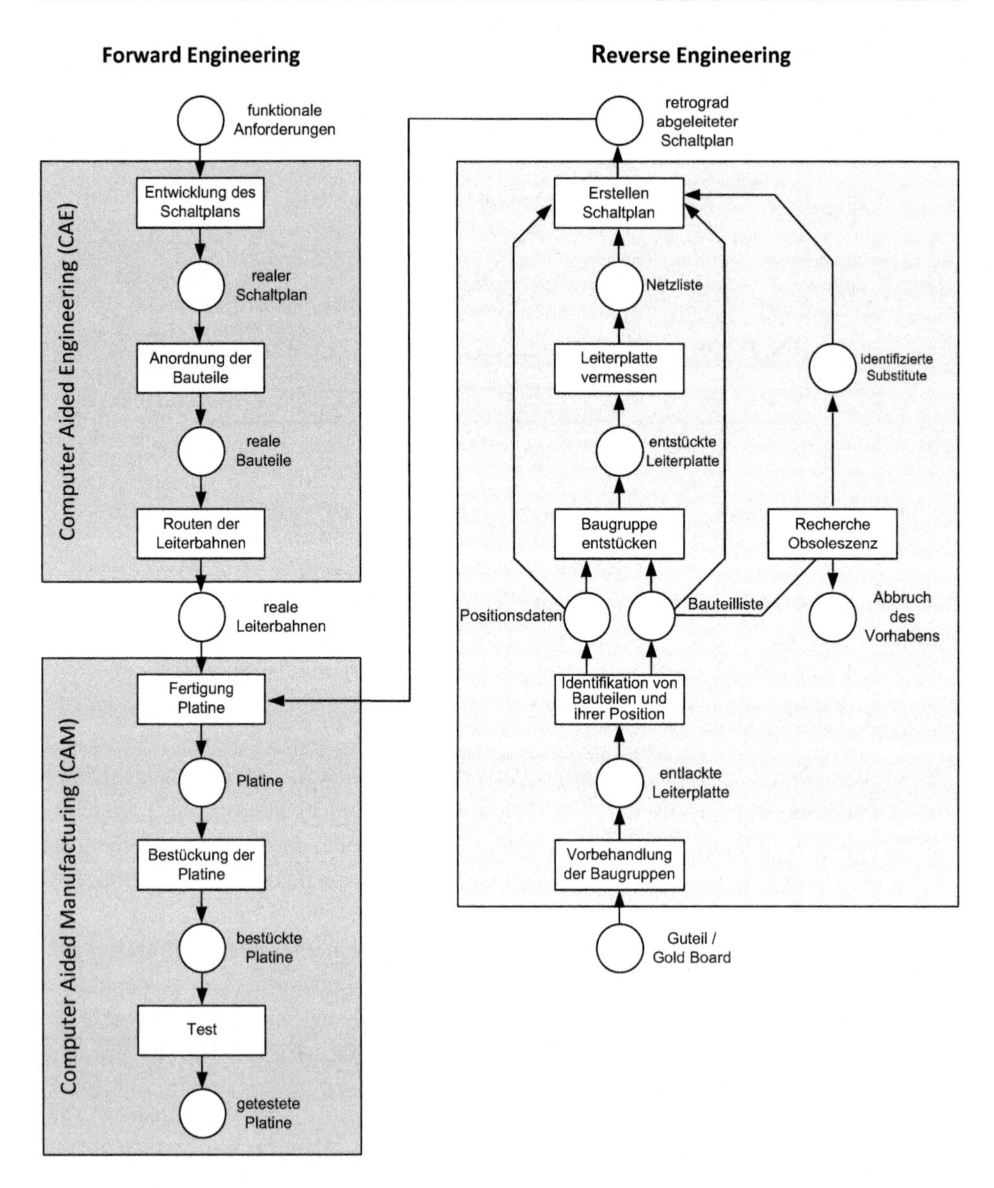

Abb. 14.3 Zusammenhang von forward engineering und reverse engineering

reverse engineering gegenüber. Das forward engineering geht üblicherweise in den folgenden Schritten vor:

- *Entwicklung des Schaltplans:* Der Vorgang im forward engineering beginnt mit der Entwicklung einer Leiterplatte mit dem Schaltplan. Dieser wird mit ECAD-Werkzeugen (electronic computer-aided design) erstellt.
- *Anordnen der Bauteile:* Anschließend folgt die Anordnung und Verschaltung der Bauteile.

- *Routen der Leiterbahnen:* In einem nächsten Schritt werden die Leiterbahnen geroutet. Gegebenenfalls wird dieses Schematic Design noch in iterativen Entwurfsschritten optimiert.
- *Computer Aided Manufacturing der Leiterplatten:* Der Prozess schließt mit der Fertigung und dem Test eines Prototypen ab. Der Funktionstest schließt Punkt-zu-Punktmessungen der Kontaktpunkte der Leiterplatten mit Testprogrammen (auf sogenannten Flying Probern) mit ein [Sch15a].

Nachfolgend wird die Vorgehensweise des *reverse engineering* für elektronische Baugruppen dargestellt. Diese Vorgehensweise basiert auf der Untersuchung eines vorhandenen „Gut-Teils" auch „Gold Board" genannt. „Aufgabe ist dann, die Logik der Platine und die Bestückung nach zu entwickeln und darauf aufbauend einen 1-zu-1-Nachbau durchzuführen [Sch15a]."

- *Leiterplatte vorbehandeln:* Die Leiterplatte wird gereinigt und aufgetragene Schutzlacke werden entfernt. Dies kann mit chemischen Verfahren (Lacklösern) oder mechanischen Verfahren (Sandstrahlen, Trockeneisstrahlen) erfolgen.
- *Identifikation und Positionieren der Bauteile:* Die auf der Leiterplatte vorhandenen Bauteile werden identifiziert und positioniert (hieraus resultieren Positionsdaten). Eine erste Begutachtung der Baugruppe liefert eine vollständige Bauteilliste auf deren Grundlage der Verfügbarkeitsstatus der einzelnen Bauteile recherchiert werden kann. „So entsteht eine Übersicht über die Bauteile, die abgekündigt sind. Je nach Bedarf muss schon jetzt nach Substituten gesucht werden" [Sch15a].
- *Platine entstücken:* Um die Struktur der Leiterbahnen ableiten zu können, müssen einzelne Bauteile entlötet sowie bei komplexen Designs der Leiterplatte (Multilayer-Designs) die Leiterplatten komplett entstückt werden. Dies ist eine zwingende Voraussetzung für die Durchführung der nachfolgenden Schritte.
- *Erstellung des Schaltplans:* Als Ergebnis zuvor genannter Schritte kann ein Schaltplan für die Baugruppe erstellt werden. Auf der Grundlage zuvor erstellter Bauteillisten, Bauteilpositionen und der Netzliste kann der Schaltplan der Baugruppe neu erstellt werden. die für die Leiterplattenfertigung erforderlichen Daten (Gerberdaten) sowie die Bestückungsdaten können in CAM (Computer-Aided Manufacturing)-Systeme exportiert werden.
- *Fertigung der Planine:* Die Leiterplattendaten und die Bestückungsdaten werden in eine CAM-Umgebung überführt. Auf dieser Grundlage entsteht ein erster Prototyp, dessen Funktionsfähigkeit wie beim forward engineering mit Punkt-zu-Punkt-Messungen überprüft werden kann [RF08].

14.4.2 Proaktives Obsoleszenzmanagement

Proaktives Obsoleszenzmanagement ist im Grunde in reaktives Obsoleszenzmanagement mit einer Vorlaufzeit. Diese Vorlaufzeit gewinnt man durch eine regelmäßige Life-Cycle-Status-Untersuchung der festgelegten Komponente. In diesem Abschnitt werden die mit diesem Ansatz korrespondierenden Handlungsoptionen vorgestellt.

14.4.2.1 Lebenszyklus- und Risikoanalyse

Bereits zuvor sind mit dem Health Monitoring und der Health Prediction (vgl. Abschn. 14.3.1) zwei Kernaufgaben des Obsoleszenzmanagements dargestellt worden. Im Sinne einer vorsorgenden Fehlervermeidung statt einer nachsorgenden Fehlererkennung und -korrektur kann die Methode der FMEA (englisch Failure Mode and Effect Analysis, deutsch Fehlermöglichkeits- und -einflussanalyse) angewendet werden. Frühzeitige Identifikation und Bewertung potenzieller Fehlerursachen können bereits in der Entwurfsphase einer Anlage oder einer Maschine betrieben werden. Damit werden ansonsten anfallende Kontroll- und Fehlerfolgekosten in der Produktionsphase oder gar im Feld (beim Betreiber) vermieden und die Kosten insgesamt gesenkt. Durch eine systematische Vorgehensweise und die dabei gewonnenen Erkenntnisse kann zudem die Wiederholung von Designmängeln bei neuen Produkte und Prozessen vermieden werden.

Die Methodik der FMEA soll schon in der frühen Phase der Produktentwicklung (Planung und Entwicklung) innerhalb des Produktlebenszyklus angewandt werden, da eine Kosten-Nutzen-Optimierung in der Entwicklungsphase am wirtschaftlichsten ist (präventive Fehlervermeidung). Je später ein Fehler entdeckt wird, desto schwieriger und kostenintensiver wird seine Korrektur sein.

Auch bei der FMEA ist die möglichst frühzeitige Identifikation von Komponenten oder Subsystemen, deren vermutete Lebenserwartung deutlich kürzer als die der Gesamtanlage sein wird, besonders von Bedeutung. Hier muss unter anderem auf Erfahrungswerte des Herstellers (OEM oder Zulieferer) sowie es Betreibers zurückgegriffen werden. Weitere Werkzeuge bietet das Wissensmanagement (Datenbanken, Lebenszyklusanalysen, Marktanalysen, Ausfallwahrscheinlichkeit, Verfügbarkeit, Risikoanalyse usw.) für Baugruppen und Subsysteme.

14.4.2.2 Design for Obsolescence

Integriert ein System-Integrator (Fahrzeughersteller) ein Produkt (beispielsweise ein Füherstandsdisplay) in seine Fahrzeugplattform und nutzt diese für alle zukünftigen Anfragen oder Ausschreibungen, muss die mögliche Obsoleszenz bereits in der Entwicklung berücksichtigt werden. Da für Fahrzeugplattformen die Gesamt-Absatz-Stückzahl während des Life Cycle nicht bekannt ist (sie hängt vom Akquisitionserfolg des Fahrzeugherstellers ab) müssen herstellerseits Maßnahmen ergriffen werden, wie der System-Life-Cycle auch bei Obsoleszenz von Bauteilen oder Sub-Komponenten erhalten bleiben kann. Eine reine Bevorratungsstrategie greift hier nicht, da die zu bevorratende Stückzahl nicht hinreichend ermittelt werden kann. Die Obsoleszenz muss also bereits bei der Entwicklung und Konstruktion neuer Produkte zukünftig stärker berücksichtigt werden [Ped07]. „Eine wesentliche Voraussetzung ist, dass bereits bei der Entwicklung einer Produktidee Obsoleszenz-Risiken und Gegenmaßnahmen bedacht werden.“ Es können hier drei grundsätzlich verschiedene Ansätze unterschieden werden:

- *Alle Sub-Komponenten sind länger verfügbar als der geforderte Systemlebenszyklus:* In diesem Fall ist keine Obsoleszenz während des gesamten System-Life-Cycles zu erwarten. Das System ist stabil und es fallen keine Änderungen sowie Wartungs- und

Ersatzkosten an. Allerdings bestimmt der kürzeste Life-Cycle der Sub-Komponente den Life Cycle des Systems. Diese Strategie ist daher nur für kurzlebige Systeme sinnvoll.
- *Alle Sub-Komponenten werden zum Start des System-Life-Cycle neu entwickelt:* Auch in diesem Fall ist keine Obsoleszenz zu erwarten. Auch hier ist das System stabil und es fallen keine Änderungen sowie Wartungs- und Ersatzkosten an. Allerdings laufen in diesem Fall hohe Entwicklungskosten zu Projektbeginn auf und es schlägt eine lange Realisierungszeit zu Buche. Aufgrund der hohen Investitionskosten und der langen Design-In-Phase ist diese Option meist nicht akzeptabel.
- *Entwicklung von Form-Fit-Fuction-Nachfolgern notwendiger Subkomponenten für die Verlängerung des System-Life-Cycle*: Dies hat den Vorteil, dass eine Verlängerung des System-Life-Cycle auf unbestimmte Zeit möglich ist. Wegen der Kompatibilität (FFF) bleibt die Funktion immer erhalten. Zu Beginn einer Entwicklung schlagen geringe Entwicklungskosten zu Buche. Allerdings müssen Änderungen der Sub-Komponenten (Redesign/Austausch) gemanaged werden. Die Berücksichtigung der drei F (Form-Fit-Function), als eine Regel des „Design for Obsolescence" ermöglicht einen späteren funktions- und einbaukompatiblen Ersatz auf Leiterplatten-, Geräte- bzw. Systemebene. Dafür ist eine Entwurfsmethode erforderlich, die als „Technologie Transparenz" bezeichnet wird: Alle Schnittstellen eines Produkts, sei es ein Modul oder ein System, werden sowohl funktional als auch elektrisch und mechanisch genau spezifiziert. Die Nutzung und Einführung von Standards fördert die Minimierung von Obsoleszenz-Risiken in erheblichem Maß; proprietäre Lösungen sind strikt zu vermeiden. Der Einsatz von Standardprodukten reduziert nicht nur die Realisierungskosten, sondern unterstützt langfristig auch die Absicherung der Beschaffbarkeit und damit Reparatur, Wartung und Instandhaltung" [Blu04].

14.4.3 Strategisches Obsoleszenzmanagement

Strategisch ist ein Obsoleszenzmanagement genau dann, wenn es auf alle Lebenszyklusphasen des betrachteten Systems angewendet wird. Die Umsetzung eines strategischen Obsoleszenzmagements beginnt schon während der Entwicklungsphase, um festzulegen, welche Bauteile für den angestrebten Lebenszyklus des betrachteten Systems verwendet werden können. Das strategische Obsoleszenzmanagement wird in diesem Abschnitt näher beschrieben.

14.4.3.1 Marktentwicklung und Lieferantenmanagement

In diesem Themenfeld wird beleuchtet, wie sich verschiedene Beschaffungssrategien langfristig auswirken. So gilt es, einerseits die Variantenvielfalt und andererseits die Abhängigkeit von Einzellieferanten zu vermeiden.

Die Einflussmöglichkeiten des Kunden in den einzelnen Stufen der Supply Chain (vom OEM bis zu den entsprechenden Vorlieferanten an den Betreiber) sind abhängig von der Art und Intensität der Kunden-Lieferanten-Beziehung. Soweit die Verhältnisse in den einzelnen Stufen der Supply-Chain auf gleichgestellte Partner treffen, ist die Basis für ein erfolgreiches Obsosleszenzmanagement vorhanden. Sollten Ungleichgewichte in der Supply Chain, beispielsweise durch eine Übermacht des Kunden oder eine Monopolstellung des Lieferanten vorhanden sin, wird das Obsoleszenzmanagement massiv erschwert. Die Einflussmöglichkeiten des Kunden richten sich theoretisch somit grundsätzlich nach dessen Bedeutung für den Lieferanten sowie den Marktgegebenheiten [VDI16].

Zur frühzeitigen Vermeidung von Obsoleszenz können Prozesse zwischen Betreiber und Lieferant gestaltet werden (beispielsweise Abkündigungsprozesse). Es empfehlen sich im Lieferantenmanagement so genannte „Produktänderungs- und Abkündigungsvereinbarungen", die in beiderseitigem Einvernehmen den prozessualen Ablauf klar definieren und regeln. Sollten die gemeinsam getroffenen Vereinbarungen nicht eingehalten werden, können Vertragsstrafen oder (im unteren Bereich der Supply Chain) entsprechende Lieferantenbewertungen zur langfristigen Verbesserung der Lieferantenbeziehung hinzugezogen werden. Ziel ist es, durch einen frühzeitigen Informationsfluss die Produktlebenszyklen zu beiderseitigem Nutzen zu synchronisieren [VDI16].

14.4.3.2 Vertragsmanagement

In diesem Themenfeld wird die Frage beantwortet, welche Punkte man bei der Gestaltung von Verträgen beachten sollte, um Obsoleszenz zu vermeiden und. Risiken daraus zu reduzieren. Im Kern geht es um die Frage, welche Rechte (Nutzungs-, Verwertungsrechte) wie geregelt werden sollten, um im Fall einer Obsoleszenz oder beim Ausfall eines Lieferanten die Technik der Schienenfahrzeuge weiter betreuen zu können und welche Risiken der Obsoleszenz sinnvoll zwischen Betreiber und Lieferant verteilt werden können.

In Anlehnung an grundsätzlich vorhandene Standards zum Beispiel in Ausschreibungsunterlagen, Allgemeinen Geschäftsbedingungen (AGB) oder individualvertraglichen Regelungen sollten klare Definitionen zwischen Vertragsparteien aufgelistet werden, wie das das entsprechende Obsoleszenzmanagement (Monitoring und Reporting) durch den geplanten Lebenszyklus auszusehen hat. Zu beachten sind hierbei die folgenden Aspekte:

- *Absicherung durch langfristige Nachlieferverpflichtungen:* Insbesondere für langlebige Investitionsgüter wie Schienenfahrzeuge stellt sich die Frage, wie lange die Hersteller eines Produkts nach Einstellung der Produktion Ersatzteile bereithalten. Aus einem Gesetz ergibt sich keine generelle Verpflichtung zur Bevorratung von Ersatzteilen. Gesetzlich ist ein Hersteller nur verpflichtet, innerhalb der Mängelfrist Ersatzteile zu liefern, um seiner Nacherfüllungspflicht nachzukommen. Inwieweit über die Mängelfristen hinaus Ersatzteile zu bevorraten sind, ist ungeregelt. Daher streben Verkehrsunternehmen an, diesen Gegenstandsbereich bereits in der Erstellung der Vergabeunterlagen zu berücksichtigen (vgl. Abschn. 10.3.1), damit in den Liefervertrag ein entsprechender Passus für lang laufende Nachlieferverpflichtungen aufgenommen wird. Allerdings bestehen möglicherweise diese vertraglich zugesicherten Ersatzteillieferungen durch den Hersteller möglicherweise nur für eine beschränkte Zeit (z.B. zehn Jahre) und gelten gegebenenfalls auch nur für einen Teil der Komponenten (vgl. [Ped07]).

- *Klare Darstellung und Definition von Prozessen des Obsoleszenzmanagements:* Dies schließt Strategien zur Vermeidung von Obsoleszenzen in Form von Obsoleszenzmanagement-Plänen sowie Risikobewertungen und Roadmaps für Umbauten, Retrofitments oder Kannibalisierungen über den gesamten Lebenszyklus mit ein.
- *Lieferantenauswahl- und –bewertung* in Form von Audits
- *Lebenszykluskostenberrechnung und –ausweisung*: Nicht die Anschaffungs-, bzw. Investitionskosten stehen im Vordergrund, sondern die gesamten Kosten, wie sie über den Lebenszyklus der Fahrzeuge verteilt sind. Dies schließt etwaige Kosten für vorhersehbare Obsoleszenzen mit ein.
- *Claim Management* für Garantie und Gewährleistung oder Vertragsbruch und Vertragsstrafen.
- *Standardisiertes Konfigurationsmanagement*: vollständige und richtige Dokumentationsstandards (inklusive Dokumentenmanagement) als Grundlage eines erfolgreichen Life-Cycle-Managements. Das ist ebenso notwendig für das Obsoleszenzmanagement sowie für die Durchführung der Instandhaltung durch den Betreiber selbst oder einen von ihm beauftragten Dienstleister.

14.4.3.3 Personalmanagement

Die Beherrschung und Bewältigung von Obsoleszenzrisiken in der Instandhaltung ist auch eine Aufgabe des Personalmanagements eines Unternehmens. Durch ein proaktives Personalmanagement können bestimmte Obsoleszenzrisiken im Vorfeld vermieden werden. Grundsätzlich umfasst das Personalmanagement die Planung, Beschaffung und der zielgerichtete und effiziente Einsatz der Mitarbeiter eines Unternehmens. Dabei besteht das Ziel, die richtige Anzahl von Arbeitskräften mit der richtigen Qualifikation und den erforderlichen Kompetenzen zur richtigen Zeit am richtigen Ort sicherzustellen. Aus Sicht des Obsoleszenzmanagements spielt dabei insbesondere die Sicherstellung der langfristig benötigten Kompetenzen eine hervorgehobene Rolle. Obsoleszenz kann hierbei auch auf nicht mehr vorhandene Mitarbeiterkompetenz beim Hersteller oder Betreiber zutreffen, die für die Instandhaltung und/oder den Betrieb aller Fahrzeuge erforderlich ist. In diesem Fall müssen die Unternehmen darauf achten, dass mit dem Ausscheiden von Mitarbeitern wichtige und möglicherweise kritische Kompetenzen weiterhin erhalten bleiben. Ein anderes Obsoleszenzrisiko besteht darin, dass Lieferanten ihren unterstützenden Service für den Betreiber einstellen und der Betreiber nun selbst die für die Fahrzeugflotte erforderlichen Kompetenzen sicherstellen muss. Für jede strategisch relevante Stelle im Unternehmen sollte vor diesem Hintergrund eine vorausschauende Risikobetrachtung durchgeführt werden. Ein Ansatz zur Visualisierung der Ergebnisse ist in Abb. 14.4 dargestellt [BPS11].

Bei der Durchführung einer Risikoanalyse sollten die folgende Aspekte im Vordergrund stehen:

- Ermittlung welche Kompetenzen und Qualifikationen im Verkehrsunternehmen erforderlich sind.
- Bewertung, welche der benötigten Kompetenzen und Qualifikationen sich nicht wirtschaftlich auf dem externen Markt beschaffen lassen.

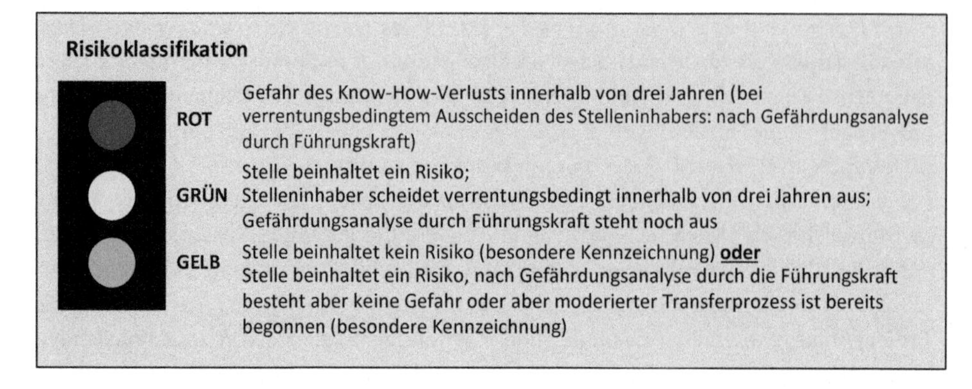

Abb. 14.4 Darstellung der Ergebnisse einer Risikoanalyse für Obsoleszenzmanagement in Bezug auf Personalressourcen nach [BPS11]

- Initiieren einer expliziten Wissenssicherung (z.B. durch schriftliche Dokumentation) des kritischen Wissens.
- Anstoßen einer adäquaten Nachfolgeplanung für ausscheidende Mitarbeiter zur Sicherung des Wissens für obsolete Anlagen und Leistungen.
- Gewährleistung einer Wissensübertragung des ausscheidenden Mitarbeiters. Hierzu können Gespräche und Interviews vereinbart werden, um Wissen für obsolete Anlagen auch den verbleibenden Mitarbeitern zur Verfügung zu stellen.

Literatur

[Blu04] Blum, Detlef. 2004. Obsoleszenz von Elektronik – Eine Bedrohung für die Verfügbarkeit von Schienenfahrzeugen. *ZEV-Rail* 128 (Tagungsband SFT Graz): 144–151.

[BPS11] Büser, Marc, Rüdiger Piorr, Heiko Schippling, und Rolf Sprenger. 2011. Damit Wissen nicht in Rente geht. *Der Nahverkehr* 29 (10): 45–49.

[CNA16] Center for Transportation and Logistics Neuer Adler e.V. *Strategische Maßnahmen im Life Cycle Management zur Minimierung von Obsoleszenz*. V2.0, 03.08.2016.

[DIN08] Deutsches Institut für Normung. 2008. *DIN EN 62402 – Anleitung zum Obsoleszenzmanagement*. Berlin: Beuth Verlag.

[Lei10] Leichnitz, Henning. 2010. *Bewertungsverfahren von Produktportfolios im Rahmen des Obsolescence Managements*. Dissertation, Technische Universität Braunschweig.

[LH12] Laumen, Heinz, und Steffen Henning. 2012. Obsoleszenz im Bereich LST. *Signal + Draht* 104 (4): 6–12.

[MW02] Merz, Wolfgang, und Andreas Wegmüller. 2002. Die Bedeutung des Fahrzeug- und Anlagenmanagements für die Optimierung der Transportleistung. *ZEV-Rail* 126 (5): 200–215.

[Ped07] Pedall, Günter. 2007. Obsolescence und Software – Zeitbomben für die Instandhaltung. *ZEV-Rail* 131 (6–7): 268–274.

[RF08] Raja, Vinesh, und Kiran Jude Fernandes. Hrsg. 2008. *Reverse Engineering – An Industrial Perspective*. London: Springer.

[Ric16] Richter, Michael. 2016. Obsoleszenz von Elektrokomponenten bei SPNV-Fahrzeugen. *Eisenbahntechnische Rundschau* 65 (4): 51–55.

[Sch15a] Scheller, Herbert. 2015. Nachentwicklung abgekündigter elektronischer Leiterplatten durch die Deutsche Bahn. *Eisenbahntechnische Rundschau* 64 (7+8): 62–65.

[SU11] Sütterlin, Johannes, und Peter Usko. 2011. Wertstoffkreisläufe von Komponenten der Leit- und Sicherungstechnik bei der DB Netz AG. *Eisenbahntechnische Rundschau* 11: 14–17.

[VDI16] Verein Deutscher Ingenieure. 2016. *VDI 2882: Obsoleszenzmanagement (Entwurf)*. Düsseldorf: VDI.

15 Nachgebrauchsmanagement

Die Phase des Nachgebrauchs schließt den Systemlebenszyklus ab [VDI02]. In unserer Gesellschaft und folglich auch in Verkehrsunternehmen nimmt der Umweltschutz einen zunehmend größeren Stellenwert ein. Die gesellschaftlichen Erwartungen sowie rechtliche Regelungen hierzu nehmen stetig zu. Dies kommt beispielsweise dadurch zum Ausdruck, dass der Schutz der natürlichen Lebensgrundlagen durch das Grundgesetz der Bundesrepublik Deutschland und die Verfassungen der Bundesländer rechtlich verankert wird. So enthält Art. 20a des Grundgesetzes die Staatszielbestimmung, wonach der Staat auch in Verantwortung für die künftigen Generationen die natürlichen Lebensgrundlagen schützt [HB12]. Insofern müssen die Verkehrsunternehmen sich intensiv mit dem Verbleib ihrer Fahrzeuge beschäftigen, wenn diese das Ende ihres Lebenszyklus erreicht haben. Getrieben von den genannten Herausforderungen sowie von zukünftigen gesetzlichen Auflagen, spielen Umweltaspekte auch als Bestandteil von Fahrzeugausschreibungen eine immer größere Rolle. In diesem Kapitel werden die relevanten Teilbegriffe (Abschn. 15.1), die Ziele (Abschn. 15.2), die Aufgaben (Abschn. 15.3) und die Methoden (Abschn. 15.4) des Nachgebrauchsmanagements vorgestellt.

15.1 Teilbegriffsbestimmung „Nachgebrauch"

Ziel des *Recyclings* ist es, Ressourcen, beispielsweise Rohstoffe und Energie, und die Umwelt (Boden, Wasser, Luft) zu schonen. Hierfür ist es sinnvoll, Bauteile möglichst langlebig zu gestalten und sie nach einer Produktnutzungsphase erneut zu nutzen. Die verschiedenen Recyclingformen werden in Abstufungen dargestellt. Diese abgestufte Vorgehensweise zur Auswahl der ökonomischsten und ökologischsten Nachgebrauchsphase eines Produkts wird auch als Recycling-Kaskade bezeichnet (vgl. [VDI02]). Konkret umfasst die Kaskade die *Abfallvermeidung*, die *Abfallverwertung* (Komponenterecycling,

L. Schnieder, *Strategisches Management von Fahrzeugflotten im öffentlichen Personenverkehr*, VDI-Buch, https://doi.org/10.1007/978-3-662-56608-4_15

Materialrecycling und thermische Verwertung) sowie die *Abfallbeseitigung*. Die verschiedenen Stufen der Recycling-Kaskade werden nachfolgend dargestellt:

- *Abfallvermeidung:* Unter Abfallvermeidung werden alle Vorkehrungen und Maßnahmen verstanden, die der stofflichen Verwertung (dem Recycling) vorausgehen. Sie dienen dazu, die Menge des anfallenden Abfalls zu reduzieren, die schädlichen Auswirkungen des Abfalls auf Mensch und Umwelt zu verringern oder den Gehalt an schädlichen Stoffen in Materialien und Erzeugnissen zu senken.
- *Komponentenrecycling (Produktrecycling):* Erreichen bestimmte Produkte als Ganzes das Ende ihrer Nutzungsphase, so lassen sich doch einzelne Komponenten dieser Altprodukte wieder- oder weiterverwerten. Dies trifft etwa auch auf Gebrauchtteile von Altfahrzeugen zu. Man unterscheidet hierbei zwischen Wieder- und Weiterverwendung unmittelbar mit noch funktionstüchtigen Komponenten, nach Reparatur beschädigter Komponenten oder nach industrieller Aufarbeitung, häufig bei den Produktherstellern.
  - *Wiederverwendung:* Erneut verwendbare Komponenten können ausgebaut, aufgearbeitet und wiederverwendet werden. Hierbei müssen auch wirtschaftliche Aspekte der Aufarbeitung betrachtet werden. Mit einer Begutachtung der Komponenten wird abgewogen, ob eine Komponente, die auch noch als Neuteil am Markt verfügbar ist, in den Aufarbeitungsprozess gegeben wird. Mit der Kenngröße der Komponenten-Kreislaufeignung kann berechnet werden, ob für eine definierte Komponente die Aufarbeitung und erneute Verwendung wirtschaftlich ist. Hierfür ist das Verhältnis der Summe der Kosten für die Beseitigung der vorhandenen Komponente und der Beschaffung einer neuen Komponente zu den Kosten der Aufarbeitung einer vorhandenen Komponente zu bilden. Als Ergebnis ist eine Komponente kreislaufgeeignet, wenn dieses Verhältnis größer als 1 ist [VDI02]. Allerdings muss hierbei die längere Standzeit von Neukomponenten ebenfalls berücksichtigt werden, so dass das fertig aufgearbeitete Ersatzteil deutlich unter dem Neupreis liegen muss [SU11].
  - *Weiterverwendung:* Wird das Bauteil für einen Zweck verwendet, für den es ursprünglich nicht gedacht war, wird dies als Weiterverwendung bezeichnet [Boe01].
- *Materialrecycling (Werkstoffrecycling, Wiederverwertung von Wertstoffen):* Früher oder später hat jedes Bauteil das Ende seiner Lebensdauer erreicht und muss entsorgt werden. Wenn die Werkstoffe dabei in einen Stoffkreislauf zurückfließen, spricht man von Wiederverwertung [Boe01]. Für das Materialrecycling müssen Prozesse der Aufbereitung und der metallurgischen und chemischen Verfahrenstechnik angewandt werden. Hierbei entstehen Produkte mit anderen Eigenschaften. Der Betrag, den ein Abnehmer von Wertstoffen zu zahlen bereit ist, hängt ab vom Ort, der Menge und der Möglichkeit des Abtransports [Sch13].
- *Thermische Verwertung (energetische Verwertung):* Ist trotz aller Bemühungen oder aufgrund spezieller Eigenschaften kein Verkauf möglich (eine Verwertung ist nicht möglich oder lohnt sich wirtschaftlich nicht), wird eine fachgerechte Entsorgung erforderlich [Sch13]. Wertstoffe werden dann bei ausreichendem Heizwert und unter Energierückgewinnung verbrannt.

- *Abfallbeseitigung*: Abgabe an die Umwelt unter Einhaltung vorgeschriebener Grenzwerte (meist bei flüssigen und gasförmigen Abfällen, gegebenenfalls nach vorheriger chemischer Umwandlung oder Verdünnung) oder Überführung in ein Endlager (meist bei festen Abfällen, gegebenenfalls nach vorheriger Konditionierung und Verpackung) zur Endlagerung von Abfällen benötigt man Deponien oder andere geeignete Endlagerplätze.

15.2 Ziele des Nachgebrauchsmanagements

Die Verwertung und der Verkauf von gebrauchten Schienenfahrzeugen gewinnt immer mehr an Bedeutung. Wirtschaftliches und umweltbewusstes Handeln mit gebrauchten Materialien ist in vielen Verkehrsunternehmen zum strategischen Erfolgsfaktor geworden. Das Nachgebrauchsmanagement in Verkehrsunternehmen verfolgt daher die folgenden Zielstellungen:

- *Berücksichtigung ökologischer Prämissen*
  - *Ressourcenschonung:* Durch die Wiederverwendung von Komponenten aus Altprodukten und die Verwertung von Sekundärrohstoffen, die aus Abfällen gewinnbar sind, können ein großer Anteil der eingesetzten Rohstoffe und die zur Erzeugung der Werkstoffe aufgewendete Energie erneut nutzbar und damit die begrenzt verfügbaren Ressourcen geschont werden [MG16].
  - *Verminderung des Schadstoffeintrags in die Natur:* Abfälle können auch Schadstoffe enthalten, die bei einer ungeeigneten Entsorgung in die Umwelt entlassen werden. Eine effiziente und umweltgerechte Verwertung von Abfällen reduziert die Schadstoffemissionen [MG16].
- *Rechtskonforme Abwicklung der Entsorgung* unter Berücksichtigung der einschlägigen Gesetze und Verordnungen. Dies zielt auf die Vermeidung von Ordnungswidrigkeiten und damit der Abwehr von Bußgeld- und strafrechtlichen Ermittlungsverfahren [Len11].
- Verkehrsunternehmen haben den zunehmenden Wunsch der Maximierung des betriebswirtschaftlichen Nutzens im Sinne einer *Optimierung der Gesamtlebenszykluskosten* der von ihnen eingesetzten Fahrzeugflotte inklusive ihrer Entsorgung. Dies rückt die folgenden Teilaspekte in den Vordergrund:
  - *Erzielen finanzieller Einsparpotenziale* bei der Entsorgung von Abfällen durch einen möglichst geringen Aufwand für das Recycling [VDI02] und der Vermeidung von Deponiekosten.
  - *Erzielen optimaler Erlöse*: Fahrzeuge sind möglicherweise noch weiter nutzbar – sie können weiter veräußert werden. Auch Abfälle enthalten häufig Komponenten oder Inhaltsstoffe, deren weitere oder erneute Verwendung möglich ist. Sie besitzen einen Restwert, wie beispielsweise Eisenschrott [MG16]. Ziel ist daher die Erreichung einer möglichst hohen recyclingbezogenen Wertschöpfung [VDI02].

15.3 Aufgaben des Nachgebrauchsmanagements

Im Zusammenhang mit der Ausmusterung vorhandener Fahrzeuge im Zuge einer Flottenerneuerung sind wirtschaftliche Strategien für die Verwertung von Altfahrzeugen zu entwickeln. Im Folgenden werden die Aufgaben des Nachgebrauchsmanagements vorgestellt und im Einzelnen beleuchtet.

15.3.1 Wiederverwendung von Altfahrzeugen (Verkauf)

Haben die auszumusternden Fahrzeuge einen guten Zustand und weisen damit zusammenhängend eine große Restnutzungsdauer auf, eignen sich die Fahrzeuge für den Verkauf an andere Verkehrsunternehmen. Die Fahrzeuge können für den ursprünglichen Zweck (Fahrgastbeförderung oder mit der Fahrgastbeförderung zusammenhängende Ausbildungs- und Übungszwecke) wiederverwendet werden. Möglicherweise soll ein Verkauf an direkte Wettbewerber aus wettbewerbsstrategischen Erwägungen heraus ausgeschlossen werden. Im Vergleich zur Neubeschaffung von Fahrzeugen können die gebrauchten Fahrzeuge schnell in Betrieb gehen [KNS02]: Sie können entweder unverändert in Betrieb genommen werden oder erfahren allenfalls nur geringfügige Modifikationen, die einen vereinfachten Zulassungsprozess zur Folge haben.

- Ein wesentlicher Schritt bei der Veräußerung von Schienenfahrzeugen ist die *Prüfung der technischen Randbedingungen* der Einsetzbarkeit der Fahrzeuge im Zielnetz. Dies ist insbesondere für Stadtbahnfahrzeuge relevant, da die gesetzlichen Grundlagen (BOStrab) im Gegensatz zur Eisenbahn oder zum Straßenverkehr den Verkehrsunternehmen erhebliche Spielräume zur systemtechnischen Ausgestaltung ihres Verkehrssystems lassen. Beispielhaft gilt dies für folgende Aspekte:
  - *Lichtraumprofil:* Sind die Lichtraumprofile der zu verkaufenden Fahrzeuge für die abnehmenden Verkehrsunternehmen zu breit, entstehen dort erhebliche Aufwände in die Anpassung der Infrastruktur. Sind die Lichtraumprofile der zu verkaufenden Fahrzeuge für die abnehmenden Verkehrsunternehmen zu klein ergeben sich Probleme insbesondere in Haltestellenbereichen [KNS02], da sich größere horizontale und vertikale Abstände zwischen Fahrzeug- und Bahnsteigkante ergeben. Diese erschweren insbesondere in ihrer Mobilität eingeschränkten Fahrgästen den Zustieg zu den Fahrzeugen.
  - *Traktionsstromsystem:* In Verkehrsunternehmen kommen unterschiedliche Versorgungsarten mit Traktionsstrom vor. Hierbei müssen verschiedene Systemspannungen und Frequenzen beachtet werden. Des Weiteren ist die Mechanik des Kontakts zwischen der stromzuführenden Infrastruktur (Oberleitung, Stromschiene) und den korrespondierenden fahrzeugseitigen Einrichtungen (Stromabnehmer) zu beachten.
- Ist die Frage der technischen Randbedingungen erfolgreich geklärt, wird der *Fahrzeugzustand erfasst.* Kontrolle ist bei der Hereinnahme und Bewertung eines

Gebrauchtfahrzeugs essentiell. Die Fahrzeuge werden anhand umfangreicher Checklisten im Detail geprüft. Es werden Daten von Hersteller, Typ (Motor und Getriebe), Fahrgestellnummer und der Schadstoffklasse bis zu den fälligen Terminen für Hauptuntersuchung, Abgasuntersuchung, Sicherheitsüberprüfung und Tachometer erfasst. Auch die Technik wird genau inspiziert. In diesem Schritt werden auch eventuelle Reparatur- und Instandhaltungskosten geschätzt [Hil14]. Dies ist die Voraussetzung für die *Preisermittlung*, also die Feststellung des Betrags, den ein potenzieller Abnehmer zu zahlen bereit ist. Ein einheitlicher Marktpreis wird – zumindest für Schienenfahrzeuge – auf Grund der geringen Standardisierung von Fahrzeugen die Ausnahme darstellen [Sch13]. Dies ist anders bei Omnibussen.
- Kann ein Käufer ermittelt werden, bzw. ist dies (auf Grund der hohen Standardisierung der Fahrzeuge) mit hoher Wahrscheinlichkeit zu erwarten, schließt sich eine *grundlegende Aufarbeitung* an. Es werden die notwendigen Reparaturen und Services durchgeführt. Grundsätzlich werden auch Kundenbeschriftungen und individuelle Beklebungen entfernt und die Gebrauchtwagen damit neutralisiert. Zur optischen und technischen Aufarbeitung des Gebrauchtfahrzeugs kommt je nach Fahrzeug bereits vor dem Verkauf eine intensive Überarbeitung des Innenraums hinzu, etwa wenn Stoffe der Sitzbezüge stark aus der Mode gekommen sind [Hil14].
- An die Aufarbeitung schließt sich eine *Überführung*, bei Auslandsgeschäften auch noch eine *Zollabwicklung* an [Hil14]. Bei der Abwicklung von grenzüberschreitenden Warenbewegungen haben Unternehmen eine Vielzahl von verfahrensrechtlichen Regelungen aus dem Zollkodex sowie nationalen Gesetzen einzuhalten. Waren sind richtig anzumelden, damit es nicht zu Nacherhebungen oder aber zur Einleitung eines Bußgeldverfahrens kommt. Zusätzlich sollte das Vorliegen sogenannter nichttarifärer Handelshemmnisse geprüft werden. Beispielsweise können Verbote oder Einfuhrbeschränkungen bestehen oder spezielle Einfuhrgenehmigungen erforderlich sind.
- Im Zielland ist im Anschluss eine *Homologation sowie die Zulassung* für den neuen Betreiber erforderlich [Hil14]. Anforderungen an Fahrzeuge sind in anerkannten Regeln der Technik und in nationalen Richtlinien und Gesetzen beschrieben. Teilweise sind diese Anforderungen von Land zu Land unterschiedlich. Die Einhaltung dieser jeweiligen nationalen Anforderungen muss nachgewiesen werden (sogenannte Homologation). Die Nachweisführung der Sicherheit und der funktionalen Anforderungen erfolgt durch technische Beschreibungen, Prüfberichte, Sicherheitsanalysen, Sicherheitsnachweise und Gutachten.

15.3.2 Verwertung von Altfahrzeugen

Altfahrzeuge gelten als „Abfall“ gemäß Kreislaufwirtschaftsgesetz. Diese Altfahrzeuge sind als gefährlicher Abfall eingestuft. Ihre Entsorgung muss daher behördlich genehmigt werden und unterliegt der elektronischen Nachweisführung gemäß Nachweisverordnung. Der Entsorger muss in der Lage sein, die Verwertung oder Beseitigung den rechtlichen

Grundsätzen entsprechend ordnungsgemäß durchzuführen. Die Überlassung von Altfahrzeugen, die als Abfall gelten, erfolgt daher nur an zertifizierte Entsorgungsfachbetriebe (nach entsprechender vorheriger behördlicher Genehmigung). Für das Verkehrsunternehmen geht die Beauftragung eines zertifizierten Entsorgungsfachbetriebs mit einer Erhöhung der Rechtssicherheit einher. Wer einen zertifizierten Entsorgungsfachbetrieb beauftragt, kann von dessen Zuverlässigkeit ausgehen und muss diesen nicht selbst überprüfen. Damit wird für ein Verkehrsunternehmen die Wahrscheinlichkeit des fahrlässigen Handelns und der Verletzung der Sorgfaltspflicht erheblich reduziert [KH09].

Altfahrzeuge sind ein typisches Beispiel für ein komplexes Altprodukt. Deren Recycling unterscheidet sich grundlegen vom Recycling einzelner Werkstoffe, Werkstoffverbunde oder einzelner spezieller Flüssigkeiten. In einem solchen komplexen Altprodukt sind eine Vielzahl von Bauteilen, Funktionsteilen und Werkstoffen durch Zusammenbau oder andere Fügetechnik zu einem Produkt integriert. Dadurch eröffnet sich zunächst die Möglichkeit, durch Vordemontage (vgl. Abschn. 15.3.2.3) einzelne Bauteile oder getrennte Werkstoffe zu gewinnen. Die Bauteile können direkt oder nach einer Regenerierung einer Wiederverwendung zugeführt werden (Produktrecycling). Zudem gehören Fahrzeuge zu den Produkten, die vor einer Verwertung einer Schadstoffentfrachtung zu unterziehen sind. Erst nach dieser und der Demontage wiederverwendbarer oder separat verwertbarer Bauteile ist der Ansatz von speziellen Recyclingtechnologien zur Materialverwertung technisch und kostenseitig sinnvoll. Die Verwertung von Altfahrzeugen umfasst mehrere aufeinander aufbauende Schritte. Diese werden nachfolgend beschrieben.

15.3.2.1 Materialdeklaration

Im Idealfall kann für die Erstellung des Entsorgungskonzepts auf eine Dokumentation der recyclingrelevanten Produkteigenschaften durch den Fahrzeughersteller aufgebaut werden. Im Rahmen einer solchen Materialdeklaration werden alle Materialien der Fahrzeuge zusammengefasst. Eine Materialdeklaration befasst sich mit den folgenden Aspekten:

- der Feststellung des Ortes der Materialien (Lage und Zugänglichkeit der gekennzeichneten Bauteile),
- der Feststellung der Menge der Materialien (insbesondere Angaben zu Gewichten und Volumina)
- der Feststellung der Art aller im Fahrzeug vorhandenen Materialien (beispielsweise Zusammensetzung),
- Zusammenstellung umwelt- und gesundheitsgefährdender Stoffe
- Definition angestrebter Recyclingverfahren für Bauteile und Baugruppen [SMG08].

Vor dem Hintergrund der Wirtschaftlichkeit ist eine ökonomische Betrachtung der Recyclingprozesse einschließlich Demontage, Separierung, Aufarbeitung und Logistik erforderlich [VDI02]. Aufgrund der Wertschöpfungsstruktur der Fahrzeughersteller und der von ihnen zunehmend wahrgenommenen Rolle des Systemintegrators erfolgt die Erstellung der Materialdeklaration herstellerseits in enger Zusammenarbeit mit Komponenten- und

Materiallieferanten. Die Materialdeklaration ist die Datengrundlage für die Erstellung des Entsorgungskonzepts [SMG08]. Die Materialdeklaration ist kein statisches Dokument. Sie wird auch bei Veränderungen am Fahrzeug durch Instandhaltungsmaßnahmen und Umbauten aktuell gehalten (vgl. Konfigurationsmanagement, Abschn. 11.4.1).

15.3.2.2 Erstellung Entsorgungskonzept

Auf der Grundlage der Materialdeklaration kann für die betrachteten Fahrzeuge ein Demontageablaufplan als Bestandteil des Entsorgungskonzepts erstellt werden. Die Erstellung des Demontageablaufplans löst die Konstruktionsaufgabe rückwärts, indem schrittweise geprüft wird, wie das Fahrzeug rationell und umweltfreundlich zu demontieren ist. Der Demontageablaufplan bestimmt, in welcher Reihenfolge das Fahrzeug demontiert wird und welche Spezialwerkzeuge hierfür erforderlich sind, und welche Sicherheitshinweise durch die Mitarbeiter bei der Durchführung der Arbeiten zu beachten sind [TUP01]. Die Realitätsnähe des Demontageplans kann im Zuge einer Probezerlegung bestimmt werden. Hierbei werden die theoretisch ermittelten Ergebnisse den in der Praxis gemessenen Zeiten gegenübergestellt. Der Demontageablaufplan wird an die bei der Probezerlegung erkannten Probleme angepasst.

15.3.2.3 Fahrzeugdemontage und umweltgerechte Fraktionierung

Für die Fahrzeugdemontage werden gegebenenfalls differenzierte Angebote von Fremdunternehmen eingeholt. Aus Basis einzelner Leistungspositionen kann beurteilt werden, ob gegebenenfalls Leistungen auch durch eigene Mitarbeiter des Verkehrsunternehmens erbracht werden können [Sch13]. Möglicherweise sind bei der Demontage der Fahrzeuge Gefahrstoffe (beispielsweise Asbest in älteren Schienenfahrzeugen) mit besonderer Sorgfalt zu betrachten, so dass hierfür Spezialisten einzubinden sind (vgl. [KNS02]). Die eigentliche Demontage erfolgt in mehreren aufeinander aufbauenden Schritten. Diese sind in Abb. 15.1 dargestellt und werden nachfolgend erläutert.

Der Schritt nach der Außerbetriebsetzung des Zuges ist die sogenannte *Trockenlegung*. In diesem Schritt werden Getriebeöl, Frostschutzmittel und Kühlmittel gewonnen, die direkt in eine Betriebsstoffentsorgung eingehen. Beim trockengelegten Fahrzeug werden dann in einem nächsten Schritt Wertstoffe entfernt, welche im Idealfall einer stofflichen Verwertung, oder sofern dies nicht möglich ist, einer thermischen Verwertung zugeführt werden. Im Zuge der anschließenden *Vordemontage* werden leicht demontierbare Komponenten wie Unterflurgeräte und Drehgestelle entfernt und einer Verwertung zugeführt (*Wertstoffdemontage*). Im weiteren Verlauf werden große Baustrukturen des Fahrzeugs mit einer Metallschere in weiter bearbeitbare Stücke getrennt (*Vorzerkleinerung*). Diese Stücke werden einer Mühle oder einer Shredderanlage zugeführt. Das Ergebnis dieses Prozessschrittes sind heterogene Materialfraktionen, die zunächst in einer *Grobsortierung* in magnetischen Schrott (Stahlteile), eine nicht-magnetische Schwerfraktion (Leichtmetall wie Aluminium und Nichteisenmetalle wie Kupfer) sowie eine Leichtfraktion mit nicht metallischen Komponenten wie Glas, Kunststoff und Holz. All diese Fraktionen sind noch mit Restfraktionen anderer Materialien behaftet, so dass sie in weiteren Sortierverfahren (*Feinsortierung*) in homogene Stoffgruppen separiert werden. Aufgrund des hohen

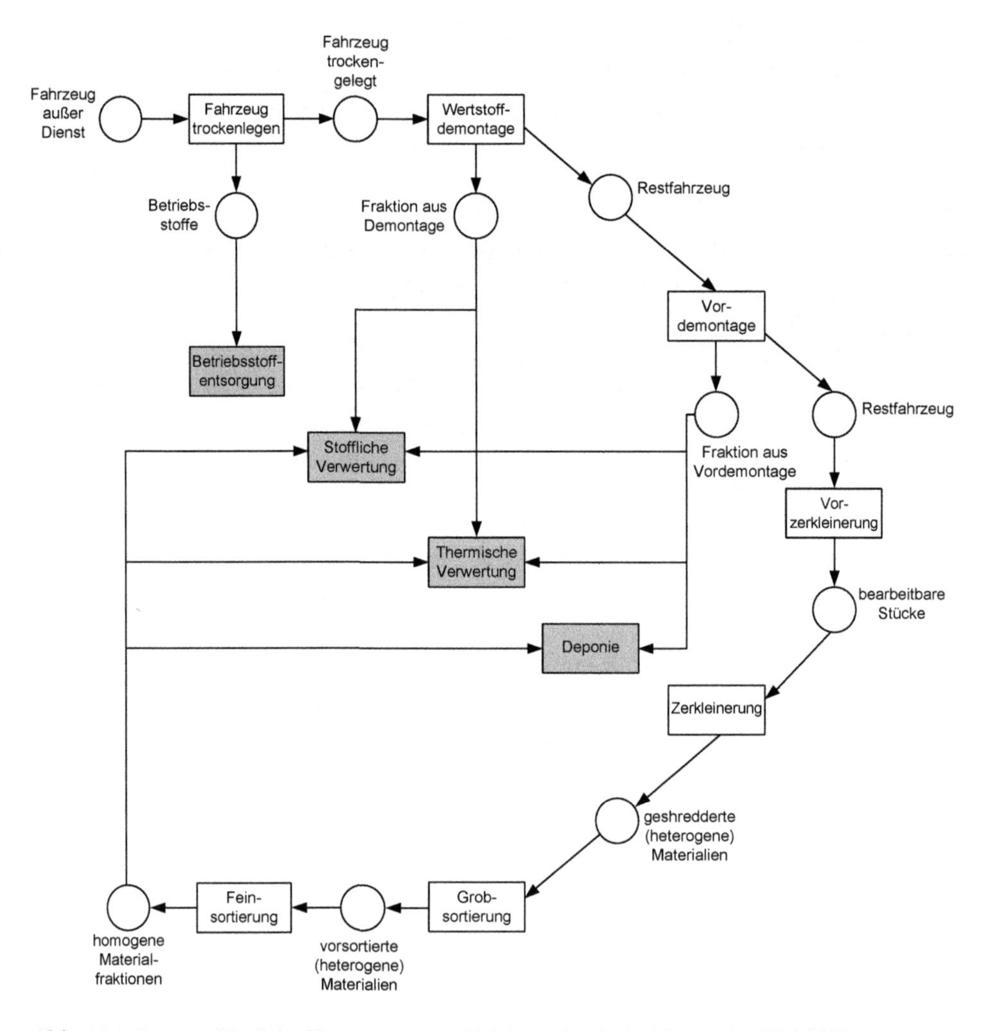

Abb. 15.1 Prozessablauf der Verwertung von Altfahrzeugen in Anlehnung an [SMG08]

technologischen Aufwands bei Sortieranlagen kommen wirtschaftliche Überlegungen zum Tragen. Metallische Stoffe werden wegen der hohen Rohstoffpreise sortenrein fraktioniert, bzw. zur stofflichen Verwertung aufbereitet. Die Leichtfraktion wird aus wirtschaftlichen Erwägungen einer thermischen Verwertung zugeführt.

15.4 Methoden des Nachgebrauchsmanagements

Ein strukturiertes Management des Übergangs eines Fahrzeugs in die Nachgebrauchsphase muss sowohl Fragestellungen des Sicherheits- und Qualitätsmanagements adressieren, als auch den Zielvorgaben des Kosten- und Assetmanagements genügen. Das Compliancemanagement (vgl. Abschn. 15.4.1) stellt sicher, dass der betriebliche Umgang mit Abfällen zur Beseitigung oder Verwertung den (rechtlichen) Forderungen genügt. Es ist damit ein phasenbezogener Baustein der Querschnittsdisziplin des Qualitäts- und Sicherheitsmanagments. Am Ende seiner Nutzung wird das Fahrzeug stillgelegt. Es dient nicht mehr der betrieblichen Leistungserstellung des Verkehrsunternehmens. Die wirtschaftlich optimale „Deinventarisierung“ der Anlagegüter rückt hierbei in den Vordergrund. Dies wird durch die Integration von Umweltaspekten in den Produktentwicklungsprozess (vgl. Abschn. 15.4.2) als Methodenbaustein des Kosten- und Assetmanagements in dieser Phase des Lebenszyklus adressiert.

15.4.1 Compliance Management

Der Begriff „Compliance“ umfasst die Einhaltung von Gesetzen und Richtlinien sowie die Beachtung von nicht-kodifizierten Best-Practice-Regeln im Sinne einer verantwortungsvollen und ethisch einwandfreien Unternehmensführung [DPB13]. Der Begriff stammt aus dem angloamerikanischen Rechtskreis und hat bis heute keine deutsche Entsprechung gefunden [Dah12]. Jedes Unternehmen, unabhängig von seiner Größe und Struktur muss im Einklang mit Recht und Gesetz handeln. Die Geschäftsleitung hat für die Einhaltung gesetzlicher Bestimmungen (vgl. Abb. 15.2) und der unternehmerischen Leitlinien zu sorgen, und zwar für das gesamte Unternehmen und mithin auch durch die einzelnen Mitarbeiter. Ein Mitglied der Geschäftsleitung, das sich nicht daran hält und auch nicht Sorge dafür trägt, dass die Mitarbeiter rechtmäßig handeln, verstößt gegen seine unternehmerischen Sorgfaltspflichten (§ 43 GmbHG, § 93 AktG, § 283 AktG) und handelt daneben möglicherweise auch ordnungswidrig (§ 130 OWiG). Um die Einhaltung zu gewährleisten empfiehlt sich die Errichtung einer geeigneten Compliance-Organisation (vgl. [Bel10], [DIN16] und [KMP16]). Eine solche Compliance-Organisation verfolgt die nachfolgenden Ziele:

- Vermeiden von straf- und bußgeldbewehrten Verhaltens bei der Führung der Geschäfte
- Vermeiden schwerwiegender Reputations- und Vermögensschäden
- Nachweisbar vorzeigbare organisatorische Maßnahmen zur Gewährleistung von Rechtskonformität und Integrität.

Eine Compliance-Organisation muss die folgenden Grundsätze erfüllen [KMP16]:

- *Grundsatz der Flexibilität:* Das Compliance Management System soll an den Bedarf im Unternehmen angepasst werden können. Es sollen Größe, Struktur, Art und Komplexität der Organisation berücksichtigt werden.
- *Grundsatz von Good Governance:* Die Compliance-Funktion muss mit ausreichender Unabhängigkeit, geeigneten Ressourcen und direktem Zugang zur Unternehmensleitung ausgestattet sein
- *Grundsatz der Transparenz:* Erhöhung der Akzeptanzbereitschaft durch überschaubare und verständliche Darstellung. Transparente Strukturen ermöglichen einen höheren Kontrollgrad.
- *Grundsatz der Nachhaltigkeit:* Fortlaufender Prozess mit kontinuierlichen Verbesserungen. Maßnahmen werden ergriffen und gepflegt, so dass sie eine dauerhafte Wirkung zeigen.

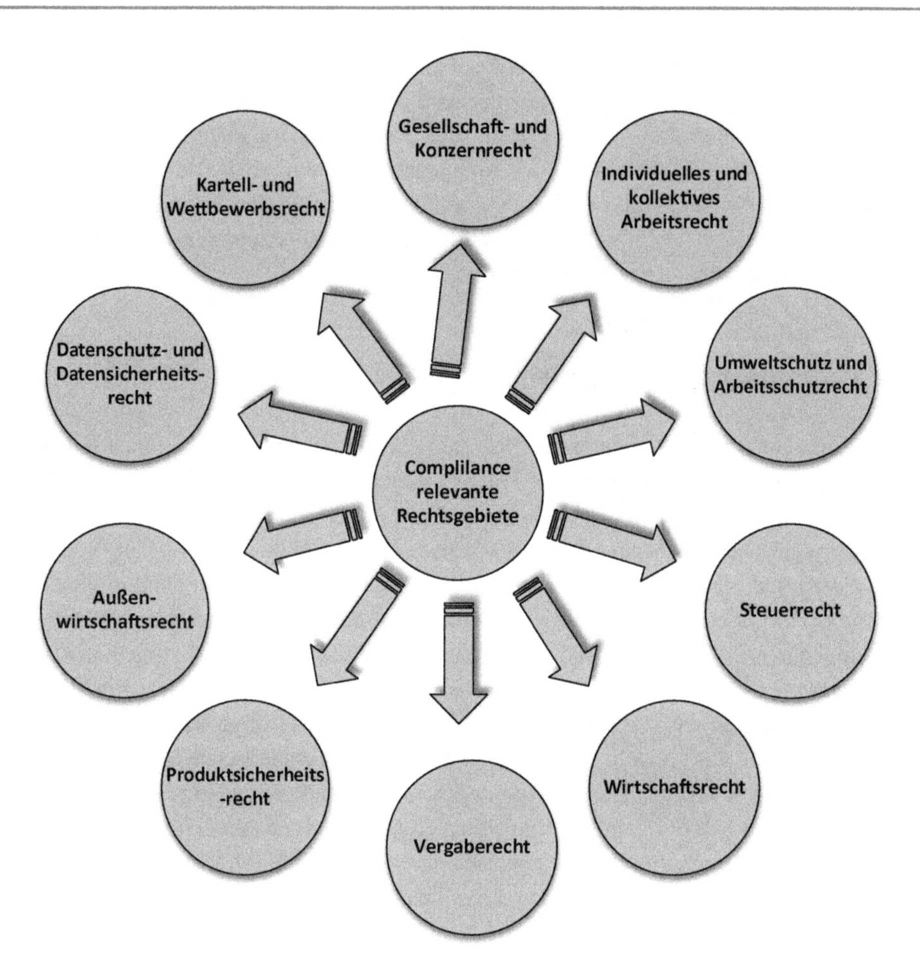

Abb. 15.2 Abfälle zur Beseitigung und Verwertung als compliance-relevantes Rechtsgebiet [Dah12]

Mit Abfällen zur Beseitigung oder Verwertung wird in vielen Verkehrsunternehmen umgegangen. Allerdings sind die Kenntnisse über die Vorschriften des Kreislaufwirtschafts- und Abfallrechts nicht überall hinreichend ausgeprägt. Die komplexen Vorschriften und Regelwerke enthalten vielfältige Vorgaben zum Umgang mit Abfällen. Jede Rechtsnorm enthält quasi als „Negativliste" eine Sammlung von Ordnungswidrigkeiten und Straf- oder Bußgeldvorschriften. In der täglichen Betriebspraxis ist hier ein Überblick nur schwer möglich. Hier ist eine Compliance-Organisation unerlässlich. Das Vorgehen (vgl. [Dah12]) hierfür wird nachfolgend beschrieben (vgl. hierzu auch Abb. 15.3):

- *Analyse des Ist-Zustands:* Der erste Schritt, um eine Compliance-Organisation aufzubauen ist die Analyse des Ist-Zustands. Es wird ein Überblick über die für das Verkehrsunternehmen relevanten Gesetze und den Verordnungen verschafft [Len11]. Dazu sollten die verschiedenen Tätigkeits- und Risikobereiche systematisch auf ihre Auffälligkeit für Compliance-Verstöße überprüft werden [Dah12].

- *Entwickeln von Regeln:* Nachdem der Ist-Zustand ermittelt wurde, müssen entsprechende Regeln entwickelt werden um künftige unternehmensinterne Verstöße zu verhindern [Dah12]. Es wird quasi ein Pflichtenheft aufgestellt. Die Nutzer erfahren hierdurch, was sie alles beachten müssen, um Ordnungswidrigkeiten und Straftaten zu vermeiden. Es werden hierbei Beschränkungen, Verbote, oder zu erfüllende Auflagen und Ausnahmetatbestände dargestellt und den zu behandelnden oder zu verwertenden Abfällen zugeordnet [Len11].
- *Gewährleistung einer guten Unternehmensorganisation* zur Vermeidung von Aufsichtsverletzungen. Dies umfasst die sorgfältige Auswahl der Mitarbeiter, Umsetzung der rechtlichen Verpflichtungen in Stellenbeschreibungen sowie Arbeits- und Verfahrensanweisungen, Regelungen zur Fortbildung sowie eine klare und überschneidungsfreie Regelung von Weisungsrechten von der Führungsebene zur unteren Leitungsebene [Len11].
- *Kontrolle, Berichterstattung und Dokumentation:* Die Einhaltung der Compliance-Vorgaben ist eine ständige Aufgabe. Es bedarf hier regelmäßiger, mindestens jährlicher Kontrollen. Gegebenenfalls können Abteilungen und einzelne Mitarbeiter (unter Berücksichtigung arbeitsrechtlicher Vorgaben) auf die Einhaltung der Compliance-Maßnahmen überprüft werden.
- *Prozessanpassungen und Sanktionen:* Die besten Maßnahmen zur Vorbeugung verhindern nicht, dass das implementierte Erkennungssystem Compliance-Verstöße identifiziert. Auf erkannte Compliance-Verstöße muss unmittelbar und wirkungsvoll reagiert werden. Die Reaktion muss sich hierbei sowohl auf die Ahndung von Verstößen beziehen als auch auf die offenkundig notwendige Anpassung der Compliance-Maßnahmen, -Vorgaben oder –Organisation.

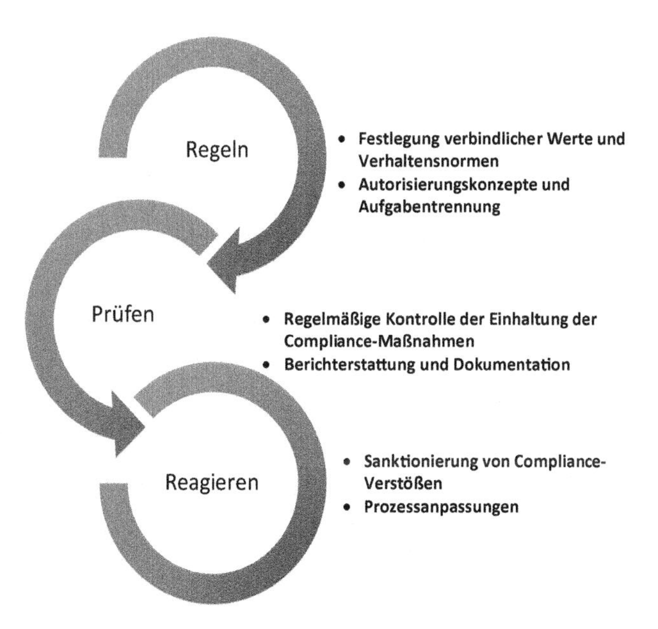

Abb. 15.3 Aufbau einer Compliance-Organisation [Dah12]

15.4.2 Integration von Umweltaspekten in den Produktentwicklungsprozess

Wer Erzeugnisse entwickelt, herstellt, be- und verarbeitet oder vertreibt, trägt entsprechend den Vorgaben des Kreislaufwirtschafts- und Abfallgesetzes zur Schonung der natürlichen Ressourcen und Sicherung der umweltverträglichen Entsorgung von Abfällen die Produktverantwortung. Diese Produktverantwortung umfasst neben der Entwicklung, Herstellung und dem Inverkehrbringen von technisch langlebigen Gütern auch die Lösung von Problemen, die mit dem Ende der Nutzungsdauer einhergehen. Es ist daher eine Systematik zur Integration von Umweltaspekten in die Produktentwicklung (Design-for-Environment, DfE) erforderlich. Auch wenn im Fall von Schienenfahrzeugen im Gegensatz zu anderen Produktgruppen (beispielsweise Automobile und Verpackungen) die allgemein gültigen Gesetzesvorgaben nicht in Form einer Ausführungsverordnung konkretisiert worden sind, gewinnen vor dem Hintergrund von Kundenanforderungen nach genauer Kenntnis von Gesamtlebenszykluskosten inklusive der Entsorgung sowie Produktrücknahmevereinbarungen auch die Aspekte der Demontage- und Recyclingfähigkeit von Schienenfahrzeugen an Bedeutung [TUP01].

15.4.2.1 Umweltanalyse von Fahrzeugen mittels Ökobilanzierung

Bei der Gestaltung von Fahrzeugen gibt es Zielkonflikte. Kein Produkt wird primär zum Zwecke des Recyclings geschaffen, sondern im Hinblick auf seine Nutzung. Jeder Konstrukteur hat daher bereits bei der Auswahl von Material und Strukturen Fragen von Funktionalität, Sicherheit, Preis, anderen ökologischen Herausforderungen und vieles mehr zu beachten. Die Umsetzung einer recyclinggerechten Konstruktion stößt zum Beispiel dort an Grenzen, wo sie mit anderen, zum Teil auch ökologischen Anforderungen in Zielkonflikt gerät. Ein klassisches Beispiel ist der Zielkonflikt Leichtbau im Fahrzeugsektor versus recyclinggerechter Konstruktion. In der Tat sind die Verringerung des Fahrzeuggewichts und damit die Reduktion des Kraftstoffverbrauchs über die Nutzungsphase von ökologisch größerer Bedeutung. Bei der Bewertung eines gesamtheitlich ökologisch optimierten Systems ist neben der Recyclingfreundlichkeit deshalb auch der Aufwand im Bereich der Produktion und Nutzung einzubeziehen. Von dem her lassen sich nur Konzepte verlässlich vergleichen, die den gesamten Lebenszyklus umfassen. Die Ökobilanz, auch Life Cycle Assessment (LCA) genannt, ist eine Methode zur Abschätzung der mit einem Produkt (hier: Fahrzeugen) über ihren Lebenszyklus verbundenen Umweltauswirkungen. Die Ökobilanz beruht auf einem Lebenszyklusansatz (vgl. Abb. 15.4). Mit einem Life Cycle Assessment werden die Umweltauswirkungen eines Fahrzeugs von der „Wiege bis zur Bahre“ („cradle to grave“) also von der Rohmaterialentnahme, über Herstellung, Distribution und Nutzung bis hin zur Entsorgung des Produkts samt seiner Produktionsabfälle erfasst und bewertet. Mit Ökobilanzen werden die folgende Ziele verfolgt:

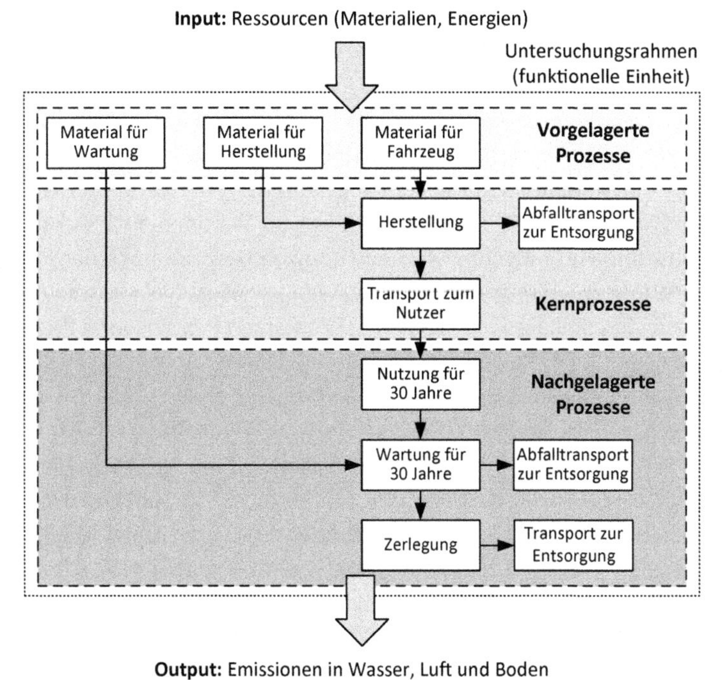

Abb. 15.4 Systemgrenze für die Ökobilanzierung nach [PWA10]

- *Vergleichende Life-Cycle-Assessments zur gesamtheitlichen ökologischen Optimierung* des Systems. Es können gezielt Verbesserungsvorschläge für die Produktentwicklung abgebildet werden oder unterschiedliche Maßnahmen hinsichtlich ihres jeweiligen Zielbeitrags bewertet werden.
- Grundlage für die *Unternehmenskommunikation* des Fahrzeugherstellers und Verkehrsunternehmens, welche umweltrelevante Merkmale eines Produkts oder einer Dienstleistung hervorhebt [RBR04]. So ist beispielsweise eine Ökobilanzierung Grundlage für die Verleihung des so genannten „Blauen Engels" für umweltschonende Produkte.

Die Erstellung einer Ökobilanz ist in den Normen DIN ISO 14040 bis DIN ISO 14404 standardisiert. Die Ökobilanz setzt alle gesammelten Daten in Relation zu einer funktionellen Einheit. Alle Inputs und Outputs sowie die anschließenden Analysen sind auf diese funktionelle Einheit, die festlegt was zu untersuchen ist, bezogen. Die Erstellung einer Ökobilanz ist nach DIN ISO 14040 in vier Phasen unterteilt:

- *Festlegung des Ziels und des Untersuchungsrahmens:* Die funktionelle Einheit ist die Bezugs- und Vergleichsgröße, auf die alle Umweltüberlegungen bezogen werden. Sie kann auf ein Produktsystem oder auf eine Dienstleistung bezogen sein. Eine beispielhafte

Festlegung einer funktionellen Einheit ist beispielsweise eine durchschnittlich besetzte Straßenbahn bei 30 Jahren Betriebszeit (vgl. Abb. 15.4). Das Produktsystem berücksichtigt den gesamten Produktlebenszyklus (vgl. [DIN06e], [DIN09] und [PWA10]).

- *Erstellung der Sachbilanz:* Die Sachbilanz ist nach ISO 14040 der Bestandteil der Ökobilanz, der die Zusammenstellung und Quantifizierung von Inputs und Outputs eines Produkts im Verlauf seines Lebenswegs umfasst. Hierbei werden die Inputs und Outputs der Extraktion der für die Herstellung und Wartung des Fahrzeugs erforderlichen Ressourcen der Natur inklusive des Transports der Massen der Produkte vom Herstellungsort des Lieferanten der Materialeien zur Montagehalle und der Transport der Wartungsmaterialien und Ersatzteile zum Einsatzort (vorgelagerte Prozesse) analysiert. Für die eigentliche Herstellung können mittels In-/Outputanalysen die verbrauchten Mengen an elektrischer Energie, Gas und Wasser erhoben und auf ein Fahrzeug umgelegt werden. Für die Materialien, die bei der Herstellung als Abfälle anfallen, werden die Transporte zum Entsorger berücksichtigt. Ebenfalls muss die Distribution des Fahrzeugs zum Bestimmungsort betrachtet werden. Die Nutzung der Straßenbahn beinhaltet den Energiebedarf während des Betriebs über eine bspw. 30-jährige Lebensdauer bei einer jährlichen Kilometerleistung von 60.000 km (vgl. [SSG06]). Für die Berechnung des Gesamtenergieverbrauchs kann auf Simulationswerte zurückgegriffen werden. Ebenfalls in die Ökobilanz fließt die Entsorgung ein, das heißt jene Maßnahmen die zur Beseitigung und Verwertung (Wiederverwendung, Materialverwertung (Recycling), thermische Verwertung, Deponierung) von Produkten führen (vgl. [DIN06e], [DIN09] und [PWA10]).
- *Wirkungsabschätzung:* Ausgehend von der Sachbilanz wird eine Wirkungsabschätzung durchgeführt. Bei diesem Schritt werden die Umweltwirkungen (Emissionen und Ressourcenverbräuche) nach den durch sie verursachten Folgewirkungen (globale Erwärmung, Versauerung) gruppiert, entsprechend ihrer Wirkungen gewichtet und zusammengefasst (vgl. [DIN06e], [DIN09] und [PWA10]).
- *Auswertung:* Die einzelnen Wirkungen erlauben eine Analyse der negativen Umweltauswirkungen der verschiedenen Lebenszyklusphasen beispielsweise anhand ihres Treibhauspotenzials. Hierbei wird deutlich, dass es vor dem Hintergrund national unterschiedlicher Strommixes (Hintergrund: Energieverbrauch in der Nutzung) aus Sicht des Fahrzeugherstellers in verschiedenen internationalen Kundenprojekten zu unterschiedlichen Schwerpunktsetzungen für Produktverbesserungen kommen kann. Mit Sicht auf die Treibhausgase ist bei einem Betrieb in Spanien der Fokus bei einer Produktverbesserung auf die Energieeffizienz zu legen. Bei einem Betrieb in Norwegen käme der Umweltbelastung der eingesetzten Materialien eine höhere Bedeutung zu (vgl. [DIN06e], [DIN09] und [PWA10]). Aus den Ergebnissen werden Schlussfolgerungen und Empfehlungen entwickelt und ein Bericht verfasst.
- Optional kann eine kritische Überprüfung durch einen Gutachter erfolgen. Dieser prüft, ob die Ökobilanz die Anforderungen an die Methodik, die Datenqualität, die Auswertung und die Berichterstattung erfüllt. Es steht die Frage im Vordergrund, ob die Ökobilanz mit den Grundsätzen der Normen übereinstimmt.

15.4.2.2 Recyclinggerechte Fahrzeugkonstruktion

Bei der recyclinggerechten Konstruktion (engl. Design for Recycling) geht es vor allem darum, ein Fahrzeug so zu gestalten, dass es während und nach der Gebrauchsphase einfach demontierbar und reparierbar ist, Teile wiederverwendet und Abfälle einfach recycliert werden können. Das Design for Recycling verfolgt mit der Abfallvermeidung und der Optimierung der Verwertbarkeit zwei Ziele, die nachfolgend vorgestellt werden.

Die *Abfallvermeidung* geschieht schon bei der Konzeption und durch das Design von Produkten zur quantitativen Abfallvermeidung zählen Maßnahmen, die von vornherein (also schon bei der Produktion) auf die Verminderung der später anfallenden Abfallmenge zielen. Hierbei wird unter anderem die eingesetzte Materialmasse möglichst reduziert. Auch werden die Produkte für eine lange Gebrauchsdauer und damit für eine Wiedernutzung konzipiert. Hierbei stehen Produkteigenschaften wie die Reparierbarkeit, die Reinigungsfähigkeit, Waschbarkeit oder die Wiederbefüllbarkeit im Vordergrund. Werden Produkte für eine lange Gebrauchsdauer und für viele Gebrauchsvorgänge hergestellt, so ist die entstehende Abfallmenge in Verhältnis zum Nutzen sehr gering.

Die *Optimierung der Verwertbarkeit* wird schon vor der Herstellung und Verwendung eines Produktes mit bedacht. Die Eignung eines Produktes für ein späteres Recycling wird in entscheidendem Maße vom Konstrukteur festgelegt. Im Zuge einer recyclinggerechten Konstruktion helfen die folgenden durch die Konstrukteure zu berücksichtigenden „Spielregeln". Nach [VDI02] können drei zentrale recyclingrelevante Konstruktionsaspekte unterschieden werden. Die einzelnen Aspekte werden nachfolgend kurz skizziert. Für eine umfassende Erläuterung sei auf die angeführte weitere Literatur verwiesen.

- *Einsatz lösbarer Verbindungen:* Es bieten sich hierfür verschiedene Ansätze. Zum einen kann die Anzahl und die Vielfalt der Verbindungselemente minimiert werden, was einen Werkzeugwechsel bei der Demontage vermeidet und in reduzierten Demontagezeiten und –kosten führt. Zum anderen können zerstörungsfrei lösbar gestaltete Verbindungen die Gewinnung von Zielbauteilen (zum Beispiel als Ersatzteile) erleichtern. Dementsprechend sind unlösbare Verbindungsarten (Schweißen, Nieten, Kleben) nach Möglichkeit zu vermeiden, um kostenaufwändige Trenn- und Separierprozesse zur Materialrückgewinnung zu vermeiden [VDI02].
- *Nutzung recyclingfähiger Materialien:* Die Vermeidung recyclingkritischer Substanzen sowie von Schad- und Gefahrstoffen vermeidet eine kostenintensive Verwertung der gewonnenen Wertstoffe und entlastet die Umwelt. Gleichzeitig sollten stofflich wirtschaftlich wieder verwendbare Werkstoffe zum Einsatz kommen, was die Ressourcen schont, eine Beseitigung vermeidet und auf diese Weise die Umwelt schont. Darüber hinaus sollten möglichst wenige unterschiedliche Werkstoffe eingesetzt werden, sowie verwertungskompatible Werkstoffe in Modulen (insbesondere bei Materialverbindungen) zum Einsatz kommen. Die Reduzierung der Materialvielfalt ermöglicht ein günstiges Stoffrecycling durch größere Mengen einzelner Stoffgruppen [VDI02]. Die Berücksichtigung verträglicher Stoffe ermöglicht ohne Separierung eine kostengünstige

stoffliche Verwertung. Gegebenenfalls können auch nachwachsende Rohstoffe in der Gestaltung von Fahrzeugen eingesetzt werden [Mue03].

- *Baustruktur:* Ein modularer Aufbau des Schienenfahrzeugs führt zu einer einfachen Demontage und dementsprechend zu geringeren Kosten. Gleiches gilt für eine einfache Entfernung von Betriebsstoffen sowie eine leicht demontierbare Anordnung und Gestaltung von Kabelbäumen im Fahrzeug.

Literatur

[Bel10] Belser, Karl-Heinz. 2010. Compliance – Ein proaktives Risikomanagement gerade auch für die Bahnindustrie. *Eisenbahntechnische Rundschau* 59 (11): 800–802.

[Boe01] Böhm, Harald. 2001. Recyclinggerechte Konstruktion von Reisezugwagen. *ZEV-Rail* 125 (3): 105–109.

[Dah12] Dahlendorf, Jana. 2012. Compliance in der Bahnindustrie – Kosten oder Erfolgsfaktor. *Eisenbahningenieur* 63 (12): 67–70.

[DIN06e] Deutsches Institut für Normung. 2006. *DIN EN ISO 14044: Umweltmanagement – Ökobilanz – Anforderungen. Deutsche und englische Fassung EN ISO 14044:2006*. Berlin: Beuth Verlag.

[DIN09] Deutsches Institut für Normung. 2009. *DIN EN ISO 14040: 2009-11: Umweltmanagement – Ökobilanz – Grundsätze und Rahmenbedingungen (ISO 14040:2006); Deutsche und englische Fassung EN ISO 14040:2006*. Berlin: Beuth Verlag.

[DIN16] Deutsches Institut für Normung. 2016. *DIN ISO 19600: 2016-12: Compliance-Managementsysteme – Leitlinien (ISO 19600:2014)*. Berlin: Beuth Verlag.

[DPB13] Doktor, Christian, Thorsten Peukert, und Marco Bade. 2013. Freie Fahrt mit Compliance. *Eisenbahningenieur* 64 (12): 32–35.

[HB12] Homann, Oliver, und Martin Büdenbender. 2012. Energieeffizienz als vergaberechtliche Herausforderung. *Der Nahverkehr* 30 (9): 72–75.

[Hil14] Hille, Jürgen. 2014. Bus Store – die neue Qualitätsmarke für gebrauchte Omnibusse von Mercedes-Benz und Setra in Europa. *Verkehr und Technik* 57 (4): 154–156.

[KH09] Kaiser, Bernd, und Reiner Huba. 2009. Betriebliche Managementanforderungen in Folge der Entsorgungsfachbetriebeordnung. *Eisenbahningenieur* 54 (1): 237–251.

[KMP16] Kayser, Michael, Bartosz Makowicz, und Reinhard Preusche. 2016. *Compliance-Management – Fragen und Antworten zu DIN ISO 19600*. Berlin: Beuth Verlag.

[KNS02] Kähler, Steffen, Hubert Nawa, und Georg Schwinning. 2002. Verkauf von Üstra-Stadtbahnwagen. *Der Nahverkehr* 20 (12): 64–67.

[Len11] Lenz, Kerstin. 2011. *Pflichtenheft Abfallrecht*. Heidelberg u. a.: Ecomed SICHERHEIT Verlagsgruppe Hüthig Jehle Rehm GmbH.

[MG16] Mertens, Hans, und Daniel Goldmann. 2016. *Recyclingtechnik*. Wiesbaden: Springer Vieweg.

[Mue03] Müller, Christoph. 2003. Recyclebare Schienenfahrzeuge – Erster Einsatz von nachwachsenden Rohstoffen. *Eisenbahningenieur* 54 (1): 44–45.

[PWA10] Pamminger, Rainer, Wolfgang Wimmer, und Helmut Adamek. 2010. Integration von Umweltaspekten in den Produktentwicklungsprozess von Straßenbahnen. *ZEV-Rail* 134 (SFT): 150–155.

[RBR04] Richter, Falk, Udo Becker, und Knut Ringat. 2004. Ökobilanzen für ÖPNV-Unternehmen. *Der Nahverkehr* 22 (7–8): 12–14.

[Sch13] Schneider, Thomas. 2014. Was tun mit Altmaterial? Verkauf nicht mehr benötigter Unternehmensgüter durch ÖPNV-Unternehmen. *Der Nahverkehr* 31 (10): 55–57.

[SMG08] Stuckl, Walter Martin, Thomas Miltner, und Walter Gunselmann. 2008. Umweltgerechte Schienenfahrzeugentwicklung am Beispiel der Metro Oslo. *ZEV-Rail* 132 (Tagungsband SFT Graz): 154–161.

[SSG06] Stuckl, Walter, Anton Stribersky, Walter Gunselmann, und Günter Kristen. 2006. Energieeffizienz für Metro-Fahrzeuge. *Eisenbahntechnische Rundschau* 55 (9): 646–652.

[SU11] Sütterlin, Johannes, und Peter Usko. 2011. *Wertstoffkreisläufe von Komponenten der Leit- und Sicherungstechnik* bei der DB Netz AG. *Eisenbahntechnische Rundschau* 11: 14–17.

[TUP01] Trommler, Wolfgang, Ralf Utermöhlen, Matthias Precht, Christoph Hahn, Thomas Pahl, und Olaf Ballerstein. 2001. Entwicklung demontagefreundlicher und recyclinggerechter Schienenfahrzeuge. *ZEV-Rail* 125 (4): 149–156.

[VDI02] Verein Deutscher Ingenieure. 2002. *VDI 2243 – Recyclingorientierte Produktentwicklung*. Düsseldorf: VDI.

Sachverzeichnis

L. Schnieder, *Strategisches Management von Fahrzeugflotten im öffentlichen Personenverkehr*, VDI-Buch, https://doi.org/10.1007/978-3-662-56608-4

Printed by Printforce, the Netherlands